U0292320

国家科学技术学术著作出版基金资助出版

传热煅理论及其应用

Entransy Theory for Heat Transfer Analyses and Optimizations

梁新刚 陈 群 过增元 著

科 学 出 版 社

北 京

内 容 简 介

煅这一概念是过增元院士等通过热电类比提出的一个新的概念，并且基于能量守恒方程推导了煅平衡方程，并提出煅耗散和煅耗散热阻等概念。通过煅平衡方程建立了系统内部传热引起的煅耗散与边界换热温差、热流之间的关系，为传热过程和热系统的优化提供了新的方法。

本书内容包括煅这一概念的提出及其物理意义，孤立系统的煅减少原理，导热、对流和辐射换热系统中的煅平衡方程和最小煅耗散热阻原理，煅分析在导热、对流、辐射、换热器和热系统优化中的应用，以及煅分析与熵分析的对比等。

本书可作为热工类和能源动力类等有关专业的研究生课程或本科生选修课的教学用书，也可作为从事传热和热系统设计与科学研究人员的参考书。

图书在版编目(CIP)数据

传热煅理论及其应用 = Entransy Theory for Heat Transfer Analyses and Optimizations / 梁新刚，陈群，过增元著.—北京：科学出版社，2019.1

ISBN 978-7-03-059421-1

Ⅰ. ①传… Ⅱ. ①梁… ②陈… ③过… Ⅲ. ①传热–研究 Ⅳ. ①TK124

中国版本图书馆CIP数据核字(2018)第253728号

责任编辑：范运年 王楠楠 / 责任校对：彭 涛

责任印制：徐晓晨 / 封面设计：铭轩堂

科 学 出 版 社 出版

北京东黄城根北街 16 号

邮政编码：100717

http://www.sciencep.com

北京建宏印刷有限公司 印刷

科学出版社发行 各地新华书店经销

*

2019 年 1 月第 一 版 开本：720 × 1000 1/16

2021 年 3 月第三次印刷 印张：22 3/4

字数：453 000

定价：198.00 元

(如有印装质量问题，我社负责调换)

前　言

世界性的能源短缺和气候变化是 21 世纪全人类所面临和迫切需要解决的难题。这不仅是一个科学和技术问题，还涉及经济、政治和外交等众多领域。提高能源利用效率(俗称节能)能够减少能源的使用量，并能够直接带来碳排放的减少，因此节能在化石能源以及可再生能源(太阳能、风能和生物质能等)利用中都非常重要，是实现低碳经济和低碳社会的关键因素之一。我国是世界上最大的发展中国家，存在能源资源短缺，尤其是优质能源短缺的问题，所以更应该走能源高效利用的可持续发展之路。因此，在未来的经济发展过程当中，提高能源利用效率(节能)将一直是我国经济可持续发展的基本国策。

在各种形式的能量利用过程中，80%需要经过热量的传递，因此提升热量传递的性能、减少传热过程的不可逆性是提高能源利用效率的重要途径之一。早在 20 世纪 70 年代，世界能源危机推动了传热强化理论和技术的高速发展。但是，传热强化常常需要通过提高流速或增加流体紊动度等方式实现，在传热强化的同时，流阻引起的泵功会显著增加，所以传统的传热强化技术并不一定能够节能。在 20 世纪末，出现了热力学优化的方法，即利用熵产理论，分析和优化传热过程的性能。然而，很多实例表明最小熵产优化理论并不总是适用于与热功转换无关的传热过程的优化。

更重要的是，在现有传热学理论中，只有传热速率的物理量，没有传热效率的物理量。在提高传热设备的性能时，只有传热强化的概念，没有传热优化的概念(熵产优化是热力学优化)。这对传热学理论提出了挑战：现在的传热学学科中是否还缺少某些基本的物理量并可用于传热优化？是否还缺乏某些基本规律而有待发现呢?

应对这些挑战需要从学科层面上进行深入思考。由于传热学的奠基人傅里叶曾经讲过“力学理论不能应用于热现象”，所以研究人员过去过分强调了传热学科的特殊性。例如，传热学与物理学中的其他分支学科(力学、声学、光学和电学等)相比，没有热的质量，没有热的速度和动量等物理量。然而，物理学家普朗克曾说过：“科学是内在的整体，它被分割为单独的部分，不是取决于事物的本质，而是取决于人类认识能力的局限性。”所以可以设想：传热学之所以如此与众不同，是因为传热学中还缺乏某些基本物理量以及某些基本原理。因此，本书通过研究传热学与其他学科的共性之处，即通过把导热过程与导电过程和多孔介质中的流动过程进行比拟，从而在传热学中引入新的物理量——炽。它是与导电过程中电荷的电势能和流动过程中流体的重力势能相对应的物理量，代表了物体传递热量的能力。在导热和对流换热过程中，本书还引入另一个物理量—炽耗散，并建立了焺平衡方程。焺耗散能够度量传热过程的不可逆性，从而可定义多边界温度条件下传热过程的焺耗散热阻和传热过程的效率。随后，用变分方法推导建立传热过程的最小焺耗散热阻原理，并用于传热设备性能的优化。对于换热系统和热力系统，则可以用焺平衡方程等作为约束条件或利用等效电路的方法，结合拉格朗日乘子法对它们进行优化，以提高能源利用效率。

本书共 8 章，以及附录 A 和附录 B。第 1 章从熵的发展历史入手，简要地介绍熵的物理概念及其与热力过程的关系，指出用熵产理论优化传热时存在的问题，从而引入焺这一新的物理量，并讨论其物理意义以及与传热过程的关系。第 2 章针对导热问题，推导焺平衡方程，建立焺与过程量之间的关系，获得导热过程的焺耗散极值原理和最小焺耗散热阻原理，展示了焺耗散极值原理在体点散热问题和其他一些导热优化问题中的应用。第 3 章建立了对流换热的焺平衡方程、焺耗散极值原理和最小焺耗散热阻原理，并以焺耗散极值原理对换热过程进行优化，导出层流和湍流情况下的场协同方程，可用于求解给定功耗情况下的最优速度场。第 4 章针对单个换热器进行焺耗散分析，建立了换热器的最小焺耗散热阻原理，给出了典型换热器的热阻表达式，并用最小热阻原理证明了换热器的温差场均匀性原则。第 5 章针对相变、变物性传热过程，扩展了焺平衡方程、焺耗散极值原理，并给出应用的例子。第 6 章针对换热系统，建立了热阻网络图，并介绍如何利用热阻网络图对换热系统进行优化。第 7 章主要是针对热力系统，建立焺分析优化的方法，并对一些典型热力系统进行设计和运行优化。第 8 章针对辐射换热，建立焺分析方法，包括辐射传热的焺平衡方程，以及辐射焺耗散极值原理与最小辐射热阻原理等。附录 A 介绍单原子气体的焺与微观状态数之间的关系。附录 B 分析了热功过程焺的变化，给出了焺损失的定义，探讨了焺损失与循环系统输出功之间的关系。

本书由过增元主笔撰写第 1 章（熵与焺），梁新刚主笔撰写第 4 章（换热器的最小焺耗散热阻原理）、第 5 章（含有相变和物性变化的传热过程的焺分析）、第 8 章（辐射传热的焺分析）、附录 A（单原子气体焺的微观表述）和附录 B（热力学循环的焺分析）。陈群主笔撰写第 3 章（对流换热的最小焺耗散热阻原理及其应用）、第 6 章（焺在换热系统中的应用）和第 7 章（焺在热力系统中的应用）。梁新刚、陈群共同撰写第 2 章（导热过程的最小焺耗散热阻原理及其应用）。梁新刚负责全书的统稿。

最后，作者借此机会感谢国家自然科学基金变革性重大项目“热质理论的关键科学问题”（No. 51356001），以及其他国家自然科学基金项目的支持，正是在国家自然科学基金项目的支持下，关于焺的理论才能够得以发展和完善。

作　者

2018 年 7 月

目　　录

主要符号表

A	面积，m^2
B	辐射吸收因子
c	光速，m/s
c_p	比定压热容，J/(kg · K)
c_V	比定容热容，J/(kg · K)
C	热容，J/K；常数
c_f	沿程阻力系数
C_{r}	热容量流比
$\dot{C}$	热容量流，W/K
d_0	直径，m
$\dot{E}$	辐射力，W/m^2
$\dot{E}_{\mathrm{b}}$	黑体辐射力，W/m^2
E_{h}	热质势能，J
E_{unx}	不可用能，J
E_{x}	可用能(㶲)，J
E_{xQ}	热量的可用能(㶲)，J
$\dot{E}_{\lambda}$	光谱辐射力，$W/(m^2 \cdot \mu m)$
$\dot{E}_{\lambda \mathrm{b}}$	黑体光谱辐射力，$W/(m^2 \cdot \mu m)$
$f_{\Delta T}$	温差场均匀性因子
Fa	拟肋数(Fin analogy number)
g	单位体积的煅，$(J \cdot K)/m^3$；重力加速度，m/s^2
$\dot{g}_{\mathrm{f}}$	煅流密度，$(W \cdot K)/m^2$
g_h	单位体积的焓煅，$(J \cdot K)/m^3$

g_{m}	比炽，(J · K) /kg^3
$g_{\mathrm{m}h}$	比焓炽，(J · K) /kg^3
$\dot{g}_{\mathrm{s}}$	内热源输入的炽流，(W · K) /m^3
G	炽，J · K
G_{f}	炽交换量，J · K
G_h	焓炽，J · K
$\dot{G}_{\mathrm{f}}$	炽流，W · K
$\dot{G}_{\mathrm{fr}}$	热辐射炽流，W^2/m^2
$\dot{G}_{\mathrm{fr}\text{-}\lambda}$	单色辐射炽流，(W · K) /μm
G_W	功炽，J · K
$\dot{G}_W$	功炽率，W · K
h	对流换热系数，W/(m^2 · K)；比焓，J/kg
$\hbar$	普朗克常数，J · s
H	高度，m；总焓，J
$\dot{J}$	热力学流；有效辐射，W/m^2
k	热导率，W/(m · K)
k_{B}	玻尔兹曼常数
K	传热系数，W/(m^2 · K)
l	长度，m
L	线性唯象系数
$\dot{m}$	质量流量，kg/s
M	质量，kg
$\dot{M}$	体积流量
n	多变指数
$\boldsymbol{n}$	单位法相矢量
N_{ED}	炽耗散数
N_{RS}	改进的熵产数

N_S	熵产数
N_{SS}	实际熵产率和特征熵产率的比值
NTU	传热单元数
Nu	努塞尔数
p	压力，Pa
Pe	Peclet 数
Pr	普朗特数
$\dot{q}$	热流密度，W/m^2
$\dot{\boldsymbol{q}}$	热流密度矢量，W/m^2
$\dot{q}_s$	单位体积内热源，W/m^3
Q	热量，J
Q_{ve}	电量，C
Q_{vh}	定容条件下物体中的热能，J
$\dot{Q}$	热流，W
$\dot{Q}_\lambda$	单色热辐射热流，W/μm
$\dot{Q}_{net}$	净换热速率(热流)，W
$\dot{q}_s$	单位体积热源，W/m^3
r	热流与热容量流的比值
R	热阻，K/W
R^*	无量纲𤆬耗散热阻
Re	雷诺数
R_g	𤆬耗散热阻，K/W
R_h	传热电阻，K/W
s	比熵，J/(K · kg)
S	熵，J/K
$\dot{S}_f$	熵流，W/K
S_g	熵产，J/K

$\dot{S}_g$	熵产率，W/K
t	时间，s
T	温度，K
u	比内能，J/kg；x 方向速度分量，m/s
U	内能 J；速度，m/s
$\boldsymbol{U}$	速度矢量，m/s
U_e	电势，V
v	比容，m^3/kg；y 方向速度分量，m/s
V	体积，m^3
w	z 方向速度分量，m/s
W	功，J
$\dot{W}$	功率，W
x、y、z	直角坐标三个分量，m

希 腊 字 符

α	热扩散率，m^2/s
Δ	差值
γ	比热比
γ_m	固液相变潜热，J/kg
γ_v	液气相变潜热
ε	换热器效能；表面辐射率
η_g	煅传递效率
θ	无量纲过余温度
κ	气体的绝热指数
λ	波长，μm
μ	动力黏度，Pa · s 或 kg/(m · s)
π	压缩比
ρ	密度，kg/m^3
σ	斯忒藩-玻尔兹曼常数；电导率，S/m
ϕ_g	单位体积煅耗散，$J \cdot K/m^3$
$\dot{\phi}_g$	单位体积煅耗散率，$(W \cdot K)/m^3$
$\dot{\phi}_J$	耗散函数
$\dot{\phi}_\mu$	黏性耗散率，W/m^3
Φ_g	煅耗散，J · K
$\dot{\Phi}_g$	煅耗散率，W · K
$\dot{\Phi}_{gr}$	热辐射煅耗散率，$W \cdot K^4$
Ω	系统微观状态数
$\dot{\Psi}_{loss}$	煅损失率，W · K

下 标 符 号

0	参考点或环境参数值
f	流体
g	气态
i, j, k	编号
in	进口
l	液态
max	最大值
min	最小值
out	出口
rev	可逆
t	湍流
λ	单色波长参数

第1章 熵 与 炽

自从克劳修斯在19世纪提出熵这个物理量以来，目前它已被拓展应用到化学、生物、信息、材料等众多学科。其中，有些学者以熵产最小作为准则对流动与传热过程进行优化分析。但是，人们发现熵产最小并不能导出傅里叶导热定律，而且熵产最小也与换热器效能最优并不一定对应，这就引起了熵产最小是否能够用于传热优化的疑问。本章将简要地介绍熵的起源以及与此相关的㶲的概念，以便更好地阐明熵的宏观物理意义，并讨论它们在传热学分析和优化中所存在的问题。然后，通过类比和演绎的方法引出一个能用于分析和优化传热问题的新物理量——炽。

1.1 熵

德国学者克劳修斯在研究可逆卡诺热机时发现，当可逆卡诺热机完成一个循环时，虽然循环工质从高温热源吸收的热量大于它向低温热源输出的热量，但是热量与所处热源的热力学温度之商相等，即热温比(热量与温度之比)相同：

$$\left(\frac{Q_1}{T_1}\right)_{\text{rev}}+\left(\frac{Q_2}{T_2}\right)_{\text{rev}}=0 \tag{1.1}$$

式中，T_1、T_2分别为高、低温热源的热力学温度；吸热量Q_1的符号为正；放热量Q_2的符号为负；下标“rev”表示可逆过程。

进一步研究发现，热温比在任意可逆循环中也总是相等的：

$$\oint\left(\frac{\delta Q}{T}\right)_{\text{rev}}=0 \tag{1.2}$$

式(1.2)称为克劳修斯等式。在此基础上，克劳修斯在1865年引入了一个新的状态量——熵“entropy”，以符号$S=S(p,T)$表示，其微分表达式为

$$\mathrm{d}S=\left(\frac{\delta Q}{T}\right)_{\text{rev}} \tag{1.3}$$

当循环过程不可逆时，热温比总是小于零：

$$\oint \mathrm{d}S = \oint \left(\frac{\delta Q}{T} \right) < 0 \tag{1.4}$$

式(1.4)称为克劳修斯不等式。

克劳修斯造出“entropy”这个字，是因为此物理量为广延量并具有能量的含义，所以取“energy”的词头——“en”；又因为此物理量能描述热量转换为功的能力，所以取源于希腊文的“转变(τροπη)”的字根——“tropy”。为了纪念卡诺，克劳修斯用符号 S 表示这个物理量，其量纲为“焦耳/度”或“卡/度”。一个“卡/度”有时称为一个克劳，以纪念熵的创造者克劳修斯[1]。1872 年，玻尔兹曼推导了玻尔兹曼方程式和 H 定理，并于 1877 年赋于熵的统计解释，丰富了它的物理内容并扩大了它的应用范围。到了 1929 年，香农又把丢失的信息称为信息熵，进一步扩大了熵的应用面。

关于“entropy”的中译字“熵”则有一段趣话。1923 年，普朗克到南京讲学，中国著名物理学家胡刚复为其翻译时，首次将“entropy”译为“熵”，源于“entropy”这个概念太复杂，不容易找到一个与它贴切的字，胡先生干脆舍难从易，想了一个简单的办法。根据公式 $\mathrm{d}S=\delta Q/T$，即 S 是热量与温度之商，而且此概念与火有关(象征着热)，于是在“商”字旁加上火字，构成一个新字——“熵”[2]。

熵在宏观上不仅能够定量描述热力学第二定律，还可作为系统热平衡的判据，并能够反映各种传递过程的不可逆性；同时，在微观上它能够代表系统的无序度。因此，熵在材料、信息、生物、物理和化学等领域获得了广泛的应用。与此同时，还有一些学者甚至将熵的概念应用于社会科学和人文科学。显然，熵这一物理量很重要，应用也很广，但其概念很难懂。就如南京大学物理学家冯端指出的，“熵是一个极其重要的物理量，但却又以其难懂而闻名于世……由于熵的概念比较抽象隐晦，它既广泛地为人们所应用，也就难免不为有些人所滥用”[2]。

现有的热力学文献中大都是只阐明熵的微观物理意义，却很少详细描述熵的宏观物理意义。然而对于一些热工研究人员或工程师来说，只是从微观层次上解释熵的物理意义还是不够的，他们更关心的是熵的宏观物理意义及其应用。近年来已有很多关于熵产分析用于传热过程或热系统的文章发表，却存在着两种情况：一是有些文章无目的进行熵产计算，其结果与系统的性能分析或优化无任何联系[3]；二是有些文章表明，在有些情况下最小熵产原理并不适用于传热过程或热系统性能的优化[4]。上述两类问题的存在，促使科研人员进一步思考熵的宏物理意义和它的应用范围。

1.1.1　可用能(㶲)

可用能是热力学分析中比较容易理解的概念。它可以分为两类，一类是热量的可用能，表示在温度为 T_0 的环境下，从温度为 $T(T>T_0)$ 的热源吸取的热量 Q 所能完成的最大有用功，它由相应的卡诺循环所决定[5]，其表达式为

$$E_{xQ} = Q\left(1 - \frac{T_0}{T}\right) \tag{1.5}$$

式中，E_{xQ} 为热量的可用能。

另一类是系统的可用能，它代表闭口系在与环境的相互作用中，从给定状态(初态)到达与环境相平衡的状态(终态)时，闭口系所能完成的最大有用功，其表达式为

$$E_x = W_{\max} = \underbrace{(U - U_0)}_{\Delta U} - \underbrace{[p_0(V_0 - V) + T_0(S - S_0)]}_{\Delta U^0} \tag{1.6}$$

式中，U、p、S 和 V 分别为系统的内能、压力、熵和体积，下标 0 表示环境参数；ΔU 为闭口系内能的变化；ΔU^0 为环境内能的变化。需要强调的是(在有些教科书中被忽视或未指出的部分)，某些情况下，热力系所能输出的最大有用功不仅来自于闭口系的能量，还有部分甚至全部来自于环境的能量，因此系统可用能更准确的提法应为“复合系统(combined system)的可用能”[6]。复合系统应包括闭口系和环境，如图 1.1 所示。

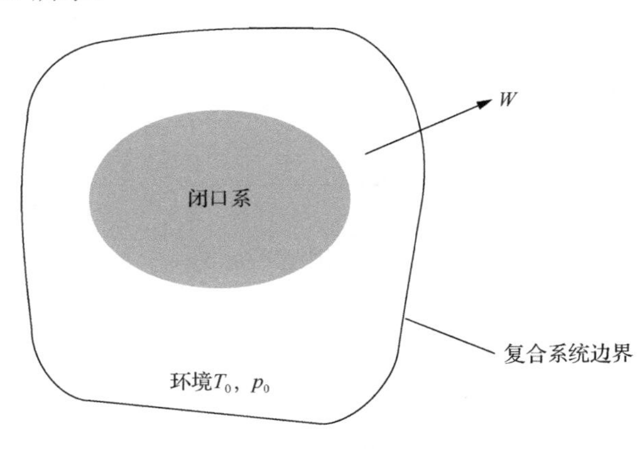

图 1.1　复合系统示意图

从数值上看，复合系统的可用能等于复合系统从初态到终态的过程中内能的减少。由式(1.6)可知，在环境参数给定后，复合系统的可用能 $W_{\max}$ 是闭口系的状态函数。给定闭口系的状态就可以确定可用能的大小，它与闭口系从给定的初态到达与环境相平衡的终态所经历的过程无关。此外，复合系统的可用能是闭口系的状态偏离环境状态的量度。无论闭口系的温度大于还是小于环境的温度，压强大于还是小于环境压强，复合系统的可用能总是大于零[6]。

当闭口系的初始状态位于图 1.2 所示的阴影区域时，闭口系的熵 $S>S_0$，体积 $V<V_0$。根据式(1.6)可以得到 $\Delta U^0>0$，即闭口系具有使环境内能增加的能力。此时，当闭口系从给定初态到达与环境相平衡的终态时，闭口系减少的内能一部分转化为环境的内能，另一部分转化为有用功。换言之，只要闭口系的初始状态位于图 1.2 的阴影区域内，复合系统(系统+环境)输出的最大有用功量 W_{max} 将全部来自于闭口系的内能而非来自于环境。此时的可用能才称得上是真正的“闭口系的可用能”。反之，若闭口系的初态位于阴影区域之外(如 a 点或 b 点)，则输出的最大有用功将有一部分甚至全部来自于环境的能量[6]。为了讨论方便，以下的分析均基于闭口系的初态位于阴影区域内的情况。

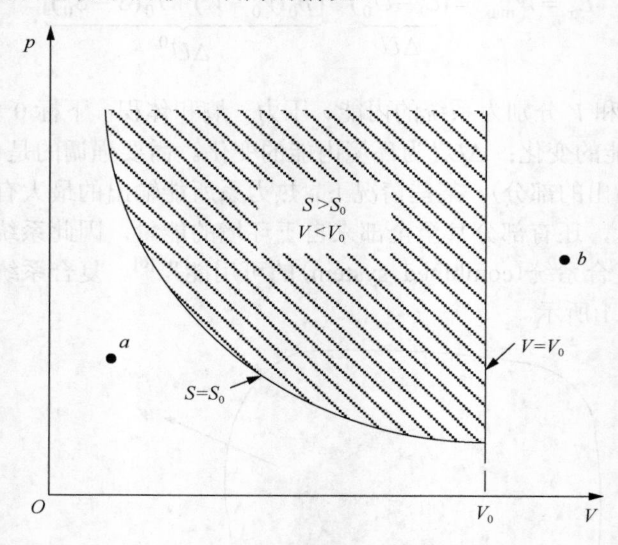

图 1.2　闭口系的 p-V 图(阴影区域 $S>S_0$ 和 $V<V_0$)

1.1.2　系统与环境的相互作用

如图 1.3 所示，闭口系可逆地从给定状态(初态 i)变化到与环境相平衡的状态(终态 0)的过程总是可以分为两个子过程：①闭口系从初态 $i(p_i, T_i, S_i)$ 到中间态 a 的等容过程 i—a；②闭口系从中间态 a 到达终态 $0(p_0, T_0, S_0)$ 的绝热过程 a—0。

1) 热相互作用

在等容过程 i—a 中，闭口系的体积保持不变，与环境之间仅有热量交换而无功量交换，因此该过程称为闭口系与环境之间的纯热相互作用(heat interaction)[6]。在纯热相互作用时，从闭口系放出的热量可通过运行于闭口系与环境之间的无穷多个卡诺热机对外部做有用功，如图 1.4[7, 8]所示。

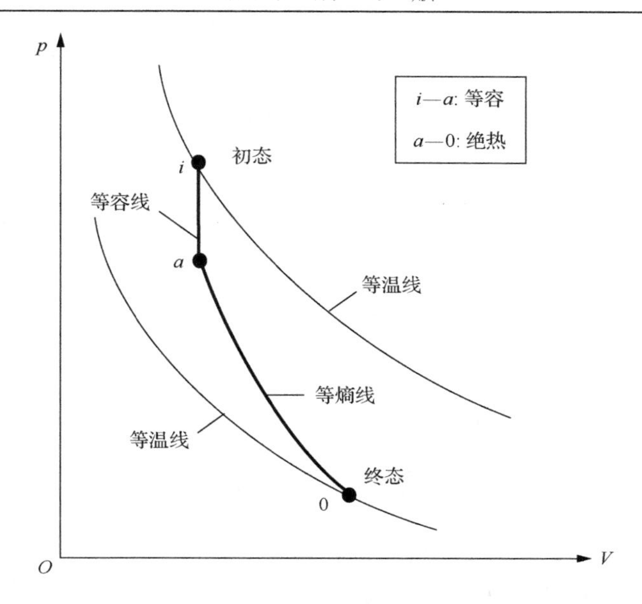

图 1.3 闭口系经等容和绝热过程到达与环境相平衡状态

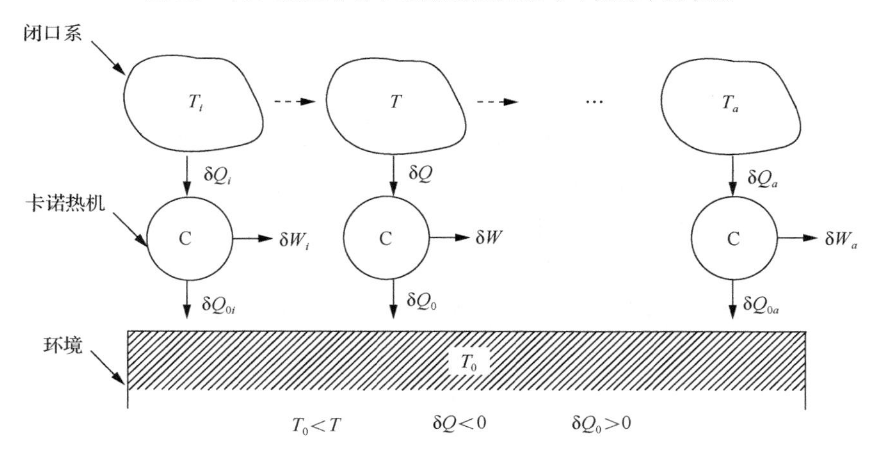

图 1.4 等容过程中闭口系与环境纯热相互作用时卡诺热机作功

在等容过程 $i—a$ 的纯热相互作用过程中，闭口系对外部能够输出的最大有用功量为

$$W_{\max 1}=\int_i^a\left(\frac{T_0}{T}-1\right)\delta Q \tag{1.7}$$

由于纯热相互作用时闭口系并不是通过自身体积膨胀作功，而是通过传出热量($\delta Q<0$)后再经卡诺热机转换为功的，所以也可将这种作功方式称为系统对外部的间接作功。

在纯热相互作用的间接作功过程中，卡诺热机放给环境的热量为

$$Q_0 = -\int_i^a T_0 \frac{\delta Q}{T} \tag{1.8}$$

在绝热过程 a—0 中，系统熵不变，因此 $S_a=S_0$。按克劳修斯熵定义式 $\mathrm{d}S = (\delta Q / T)_{\mathrm{rev}}$ 得

$$\int_i^a \frac{\delta Q}{T} = S_0 - S_i \tag{1.9}$$

综合式(1.8)和式(1.9)有

$$Q_0 = T_0 \left(S_i - S_0\right) \tag{1.10}$$

考虑到闭口系统可用能式(1.6)中的初态一般不写下标，即 $S = S_i$，因此式(1.10)表明闭口系可用能表达式(1.6)中的 $T_0\left(S - S_0\right)$ 是闭口系在与环境纯热相互作用时必须向环境放出的热量 Q_0，即闭口系与环境做纯热相互作用(间接作功过程)时的不可用能。

2) 功相互作用

在图 1.3 中 a—0 的绝热过程中，闭口系与环境之间无热量的交换，而只有功量的交换，因此绝热过程也可称为闭口系与环境之间的纯功相互作用(work interaction)。在纯功相互作用过程中，有用功通过闭口系体积膨胀直接作功而得到，因此这种作功方式也可称为系统的直接作功。

在功相互作用(直接作功)过程中，闭口系由于体积变化对外部所做的功为

$$W = \int_a^0 p\mathrm{d}V \tag{1.11}$$

同时，闭口系还必须对环境作功：

$$W_0 = p_0\left(V_0 - V\right) \tag{1.12}$$

它是闭口系在膨胀过程中推挤环境介质必须付出的功，因此这部分功是无用功。

综合式(1.11)和式(1.12)，可以得到闭口系与环境纯功相互作用时的有用功：

$$W_{\max 2} = \int_a^0 p\mathrm{d}V - p_0\left(V_0 - V\right) \tag{1.13}$$

式中，$p_0(V_0 - V)$为闭口系在与环境做纯功相互作用(直接作功)时的不可用能。

1.1.3　熵的宏观物理意义[7, 8]

在等容过程 i—a 中，式(1.7)～式(1.9)进一步运算后得到

$$W_{\max 1}=\int_i^a\left(\frac{T_0}{T}-1\right)\delta Q=T_0\left(S_0-S\right)-Q \tag{1.14}$$

式中，$Q=U_a-U_i=U_a-U$ 为闭口系输出的总热量。根据等容过程的能量守恒关系，式(1.14)可改写为

$$T_0\left(S-S_0\right)=\left(U-U_a\right)-W_{\max 1} \tag{1.15}$$

式中，$U-U_a$ 为闭口系与环境在纯热相互作用中减少的内能；$W_{\max 1}$ 为该过程的有用功。它们的差值，即闭口系与环境交换的热量 $T_0(S-S_0)$，就是纯热相互作用时闭口系减少的内能中无法转化为有用功的部分。因此，式(1.15)再次表明 $T_0(S-S_0)$ 就是闭口系从初态可逆变化到环境态时与环境纯热相互作用的不可用能：

$$E_{\mathrm{unx}}=T_0\left(S-S_0\right) \tag{1.16}$$

式(1.16)还可写为

$$S-S_0=\frac{E_{\mathrm{unx}}}{T_0} \tag{1.17}$$

通常情况下，环境参数 p_0 和 T_0 均为定值，因此对于组成成分给定的闭口系，它与环境相平衡状态下的熵值 S_0 也是确定的。此时，由式(1.17)可知，闭口系的熵越大，它与环境做纯热相互作用时的不可用能就越大，即闭口系的熵 S 与不可用能 E_{unx} 成正变。

综上所述，熵的宏观物理意义可以归结如下。

(1)熵是描述热功不等价的物理量，即在给定环境参数的条件下，系统的熵可以用来度量热量中不能转化为功的那部分。例如，对于等温吸热过程，虽然输入的热量与输出的功量在数量上相等，但由于它们在品位上不相等，闭口系的内能不变，但是熵却增加了；对于等容过程，系统的熵越大就代表输出热量作功时，热量不能转化为功的那部分就越大。

(2)闭口系的熵是系统与环境在纯热相互作用(间接作功)时不可用能的量度。它和环境熵值之差与不可用能成正比，与环境温度成反比。总之，与其他状态量不同，熵是能够反映热功不等价，以及能够度量闭口系不能作功能力的状态量。

1.1.4　熵分析在传热问题中的应用

从热力学角度看，热量传递是一种不可逆过程，属于非平衡热力学的范畴。基于变分法在力学中的成功应用，Onsager 和 Machlup[9, 10]提出了最小能量耗散原理。基于熵产分析并结合变分原理可以导出导热、扩散和黏性流动等非平衡传递现象的唯象定律及其相应的描述输运过程的微分方程式。Prigogine 则基于热力学系统在恒定状态应具有极值这一性质，提出了最小熵产原理[11]，并应用熵产的局域形式证明了恒定状态是与最小熵产状态相对应的。然而，上述研究都未涉及传热过程的强化或优化问题。Bejan[12, 13]推导了流动和传热过程中的熵产表达式，并以黏性和传热引起的总熵产率最小作为优化准则，研究了传热元件的最优几何结构，以及换热器和换热系统中参数的优化等问题，他把熵产最小化称为真实系统的热力学优化方法。随后，很多学者就把熵产最小作为准则函数对不同类型的传热过程进行优化[14, 15]。此外，Andresen 等[16, 17]发展了有限时间热力学，对含有有限温差传热过程的实际热力学循环进行了优化。

可是早在 1970 年代，Gyarmati[18]和 Finlayson[19]的研究就已表明，基于非平衡热力学原理的熵产变分并不能导出傅里叶导热定律。它所导出的导热定律，要求热导率(热流密度与温度梯度之比)必须与温度平方成反比，这与实际情况不符。也就是说，基于最小熵产原理并不能导出傅里叶导热定律。Bertola 和 Cafaro[20]发现，当满足昂萨格倒易关系式时，只有在广义流(如热流)为零时，最小熵产原理才能成立。此外，在分析逆流换热器的性能时，存在所谓的“熵产悖论”[21]。基于非平衡热力学的观点，熵产率是传热过程不可逆性的度量，传热过程的熵产率越小则传热过程的性能越好。但是，对于很多换热器，情况并非如此。图 1.5 给出了逆流换热器的效能 ε、传热单元数(number of transfer unit，NTU)和熵产数 N_s(无因次熵产)三者之间的关系，其中两个横坐标分别为换热器效能 ε 和 NTU，纵坐标为熵产数 N_s，参数 T_1/T_2 是冷、热流体的进口温度之比。当 NTU 大于 0.8(效能大于 0.5)时，随着 NTU 的增加(如换热面积增加)时，逆流换热器的效能增加，熵产数确实是减小的；但是当效能小于 0.5 时，随着 NTU 的增加，逆流换热器的效能增加，熵产数不是减小而是增加的，不符合最小熵产原理。上述现象称为“熵产悖论”[21]。

由上面的讨论可以看出，熵产率最小并不能导出傅里叶导热定律，且将其用于传热过程优化时也存在一定问题。尽管熵产分析应用于传热优化存在问题，但由于没有其他物理量能够描述传热过程的不可逆性，目前很多问题仍然只能借助熵产来进行分析。对此，Kostic[3]指出，目前有不少文章只进行熵产率的分析和计算，而并不与传热过程或系统性能的改善相联系。因此需要另辟蹊径研究传热性能的优化问题。

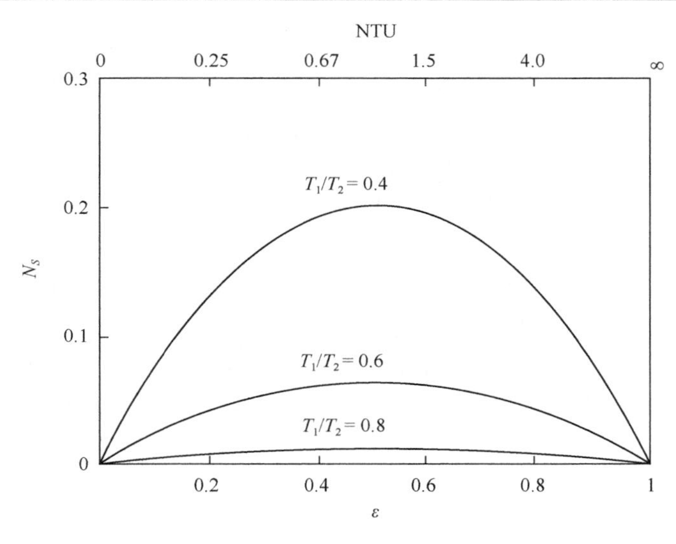

图 1.5　逆流换热器的熵产数

1.2　炽

1.2.1　引入新物理量——炽的原因

在各种能源的利用过程中，80%以上的能源利用都需要通热量传递过程来实现。因此，发展并使用高效节能的传热优化技术对提高能效具有十分重要的意义。传热学是一门经典的学科，有关传热理论与技术的研究已有 100 年以上的历史。特别是在 20 世纪 70 年代，世界面临石油危机，传热强化技术的研发取得了长足的发展，各种各样的传热强化技术在不同工程领域得到了大量的应用。到 90 年代初，每年有关传热强化的文献成倍地增长[22-24]。

传热强化技术虽然已取得了相当广泛的应用，但是大多数强化技术的研发具有经验或半经验性质，缺乏系统的理论指导。更重要的是，以对流换热为例，在强化换热的同时，还会伴随着流动阻力(泵功耗)的增加。通常情况下，流动阻力(泵功耗)增加的幅度甚至大于传热的增强幅度。因此，传热强化并不一定能够节能。此外，传热强化并不是在给定条件下寻找最优的传热性能，所以它并不是传热优化。为此，Guo 等[25]、李志信等[26]和 Tao 等[27]从流场和温度场的相互配合的角度重新审视对流传热的物理机制，并提出了对流传热优化的场协同理论，即速度场与温度梯度场的协同理论：当速度场与温度梯度场的协同最好时，给定泵功耗条件下的传热性能最好，或给定传热性能条件下的泵功耗最小。因此，为了实现传热过程优化，应做到：①速度矢量与温度梯度矢量的夹角余弦值尽可能大，即两个矢量的夹角尽可能小；②流体速度剖面和温度剖面尽可能均匀；③尽可能使三个标量场(速率、温度梯度和速度矢量与温度梯度矢量夹角的余弦)中的大值同时出现在整个场中的各个区域。速度场与温度梯度场的场协同理论不仅能统一认识现有各种对流传热和传热强化现象的物理本质，更重要的是，它能指导发展新的传热优化技术。它不仅在思路上与传热强化技术有很大不同，而且在传热增强的同时，引起的流动阻力(泵功耗)增加要比传热强化技术低得多。

然而，由于对流传热过程中的速度场和温度场是相互耦合的，场协同理论只能针对已有的实例分析它们的协同程度，很难通过事先设计来提高它们的协同程度。同时，虽然可用场协同数来评价不同对流传热问题中速度场和温度梯场的协同程度，但它并没有与传热过程的不可逆性相联系，从而无法揭示传热过程优化的物理本质。

1.2.2　煅的引入

为了更科学地研究传热过程的优化，需要从学科层面上另辟蹊径，重新思考。传热学是一门相对成熟的学科，但是理论关系不强，大多是经验关系式。除了辐射定律，用于传热过程分析的傅里叶导热定律和牛顿冷却定律等基本上都是实验定律。因此，传热学不像物理学的其他分支学科(力学、电学、光学等)一样具有自己严格的理论体系。此外，与其他分支学科不同的是，传热学(包括非平衡热力学)中没有(热的)质量、(热的)力、(热的)速度和动量等物理量，但有很多独有的物理量，首先是熵，其次是可用能(㶲)。此外，在传热学中特别强调需要区别状态量、过程量等。然而，物理学家普朗克曾说过：“科学是内在的整体，它被分割为单独的部分，不是取决于事物的本质，而是取决于人类认识能力的局限性。”因此可以认为，传热学之所以如此与众不同，是因为传热学中缺乏某些基本物理量。基于这一思考，本书期望通过研究传热学与其他学科的共性之处，从而在传热学学科中引入新的物理量。

2001 年，夏再忠[28]提出导热过程中有某种“阻力”，“阻力”的存在导致了热量乘温度这个物理量的损失，称其为热势损失。他还在无穷小温差的条件下，将质量为 m、比定压热容为 c_p 的物体从温度 $T=0$ 可逆加热到温度 T，推导得到了该物体的热势，$Q_h=mc_pT^2/2$，其中 mc_p 是物体的热容量，而后 Guo 等[29]又将其称为热量传递势容。

1) 比拟法引入新物理量——煅

1822 年法国科学家傅里叶提出了导热定律。考虑到导电和导热过程之间存在很多共同之处，如热流与电流、热阻与电阻、温度与电压、电容与热容等物理量一一相对应，德国物理学家欧姆类比傅里叶导热定律在 1826 年提出了欧姆导电定律。20 世纪 50 年代，数值计算的软硬件还很不发达，对于复杂的稳态和瞬态导热问题尚无解析解，而导热试验又很费时费力，所以通常采用电模拟试验方法求解导热问题[30]。例如，对于集总热容系统的瞬态导热则可用电容-电阻放电电路进行电-热模拟试验。因此，可以进一步将导热过程与导电过程和多孔介质中的流动过程进行类比，研究其参数之间的对应关系。表 1.1 列出了它们对应的物理量和扩散输运定律。然而，在列出各对应物理量时出现了一个问题：导热过程中的热量与导电和流动过程中的什么物理量相对应？众所周知，热量是能量，似乎应与导电过程的电势能和流动过程的重力势能相对应。可是从各传递过程的扩散输运定律的对应关系中可以看出，热流是与电流和流体的质量流相对应的。也就是说，在传递过程中，导热过程的热量应与导电过程的电量和流动过程的质量相对应(表 1.1)。此时，导热过程中缺少了一个与导电过程的电势能和流动过程的重力势能相对应的物理量。因此，Guo 等[31]引入了一个与它们相对应的物理量 G，它是定容条件下物体中的热能(广延量)与温度(强度)乘积的一半：

$$G=\frac{1}{2}Q_{\mathrm{vh}}T \tag{1.18}$$

式中，Q_{vh} 为储存在定容物体(固体或液体)中的热能，它与定容条件下的内能 U 对应，所以式(1.18)也可以写为

$$G=\frac{1}{2}Q_{\mathrm{vh}}T=\frac{1}{2}UT \tag{1.19}$$

在定容条件下的可逆传热过程中，$\delta Q=\mathrm{d}Q_{\mathrm{vh}}=\mathrm{d}U$，$\delta Q$ 为换热量，是过程量；Q_{vh} 为状态量。

表 1.1　导热过程与导电过程和多孔介质中的流动过程的各物理量对应表

导电过程	电量	电势	电势能	欧姆定律
	Q_{ve}	U_e	$\frac{1}{2}Q_{\mathrm{ve}}U_e$	$\dot{\boldsymbol{q}}_e=-\sigma\frac{\mathrm{d}U_e}{\mathrm{d}n}$
导热过程	热能	热势	煾(热势能)	傅里叶定律
	Q_{vh}	T	$G=\frac{1}{2}Q_{\mathrm{vh}}T$	$\dot{\boldsymbol{q}}=-k\frac{\mathrm{d}T}{\mathrm{d}n}$
多孔介质流动	质量	重力势	重力势能	达西定律
	M	Hg	$\frac{1}{2}MHg$	$\dot{\boldsymbol{m}}_a=-K_a\frac{\mathrm{d}(Hg)}{\mathrm{d}n}$

表 1.1 中，g 为重力加速度，M 为物体质量，H 为物体所在的高度，K_a 为渗透系数，$\dot{\boldsymbol{q}}_e$ 为电流密度，$\dot{\boldsymbol{q}}$ 为热流密度，$\dot{\boldsymbol{m}}_a$ 为质量流密度。

由于 G 是热能值乘以温度，所以本书将 G 这个新物理量称为煾(或热能煾)。虽然它不具有能量的量纲，但具有热势能的含义。类似于 entropy 的构成，由于它

具有能量的含义，取“energy”的词头“en”；又由于它反映了传递的性能，取“transfer”中的一部分“trans”，构成了炽的英文——“entransy”。

2) 演绎法引入新物理量——炽

前面通过导热过程、导电和多孔介质中流动过程的比拟，唯象地引入了炽这个物理量。早在 20 世纪在 50 年代，Biot[32]在变分求解导热微分方程的过程中引入了类似的物理量。Eckert 和 Drake[33]曾指出，“从 1955 年开始，Biot 在一系列的文章中从不可逆热力学的观点出发，给出了一个变分形式的热传导方程……Biot 定义热势为

$$E_{\mathrm{Bi}} = \frac{1}{2}\int_V \rho c_V T^2 \mathrm{d}V \tag{1.20}$$

热势 E_{Bi} 起的作用与势(势能)相类似……”，但是 Biot 并未阐明热势的物理意义，而且除了在各向异性导热问题的近似求解以外无其他方面的应用。现在则能够从热量守恒方程出发，引入新物理量炽及其相关的物理量。

如图 1.6 所示，对温度为 T，比定容热容为 c_V 的物体在体积不变、温差无穷小的条件下进行无穷慢的加热过程，即可逆定容加热过程。其中，输入的热量等于物体增加的热能：

$$\delta Q = \mathrm{d}Q_{\mathrm{vh}} = Mc_V \mathrm{d}T \tag{1.21}$$

式中，δQ 为加入的无穷小热量；M 为物体的质量。

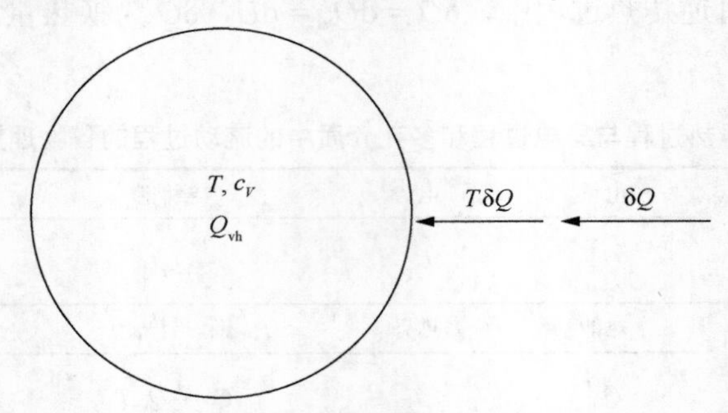

图 1.6 热量交换与物体炽形成的示意图

式(1.21)两边乘以温度 T 后，可以得到

$$T\mathrm{d}Q = T\mathrm{d}Q_{\mathrm{vh}} = Mc_V T\mathrm{d}T = \mathrm{d}G \tag{1.22}$$

式(1.22)最左边是加入物体的炽量，是过程量，最右边则是物体状态量的变化，即炽的变化。可见，在加入热量的同时，也就加入了炽量，从而物体的炽也增加。当以绝对零度作为基准，并假设 c_V 为常数时，一个物体的炽可表示为

$$G = \int_0^T T\mathrm{d}Q_{\mathrm{vh}} = \int_0^T Mc_V T\mathrm{d}T = \frac{1}{2}Mc_V T^2 \tag{1.23}$$

1.2.3　炽耗散与炽平衡方程

热量在介质中的扩散传递过程与电流通过导体介质、流体通过多孔介质的扩散传递过程一样，是不可逆过程。电流通过电阻时耗散的是电能，流体流动因摩擦阻力耗散的是机械能，而热量流过介质时，热量是守恒的，因热阻而耗散的则是炽，它可以从热量守恒方程中导出。无内热源、体积不变的稳态导热热量守恒方程为

$$\rho c_V \frac{\partial T}{\partial t} = -\nabla \cdot \dot{\boldsymbol{q}} \tag{1.24}$$

式中，$\dot{\boldsymbol{q}}$ 为热流密度矢量。方程两边乘以 T 并整理可得

$$\rho c_V T \frac{\partial T}{\partial t} = -\nabla \cdot \left(\dot{\boldsymbol{q}} T\right) + \dot{\boldsymbol{q}} \cdot \nabla T \tag{1.25}$$

式(1.25)左边是微元体中炽随时间的变化，右边的第一项是进入单位体积微元体的净炽流，右边第二项的绝对值是单位体积微元体中的炽耗散率。因此，式(1.25)可改写为

$$\frac{\partial g}{\partial t} = -\nabla \cdot \left(\dot{g}_{\mathrm{f}}\right) - \dot{\phi}_{\mathrm{g}} \tag{1.26}$$

式(1.26)就是无内热源导热过程的炽平衡方程，其中单位体积的炽、炽流密度和单位体积的炽耗散率分别为

$$g = \frac{1}{2}\rho c_V T^2 \tag{1.27}$$

$$\dot{g}_{\mathrm{f}} = \dot{\boldsymbol{q}} T \tag{1.28}$$

$$\dot{\phi}_{\mathrm{g}} = -\dot{\boldsymbol{q}} \cdot \nabla T = k\left(\nabla T\right)^2 \tag{1.29}$$

式(1.29)表明炽耗散率类似于导电过程中电能耗散率和流动过程中机械能耗散率的表达式。

以一维稳态导热为例，输入厚度为 d 的平板的热流密度 $\dot{\boldsymbol{q}}_1$ 与输出平板的热流密度 $\dot{\boldsymbol{q}}_2$ 相等：

$$\dot{\boldsymbol{q}}_1 = \dot{\boldsymbol{q}}_2 \tag{1.30}$$

但是由于传热过程中存在炽耗散，输入平板和从平板输出的炽流密度不等，

所以一维稳态导热的煅平衡方程为

$$\dot{g}_{f1} = \dot{g}_{f2} + \int_0^d \dot{\phi}_g \mathrm{d}x \tag{1.31}$$

其物理意义为输入的煅流密度等于输出煅流密度与单位截面通路总煅耗散率之和。

传热学中温差除以热流等于热阻的概念已得到了广泛的应用。然而，这种定义的热阻的概念只在无热源一维导热的情况下才适用。这是因为对于非等温边界(多温度边界)或有内热源条件的导热问题，由于温差的定义有任意性，所以很难严格定义热阻。现在，有了煅耗散这个物理量，对于有热源或非等温边界条件问题，就可以严格定义热阻。对于导电过程，电阻等于电压差除以电流，也可表示为电压差与电流的乘积(电能的总耗散率)除以电流的平方。因此，对于多维导热过程，为避免温差定义的任意性，可用总煅耗散率除以净换热热流的平方定义热阻，称其为煅耗散热阻：

$$R_g = \frac{\int_V \dot{\phi}_g \mathrm{d}V}{\dot{Q}^2} = \frac{\int_V |\dot{\boldsymbol{q}}| \cdot \nabla T \mathrm{d}V}{\dot{Q}^2} \tag{1.32}$$

热阻定义中的总煅耗散率为

$$\dot{\Phi}_g = \dot{Q}^2 R_g \tag{1.33}$$

1.2.4　煅的宏观物理意义

考虑图 1.7 所示的由三个物体组成的热系统，物体 1 和物体 2 具有很高的热导率，它们的热阻可以忽略，在分析过程中可按集总参数处理。物体 3 的热导率很小，所以导热过程中的全部热阻集中于物体 3。三个物体相互接触前，物体 1 和物体 2 的热容和温度分别为 C_1、C_2 和 T_{10}、T_{20}，且 $T_{10} > T_{20}$。忽略物体 3 的热容，则三物体相互接触后的热量守恒方程为

$$-\frac{\mathrm{d}Q_{vh1}}{\mathrm{d}t} = \frac{\mathrm{d}Q_{vh2}}{\mathrm{d}t} = \dot{Q} \tag{1.34}$$

式中，$\dot{Q}$ 是导热过程的热流；Q_{vh1} 和 Q_{vh2} 分别为定容物体 1 和 2 中的热能。伴随着热量的传递，也存在煅量的传递。对于图 1.7 所示的传热过程，热系统的煅平衡方程为

$$-T_1 \frac{\mathrm{d}Q_{vh1}}{\mathrm{d}t} + T_2 \frac{\mathrm{d}Q_{vh2}}{\mathrm{d}t} + \dot{Q}^2 R_g = 0 \tag{1.35}$$

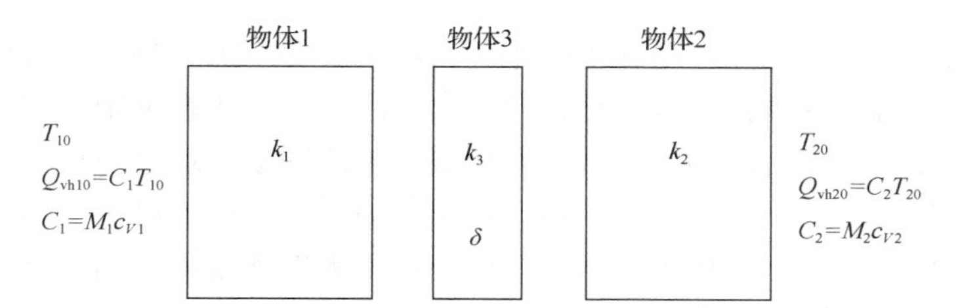

C_1、$C_2 \gg C_3$，　$R_h=\delta/(k_3A)$

k_1、$k_2 \gg k_3$，　δ、A分别为物体3的厚度与接触面积

(a) 初始状态

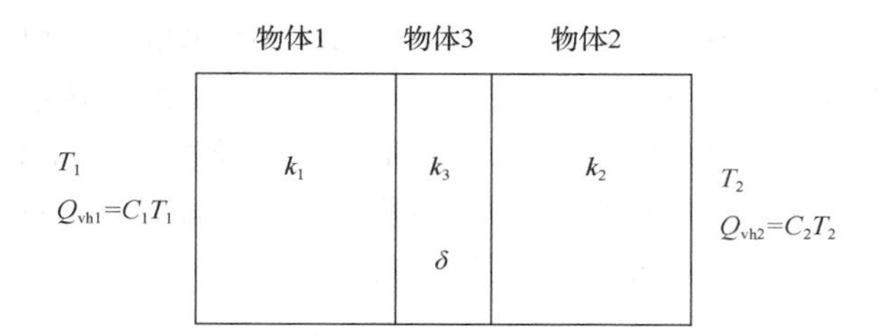

(b) 开始接触

图 1.7　三个物体组成的热系统中的导热

求解式(1.34)和式(1.35)可得到物体 1 和物体 2 的热能、温度以及热流随时间的变化：

$$Q_{vh2}=B_2+C\left(T_{10}-T_{20}\right)\mathrm{e}^{-t/(R_gC)} \tag{1.36}$$

$$Q_{vh1}=B_1+C\left(T_{10}-T_{20}\right)\mathrm{e}^{-t/(R_gC)} \tag{1.37}$$

$$T_2=\frac{B_2}{C_2}+\frac{C}{C_2}\left(T_{10}-T_{20}\right)\mathrm{e}^{-t/(R_gC)} \tag{1.38}$$

$$T_1=\frac{B_1}{C_1}+\frac{C}{C_1}\left(T_{10}-T_{20}\right)\mathrm{e}^{-t/(R_gC)} \tag{1.39}$$

式中

$$C=\frac{C_1C_2}{C_1+C_2}\,,\quad B_1=\frac{C_1\left(Q_{vh10}+Q_{vh20}\right)}{C_1+C_2}\,,\quad B_2=\frac{C_2\left(Q_{vh10}+Q_{vh20}\right)}{C_1+C_2}$$

从式(1.36)和式(1.38)可以发现，物体 2 从初始温度 T_{20} 升高到某个温度 T_2 和热能 Q_{vh20} 升高到热能 Q_{vh2} 所需的时间 t 不仅与物体 1 的初始温度有关，而且与物体 1 的热容有关。因此，物体 1 的㶲越大，把物体 2 加热到预定目标所需时间越短，即相同时间物体把更多的热量释放出来。因此，状态量㶲的物理义就是物体对外释放热量的能力。陶文铨教授曾用餐桌上的铁板烧这个与日常生活有关的例子，通俗易懂地定性描述了㶲的物理意义。为了菜肴的保温，板的温度越高，显然保温效果就越好，而板为什么用铁而不用铝呢？那是因为同温度、同体积下铁板中存储的热能比铝板大。因此，铁板烧的㶲越大，对菜肴的保温效果就越好。

1.2.5　㶲耗散的物理意义

1) 导热过程的效率

在不可压介质的稳态导热过程中，输入和输出的热量总是相等的，因此无法用输入/输出的热量来定义导热过程的效率。但是，在稳态导热过程中，因为㶲存在耗散而不守恒，所以可用输入/输出的㶲量来定义导热过程的效率。对于图 1.8 所示的一维稳态导热过程，从平板输出的㶲流密度和输入平板的㶲流密度之比就是导热过程的效率，或称为导热过程的㶲传递效率：

$$\eta=\frac{\dot{g}_{f1}}{\dot{g}_{f2}}=\frac{\dot{\boldsymbol{q}}_2T_2}{\dot{\boldsymbol{q}}_1T_1}=\frac{T_2}{T_1} \tag{1.40}$$

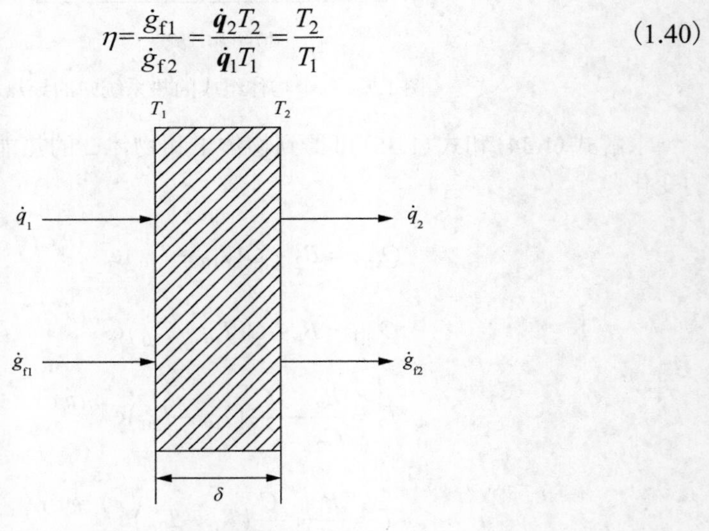

图 1.8　一维稳态导热过程

㶲传递效率具有明确的物理意义：当一定的热量通过平板时，其温度下降越大，意味着㶲耗散越大，则㶲的传递效率越低。但是，如果用熵的输运量则难以定义导热过程的效率，这是因为熵产使输出的熵流大于输入的熵流，按它所定义的效率将大于 100%，显然就没有物理意义了。

传递过程的不可逆是因为过程中有阻力，导致传递能量的耗散。例如，导电过程中因电阻引起的电能耗散，或者流动过程因摩擦引起的机械能耗散。也就是说，传递的某种能量总是因耗散而越来越少，从而可以通过该种能量的耗散来定义不可逆输运过程的效率。由于炽具有能量特性，并且在传递过程中必然存在耗散，所以可用炽耗散来定义导热过程的效率。当然，如果关心的输运量是可用能，那么基于可用能的损耗也可以定义传热过程的效率。但是它们的区别在于热量传递的目的：当热量传递是为了加热或冷却物体时，炽耗散或炽耗散热阻是此类传热过程不可逆性的度量，并可用它来定义不涉及热功转换的传热过程的炽传递效率；当热量传递是为了热功转换(传热部件是热力循环的一个组成部分)时，可用能的损耗是此类传热过程不可逆性的度量，并可用它来定义此类传热过程的可用能传递效率。

2) 传热过程的 T-$\dot{Q}$ 图

前面讨论的炽耗散率及其表达式是从导热问题中导出的，并能度量导热过程的不可逆性。由于对流换热本质上是具有流体流动的导热问题[34]，所以从严格意义上来说，对流换热并不是基本的传热方式。对流换热的不可逆性也来自于导热过程的不可逆性，因此炽耗散率同样能够度量对流换热过程的不可逆性，这一点在第 3 章中将进一步通过推导证明。

对于含有对流换热方式的常用设备——换热器，在现有分析方法中常用图 1.9 所示的 T-A 图，其中 T 是流体的温度，A 是换热器的换热面积。图 1.9 能够直观显示换热器中冷、热流体的温度和热流密度分布：图中的阴影面积乘以局部传热系数就是该换热单元的换热量；冷、热流体温度曲线之间所围的面积就是换热器的总换热量。然而，T-A 图不能直接反映换热器中换热过程的不可逆性。

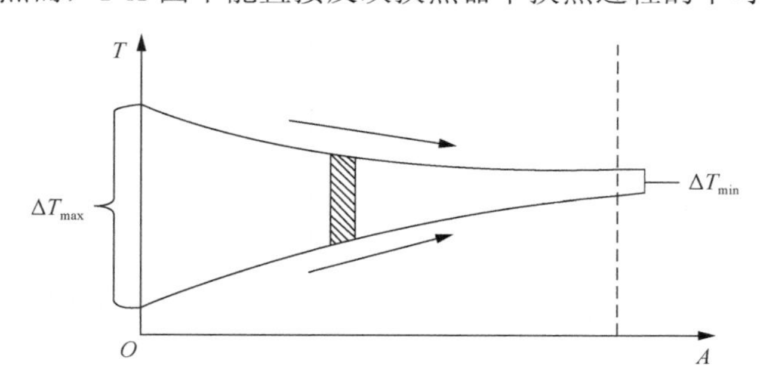

图 1.9 顺流换热器的 T-A 示意图

基于炽这个物理量，可以构建能够直观、定量反映传热过程不可逆性的温度-热流图，即图 1.10(a)和 1.10(b)所示的 T-$\dot{Q}$ 图[35]，其中 T 代表温度，下标 c 和 h 分别代表冷热流体，下标 in 和 out 分表代表进出口；$\dot{m}$ 代表质量流量；$\dot{Q}$ 代表换热速率。

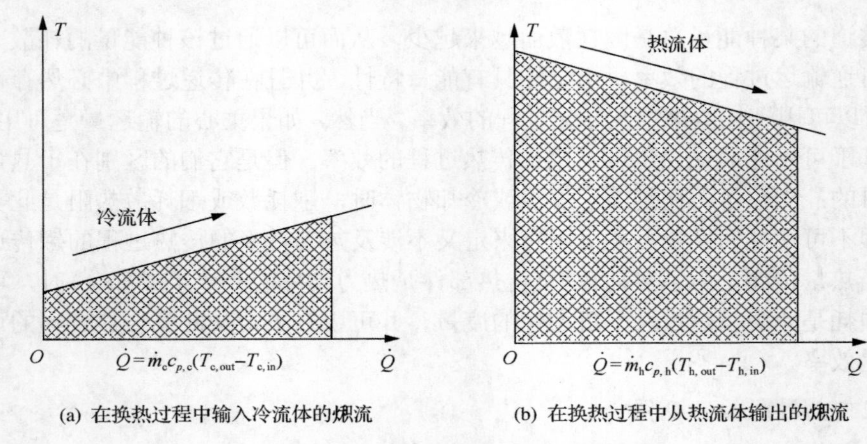

(a) 在换热过程中输入冷流体的烟流　　(b) 在换热过程中从热流体输出的烟流

图 1.10　冷热流体在换热过程中的 T-$\dot{Q}$ 图

冷流体温度曲线(图 1.10(a))与 $\dot{Q}$ 坐标轴包围的阴影面积，就等于在换热过程中输入冷流体的烟流；而热流体温度曲线(图 1.10(b))与 $\dot{Q}$ 坐标轴包围的阴影面积，就等于在换热过程中从热流体输出的烟流。所以，图 1.11 中的阴影面积就等于从热流体输出与输入冷流体的烟流之差，它就是换热器中传热过程的总烟耗散率。从图 1.11 中可以看到，在相同的换热量和相同的冷热流体的进口温度的条件下，顺流换热器的阴影面积明显大于逆流换流器的阴影面积，即烟耗散率远高于逆流换热器，这就是顺流换热器的效能低于逆流换热器的原因。这个例子还进一步表明了烟耗散率可以作为不涉及热功转换的传热过程不可逆性的度量。

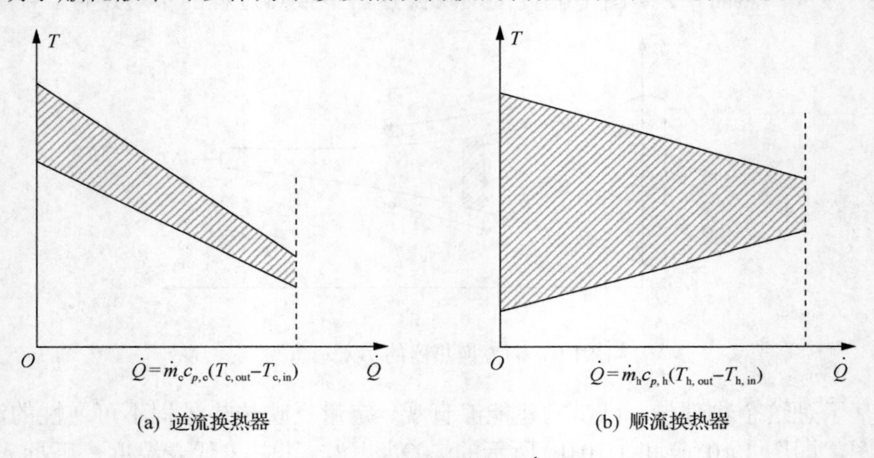

(a) 逆流换热器　　(b) 顺流换热器

图 1.11　换热器的 T-$\dot{Q}$ 图

需要说明的是，化工过程分析常用的夹点法中也有类似的 T-$\dot{Q}$ 图[36]，它与本书所提的 T-$\dot{Q}$ 图之间的不同之外在于，夹点法中的 T-$\dot{Q}$ 图的目的是将相同温区的流体按所需热量形成组合曲线，以便实现多股流体之间换热的流程优化组合。但是，因为以前没有炽这个物理量，所以窄点法中的T-$\dot{Q}$图没有耗散的概念，从而无法利用温度曲线之间包围的面积所代表的物理量来描述传热过程的不可逆性。

1.2.6 炽与热质势能

根据爱因斯坦的质能关系式，热量与其他形式的能量一样，具有相对性质量。文献[37]揭示了热量具有“能”“质”二象性，即当热量与其他形式的能量进行相互转换时，热量表现为能量的特性；而当热量运动时，热量则表现为质量的特性，称为热质。此处的热质与 18、19 世纪的热素(热质)说不同，后者认为热量是一种看不见、没有质量的流体；而前者认为热量是具有有限质量的流体。热量在介质中的传递(导热过程)实际上就是热质流体在以静止质量为骨架的多孔介质中的流动过程，并且可以从傅里叶导热定律中提炼出热量(热质)的流动速度。鉴于热质流动速度远小于光速 c，可用牛顿力学框架下的流体力学原理描述介质中的导热过程，并由此导出热质流体的动量守恒定律，它就是普适导热定律[37]。

因为流体在流动过程中具有动能，所以热质流体在流动过程(导热过程)中也具有动能，即热质动能。它是由热质在热势场中的势能(热质势能)转换而来的。热质势能可以通过比拟法和演释法得到。表 1.2 列出了传热过程中热质流体的流动过程与流体在多孔介质中流动过程相对应的物理量。其中，Q_{vh}/c^2 是热质，具有质量的量纲；$c_V T$ 是热质所在热场中的热势，量纲与重力势的量纲相同；$\dot{\boldsymbol{m}}_{\mathrm{th}}$ 是热质流体密度矢量。通过对比可以发现：在传热过程中缺少的是与多孔介质流动过程中重力势能相对应的物理量，所以可引入一个新物理量，$E_{\mathrm{h}}=Q_{\mathrm{vh}}c_V T/(2c^2)$，来代表热质在热场中的势能，即热质势能，它具有能量的量纲。可以看到，热质势能等于热质与热势的乘积的一半：

$$E_{\mathrm{h}}=\frac{1}{2}\left(\frac{Q_{\mathrm{vh}}}{c^2}c_V T\right) \tag{1.41}$$

鉴于热容已假定为常量，光速 c 也是常量，式(1.41)去掉光速和热容后就是物体的炽：

$$\frac{1}{2}\left(Q_{\mathrm{vh}}T\right)=\frac{1}{2}Mc_V T^2=G \tag{1.42}$$

也就是说，炽是热质势能的简化表达式。

表 1.2 传热过程中热质流体的流动过程与流体在多孔介质中流动过程相对应的物理量

	热质	热质势	热质势能	傅里叶导热定律
传热过程	Q_{vh}/c^2/kg	c_VT/(J/kg)	$Q_{vh}c_VT/(2c^2)$/J	$\dot{m}_{th}=-\frac{k}{c_Vc^2}\frac{d(c_VT)}{dn}$ /[kg/(s·m²)]
	质量	重力势	重力势能	达西定律
多孔介质流动	M/kg	Hg/(J/kg)	$(MHg/2)$/J	$\dot{m}_a=-K_a\frac{d(Hg)}{dn}$ /[kg/(s·m²)]

这样，炽耗散实际上就是热质势能的耗散。在传热过程中的热质势能总是越来越小，从而传递热量的能力也就越来越低，所以热质势能(炽)的耗散是不涉及热功转换的传热过程不可逆性的度量。

1.3 线性输运过程的最小作用量原理

1.3.1 最小作用量原理

最小作用量原理是物理学中极为重要的原理之一，在各个分支学科中有广泛的应用。费马于 1662 年提出了费马原理，认为光线将沿光程最短的路径传播，这是历史上最早形式的最小作用量原理。在力学研究中，莫泊鲁斯(Maupertuis)和欧拉提出了 Maupertuis 原理，即在质点的机械运动中，当它的动量与距离的乘积最小时，可以导出无外力作用下的质点是沿直线运动的。此后，哈密顿提出了哈密顿原理，即在势力场中，质点运动的真实路径必然使哈密顿量(即作用量)取驻值。哈密顿原理就是最小作用量原理，它结合能量守恒方程可导出相应的运动微分方程和牛顿运动定律。

光学与经典力学中的最小作用量原理都仅应用于可逆过程。对于包括导热和扩散等线性输运不可逆过程，昂萨格提出了最小能量耗散原理。他把热力学力与热力学流的点积定义为熵产率，认为它是各种线性输运过程不可逆性的量度。通过对熵产率一半的变分可导出傅里叶导热定律、菲克定律和牛顿黏性定律等线性输运定律[9, 10]。然而一些学者发现，基于上述熵产分析所导出的傅里叶导热定律，要求热导率必须与热力学温度的平方成反比。这显然与实际情况不符，所以 Gyaramati 和 Finlayson 采用熵产加权的办法[18, 19]导出傅里叶导热定律。但是，他们也都没有给出导出线性输运定律的拉格朗日函数的物理意义，也没有说明它们是否有普适性。程新广[38]基于新物理量炽的变分导出了傅里叶导热定律，Hua 和 Guo[39]则提出了线性输运过程的最小作用量原理：线性输运过程中的力(势的梯度）与流的一半就是其作用量，它的变分就可导出相对应的运动微分方程和线性输运定律。

1.3.2　昂萨格的最小能量耗散原理

昂萨格把线性输运过程中的热力学力与热力学流的点积定义为熵产率：

$$\dot{s}_{\mathrm{g}} = \boldsymbol{F} \cdot \dot{\boldsymbol{J}} \tag{1.43}$$

式中，$\boldsymbol{F}$ 为热力学力；$\dot{\boldsymbol{J}}$ 为热力学流；$\dot{s}_{\mathrm{g}}$ 为熵产率。

类似于力学中的瑞利耗散函数，昂萨格还引入了一个耗散函数：

$$\dot{\phi}_{\mathrm{J}} = \frac{1}{2} \dot{\boldsymbol{J}} \cdot L^{-1} \cdot \dot{\boldsymbol{J}} \tag{1.44}$$

式中，L^{-1} 为唯象系数的矩阵。

昂萨格取熵产率与耗散函数之差为作用量，当它取极值时，其变分 $\delta\left(\dot{s}_{\mathrm{g}} - \dot{\phi}_{\mathrm{J}}\right) = 0$，就可导出该线性输运定律，其数学表达式为

$$\dot{\boldsymbol{J}} = L \cdot \boldsymbol{F} \tag{1.45}$$

这就是昂萨格的最小能量耗散原理。

对于导热过程：

$$\dot{s}_{\mathrm{g}} = -\frac{\dot{\boldsymbol{q}} \cdot \nabla T}{T^2} \tag{1.46}$$

以热流表示的耗散函数为

$$\dot{\phi}_{\mathrm{J}} = \frac{\dot{\boldsymbol{q}}^2}{2L} \tag{1.47}$$

按昂萨格的最小能量耗散原理，当 $\delta\left(\dot{s}_{\mathrm{g}} - \dot{\phi}_{\mathrm{J}}\right) = 0$ 时：

$$\dot{\boldsymbol{q}} = L\nabla\left(\frac{1}{T}\right) = -\frac{L}{T^2}(\nabla T) = -k(\nabla T) \tag{1.48}$$

唯象系数 L 必须是常数，因此要求热导率必须与热力学温度的平方成反比，即

$$k \propto \frac{1}{T^2} \tag{1.49}$$

通常情况下热导率可近似为常数，这是傅里叶提出导热定律的前提。虽然介

质的热导率可以是温度的函数，但不存在热导率与热力学温度平方成反比的介质。因此，基于最小熵产原理是不能导出傅里叶导热定律的。同样，基于最小熵产原理也导不出菲克定律等其他线性输运定律。

1.3.3 线性输运过程的最小作用量原理

设线性输运定律为

$$\dot{\boldsymbol{J}} = L \cdot \boldsymbol{F} \tag{1.50}$$

式中，J 为广义流，$\boldsymbol{F}$ 为广义力，L 为唯象系数。输运过程是自然现象，是不可逆过程，其耗散率不再指定是熵产率，而是广义流和广义力的乘积：

$$\dot{\psi} = \boldsymbol{F} \cdot \dot{\boldsymbol{J}} \tag{1.51}$$

其耗散函数就是昂萨格引入的耗散函数：

$$\dot{\phi}_{\mathrm{J}} = \frac{\dot{\boldsymbol{J}} \cdot L^{-1} \cdot \dot{\boldsymbol{J}}}{2} \tag{1.52}$$

最小作用量原理可写为

$$\delta\left(\dot{\psi} - \dot{\phi}_{\mathrm{J}}\right) = 0 \tag{1.53}$$

由于广义力具有负的势的梯度，所以

$$\boldsymbol{F} = -\nabla P \tag{1.54}$$

式中，P 为输运量的势。

联合式(1.51)、式(1.52)、式(1.54)可将式(1.53)的空间积分写为

$$A = \int_V \left(\dot{\psi} - \dot{\phi}_{\mathrm{J}}\right) \mathrm{d}V = \int_V \frac{\dot{\psi}}{2} \mathrm{d}V = \frac{1}{2} \int_V \left(\nabla P \cdot L \cdot \nabla P\right) \mathrm{d}V \tag{1.55}$$

把式(1.55)对势 P 进行变分就能得到势的微分方程，并能导出该过程的线性输运定律，即线性输运过程的最小作用量原理。这就进一步表明了线性输运过程的作用量不是熵产，而是耗散率与耗散函数之差，即式(1.53)。因为这一差值就等于耗散函数，所以有时也称耗散函数为作用量。

1.3.4 导热过程的最小作用量原理

根据导热过程的焩耗散定义，在导热过程中焩的耗散率是热流密度与温度梯度的点积：

$$\dot{\phi}_{\mathrm{g}} = -\dot{\boldsymbol{q}} \cdot \nabla T$$

导热过程中的炽耗散函数为

$$\dot{\phi}_{\mathrm{J}} = \frac{\dot{\boldsymbol{q}}^2}{2L} \tag{1.56}$$

炽耗散率与炽耗散函数之差为作用量，其变分为

$$\delta\left(\dot{\phi}_{\mathrm{g}} - \dot{\phi}_{\mathrm{J}}\right) = \delta\left(-\dot{\boldsymbol{q}} \cdot \nabla T - \frac{\dot{\boldsymbol{q}}^2}{2L}\right) = 0 \tag{1.57}$$

式(1.57)对热流密度的变分，可导出热流与温度的本构关系：

$$\dot{\boldsymbol{q}} = -L\nabla T \tag{1.58}$$

式(1.58)就是傅里叶导热定律，其中常数 L 就是介质的热导率，因此，炽耗散率的一半应是热导率为常数时导热过程的作用量，它的变分能导出相应的导热微分方程和傅里叶导热定律。这表明导热过程的最小作用量原理与基于傅里叶导热定律的导热微分方程是等价的。另外，从采用有限元方法求解导热问题温度场的文献中可以看到，其作用量(拉格朗日函数)就是炽耗散率的一半[40]。不过在有限元方法中它只是从数学上试凑出来的一个函数，并没有说明它有什么物理意义。然而有限元方法已经成功地应用于复杂导热问题的温度场计算，恰恰证实了炽耗散率这个物理量的存在和应用价值。

当热导率是温度的函数时 $k=k(T)$，导热过程是非线性输运过程：

$$\dot{\boldsymbol{q}} = -k(T)\nabla T \tag{1.59}$$

但是可以通过以下变换使其成为线性输运过程。令

$$T^* = \int_{T_0}^{T} k(T)\mathrm{d}T \,/\, k(T_0) \tag{1.60}$$

将式(1.60)代入式(1.59)就可得到以下的线性方程：

$$\dot{\boldsymbol{q}} = -k(T_0)\nabla T^* \tag{1.61}$$

式中，用温度 T^*代替了原来的热力学温度 T。此时的耗散函数同样应是广义力和广义流点积的一半，即

$$\phi_{\mathrm{J}}{}^* = \frac{1}{2}\left(-\dot{\boldsymbol{q}} \cdot \nabla T^*\right) \tag{1.62}$$

它的变分就可导出非线性导热定律式(1.59)。

因为此时用了 T^*替代 T，所以把 ϕ_J^* 称为广义煨耗散函数。当热导率为温度的函数时，式(1.59)～式(1.62)就是此类导热过程的最小作用量原理。

1.4 小 结

在讨论为什么要引入新物理量——煨之前，本章首先简述了熵及其英文和中文的由来，通过热力学复合系统的可用能分析阐明了熵的宏观物理意义。然后指出：虽然通常认为熵产是任何过程不可逆性的度量，从而熵产分析不仅能用于热力循环的性能分析，还能够用于传热过程和设备的性能优化，然而最小熵产原理不能导出傅里叶导热定律，并且换热器中的熵产悖论等实例表明，熵产分析并不总是适用于传热过程的分析和优化。

20 世纪末提出的对流换热过程的场协同理论，它虽然是非常直观、能提高能效的传热过程的优化理论，但是由于速度场与温度场的强耦合而不能事先设计它们的协同程度。此外，场协同理论不能反映传热过程不可逆性的影响。

为了解决上述问题，需要从传热学科层面上研究传热过程的物理本质。通过对导热过程与导电和流动过程的比拟引入了新物理量——煨。煨代表了物体在定容条件下、一定时间内传递热量的能力，具有势能的特性。通过演绎法导出了煨耗散这个物理量，煨耗散是没有热功转换的传热过程的不可逆性的度量。在此基础上还发展了基于煨耗散的 T-$\dot{Q}$ 图，以便于传热过程和传热设备的性能分析。

基于爱因斯坦的质能关系式提出了热质的概念，揭示了热量具有“能”“质”二象性，从而可用流体力学原理描述传热过程，建立热质的动量和能量守恒方程。其中，热质动量方程就是普适导热定律，热质势能去掉其中常数后的简化表达式就是煨，从而进一步阐明了煨的物理本质就是热质势能。

为了深入研究导热过程的不可逆性，讨论了线性输运过程的最小作用量原理。分析表明线性导热过程的作用量不是熵产而是煨耗散。当煨耗散表述的最小作用量取极值时能导出相应的导热微分方程和傅里叶导热定律。这就进一步从物理本质上表明了最小熵产原理不适用于基于傅里叶导热定律的导热过程的分析和优化。

总之，煨和熵是两个完全不同的物理量：①气体介质的熵是两个独立参数的函数，而密度不变介质的煨是温度的单值函数；②物理意义不同，熵是反映热功不等价的物理量，而煨是定容条件下介质传递热量的能力；③煨耗散或煨耗散率与煨耗散函数之差是导热过程的最小作用量，煨耗散是与热功转换无关的导热(对流换热)过程不可逆性的度量。

参考文献

[1] 王竹溪. 热力学[M]. 北京: 北京大学出版社, 2005.

[2] 冯端, 冯少彤. 溯源探幽: 熵的世界[M]. 北京: 科学出版社, 2005.

[3] Kostic M M. Entropy generation results of convenience but without purposeful analysis and due comprehension-guidelines for authors[J]. Entropy, 2016, 18(1): 28-30.

[4] Chen Q, Liang X G, Guo Z Y. Entransy theory for the optimization of heat transfer——a review and update[J]. International Journal of Heat and Mass Transfer, 2013, 63: 65-81.

[5] 曾丹苓. 工程热力学[M]. 3 版. 北京: 高等教育出版社, 2002.

[6] Moran M J. Availability Analysis: A Guide to Efficient Energy Use[M]. Englewood Cliffs: Prentice-Hall, 1982: 260.

[7] 吴晶, 过增元. 熵的宏观物理意义的探索[J]. 中国科学: 技术科学, 2010(9): 1037-1043.

[8] Wu J, Guo Z Y. Entropy and its correlations with other related quantities[J]. Entropy, 2014, 16(2): 1089-1100.

[9] Onsager L. Reciprocal relations in irreversible processes. I.[J]. Physical Review, 1931, 38(12): 2265-2279.

[10] Onsager L, Machlup S. Fluctuations and irreversible processes[J]. Physical Review, 1953, 91(6): 1505-1512.

[11] Prigogine I. Introduction to Thermodynamics of Irreversible Processes[M]. New York: Interscience Publishers, 1968: 147.

[12] Bejan A. Entropy Generation through Heat and Fluid Flow[M]. New York: Wiley, 1982.

[13] Bejan A. Entropy Generation Minimization[M]. Florida: CRC Press, 1996.

[14] Ahmadi P, Hajabdollahi H, Dincer I. Cost and entropy generation minimization of a cross-flow plate fin heat exchanger using multi-objective genetic algorithm[J]. Journal of Heat Transfer-Transactions of the ASME, 2011, 133(2): 021801.

[15] Balaji C, Hoelling M, Herwig H. Entropy generation minimization in turbulent mixed convection flows[J]. International Communications in Heat and Mass Transfer, 2007, 34(5): 544-552.

[16] Andresen B. Current trends in finite-time thermodynamics[J]. Angewandte Chemie-International Edition, 2011, 50(12): 2690-2704.

[17] Andresen B, Berry R S, Nitzan A, et al. Thermodynamics in finite time. I. The step-Carnot cycle[J]. Physical Review A, 1977, 15(5): 2086-2093.

[18] Gyarmati I. Non-Equilibrium Thermodynamics: Field Theory and Variational Principles[M]. New York Heidelberg Berlin: Springer, 1970.

[19] Finlayson B A. The Method of Weighted Residuals and Variational Principles[M]. New York: Academic Press, 1972.

[20] Bertola V, Cafaro E. A critical analysis of the minimum entropy production theorem and its application to heat and fluid flow[J]. International Journal of Heat and Mass Transfer. 2008, 51(7-8): 1907-1912.

[21] Bejan A. Entropy generation minimization: The new thermodynamics of finite-size devices and finite-time processes[J]. Journal of Applied Physics, 1996, 79(3): 1191-1218.

[22] Bergles E A. Application of Heat Transfer Augmentation[M]. Washington: Hemisphere Pub. Co., 1981.

[23] Gupta J P. Fundamentals of Heat Exchanger and Pressure Vessel Technology[M]. Washington: Hemisphere Pub. Co., 1986: 607.

[24] Webb R L. Principle of Enhanced Heat Transfer[M]. New York: Hemisphere Pub. Co., 1995.

[25] Guo Z Y, Tao W Q, Shah R K. The field synergy（coordination）principle and its applications in enhancing single phase convective heat transfer[J]. International Journal of Heat and Mass Transfer, 2005, 48(9): 1797-1807.

[26] 李志信, 过增元. 对流传热优化的场协同理论[M]. 北京: 科学出版社, 2010.

[27] Tao W Q, He Y L, Wang Q W, et al. A unified analysis on enhancing single phase convective heat transfer with field synergy principle[J]. International Journal of Heat and Mass Transfer, 2002, 45(24): 4871-4879.

[28] 夏再忠. 导热和对流换热过程的强化与优化[D]. 北京: 清华大学, 2001.

[29] Guo Z Y, Cheng X G, Xia Z Z. Least dissipation principle of heat transport potential capacity and its application in heat conduction optimization[J]. Chinese Science Bulletin, 2003, 48(4): 406-410.

[30] Schneider P J. Conduction Heat Transfer[M]. New Jersey: Addison-Wesley, 1955.

[31] Guo Z Y, Zhu H Y, Liang X G. Entransy - a physical quantity describing heat transfer ability[J]. International Journal of Heat and Mass Transfer, 2007, 50(13/14): 2545-2556.

[32] Biot M A. Variational principles in irreversible thermodynamics with application to viscoelasticity[J]. Physical Review, 1955, 97(6): 1463-1469.

[33] Eckert E R G, Drake R M. Analysis of Heat and Mass Transfer[M]. New York: McGraw-Hill, 1971.

[34] White F M. Heat Transfer[M]. Massachusetts: Addison-Wesley, 1984.

[35] Chen Q, Xu Y Y, Guo Z Y. The property diagram in heat transfer and its applications[J]. Chinese Science Bulletin, 2012, 57(35): 4646-4652.

[36] Wu J, Guo Z Y. Application of entransy analysis in self-heat recuperation technology[J]. Industrial & Engineering Chemistry Research, 2014, 53(3): 1274-1285.

[37] Cao B Y, Guo Z Y. Equation of motion of a phonon gas and non-fourier heat conduction[J]. Journal of Applied Physics, 2007, 102(5): 053503.

[38] 程新广. 煾及其在传热优化中的应用[D]. 北京: 清华大学, 2004.

[39] Hua Y C, Guo Z Y. The least action principle for heat conduction and its optimization application[J]. International Journal of Heat and Mass Transfer, 2017, 105: 697-703.

[40] 孔祥谦. 有限单元法在传热学中的应用[M]. 北京: 科学出版社, 1986.

第 2 章　导热过程的最小炽耗散热阻原理及其应用

第 1 章通过热-电比拟和导热方程提出了炽的概念。本章进一步针对含有内热源的导热过程，推导炽平衡方程，建立导热过程的炽耗散极值原理；定义多边界温度情况下导热问题的炽耗散热阻，提出最小炽耗散热阻原理；最后介绍炽耗散极值原理和最小炽耗散热阻原理在体-点导热优化问题、导热材料结构优化，以及在平板太阳能集热器、多孔热防护材料的结构优化设计中的应用。

2.1　含有内热源的导热过程的炽平衡方程

考虑一个常物性含内热源的瞬态导热过程，其能量守恒方程的微分形式为

$$\frac{\partial(\rho c_V T)}{\partial t} = -\nabla\cdot\dot{\boldsymbol{q}} + \dot{q}_{\mathrm{s}} \tag{2.1}$$

式中，T 为温度；ρ 和 c_V 分别为密度和比定容热容；t 为时间；$\dot{q}_{\mathrm{s}}$ 为内热源强度；$\dot{\boldsymbol{q}}$ 为热流密度矢量。

式(2.1)两端同时乘以温度 T，经过整理可以得到含有内热源的导热过程的炽平衡方程[1, 2]：

$$\frac{\partial g}{\partial t} = \dot{\boldsymbol{q}}\cdot\nabla T - \nabla\cdot\left(\dot{\boldsymbol{q}}T\right) + \dot{q}_{\mathrm{s}}T \tag{2.2}$$

式中，g 为单位体积物体的炽(内能炽)：

$$g = \frac{1}{2}\rho c_V T^2 \tag{2.3}$$

应用傅里叶定律，式(2.2)可以写成

$$\frac{\partial g}{\partial t} = -k(\nabla T)^2 - \nabla\cdot\left(\dot{\boldsymbol{q}}T\right) + \dot{q}_{\mathrm{s}}T \tag{2.4}$$

式中，$k(\nabla T)^2$ 为单位体积内传热引起的炽耗散率：

$$\dot{\phi}_{\mathrm{g}} = k(\nabla T)^2 \tag{2.5}$$

$\dot{q}_s T$ 为内热源流入控制体产生的炽流，可以认为是炽的源项；$-\nabla \cdot (\dot{\boldsymbol{q}} T)$ 为微元控制体在边界热交换引起的单位体积内炽的变化率，其中 $\dot{\boldsymbol{q}} T$ 为边界炽流密度：

$$\dot{g}_f = -\nabla \cdot (\dot{\boldsymbol{q}} T) \tag{2.6}$$

式(2.2)和式(2.4)都表明，单位体积内炽的变化率等于边界流入的净炽流加上热源产生的炽流，减去内部导热引起的炽耗散率，即

$$\frac{\partial g}{\partial t} = \dot{g}_f - \dot{\phi}_g + \dot{q}_s T \tag{2.7}$$

式(2.7)就是含有内热源的非稳态导热过程的炽平衡方程，它表明系统炽的变化率等于外界流入的净炽流(包括内热源)与体系内部由不可逆过程产生的炽耗散率之差。

对于无内热源、可逆的导热过程，系统温度等于外界温度，热量的传递不会引起炽的减少，则单位时间内系统中炽的变化率等于与外界换热引起的炽流，即

$$\frac{\partial g}{\partial t} = \dot{g}_f \tag{2.8}$$

也就是说在可逆过程中，炽是守恒的，没有热量传递能力的耗散。

将式(2.4)在整个导热区域进行体积积分可得

$$\iiint_V \frac{\partial g}{\partial t} \mathrm{d}V = -\iiint_V k(\nabla T)^2 \mathrm{d}V - \oiint_A (\boldsymbol{n} \cdot \dot{\boldsymbol{q}}) T \mathrm{d}A + \iiint_V \dot{q}_s T \mathrm{d}V \tag{2.9}$$

式中，V 为系统的体积；A 为系统 V 的表面。在式(2.9)的推导中，等式右边的第二项采用了高斯定理。

在稳态时，微元介质的炽不随时间变化，式(2.9)简化为

$$-\oiint_A (\boldsymbol{n} \cdot \dot{\boldsymbol{q}}) T \mathrm{d}A + \iiint_V \dot{q}_s T \mathrm{d}V = \iiint_V k(\nabla T)^2 \mathrm{d}V \tag{2.10}$$

式(2.10)左边第一项是系统边界热量交换引起的净炽流，第二项为内热源注入系统引起的炽流，两者之和等于炽耗散率。这就是稳态导热过程中整个区域的炽平衡方程。

在稳态、且没有内热源时有

$$-\oiint_A (\boldsymbol{n} \cdot \dot{\boldsymbol{q}}) T \mathrm{d}A = \iiint_V k(\nabla T)^2 \mathrm{d}V \tag{2.11}$$

系统的燬耗散率就等于流入系统的净燬流，也就是说流入系统的净燬流全部被耗散掉了。

一个实际的热量传递过程，必然是在有温度差的条件下进行的，是不可逆的过程。第 1 章中已经指出，热量在空间上传递，即热量从高温流向低温处，燬必然减少，这一点从式(2.9)也可以看出来。如果式(2.9)针对的是一个无内热源的、不可压介质的孤立系统，式(2.9)中的最后两项都等于零，因此有 $\iiint_V \frac{\partial g}{\partial t}\mathrm{d}V = -\iiint_V k(\nabla T)^2\mathrm{d}V < 0$ ，也就是说孤立系统的燬对时间的导数总是负的，说明孤立系统的燬总是减小的。Prigogine 认为热力学第二定律描述的不可逆性体现了时间的单向性[3]。根据李雅普诺夫定理，对于某一个过程，如果有某个参数 F 对时间的导数 $\mathrm{d}F/\mathrm{d}t$ 的符号总是与 F 相反，那么这个参数就可以描述这一过程的不可逆性[3]。根据燬耗散的定义，系统的燬耗散 $\iiint_V k(\Delta T)^2\mathrm{d}V$ 总是大于零的。可以证明在给定边界条件下，燬耗散对时间的导数总是小于零的[3]，因此燬耗散这一参数可以用来描述无内热源的不可压孤立系统中自发导热过程的不可逆性。

2.2　导热过程的最小燬耗散热阻原理

针对稳态、无内热源的多热边界的导热问题，如图 2.1 所示，将积分区域的边界分为两类：in 和 out，前者表示热流的进口，后者表示热流的出口。式(2.11)左边可以改写为这两类边界的热流与边界温度乘积的代数和(热流进入系统为正)，即

$$-\oiint_A (\boldsymbol{n}\cdot\dot{\boldsymbol{q}})T\mathrm{d}A = \sum_i (A\dot{q}T)_{i,\mathrm{in}} - \sum_j (A\dot{q}T)_{j,\mathrm{out}} = \iiint_V k(\nabla T)^2\mathrm{d}V \tag{2.12}$$

式(2.12)中间第一项为对所有进入系统的燬流求和，$\dot{q}$ 为流入边界的热流密度；第二项为所有流出系统的燬流之和，$\dot{q}$ 为流出边界的热流密度；下标 i、j 为边界编号。

令

$$\sum_i (A\dot{q}T)_{i,\mathrm{in}} - \sum_j (A\dot{q}T)_{j,\mathrm{out}} = \dot{Q}_{\mathrm{net}}\Delta T_{\mathrm{eq}} \tag{2.13}$$

式中，ΔT_{eq} 为热流加权等效温差：

$$\Delta T_{\mathrm{eq}}=\sum_{i}\left(\frac{A\dot{q}}{\dot{Q}_{\mathrm{net}}}T\right)_{i,\mathrm{in}}-\sum_{j}\left(\frac{A\dot{q}}{\dot{Q}_{\mathrm{net}}}T\right)_{j,\mathrm{out}} \tag{2.14}$$

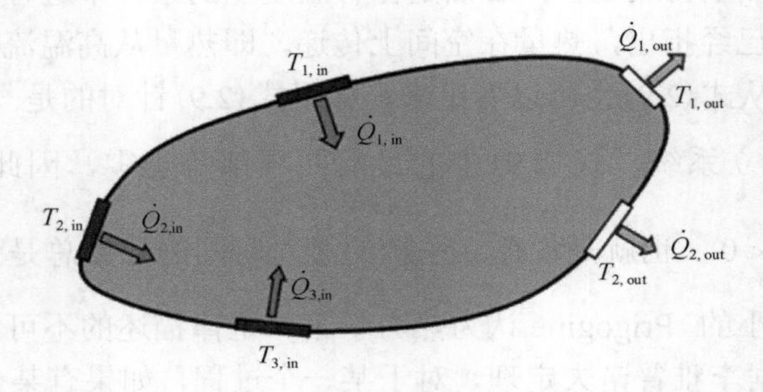

图 2.1 多个入口和出口的导热问题

式(2.13)左边是流入系统与流出系统的炽流之差，右边为基于等效温差的炽流；$\dot{Q}_{\mathrm{net}}$ 为流过系统的净热流。式(2.14)表明，热流加权等效温差 ΔT_{eq} 是按照边界热流占流过系统的净热流的份额进行加权平均的温度差。如果系统只有一个热流进口和一个热流出口、其他部分绝热，则等效温差就是这两个边界温度的差。

结合式(2.12)式(2.13)有

$$\dot{Q}_{\mathrm{net}}\Delta T_{\mathrm{eq}}=\iiint_{V}k(\nabla T)^{2}\mathrm{d}V \tag{2.15}$$

式(2.15)表明，在给定系统的热流时，系统最小炽耗散率与最小热流加权等效温差对应，称为最小炽耗散原理；而给定热流加权等效温差时，系统最大炽耗散率则与最大热流对应，称为最大炽耗散原理。两个关系合起来称为炽耗散极值原理[2]。式(2.15)将边界温度差、换热热流与内部的炽耗散率关联起来，因此该原理可用于导热系统的优化。

根据第 1 章定义的系统炽耗散热阻，有

$$R_{\mathrm{g}}=\iiint_{V}k(\nabla T)^{2}\mathrm{d}V\Big/\dot{Q}_{\mathrm{net}}^{\ 2}=\Delta T_{\mathrm{eq}}\Big/\dot{Q}_{\mathrm{net}} \tag{2.16}$$

在现有的传热学教课书和有关文献中，热阻定义只适用于无内热源的一维(只有两个温度边界)稳态传热问题。对于图 2.1 所示的有多个入口和出口的导热问题，由于特征温差定义的任意性，难以严格定义导热问题的热阻；而采用炽耗散，就可以定义图 2.1 所示的具有多个入口和出口的导热问题的热阻。

根据炽耗散热阻的定义可以发现，无论给定导热温差还是给定热流，最小炽耗散热阻都对应着传热性能最佳，这一关系称为最小炽耗散热阻原理。

2.3 体点散热问题的优化

2.3.1 体点散热问题及其炽耗散优化准则

体点散热问题(图 2.2)指的是如何将特定体积空间(“体”)内的发热量以导热方式高效地传到器件表面的某一指定位置(“点”)[4]。在体积空间中加入高热导率材料可以强化导热过程，但是当高热导率材料数量一定时，就存在高热导率材料的最优布置问题：对任意形状的导热区域，在传热任务一定(内部发热量一定或边界上热流一定)，以及高热导率材料数量为定值的条件下，寻求高热导率材料在全场的最优分布，使区域的平均温度最低。

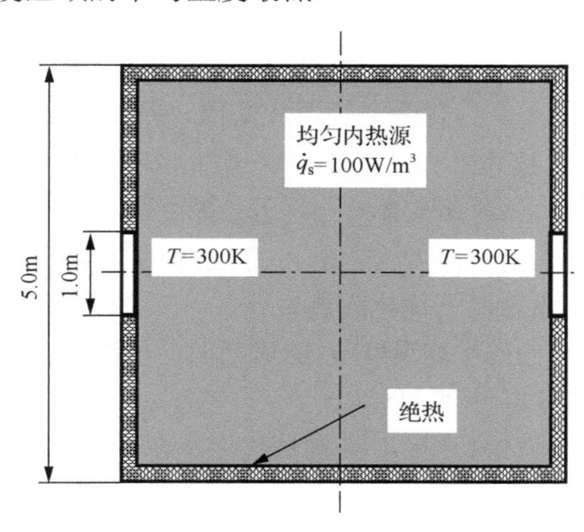

图 2.2 体点散热问题

对于图 2.2 所示的一个均匀内热源的体点问题，在发热区域内部有均匀的内热源，在边界上只有两个面积和温度相同的热流出口点，其他边界绝热。引用含有内热源的稳态炽平衡方程式(2.10)，方程左边第一项为整个区域边界上热交换引起的炽流变化，可以写为

$$-\oint\!\!\oint_A (\boldsymbol{n}\cdot\dot{\boldsymbol{q}})T\mathrm{d}A = -(\dot{q}_{b_1}A_{b_1}T_{b_1}+\dot{q}_{b_2}A_{b_2}T_{b_2}) = -\dot{Q}T_{\mathrm{bav}} \tag{2.17}$$

式中，$\dot{q}_{b_j}$ (j=1，2)为边界热流出口单元面积 A_{b_j} 的热流密度，下标 b 表示边界；T_{b_j} 为对应边界的温度；T_{bav} 为按照出口热流加权的边界等效平均温度。因为发热区域内全部的发热流量最终都通过在边界上的出口点导出，所以 $\dot{Q}$ 等于全部发热区域中热源的发热速率。式(2.10)左边第二项是发热区域内部的热源与当地温度乘积在整个发热区域内的积分，可以进一步整理成

$$\iiint_V \dot{q}_s T dV = \dot{Q} T_{vav} \tag{2.18}$$

式中，T_{vav} 为按照局域热源加权平均的加热区域等效平均温度。

将式(2.17)和式(2.18)代入式(2.10)可得

$$\dot{Q}(T_{vav} - T_{bav}) = \iiint_V k(\nabla T)^2 \mathrm{d}V \tag{2.19}$$

对于体点散热问题，域内的发热速率和边界温度是给定的。式(2.19)表明，当区域内的发热速率给定时，系统内的烟耗散越小，则系统内部的等效平均温差越小。这与 Bejan[4]的构型优化目标不同，Bejan 的构型优化目标是系统内最高温度值最小。

下面看一个具体的例子[1]。假设图 2.2 所示的正方形发热区域内部均匀内热源 $\dot{q}_s$ ＝100W/m^3，在其边界上具有两个等温冷却点，温度均为 300K，区域内平均热导率为 1W/(m·K)，总热导率为该值乘以区域的面积。求最佳的热导率分布，使区域内的平均温度最低。在这种情况下，T_{bav} 等于给定的边界出口温度，T_{vav} 就是发热区域的平均温度(由于热源为常数，式(2.18)中热源可以直接提到积分号外面)。体点问题可以描述为以下优化问题。

(1) 优化目标：区域内的平均温度最低(烟耗散最小作为优化准则)，即式(2.19)。

(2) 优化对象：热导率分布 $k(x, y, z)$。

(3) 约束条件：导热材料一定，也就是热导率在区域内的体积积分为常量：

$$\iiint_V k \mathrm{d}V = \text{常数} \tag{2.20}$$

首先采用拉格朗日乘子法，构造求极值的泛函：

$$\Pi = \iiint_V \left[k(\nabla T)^2 + \lambda k \right] \mathrm{d}V \tag{2.21}$$

式中，λ 为拉格朗日系数，且由于约束条件(2.20)为等周条件，λ 为常数。

泛函 Π 对热导率的变分结果为

$$(\nabla T)^2 = -\lambda \tag{2.22}$$

优化的结果表明，最佳的热导率分布将使全场的温度梯度的模处处相等。也就是要求热导率与热流成正比，即传热任务越大的地方，需要的导热能力越高，从而使热量传递越顺畅。由此可以得到温度梯度模均匀化的优化原则。

2.3.2　双出口温度、热导率连续变化的体点问题热导率的优化布局

对于热导率连续变化的体点散热问题，可以建立如下的数值计算的步骤[1]：

(1) 初始化热导率分布，一般设为均匀的分布。

(2) 求解导热微分方程，得到温度场与热流场。

(3) 利用式(2.23)求解第 n+1 步的热导率场：

$$k_{n+1}(x,y,z)=\frac{\left|k_n(x,y,z)\nabla T\right|}{\iiint_V k_n(x,y,z)\nabla T\mathrm{d}V}\iiint_V k_n(x,y,z)\mathrm{d}V \tag{2.23}$$

(4) 返回步骤(2)，重新计算温度场和热流场，直到

$$\left(k_{n+1}-k_n\right)/k_{n+1}<\varepsilon \tag{2.24}$$

式中，ε 为设定的收敛性判别标准。

数值计算采用 Fluent，热导率分布的优化求解使用 Fluent 提供的 UDF 功能。导热微分方程的数值离散采用 QUICK 格式，并取收敛性判别标准 $\varepsilon=1\times10^{-6}$。

1. 出口温度相同的体点问题

图 2.3 是图 2.2 所示体点问题数值求解得到的温度分布，其中热导率的分布是均匀的。图 2.3 中的温度分布左右对称，全场平均温度为 1005.1K。

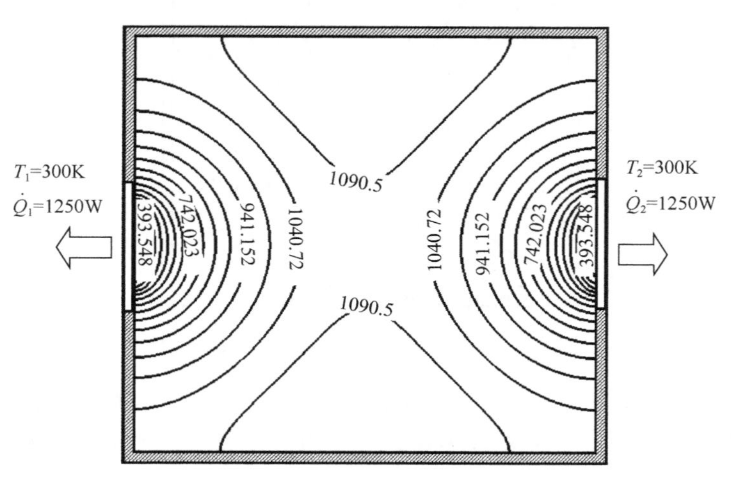

图 2.3　均匀热导率分布时的温度分布(T_{vav}=1005.1K)

根据温度梯度均匀性原则，优化后的热导率分布和温度分布分别如图 2.4 和图 2.5 所示。由计算结果可以看到如下几个特点。

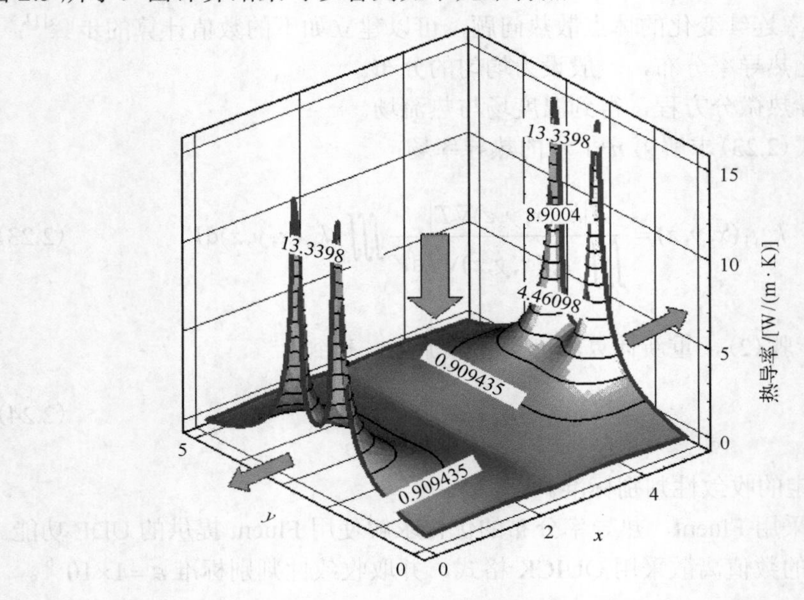

图 2.4　优化后的热导率分布

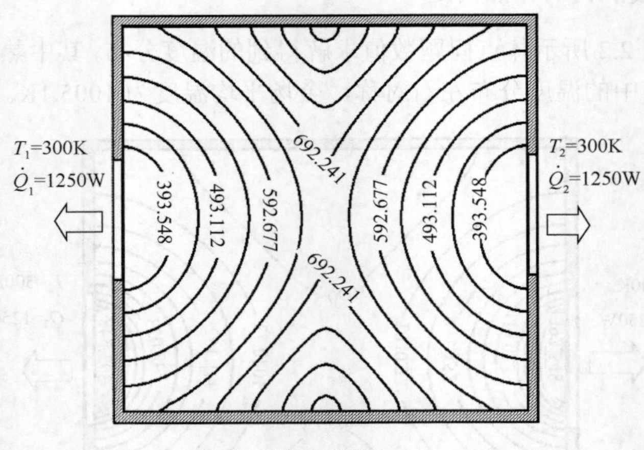

图 2.5　优化后的温度分布（T_{vav}=584.2K）

(1) 优化后的热导率分布类似山峰的形状（图 2.4），主要集中在两个等温边界热流出口处。由于优化结果要求热导率与热流成正比，在热流大的两个出口处热导率也比较高。

(2) 优化后全场的平均温度大幅下降，优化后的平均温度仅为 584.2K，远远低于优化前热导率平均分布时的平均温度 1005.1K。

(3) 比较优化前后的温度分布可以发现，优化后的全场温度梯度的模更均匀（图 2.5），符合温度梯度模均匀性原则。

2. 出口边界温度不同的体点问题

图 2.2 所示的体点问题中两个定温出口边界的温度是相等的，是一个左右对称的问题，因此热导率优化的结果也是对称的。两个热流出口温度不一致时，将会导致优化后的热导率分布和热流分布都不对称。现考虑如图 2.6 所示的体点导热问题，内部仍然有均匀内热源 $\dot{q}_s = 100\text{W/m}^3$，而在其边界上的两个等温冷却点的温度分别为 300K 和 200K，区域内平均热导率为 1W/(m·K)。求最佳的热导率分布，使区域内的平均温度最低。

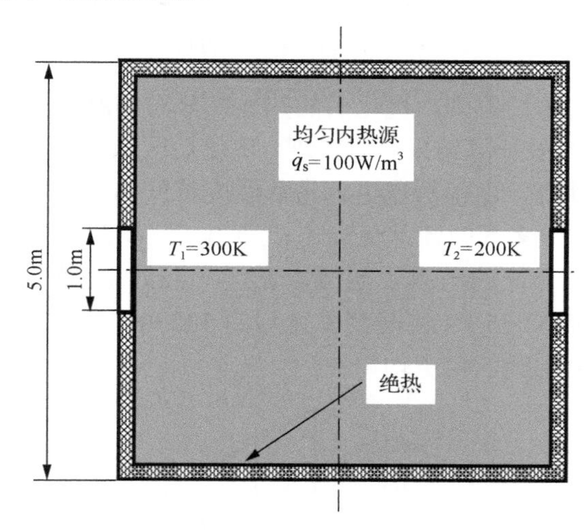

图 2.6　非对称的体点散热问题

当两个出口温度不同时，式 (2.19) 中的边界等效平均温度为

$$T_{\text{bav}} = \frac{\dot{Q}_1}{\dot{Q}} T_1 + \frac{\dot{Q}_2}{\dot{Q}} T_2 \tag{2.25}$$

式中，$\dot{Q}_1$ 和 $\dot{Q}_2$ 分别为通过两个出口流出的热流量。当区域的发热速率给定后，区域内的燃耗散越小，传热的等效温差越小。按照式 (2.22) 的推导过程，依然可以得到温度梯度模的均匀分布的原则。

图 2.7 是根据均匀热导率分布情况下得到的温度场，由于右边出口的温度较低，总热流 2500W 中的 52.2%的热流从右边温度较低的出口输出。此时全场平均温度为 955.1K。

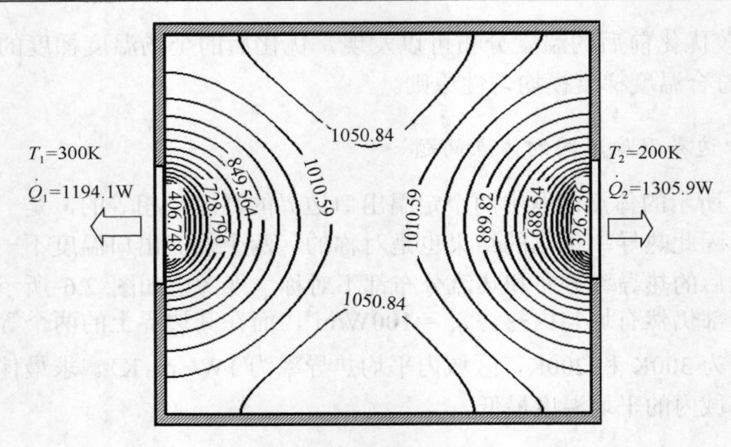

图 2.7　均匀热导率时的温度分布(T_{vav}=955.1K)

根据温度梯度均匀性原则，优化后的热导率分布和温度分布分别如图 2.8 和图 2.9 所示。由图 2.8 的计算结果可以发现，优化后区域内的热导率仍然集中在热流的两个出口处。并且，由于热流更容易从温度较低的 T_2 处导出，在 T_2 处的热导率值更大。此时，更多的热流从低温出口导出，从均匀热导率时的 1305.9W 增加到 1390.1W，占总热流的比例从 52.2%增加到 55.6%。优化后全场的平均温度大幅下降，从优化前的 955.1K 下降到优化后的 532.9K。同时从图 2.9 中也可以发现优化后的全场温度梯度的模更均匀。

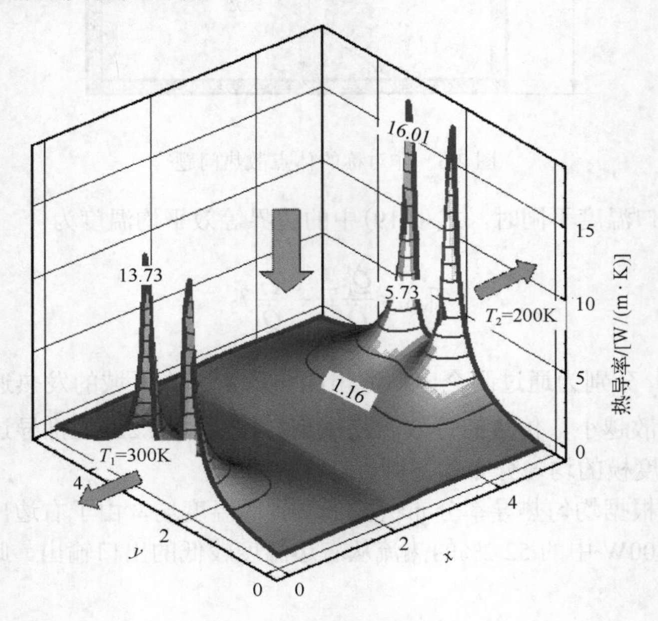

图 2.8　优化后的热导率分布

图 2.9　优化后的温度分布(T_{vav}=532.9K)

3. 最小熵产原理与最小炽耗散原理的比较

由于最小熵产原理被广泛地应用于传热过程优化中，本节应用最小熵产原理，对体点问题的热导率分布进行优化，并分析它与最小炽耗散原理的差别[1]。

1) 出口温度相同的体点问题

首先针对如图 2.2 所示的左右出口温度相同的体点问题，寻求与最小熵产对应的热导率分布。对于稳态的导热问题，系统内的熵是不变的，所以根据熵平衡方程，熵产率等于边界输出的净熵流与内热源输入的熵流之差，即

$$\dot{S}_{\mathrm{g}}=-\iiint_V\frac{\dot{q}_{\mathrm{s}}}{T}\mathrm{d}V+\oiint_A\frac{\dot{\boldsymbol{q}}}{T}\cdot\boldsymbol{n}dA=\iint_{A_{b_1}}\frac{|\dot{q}_1|}{T_1}\mathrm{d}A+\iint_{A_{b_2}}\frac{|\dot{q}_2|}{T_2}\mathrm{d}A-\iiint_V\frac{\dot{q}_{\mathrm{s}}}{T}\mathrm{d}V \tag{2.26}$$

内热源输入的熵流为

$$\iiint_V\frac{\dot{q}_{\mathrm{s}}}{T}\mathrm{d}V=\dot{Q}\frac{\iiint_V\frac{1}{T}\mathrm{d}V}{V}=\dot{Q}\left(\frac{1}{T}\right)_{\mathrm{vav}} \tag{2.27}$$

式中，$\left(\frac{1}{T}\right)_{\mathrm{vav}}$ 为传热区域内的温度倒数的平均值。把式(2.27)代入式(2.26)，有

$$\begin{aligned}\dot{S}_{\mathrm{g}}&=\iint_{A_{b_1}}\frac{|\dot{q}_1|}{T_1}\mathrm{d}A+\iint_{A_{b_2}}\frac{|\dot{q}_2|}{T_2}\mathrm{d}A-\dot{Q}\left(\frac{1}{T}\right)_{\mathrm{vav}}\\&=\dot{Q}\left(\iint_{A_{b_1}}\frac{1}{T_1}\frac{|\dot{q}_1|}{\dot{Q}}\mathrm{d}A+\iint_{A_{b_2}}\frac{1}{T_2}\frac{|\dot{q}_2|}{\dot{Q}}\mathrm{d}A\right)-\dot{Q}\left(\frac{1}{T}\right)_{\mathrm{vav}}\\&=\dot{Q}\left[\left(\frac{1}{T}\right)_{\mathrm{bav}}-\left(\frac{1}{T}\right)_{\mathrm{vav}}\right]\end{aligned} \tag{2.28}$$

式中

$$\left(\frac{1}{T}\right)_{\text{bav}} = \iint_{A_{b_1}} \frac{1}{T_1}\frac{|\dot{q}_1|}{\dot{Q}}\text{d}A + \iint_{A_{b_2}} \frac{1}{T_2}\frac{|\dot{q}_2|}{\dot{Q}}\text{d}A$$

为加权的边界温度倒数的等效平均值。

由于两个边界温度一样，总热流 $\dot{Q}$=2500W 是从两个温度都为 300K 的定温边界流出，两个边界的熵流值是一定的，即

$$\iint_{A_1} \frac{\dot{q}_1}{T_1}\text{d}A + \iint_{A_2} \frac{\dot{q}_2}{T_2}\text{d}A = \frac{2500\ \text{W}}{300\ \text{K}} = 8.33\ \text{W/K} \tag{2.29}$$

将式(2.29)代入式(2.28)，得到熵产率为

$$\dot{S}_{\text{g}} = 8.33 - 2500\left(\frac{1}{T}\right)_{\text{vav}} \tag{2.30}$$

从式(2.30)可以发现，熵产最小时的热导率的分布使区域内温度的倒数的平均值达到最大值，显然它与区域内的平均温度值最小并不对应；但是因为区域内的热力学温度不是很低，所以它与根据最小煅耗散原理得到的结果近似相同。

2) 出口温度不同的体点问题

对于出口温度不同的体点问题(图 2.6)，不同的热导率分布将导致从低温边界或者高温边界流出的热流不同，因此其边界上的熵流是随着热导率分布的变化而变化的。如果在熵产的表达式式(2.28)的等号左右同时除以总热流，将其改写为

$$\frac{\dot{S}_{\text{g}}}{\dot{Q}} = \iint_{A_{b_1}} \frac{|\dot{q}_1|}{\dot{Q}}\frac{1}{T_1}\text{d}A + \iint_{A_{b_2}} \frac{|\dot{q}_2|}{\dot{Q}}\frac{1}{T_2}\text{d}A - \left(\frac{1}{T}\right)_{\text{vav}} \tag{2.31}$$

也就是说单位热流的熵产率不仅取决于区域内温度的倒数的平均值，而且也取决于从低温边界或者高温边界流出的热流占总热流的比例。因此在这种情况下，最小熵产率与最小煅耗散率所得到的优化结果会有明显的差别。而两者之间差别的大小主要取决于两个热流出口边界上的温度 T_1 与 T_2 的差别。

把边界上的熵流表示式改写为

$$\iint_{A_{b_1}} \frac{|\dot{q}_1|}{T_1}\text{d}A + \iint_{A_{b_2}} \frac{|\dot{q}_2|}{T_2}\text{d}A = \iint_{A_{b_1}+A_{b_2}} \frac{|\dot{q}_1|+|\dot{q}_2|}{T_1}\text{d}A + \iint_{A_{b_2}} |\dot{q}_2|\left(\frac{T_1-T_2}{T_2T_1}\right)\text{d}A \tag{2.32}$$

当 $\frac{T_1-T_2}{T_1T_2}<<\frac{1}{T_1}$，即 $T_1-T_2<<T_2$ 时，则有

$$\iint_{A_{b_1}}\frac{|\dot{q}_1|}{T_1}\mathrm{d}A+\iint_{A_{b_2}}\frac{|\dot{q}_2|}{T_2}\mathrm{d}A\approx\iint_{A_{b_1}+A_{b_2}}\frac{|\dot{q}_1|+|\dot{q}_2|}{T_1}\mathrm{d}A=\text{常数}\tag{2.33}$$

即此时边界上的熵流近似为常数，由式(2.31)和式(2.33)，此时熵产率近似为

$$\dot{S}_{\mathrm{g}}\approx\text{常数}-\dot{Q}\left(\frac{1}{T}\right)_{\mathrm{vav}}\tag{2.34}$$

则熵产率最小近似对应于温度的倒数的平均值达到最大值，因此它的优化结果与根据最小煅耗散原理得到的结果是近似相同的。

当温差 T_1-T_2 的值逐渐增加时，式(2.33)的近似条件不成立，此时根据最小熵产原理与根据最小煅耗散原理得到的结果之间的差别将越来越大。

为了验证以上对最小熵产原理与最小煅耗散原理之间差别的分析，有必要求解熵产最小时的热导率分布，并对其求解结果与最小煅耗散原理的结果进行比较。

下面讨论熵产最小的热导率分布优化方程的求导。对以熵产最小为目标的热导率分布优化问题可以描述如下[1]。

(1) 优化目标：区域内的熵产率最小，即

$$\delta\dot{S}_{\mathrm{g}}=\delta\iiint_V\frac{k(\nabla T)^2}{T^2}\mathrm{d}V=0\tag{2.35}$$

式中，符号 δ 表示函数变分。

(2) 优化对象：热导率分布 $k(x,y,z)$。

(3) 约束条件 1：热导率在区域内的积分值一定，即满足式(2.20)。

(4) 约束条件 2：导热微分方程，即传热过程必须满足能量守恒。

在用最小煅耗散原理优化热导率时不必另外加入导热微分方程作为约束条件，因为它本身来自于导热微分方程。第 1 章的讨论表明，当导热过程满足傅里叶导热定律时，最小熵产原理不能得到导热微分方程[5, 6]，因此约束条件还必须加上导热微分方程。

仍然采用拉格朗日乘子法消除约束条件，构造泛函：

$$\Pi=\frac{k(\nabla T)^2}{T^2}+\lambda_2k+\lambda_3\left[\nabla\cdot(k\nabla T)+\dot{q}_{\mathrm{s}}\right]\tag{2.36}$$

式中，λ_2、λ_3 为拉格朗日乘子，而由于约束条件 1 为等周条件，λ_2 为常数。泛函 Π 分别对温度和热导率求变分，有

$$\delta T: \quad -\nabla \cdot (k \nabla \lambda_3) = \frac{2k(\nabla T)^2}{T^3} + \frac{2\dot{q}_s}{T^2} \tag{2.37}$$

$$\delta k: \quad \frac{(\nabla T)^2}{T^2} + \lambda_2 - \nabla \lambda_3 \cdot \nabla T = 0 \tag{2.38}$$

同时可以得到自然边界条件。

(1) 当边界条件为等温条件，即 $\delta T = 0$ 时，$\lambda_3 = 0$；

(2) 当边界条件为等热流条件，即 $\delta \dot{q} = 0$ 时，$k \nabla \lambda_3 = \dfrac{2k \nabla T}{T^2}$。

式(2.37)和自然边界条件用于识别拉格朗日乘子 λ_3，而式(2.38)是热导率优化的控制方程。

采用数值方法求解熵产最小时的热导率的分布，数值计算的步骤为

(1) 初始化热导率分布，一般设热导率均匀分布。

(2) 求解导热微分方程，得到温度场与热流场。

(3) 求解式(2.37)得到 λ_3 在区域内的分布。

(4) 根据式(2.38)求解热导率，求解方法如下：

$$k'_{n+1}(x,y,z) = k_n(x,y,z)\left[\frac{(\nabla T)^2}{T^2} - \nabla \lambda_3 \cdot \nabla T\right] \tag{2.39}$$

$$k_{n+1}(x,y,z) = k'_{n+1}(x,y,z)\frac{\iiint_V k_0(x,y,z)\mathrm{d}V}{\iiint_V k'_{n+1}(x,y,z)\mathrm{d}V} \tag{2.40}$$

式中，$k'_{n+1}(x,y,z)$ 为中间变量。

(5) 返回步骤(2)，重新计算温度场、热流场和 λ_3，直到达到收敛条件，即 $(k_{n+1} - k_n)/k_{n+1} < \varepsilon$，其中 ε 为设定的收敛性判别标准。

数值计算采用 Fluent，λ_3 和热导率的求解使用 Fluent 提供的 UDF 功能。导热微分方程以及 λ_3 的控制方程式(2.37)的数值离散采用 QUICK 格式，并取收敛性判别标准 $\varepsilon = 1 \times 10^{-6}$。

对于出口温度相同的体点问题，仍然采用图 2.2 体点散热问题所示的算例，即左右出口温度均为 300K。数值计算结果表明，根据熵产最小优化得到加热区平均温度为 587.1K，而煅耗散最小优化得到的加热区平均温度为 584.2K，它们是近似相同的，这个结果与理论分析是一致的。传热过程的熵产分别为 3.86W/K 和 3.84W/K。

从优化后得到的热导率和温度的分布来看，两者的结果也是相近的。图 2.10 是与炽耗散最小和熵产最小对应的热导率分布。从图 2.10 可以看到它们的分布规律基本上是一致的，热导率呈对称分布，并主要集中在两个给定温度的热流出口处，而热导率的等值线基本在同一位置(图 2.10 中所示的 $k=0.21\mathrm{W/(m\cdot K)}$ 的等值线)。相同的特征也表现在温度分布的等值线图 2.11 中。但是也可以看到等值线的形状还是有些差别的，这是因为熵产最小对应的是温度的倒数在区域内的平均值最大，而炽耗散最小要求区域平均温度值最小，它们的优化结果仅近似相同。

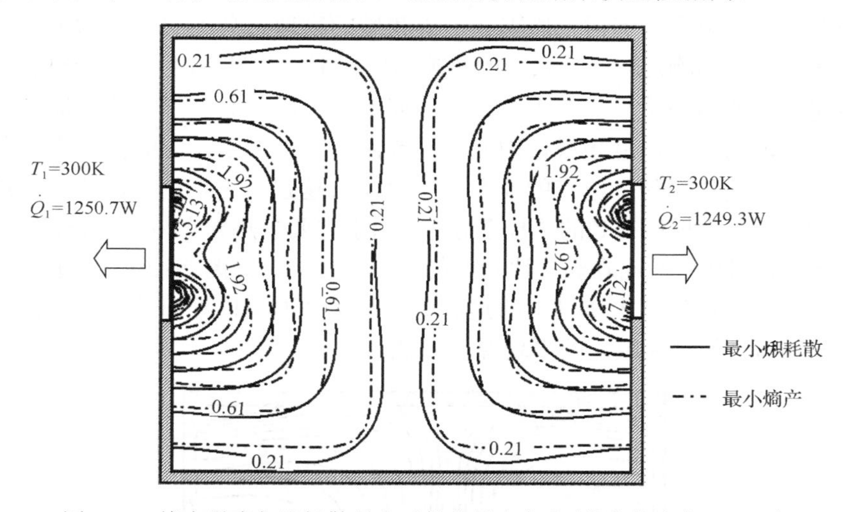

图 2.10　熵产最小与炽耗散最小时的热导率分布(总发热速率 2500W)

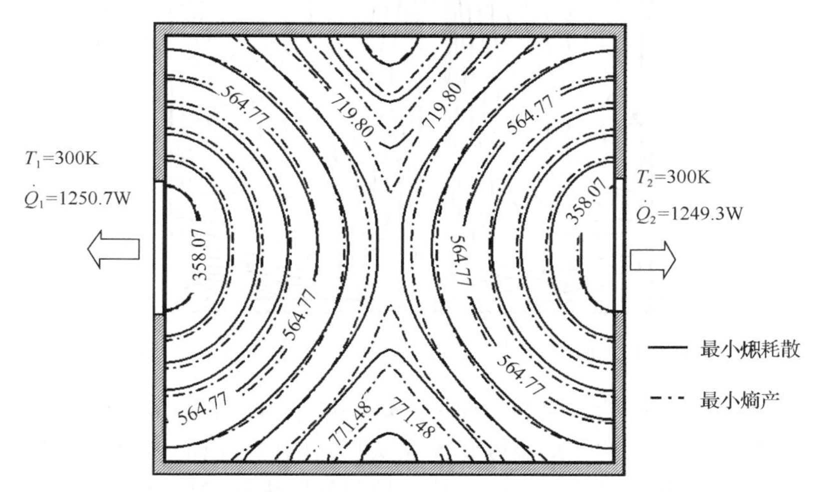

图 2.11　熵产最小与炽耗散最小时的温度分布(总发热速率 2500W)

对于出口温度不同的体点问题，采用如图 2.6 所示的算例，即左右出口温度分别为 300K 和 200K。数值计算结果表明，根据熵产最小得到的优化结果与烟耗散最小得到的结果有比较大的差别。从优化后加热区域内的平均温度来看，熵产最小时的平均温度数值求解结果为 588.0K，远远高于烟耗散最小时的 532.9K。而对于传热过程的熵产，根据熵产最小优化方法求解的结果为 5.53W/K，低于根据烟耗散最小求解得到的结果 5.62W/K。这个结果表明，熵产较小的传热过程其区域内的平均温度反而更高。

与烟耗散最小得到的结果相比，根据熵产最小原理得到的结果熵产更小，但是平均温度反而上升，其根本原因在于熵和烟的物理意义不同。烟和烟耗散是表征热量传递能力的物理量，当系统的热流给定，烟耗散最小时，对应着热阻最小，热量传递需要的温差越小。对于体点导热问题而言，前面的推导已经证明了烟耗散最小时体内的平均温度最低，因此与边界温度之差最小，此时热导率的分布与热流成正比，使传热任务越大的地方，导热能力越强，热阻越小，从而使热量传递最优。图 2.12 为模拟得到的热导率分布。由于它要求热导率与热流成正比，更多的高热导率材料集中分布在温度比较低的边界出口处，即图 2.12 中右边 $T_1=200$K 的热流出口，而使低温出口导出的热流要高于从高温出口导出的热流，占到了总热流的 55.6%。此时区域内的平均温度最低。

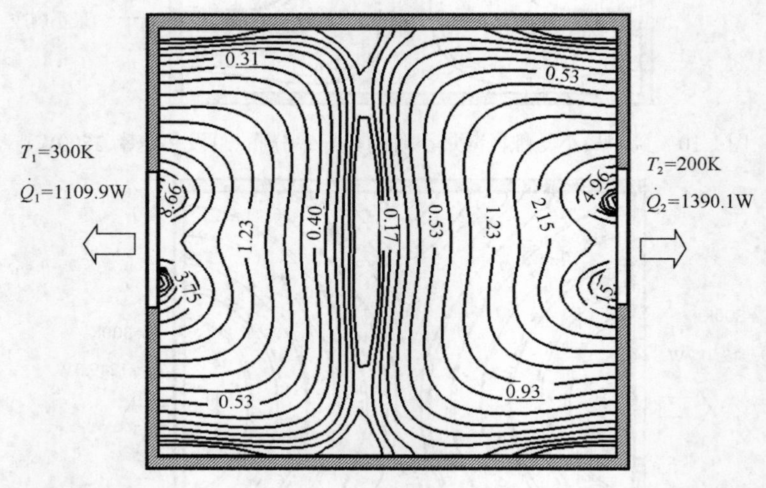

图 2.12 烟耗散最小时的热导率分布(总发热速率 2500W，平均温度 532.9K)

熵与熵产是表征热功转化的物理量，熵产最小追求的是传热过程中可用能损失最小。而降低区域内的平均温度和增加从高温出口导出的热流量都将减少可用能的损失，因此以熵产最小为目标对体点导热问题进行优化时，除了要降低区域内的温度，还要尽量使更多的热流从温度比较高的边界出口处流出，最终的热导率的分配是综合这两个因素的结果。图 2.13 就是根据熵产最小得到的热导率等值线分布图，热导率集中分布在两个定温的热流出口处，但是更多的高热导率材料集中在左边 $T_1=300\text{K}$ 的热流出口，从而使高温出口导出的热流反而要高于从低温出口导出的热流，占总热流的比例为 57.5%。这种热导率分布降低了可用能损失，却使区域内的平均温度比较高。

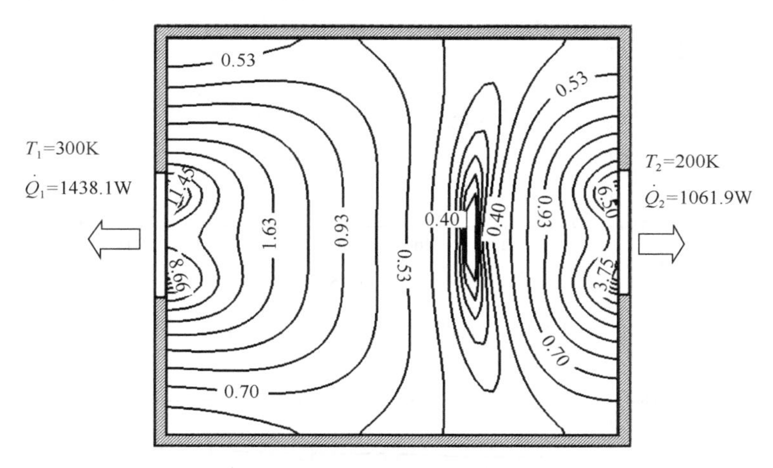

图 2.13　熵产最小的热导率分布(总发热速率 2500W，平均温度 588.0K)

从前面的分析可以得知，当温差 T_1-T_2 的值逐渐增加时，根据最小熵产原理与根据最小炽耗散原理得到的结果之间的差别将越来越大。本书针对这一问题做进一步的计算，固定左边的温度 $T_1=300\text{K}$ 不变，而逐渐降低右边的温度 T_2(300～200K)，从而逐渐改变温差 T_1-T_2 的值。对于不同的温度 T_2，通过数值方法分别可以求解对应于熵产最小与炽耗散最小时的优化结果，得到区域内的热导率和温度分布，以及体平均温度、炽耗散等参数随着温度 T_2 的变化规律。

图 2.14 是区域内平均温度随温度 T_2 变化的曲线。当 T_2 减小时，均匀热导率分布时(优化前)和炽耗散最小为准则时的区域内平均温度都随 T_2 线性减小，而以熵产最小为准则时得到的区域内平均温度随 T_2 的降低先减小，然后反而逐渐升高了。从图 2.14 还可以看出，当 $T_2=T_1=300\text{K}$ 时，熵产最小与炽耗散最小为准则时得到的平均温度差比较小，随着温差 T_1-T_2 增大，两者的差别越来越大，验证了前面理论分析的结果。从图 2.14 可以看到，熵产最小时得到的区域内平均温度要高于炽耗散最小时得到的值，因为对于熵产而言，它不仅取决于区域内的平均温度，还与高温 T_1 出口流出的热流占总热流的比例有关。

图 2.15 为炽耗散的变化趋势，它与区域内平均温度的变化趋势是一致的，因为根据最小炽耗散原理，炽耗散的大小表征了传热性能的好坏，即平均温度的大小。

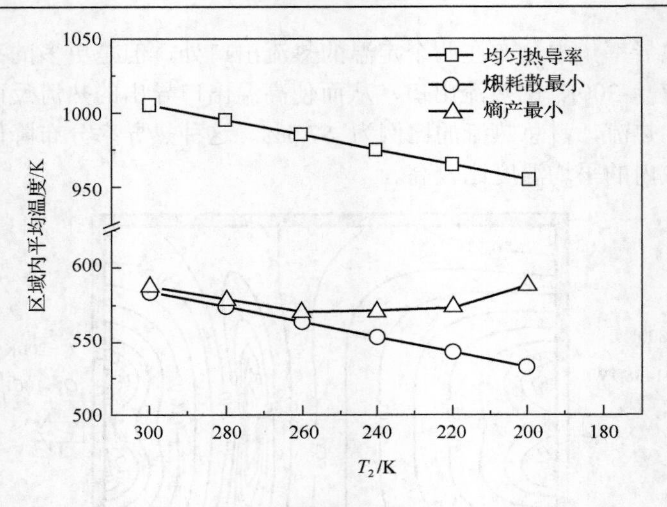

图 2.14　区域内平均温度随 T_2 的变化

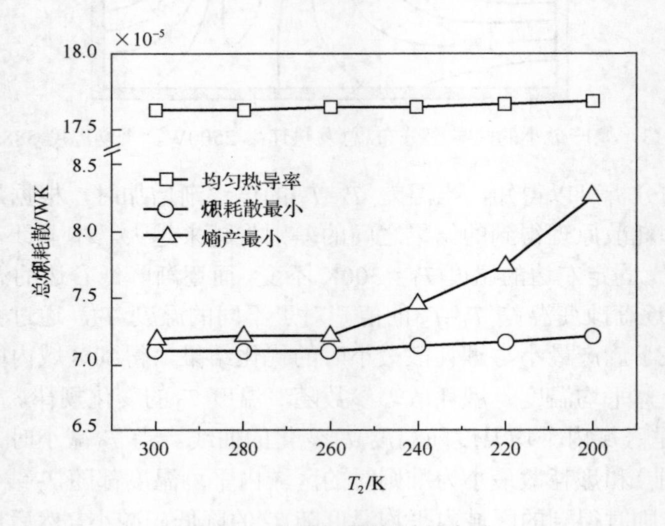

图 2.15　总燨耗散随 T_2 的变化

图2.16给出了温度 T_2 不同时，优化前后的高温出口处的热流占总热流的比例。可以发现，优化前热导率均匀分布时高温出口流出的热流的比例随着温度 T_2 的降低而减小，较多热流流向温度更低的 T_2 出口。采用最小燨耗散原理对热导率进行优化后，更多的热流流向了低温 T_2 出口，因此从高温 T_1 出口流出热流的比例比优化前更小，而且其减少量随着温度 T_2 的降低而增加。而根据最小熵产原理得到的优化结果中，从高温 T_1 出口流出热流的比例比优化前更大，都高于 50%，且随着温度 T_2 的降低而增加。这是因为单位热流的可用能取决于该热流所处的温度，总热流一定时，温度 T_2 越低，增加从高温 T_1 出口流出的热流就可以减小可用能

的损失。区域内平均温度的升高保证了高温 T_1 出口流出的热流比例增加，使熵产最小时的区域内平均温度反而高于煅耗散最小时的值。

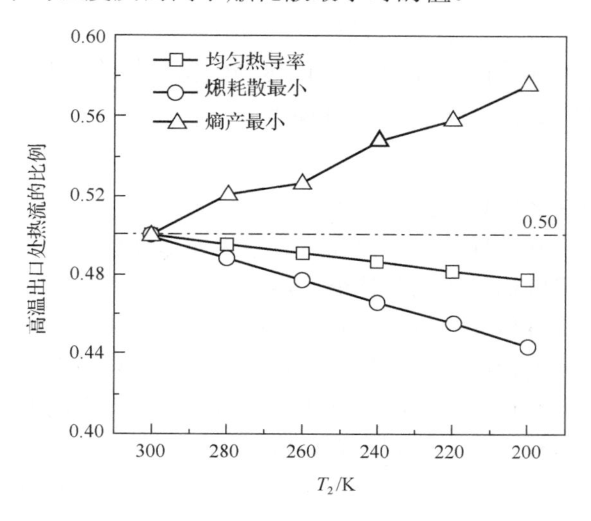

图 2.16 从高温出口导出的热流占总热流的比例随 T_2 的变化

目前很多文献把最小熵产原理应用于热流给定的强化传热问题研究，往往也可以取得一定的效果，这是因为在这些应用实例中，区域内的温度变化与当地的温度相比是个小量，当 $\Delta T << T_2$ 时：

$$\delta\dot{S}_{\mathrm{g}}=\delta\iiint_V\frac{k\left(\nabla T\right)^2}{T^2}\mathrm{d}V\approx\frac{1}{\overline{T}^2}\delta\iiint_V k\left(\nabla T\right)^2\mathrm{d}V=\frac{1}{\overline{T}^2}\delta\dot{\Phi}_{\mathrm{g}} \tag{2.41}$$

式中，$\overline{T}$ 为系统的平均温度。由式(2.41)可见，此时熵产最小得到的优化结果与煅耗散最小得到的优化结果差别不大。这类似于体点问题中$(T_1-T_2)<< T_2$ 的情况。因此在这种情况下，根据最小熵产原理也能提高热量传递的性能。

2.3.3 高热导率材料为常数的体点导热优化

前面的讨论中，假设材料的热导率是连续变化的。但是在实际问题中，通常是高热导率材料的热导率为一个固定常数，通过向低热导率的本体材料添加高热导率材料，来降低区域内的平均温度。从煅耗散优化的角度看，这个过程的推导与 2.3.1 节是一样的，得到的优化准则也是一样的，即要求区域内的温度梯度的模的分布是均匀的(式(2.22))。对于这种情况，夏再忠与过增元[7]、程新广[1]提出通过模拟自然界的演化过程来寻求高热导率材料的最优布置。仿生优化方法把高热导率材料看作一种“生命体”，“生命体”生存和生长的“自然环境”就是所考虑的物理空间及其特征，包括几何形状和热边界条件、内热源大小及其分布、基体的导热性能等。“生命体”将与“自然环境”相适应，随时间的推移不断演化其组织形态，最后形成最优的高效导热通道以达到强化导热的目的。Chen 等对优化步骤又做了进一步的改进[8]，其优化步骤如下。

1) 局部优化

(1) 将整个导热区域划分为若干个单元。

(2) 设置完全由基底导热材料构成的原始热导率分布。

(3) 数值计算温度梯度场以及整个导热区域内的总㶲耗散率。

(4) 找到温度梯度最大的单元，并在该单元填充高热导率材料。

(5) 重新计算温度梯度场以及整个导热区域内的㶲耗散率。

(6) 判断高热导率材料添加前后导热区域内总㶲耗散率的变化，如果总㶲耗散率变小，转到步骤(8)，否则转到步骤(7)。

(7) 将刚填充的高热导率材料去除，在温度梯度次大的单元中填充高热导率材料，转到步骤(5)。

(8) 判断高热导率材料是否分配完毕，如果填充完毕则转到“2) 整体优化”，否则转到步骤(4)。

2) 整体优化

由于步骤 1) 是逐个单元分配高导热材料的，每填充一个单元的高热导率材料后，温度场都会发生变化，不能保证此前高热导率材料的分布仍为最佳。因此需要对上面得到的结果做进一步调整，具体步骤如下。

(9) 找出已经填充的高热导率材料单元的集合。

(10) 逐次取出每一个单元上的高热导率材料，填充低热导率材料，转步骤(3)。

(11) 判断高热导率材料分布是否发生变化。如果发生变化，转步骤(9)继续优化，否则结束优化。

电子器件通过基板冷却的问题可近似简化为图 2.17 所示的体点导热问题，本书研究优化填充高热导率材料达到降低电子器件平均温度的效果。具体参数分别为：$L = H = 5\text{cm}$，$\dot{q}_\text{s} = 100\,\text{W/cm}^2$，$W = 0.5\text{cm}$，$T_0 = 10\text{K}$。区域内基材的热导率为 3.0W/(m·K)，高热导率材料的热导率为 300W/(m·K)，其填充面积为传热区域总面积的 10%。

图 2.18 是将整个导热区域等分为 40×40 个单元后，利用㶲耗散极值原理优化得到的高热导率材料分布(黑色区域代表高导热材料，下同)。与吸收土壤中水分的树根形状和功能类似，高热导率材料吸收均匀内热源散发出的热量后将其直

接输运到等温出口边界。其中，在热量出口两侧的附近区域内，高热导率材料比其他区域密集。

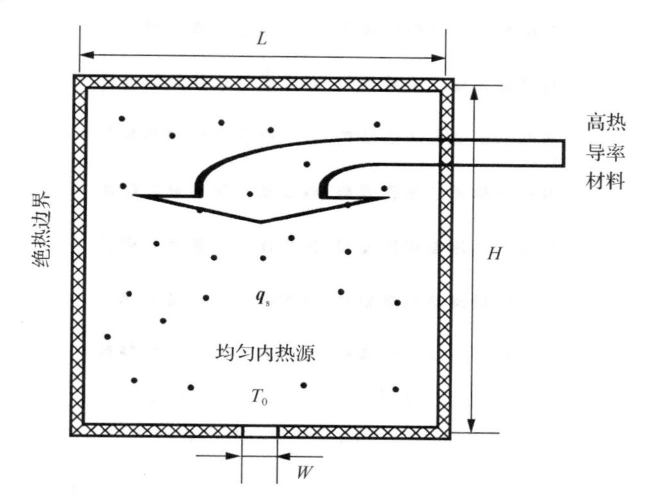

图 2.17　均匀内热源的单出口体点导热问题

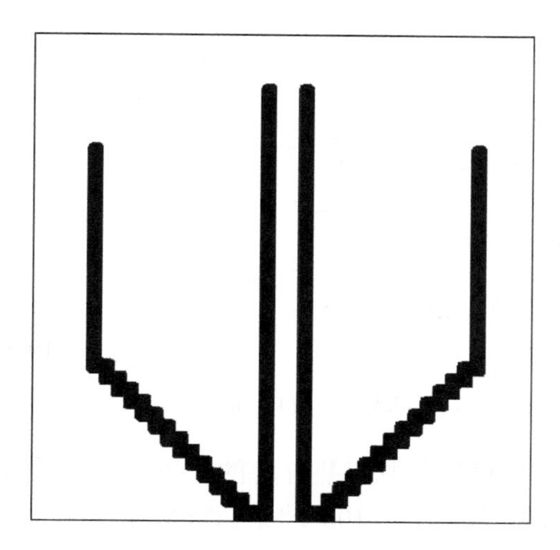

图 2.18　烟耗散极值优化原理得到的高热导率材料分布图

图 2.19 为高热导率材料均匀分布的布局。图 2.20(a)和图 2.20(b)分别给出了热导率材料均匀分布和根据烟耗散极值原理获得的优化准则(温度梯度均匀)优化分布高热导率材料后得到的温度分布。前者平均温度为 544.7K，后者则降为 51.6K，下降了 90.5%。可见，利用烟耗散极值原理优化能够大幅降低导热区域内的平均温度。同时，如图 2.20(b)所示，比较优化前后的温度分布可以发现，优化后的全场温度梯度的模更均匀。

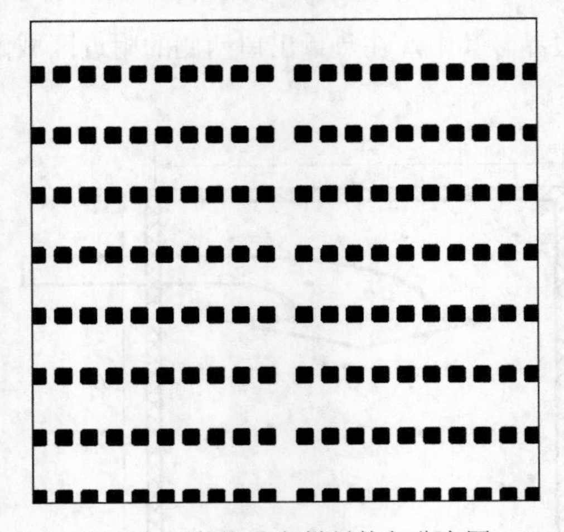

图 2.19　高热导率材料均匀分布图

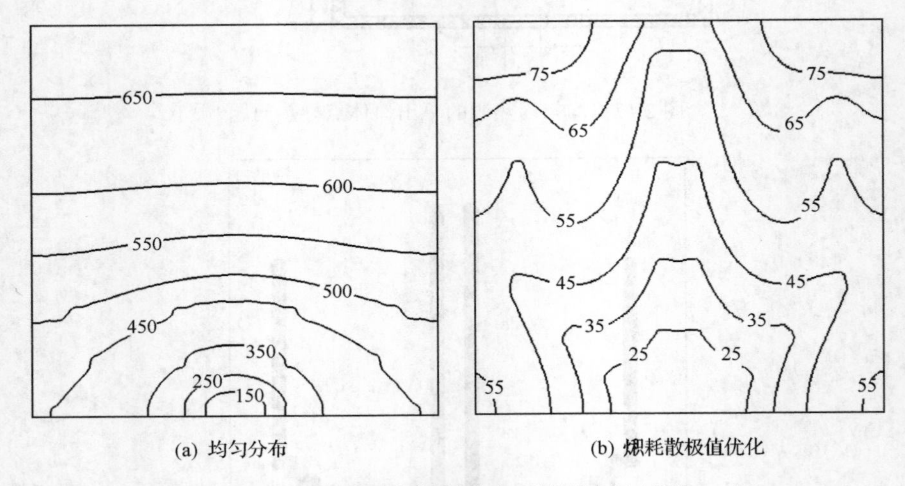

(a) 均匀分布　　(b) 烟耗散极值优化

图 2.20　不同高热导率材料分布下的温度场(单位：K)

图 2.21 为高热导率材料与基材热导率的比值为 3 时的高热导率材料仿生优化布置的结果。它与热导率比为 100 的结构特征存在很大的差别，高热导率材料主要集中在初始温度场中热流密度较大的热量出口处。这是因为当热导率比很低时，高热导率材料对热量传递的影响较小，能够传输的距离有限。高热导率材料的作用可以看作为翅片，当翅片的热导率很低时，长翅片的效率很低，短翅片才能够保证一定的效率，因此此时的高热导率材料布置的长度必然很短。如果进一步考虑在出口的附近温度梯度最大，把高热导率材料布置在温度梯度大的位置能够最有效地降低区域内的温度，所以优化的结果自然是高热导率材料密集地布置在热量出口的附近。

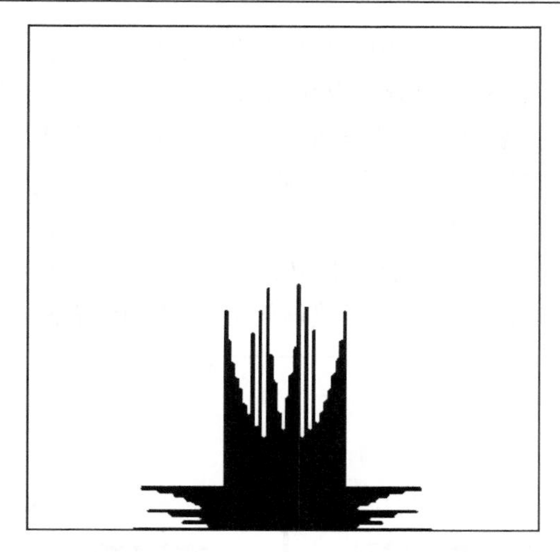

图 2.21　仿生优化结果(均匀内热源，热导率比值 $\overline{k}=3$)

2.3.4　非均匀内热源区域的高热导率材料分布的优化

考察一个二维的体点问题：正方形区域中存在非均匀内热源如图 2.22 所示，热流出口 O 区域的温度固定，其他边界绝热，高热导率材料占区域总面积的 12.5%。

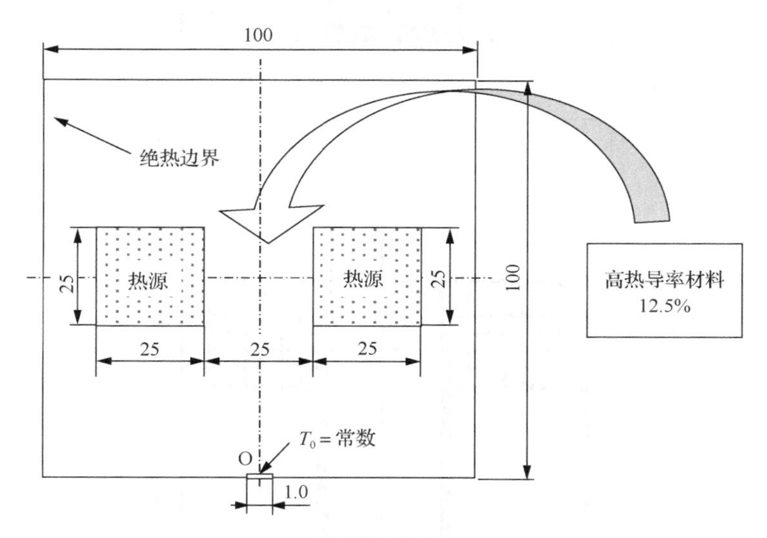

图 2.22　非均匀内热源的体点问题(单位：mm)

此时在正方形区域内仅有局部热源，其他地方的热源为零，根据式(2.18)计算的平均温度仅包含有热源部分的影响，计算出来的平均温度是热源区域的平均温度，与热源以外的区域没有关系。按照 2.3.1 节的推导过程，依然可以得到优化准则是区域内的温度梯度为常数，因此仿生优化方法可以适用于不同热导率比值的高热导率材料布置的优化。对于区域内热源非均匀分布时高热导率材料布置的仿生优化，这里仅对热导率比 $\bar{k}$ 较大的情况进行讨论。当热导率比 $\bar{k}=300$ 时，优化得到的高热导率材料的布置如图 2.23 所示。从图 2.23 中可以发现，根据数值模拟形成的结构适应了热源分布的变化，其高热导率材料密集在热源区域内，并且在热源和冷却点间构建了导热快速通道从而使内热源区的发热量快速地传递到热量出口。根据数值模拟得到的结构特征，进一步整理构造出规整的导热结构如图 2.24 所示。

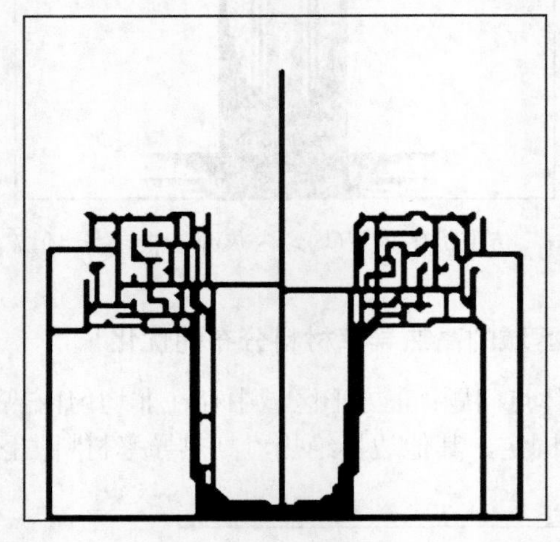

图 2.23　非均匀内热源的高热导率材料优化布局($\bar{k}=300$)

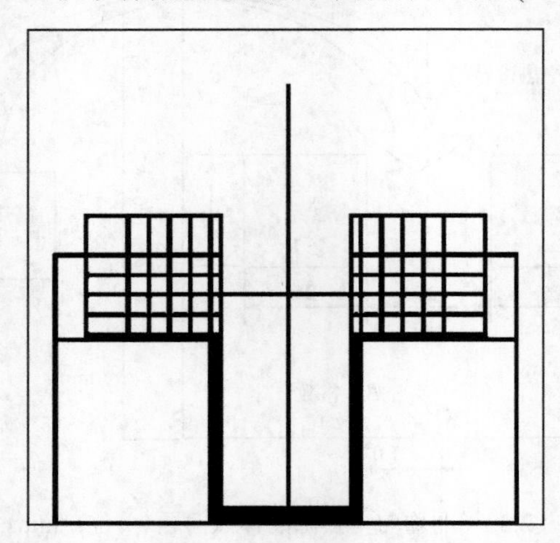

图 2.24　人工整理后的非均匀内热源的高热导率材料简化构造($\bar{k}=300$)

以没有高热导率材料时区域内的最大温差为参考温差，将布置了高热导率材料后最大温差与参考温差的相对值进行比较。高热导率材料布置分别为数值模拟所得的结构(图 2.23)与人工简化构造(图 2.24)的结构时，相应的区域内最大温差相对值分别为 0.012%、0.013%，两者的传热效果基本相同。

2.3.5 构型结构尺寸的𤆬耗散优化

对于体点散热问题，Bejan[4]以降低域内最高温度为优化目标，提出利用“构型”法来布置发热体内的最优导热通道网络。“构型”方法的基本步骤如下：①取发热体内的一个矩形发热微元为研究对象，称为第 0 级微元，假设横贯第 0 级微元中心，布置有一条高热导率材料的导热通道，并称这个导热通道为第 0 级通道，通过数值模拟等方法获得第 0 级微元内的最大温差达到最小时的第 0 级导热通道的最优几何参数；②假设较大一级的发热微元由若干上述的第 0 级微元堆积而成，称为第 1 级微元；横贯第 1 级微元的中心，也布置有一条高热导率材料的导热通道，称这一导热通道为第 1 级通道，通过令第 1 级微元上的最大温差达到最小，可以得到第 1 级导热通道的最优几何参数。重复步骤 2 还可以得到第 2 级、第 3 级等导热通道的最优几何参数。

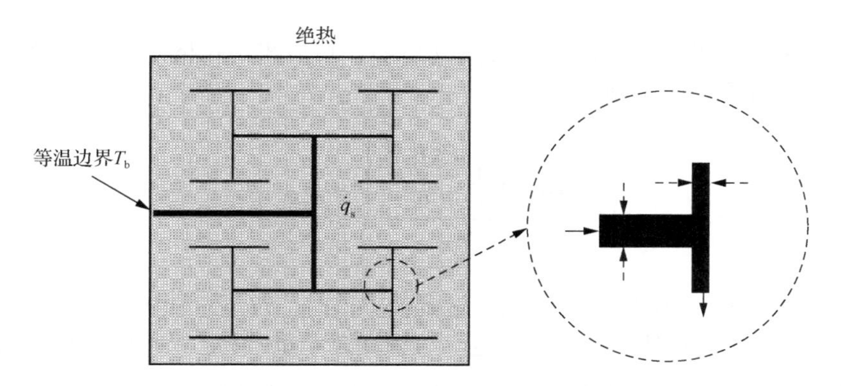

图 2.25　体点散热问题中高热导率材料的构型布置简图

对于构型结构的几何尺寸的优化也可以以最小𤆬耗散为优化目标[9]。对于图 2.25 所示的导热通道网络，区域内有均匀内热源，热量只能以导热方式从物体边界上温度为 T_b 的一块小区域散发出去，其他边界均为绝热边界。为了降低这一区域的温度，在区域内布置数量一定、热导率为 k_p 的 T 型结构，需要确定的是高热导率材料结构的最优尺寸。

在图 2.25 所示的导热通道网络中，假定构造导热通道网络的高热导率材料的热导率 k_p 远大于发热体的背景热导率 k_0，则可认为导热仅发生在通道网络中。导热通道网络的𤆬耗散率 $\dot{\Phi}_g$ 可以写为每一个导热通道分支上的𤆬耗散率 $\dot{\Phi}_{gn}$ 的和：

$$\dot{\Phi}_{\mathrm{g}}=\sum_{n}\dot{\Phi}_{\mathrm{g}n}=\sum_{n}\left[k_{\mathrm{p}}A_{n}\frac{(\Delta T_{n})^{2}}{l_{n}}\right] \tag{2.42}$$

式中，A_n、ΔT_n和l_n分别为第n级导热通道的横截面积、两端温差和长度。

这个导热通道网络的总散热速率为发热体积内的总发热率$\dot{Q}_0=V\dot{q}_{\mathrm{s}}$，由于发热物体的体积$V$与单位体积的内热源$\dot{q}_{\mathrm{s}}$都是常数，总发热速率$\dot{Q}_0$也是一个常数。图2.25所示的导热通道网络的等效热阻R_{g}可以写为

$$R_{\mathrm{g}}=\frac{\dot{\Phi}_{\mathrm{g}}}{\dot{Q}_{0}^{2}}=\frac{\sum_{n}\left[k_{\mathrm{p}}A_{n}\frac{(\Delta T_{n})^{2}}{l_{n}}\right]}{\dot{Q}_{0}^{2}} \tag{2.43}$$

这个等效热阻达到最小的约束条件是高热导率材料的总体积V_{p}是一个定值：

$$V_{\mathrm{p}}=\sum_{n}V_{n}=\sum_{n}(A_{n}l_{n})=\text{常数} \tag{2.44}$$

由优化目标式(2.43)和约束条件式(2.44)，可以采用拉格朗日法构造泛函Π。引入拉格朗日乘子λ，则有

$$\Pi=\frac{\sum_{n}\left[k_{\mathrm{p}}A_{n}\frac{(\Delta T_{n})^{2}}{l_{n}}\right]}{\dot{Q}_{0}^{2}}-\lambda\sum_{n}(A_{n}l_{n}) \tag{2.45}$$

当导热通道网络的等效热阻 R_{g} 达到最小值时，Π 必然也达到最小值。由图2.25可知，l_n由发热体的长和宽决定，与炽耗散率$\dot{\Phi}_{\mathrm{g}}$无关。因此，Π最小时，Π对n级导热通道的n个横截面积A_n(参见图2.25)的偏导数均为零：

$$\frac{\partial L}{\partial A_{n}}=\frac{k_{\mathrm{p}}\frac{(\Delta T_{n})^{2}}{l_{n}}}{Q_{0}^{2}}-\lambda l_{n}=0 \tag{2.46}$$

或简化为

$$\frac{\Delta T_{n}}{l_{n}}=\sqrt{\frac{\lambda\dot{Q}_{0}^{2}}{k_{\mathrm{p}}}}=\text{常数} \tag{2.47}$$

考虑图2.25中导热通道网络一条第n级导热通道(较粗导热通道)与其所连接的两条对称的第 n-1 级导热通道(较细导热通道)的连接点，三条导热通道内的导

热热流存在守恒关系：

$$k_{\mathrm{p}} A_n \frac{\Delta T_n}{l_n} = 2k_{\mathrm{p}} A_{n-1} \frac{\Delta T_{n-1}}{l_{n-1}} \tag{2.48}$$

将导热通道网络的等效热阻 R_{g} 的极值条件式(2.47)代入式(2.48)，可得等效热阻 R_{g} 取极值时，相邻级别间导热通道截面积的关系：

$$k_{\mathrm{p}} A_n \sqrt{\frac{\lambda \dot{Q}_0^2}{k_{\mathrm{p}}}} = 2k_{\mathrm{p}} A_{n-1} \sqrt{\frac{\lambda \dot{Q}_0^2}{k_{\mathrm{p}}}} \Leftrightarrow A_n / A_{n-1} = 2 \tag{2.49}$$

由式(2.49)可以看出，如果导热通道网络的等效热阻达到最小，则较粗导热通道的截面积总是等于与它连接的较细导热通道截面积的 2 倍。在导热通道的级数 $n \geqslant 3$ 时，式(2.49)与 Bejan[4]、Ghodoossi 和 Egrican[10]的结论一致。对于 $n=1$ 及 $n=2$ 的情形，基于等效热阻的式(2.49)与构型理论的结果有所不同，产生差别的原因是：在以式(2.43)计算导热通道网络的等效热阻时，总是认为一维导热假设成立，即导热过程只发生在高热导率材料通道里，不考虑热导率较低的背景材料对导热的贡献；而 Bejan[4]的构型方法在最细分支上考虑了背景材料的热导率对导热的贡献。另外，两种方法的目标不同，煅耗散热阻最小的目标是区域内的平均温度最低；而 Bejan[4]的构型方法的目标是区域内的最高温度最低。这些不同之处影响了最细两级导热通道最优宽度比的优化结果。

由式(2.42)和式(2.47)可知，当导热通道网络的等效热阻达到最小时，第 n 级导热通道内的煅耗散率 $\dot{\Phi}_{\mathrm{g}n}$ 必然满足：

$$\dot{\Phi}_{\mathrm{g}n} = k_{\mathrm{p}} A_n \frac{(\Delta T_n)^2}{l_n} = k_{\mathrm{p}} A_n l_n \left(\frac{\Delta T_n}{l_n}\right)^2 = V_n \lambda \dot{Q}_0^2 \tag{2.50}$$

式中，V_n 为第 n 级导热通道的体积。

由式(2-50)可以看出，当图 2.25 所示的导热通道网络达到最优时，每条导热通道内单位体积的煅耗散率 $\dot{\Phi}_{\mathrm{g}n} / V_n$ 在整个网络内是一个常数。

陈林根及其团队以煅耗散极值为优化准则，对各种各样的构型进行了优化，如矩形区域的 T 型构型优化[11]、“盘-点”区域的构型优化[12]、三角形区域的构型优化[13]等，并且对构型的煅耗散优化工作等进行了综述总结[14]。他们的工作丰富和发展了煅优化理论的应用。

2.3.6　构型方法与最小煅耗散原理比较

针对体点散热中的高导热率材料优化布局问题，构型方法与最小煅耗散原理优化方法的出发点、所用策略、优化目标都是不同的。Chen 等[15]系统地总结了构型优化与炽理论优化的不同，主要体现在优化目的、特征温度差、优化原则和判据，以及优化结果上，具体见表 2.1。炽理论的优化源自它对传热不可逆性的描述，对高热导率材料的初始构型没有具体的要求；而构型优化始于具体的构型，然后开始优化尺寸。正是由于炽理论优化体点问题源自其对传热的不可逆性，所以也可以用其对构型的尺寸进行优化[11-14, 16-18]。但是此时需要注意，优化得到的最佳结构布局将使区域内的平均温度更低，而不是最高温更低。

表 2.1　体点散热问题的炽理论优化与构型优化的比较

类别	炽理论优化	构型优化
优化目标	降低研究区域的平衡温度 T_{vav}	降低研究区域的最高温度 $T_{\max}$
特征温差	区域平均温度与边界温度差（$T_{\mathrm{vav}}-T_0$）	区域最高温度与边界温度差（$T_{\max}-T_0$）
热阻的定义	炽耗散热阻（区域内的炽耗散除以换热总热流的平方，即 $R_{\mathrm{g}}=\dot{\Phi}_{\mathrm{g}}/\dot{Q}_0^{\,2}$）	区域最高温度与边界温度差除以换热总热流，即 $(T_{\max}-T_0)/\dot{Q}_0$
优化原则	炽耗散热阻最小或炽耗散率极值	区域最高温度与边界温度差定义的热阻最小
优化判据	区域内的温度梯度的模均匀	无
热导率比值	无要求	高热导率材料的热导率远大于背景材料

2.4　最小炽耗散热阻原理的应用

炽耗散率极值优化除了在体点散热问题中有了广泛地应用，在其他方面的应用也取得了很多成果。本节主要介绍炽耗散优化在平板太阳能集热器的结构和多孔热防护材料的结构优化设计中的应用。

2.4.1　平板太阳能集热器的结构优化设计[19]

平板型集热器在太阳能热利用系统中有广泛的应用，其传热性能的分析和优化一直受到广大学者关注。目前，提高平板太阳能集热器传热性能的方法有两类[20-24]：一是增大集热器对太阳辐射的有效吸收率，二是减小集热器向周围环境的散热损失。其中，减小散热损失主要包括降低吸热板温度、使用透明盖板形成温室效应、使用高热阻隔热层等途径。

下面将炽理论应用于平板太阳能集热器传热性能的优化，在吸热板总体积一定的条件下，对其厚度分布作优化设计，最大化集热效率。本节首先从理论上建立吸热板吸热热流量与系统各个环节的炽流率和炽耗散率之间的对应关系，提出集热器性能优化的约束条件极值问题；然后结合变分方法推导优化吸热板结构的控制方程；最后求解该控制方程实现吸热板厚度分布的优化设计。

1) 平板太阳能集热器的传热模型

图 2.26 给出了平板太阳能集热器的典型结构。它由吸热板、流体管道、隔热层、外壳及透明盖板组成[20] (为了简化，本节研究的平板太阳能集热器的透明盖板数目为 0)。吸热板是平板太阳能集热器的主要部件，它吸收太阳辐射，并通过导热和对流换热将能量传递给管道中的流体。图 2.27 给出了吸热板的几何结构及其相应的坐标系，其中 L 为流体管道长度，$2W$ 为流体管道间距，t_p 为吸热板厚度，$\dot{m}$ 为单个管道内流体的质量流量。根据对称性，只需研究 ($0<y<L$，$0<x<W$) 区域内的传热过程。

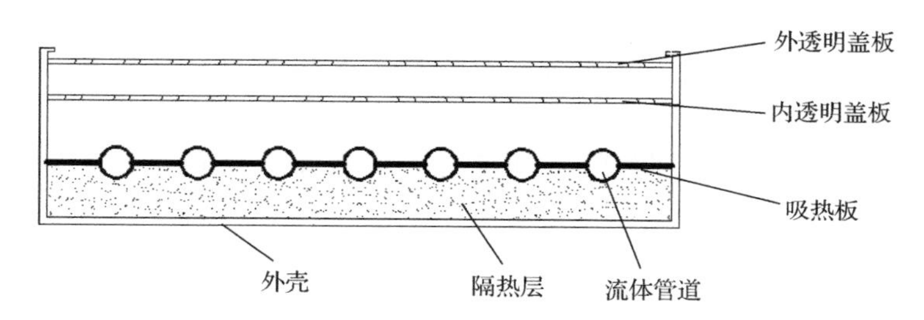

图 2.26　平板太阳能集热器的典型结构

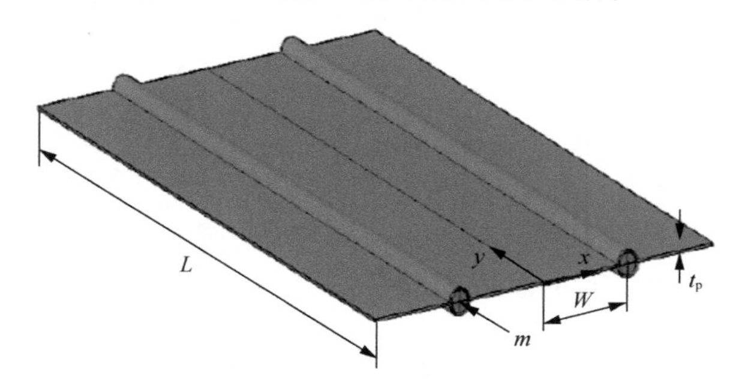

图 2.27　吸热板的几何结构及其坐标系

因为吸热板厚度远小于其长度和宽度，所以吸热板内的导热过程可以简化为二维、稳态、热导率恒定、厚度连续变化、有恒定内热源和随温度变化的内热汇的导热过程，其能量守恒方程为

$$k_\mathrm{p}\left[\frac{\partial}{\partial x}\left(t_\mathrm{p}\frac{\partial T_\mathrm{p}}{\partial x}\right)+\frac{\partial}{\partial y}\left(t_\mathrm{p}\frac{\partial T_\mathrm{p}}{\partial y}\right)\right]+\dot{s}-\dot{q}_\mathrm{Loss}=0 \tag{2.51}$$

式中，T_p 为吸热板温度(是空间坐标的函数)，下标 p 表示吸热板；k_p 为吸热板热导率；$\dot{s}$ 为单位吸热面积实际吸收的太阳辐射；$\dot{q}_\mathrm{Loss}$ 为单位面积上的散热损失。单位吸热面积实际吸收的太阳辐射 $\dot{s}$ 的表达式为

$$\dot{s} = \alpha \dot{I} \tag{2.52}$$

式中，α 为吸热板表面对可见光的吸收率；$\dot{I}$ 为太阳辐射强度。单位面积上的散热损失 $\dot{q}_{\mathrm{Loss}}$ 的表达式为[20]

$$\dot{q}_{\mathrm{Loss}} = h_{\mathrm{L}}(T_{\mathrm{p}} - T_0) \tag{2.53}$$

式中，T_0 为环境温度；h_{L} 为总热损系数，包括底部热损系数 h_{b} 和顶部热损系数 h_{top} 两部分，即

$$h_{\mathrm{L}} = h_{\mathrm{b}} + h_{\mathrm{top}} \tag{2.54}$$

吸热板底部通过隔热层导热向环境散热的热损系数 h_{b} 的表达式为

$$h_{\mathrm{b}} = \frac{k_{\mathrm{ins}}}{H_{\mathrm{ins}}} \tag{2.55}$$

式中，H_{ins} 为隔热层厚度；k_{ins} 为隔热层热导率。吸热板顶部热损系数 h_{top} 的表达式为

$$h_{\mathrm{top}} = h_{\mathrm{r}} + h_{\mathrm{conv}} \tag{2.56}$$

式中，h_{r} 为顶部辐射热损系数；h_{conv} 为顶部对流热损系数。对于小物体在无限大空间中的辐射换热过程，h_{r} 的表达式为[20]

$$h_{\mathrm{r}} = \varepsilon_{\mathrm{p}}\sigma(T_{\mathrm{p}}^2 + T_0^2)(T_{\mathrm{p}} + T_0) \tag{2.57}$$

式中，ε_{p} 为吸热板表面在红外光谱段的平均辐射率；σ 为斯忒藩-玻尔兹曼常数。对流热损系数 h_{conv} 与当地风速 u 的经验关系为[20, 21]

$$h_{\mathrm{conv}} = 2.8 + 3u \tag{2.58}$$

对于式(2.51)所示导热过程的能量守恒方程，在 y=0 和 L 处，热量以导热的方式通过两端的隔热层(厚度与底部相同)向周围环境散发，即

$$y = 0,\ k_{\mathrm{p}}\frac{\partial T_{\mathrm{p}}}{\partial y} = \frac{k_{\mathrm{ins}}(T_{\mathrm{p}} - T_0)}{H_{\mathrm{ins}}} \tag{2.59}$$

$$y=L,\ k_{\mathrm{p}}\frac{\partial T_{\mathrm{p}}}{\partial y}=-\frac{k_{\mathrm{ins}}(T_{\mathrm{p}}-T_0)}{H_{\mathrm{ins}}} \tag{2.60}$$

$x=0$ 处为对称边界：

$$\frac{\partial T_{\mathrm{p}}}{\partial x}=0 \tag{2.61}$$

$x=W$ 处为对流换热边界条件，即

$$k_{\mathrm{p}}\frac{\partial T_{\mathrm{p}}}{\partial x}=-h_{\mathrm{fe}}[T_{\mathrm{p}}-T_{\mathrm{f}}(y)] \tag{2.62}$$

式中，$T_{\mathrm{f}}(y)$ 为流体温度；h_{fe} 为吸热板与流体间的换热系数，其计算式为[25]

$$h_{\mathrm{fe}}=\frac{1}{t_{\mathrm{p}}}\left[\frac{\pi d_{\mathrm{i}}h_{\mathrm{f}}}{2}+\frac{\pi d_{\mathrm{o}}h_{\mathrm{L}}(T_{\mathrm{p}}-T_0)}{4(T_{\mathrm{p}}-T_{\mathrm{f}})}-\frac{d_{\mathrm{o}}S}{2(T_{\mathrm{p}}-T_{\mathrm{f}})}\right] \tag{2.63}$$

式中，d_{o}、d_{i} 分别为流体管道外径和内径；h_{f} 为变壁温圆管的对流换热系数。

流体在管道内对流换热时，自然对流和强制对流共同起作用，且管壁温度沿轴向和周向都有较大变化。对于该对流换热过程，文献[26]给出了水平圆管内 $(L/d_{\mathrm{i}}>70)$ 混合对流换热过程的平均努塞尔数 Nu_{m} 的实验关联式：

$$Nu_{\mathrm{m}}=1.75\left(\frac{\mu_{\mathrm{b}}}{\mu_{\mathrm{w}}}\right)^{0.14}\left[Gz_{\mathrm{m}}+0.0083(Gr_{\mathrm{m}}Pr_{\mathrm{m}})^{0.75}\right]^{\frac{1}{3}} \tag{2.64}$$

式中，Gz_{m}、Gr_{m}、Pr_{m} 分别为平均 Graetz 数、平均格拉晓夫数、平均普朗特数；μ_{b}、μ_{w} 分别为流体在体积温度和管壁温度下的动力黏度。

如果用 k_{f} 表示流体的热导率，则 h_{f} 的表达式为

$$h_{\mathrm{f}}=\frac{k_{\mathrm{f}}Nu_{\mathrm{m}}}{d_{\mathrm{i}}} \tag{2.65}$$

对管道内流体微元的能量守恒方程进行积分，可以得到流体温度分布 $T_{\mathrm{f}}(y)$ 的表达式[25]：

$$T_{\mathrm{f}}(y)=T_{\mathrm{in}}+\frac{2}{\dot{m}c_p}\int_0^y\left[-k_{\mathrm{p}}t_{\mathrm{p}}\frac{\partial T_{\mathrm{p}}}{\partial x}+\frac{d_{\mathrm{o}}\dot{s}}{2}-\frac{\pi d_{\mathrm{o}}h_{\mathrm{L}}(T_{\mathrm{p}}-T_0)}{4}\right]_{x=W}\mathrm{d}y \tag{2.66}$$

式中，T_{in} 为流体进口温度；$\dot{m}$ 为流体质量流量。

2) 平板太阳能集热器传热性能的炽分析

将能量守恒方程(式(2.51))的等号两边同乘以吸热板的局部温度 T_p，可以得到吸热板内导热过程的炽平衡方程：

$$\dot{s}T_p - h_L(T_p - T_0)T_p - \nabla\cdot(t_p\dot{\boldsymbol{q}}T_p) + t_p\dot{\boldsymbol{q}}\cdot\nabla T_p = 0 \tag{2.67}$$

式中，$\dot{\boldsymbol{q}}$ 为热流密度，其表达式为

$$\dot{\boldsymbol{q}} = -k_p\nabla T_p \tag{2.68}$$

在式(2.67)中，等号左边第一项为吸热板吸收的太阳辐射与吸热板温度的乘积，表征太阳辐射输入的炽流；第二项为散热损失和吸热板温度的乘积，表征由散热引起的吸热板炽损失；第三项表征炽流在吸热板内部的传递；第四项表征有限温差下导热引起的炽耗散。

将式(2.67)对整个导热区域 A 积分($0<x<W$，$0<y<L$ 的区间)，并利用高斯公式将散度的面积分转化为边界积分可得

$$\iint_A\left[\dot{s}T_p - h_L(T_p - T_0)T_p - k_p t_p\nabla T_p\cdot\nabla T_p\right]\mathrm{d}A = \oint_\Gamma(t_p\dot{\boldsymbol{q}}T_p)\cdot\boldsymbol{n}\mathrm{d}S \tag{2.69}$$

式中，下标 Γ 为吸热板边界。由式(2.69)可见，吸热板通过太阳辐射获得的炽流减去向环境散热损失的炽流以及吸热板内导热产生的炽耗散(等号左侧)等于吸热板边界导出的炽流(等号右侧)。

在吸热板对称边界 $x=0$ 处，$\dot{\boldsymbol{q}}\big|_\Gamma=0$；在边界 $y=0$、$y=L$ 处，吸热板通过隔热层向环境散发的热量很小，可近似为绝热，$\dot{\boldsymbol{q}}\big|_\Gamma=0$。因此，吸热板全部通过对流换热边界导出炽流。另外，由于流体管道的几何尺寸远小于吸热板，且管道内的流体温度梯度较小，流体在管道内对流换热产生的炽耗散与吸热板导热的炽耗散相比可以忽略，因此式(2.69)等号右侧的边界积分就等于流体炽流的增量 ΔG，即

$$\Delta G = \frac{1}{2}\dot{m}c_p(T_{out}^2 - T_{in}^2) = \oint_\Gamma(t_p\dot{\boldsymbol{q}}T_p)\cdot\boldsymbol{n}\mathrm{d}S \tag{2.70}$$

式中，T_{in}、T_{out} 分别为流体进、出口温度。

将式(2.70)代入式(2.69)可得

$$\iint_A\left[\dot{s}T_p - h_L(T_p - T_0)T_p - k_p t_p\nabla T_p\cdot\nabla T_p\right]\mathrm{d}A = \frac{1}{2}\dot{m}c_p(T_{out}^2 - T_{in}^2) \tag{2.71}$$

式(2.71)右边一项可以展开成吸热流体的吸热量与其进出口平均温度的乘积，由于进口温度给定，右边这一项越大，表示集热器的集热性能越好。由此可见，当太阳辐射输入的煅流减去向环境散热产生的煅损失以及吸热板导热产生的煅耗散后取最大值时，流体煅的增量最大，此时平板太阳能集热器的集热性能最佳。

3) 吸热板厚度布局的优化准则

根据式(2.71)，吸热板厚度布局的优化可以描述为以下约束条件极值问题。

(1) 优化目标：吸热板向工质导出的煅流取最大值，即太阳辐射输入的煅流减去向环境散热产生的煅损失以及吸热板导热产生的煅耗散后取最大值，用变分方法表述为

$$\delta\iint_A\left[\dot{s}T_\mathrm{p}-h_\mathrm{L}(T_\mathrm{p}-T_0)T_\mathrm{p}-k_\mathrm{p}t_\mathrm{p}\nabla T_\mathrm{p}\cdot\nabla T_\mathrm{p}\right]\mathrm{d}A=0 \tag{2.72}$$

(2) 优化对象：吸热板厚度分布 $t_\mathrm{p}(x,y)$。

(3) 约束条件：

①吸热板总体积一定，即

$$\iint_A t_\mathrm{p}(x,y)\mathrm{d}A=\text{常数} \tag{2.73}$$

②满足导热过程的能量守恒方程(式(2.51))。

对于以上约束极值问题，采用拉格朗日乘子法构造泛函：

$$\begin{aligned}\Pi=&\iint_A[-k_\mathrm{p}t_\mathrm{p}\nabla T_\mathrm{p}\cdot\nabla T_\mathrm{p}+T_\mathrm{p}(\dot{s}+h_\mathrm{L}T_0)-h_\mathrm{L}{T_\mathrm{p}}^2]\mathrm{d}A\\&+\lambda_1\iint_A t_\mathrm{p}(x,y)\mathrm{d}A+\lambda_2\iint_A[k_\mathrm{p}\nabla\cdot(t_\mathrm{p}\nabla T_\mathrm{p})+\dot{s}-h_\mathrm{L}(T_\mathrm{p}-T_0)]\mathrm{d}A\end{aligned} \tag{2.74}$$

式中，λ_1 和 λ_2 为拉格朗日乘子。因为厚度约束条件(2.73)是等周条件，所以 λ_1 为常量；最后一项约束来自于能量守恒方程，而 λ_2 是一个与空间位置相关的变量。

式(2.74)对温度 T_p 求变分，并使其等于零，可得

$$\nabla\cdot(t_\mathrm{p}\nabla\lambda_2)-\dot{s}-h_\mathrm{L}T_\mathrm{a}-\lambda_2h_\mathrm{L}=0 \tag{2.75}$$

式(2.75)的一个常数解为

$$\lambda_2=-\frac{\dot{s}+h_\mathrm{L}T_0}{h_\mathrm{L}} \tag{2.76}$$

把 λ_2 的常数解代入泛函表达式(2.74)，再将其对厚度 t_p 求变分，并使其等于零，可得

$$\left|\nabla T_p\right|^2 = \frac{\lambda_1}{k_p} = 常数 \tag{2.77}$$

可见，吸热板的最佳厚度分布应使吸热板内温度梯度的大小处处相等。在热导率不变的情况下，温度梯度均匀意味着热流密度均匀。换句话说，吸热板的厚度应与热流成正比，这就是吸热板厚度布局的优化准则。

4) 吸热板厚度布局的优化结果和分析

表 2.2 给出了平板太阳能集热器的几何和物性参数，包括吸热板(铜)的热导率、吸收率、辐射率等物性参数，以及隔热层的厚度和热导率。表 2.3 给出了流体工质(水)的比定压热容、膨胀系数、动力黏度、普朗特数等物性参数以及质量流量、进口温度等运行参数。表 2.4 给出了太阳辐射强度、环境温度、风速三个环境参数。

表 2.2 平板太阳能集热器的几何和物性参数

几何和物性参数	数值
流体管道长度，L	2.0m
管间距，$2W$	0.4m
吸热板平均厚度，t_{pm}	0.5mm
流体管道外径，d_o	0.011m
流体管道内径，d_i	0.01m
隔热层厚度，H_{ins}	0.05m
隔热层热导率，k_{ins}	0.04W/m^2
吸热板(铜)热导率，k_p	385W/m^2
吸热板(铜)吸收率，α	0.9
吸热板(铜)辐射率，ε_p	0.17

表 2.3 流体工质(水)的物性和运行参数

物性和运行参数	数值
比定压热容，c_p	4180J/(kg · K)
普朗特数	4.34
运动黏度，ν	0.6×10^{-6}m^2/s

续表

物性和运行参数	数值
膨胀系数，β	$1.8\times10^{-4}K^{-1}$
进口温度，T_{in}	305K
质量流量，$\dot{m}$	0.003kg/s

表 2.4　环境参数

环境参数	数值
太阳辐射强度，$\dot{I}$	$800W/m^2$
环境温度，T_0	300K
风速，u	3.0m/s

当吸热板的最小基准厚度和平均厚度分别为 0.01 和 0.5mm 时，根据 2.3.3 节的优化算法，数值求解吸热板的导热微分方程，并对厚度布局作优化设计。表 2.5 给出了优化前后的流体出口温度 T_{out}、吸热板平均温度与环境温度之差($T_{pm}-T_0$)、集热器效率 η 和流体的煅增量 ΔG。其中，集热器效率的定义式为

$$\eta=\frac{\dot{m}c_p(T_{out}-T_{in})}{\dot{I}A_c} \tag{2.78}$$

式中，A_c 为吸热板面积。

表 2.5　煅理论优化前后的结果比较

参数	T_{out}/℃	$T_{pm}-T_0$/℃	η/%	ΔG/($\times10^4$W·K)
优化前	47.6	34.6	30.16	6.18
优化后	50.0	33.1	32.80	6.74
变化/%			↑ 8.8	↑ 9.1

如表 2.5 所示，在风速为 3.0m/s、太阳辐射强度为 $800W/m^2$、环境温度为 300K、水的质量流量为 0.003kg/s、水的进口温度为 305K 的条件下，优化后集热器效率可以提高 8.8%，流体的煅流增量可以提高 9.1%。换言之，如果吸热板采用均匀厚度，要达到 32.8%的集热器效率，须采用厚度为 0.71mm 的铜板，而经过优化，采用平均厚度为 0.5mm 的铜板即可达到这一效率值，与 0.71mm 的厚度相比，优化后等效节省铜材达 30%。

图 2.28 和图 2.29 分别给出了优化前、后吸热板的温度场和温度梯度分布的等值线。优化前，吸热板温度梯度在对称边界接近于 0，在流体进口处温度

梯度最大，为 311.3K/m。越靠近对流边界，且越靠近流体进口，温度梯度越大，温度梯度的绝对值分布不均匀。优化后，吸热板绝大部分区域温度梯度的绝对值相等，大小为 110.1K/m。比较优化前后的温度分布可以发现，优化后吸热板内的温度梯度场明显比优化前更为均匀，因此优化后吸热板的导热性能有显著提高。

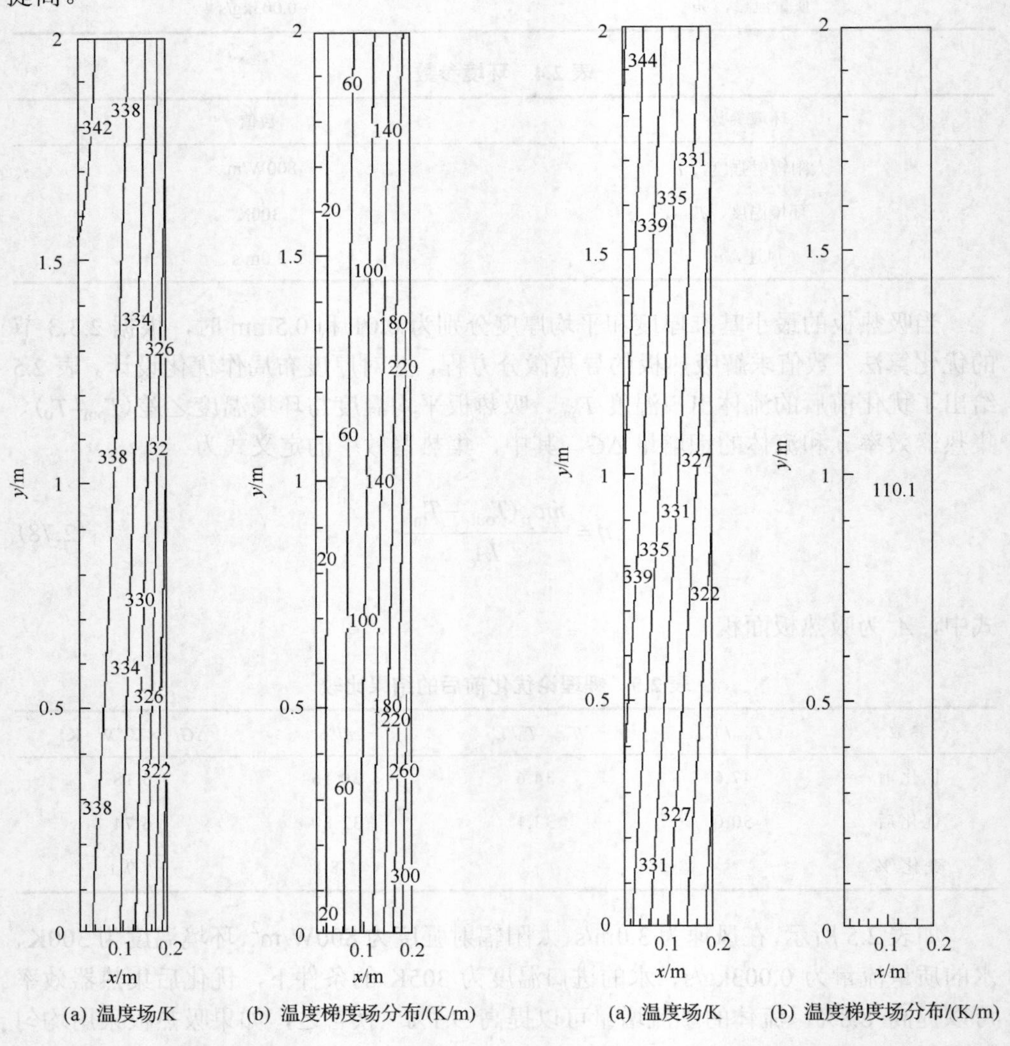

(a) 温度场/K　(b) 温度梯度场分布/(K/m)

图 2.28　优化前吸热板的温度场和温度梯度场分布

(a) 温度场/K　(b) 温度梯度场分布/(K/m)

图 2.29　优化后吸热板的温度场和温度梯度场分布

图 2.30 给出了优化后吸热板厚度的等高线图。优化后，越靠近流体管道，且越靠近流体进口端，吸热板厚度越大。这是因为吸热板厚度应与热流大小成正比，越靠近流体管道、越靠近流体进口端热流越大，需要更强的导热能力。厚度最大值出现在流体进口处，为 1.8mm；对称边界附近热流极小，其厚度近似为最小基准厚度 0.01mm。

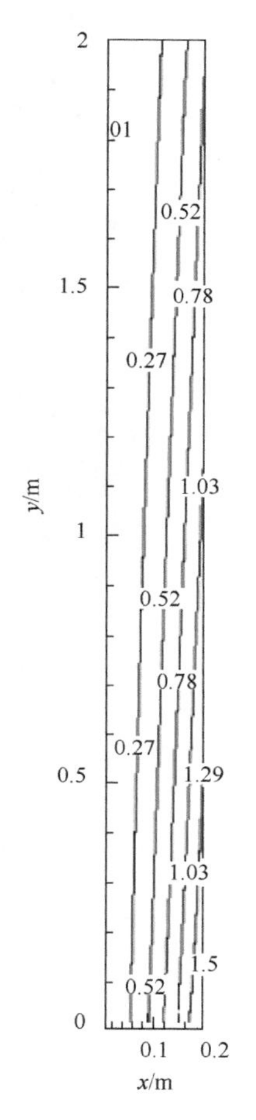

图 2.30　吸热板厚度的优化布局（厚度单位：mm）

为了研究上述吸热板厚度布局在不同风速下的集热性能，在保持其他工况参数不变的前提下，本书分别采用 0.5mm 的均匀厚度吸热板和风速为 3m/s 时优化后的吸热板厚度布局，对风速为 1m/s、2m/s 和 4m/s 的工况进行了数值模拟。如表 2.6 所示，风速为 3.0m/s 时的优化厚度布局在变风速情况下的导热性能也明显优于均匀厚度吸热板，风速在 1.0～4.0m/s 变化时，采用优化厚度布局后，吸热板的集热器效率比均匀厚度情况提高 8.3%～13.2%。

表 2.6　u=3.0m/s 时的吸热板优化厚度布局在变风速情况下的集热效率

风速 u/(m/s)	1.0	2.0	3.0	4.0
采用均匀厚度时的 η/%	42.01	35.12	30.16	25.32
采用 u=3m/s 优化厚度时的 η/%相对变化	45.48 ↑8.3	38.24 ↑8.9	32.80 ↑8.8	28.66 ↑13.2

2.4.2　多孔隔热材料的结构优化设计[27]

多孔材料的热导率低，密度小，具有较好的隔热性能。图 2.31 给出了氧化铝增强型刚性纤维的电镜图[28]，该纤维为多孔材料，是应用在被动隔热结构中的主要材料之一。从图 2.31 中可以看到纤维尺寸在微米量级，粗细、长短分布不均，各方向排列无序，杂乱无章。研究表明影响纤维席隔热性能的因素包括边界温度、工作压力和固体比(孔隙率)等。这些参数对隔热性能的影响趋势各不相同。但如何优化设计这些参数使得多孔隔热材料的性能最优直接关系到热防护结构的优化和设计，因此需要对这些参数进行优化设计来改善多孔隔热材料的隔热性能。

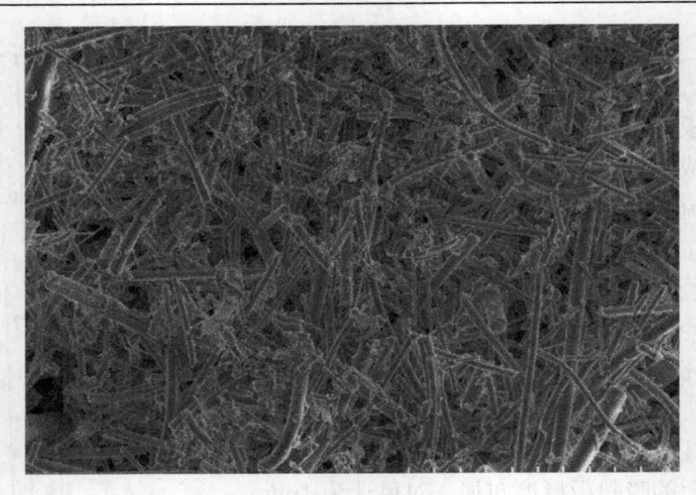

图 2.31　氧化铝增强型刚性纤维的电镜图

有很多研究人员分别通过实验测试、理论分析建立了不同的模型，包括气体导热和固体导热模型、辐射近似模型等，来测量或计算隔热材料的有效热导率，并分析对其影响的因素。例如，Daryabeigi[28-32]分别采用辐射扩散近似模型、二热流法近似等，建立了表征多孔隔热材料隔热性能的有效热导率表达式，并通过瞬态和稳态实验以及数值模拟，分析了压力、固体比、温度等对有效热导率的影响。马忠辉等[33]通过采用二热流法等模型研究了温度、压力、纤维材料密度等对隔热性能的影响。这些研究大部分依靠实验或者数值的方法，建立物理模型，通过对影响隔热材料有效热导率的几个因素进行单一变量的分析，获得这些因素的影响趋势，但并不能够从理论上对纤维席的结构进行优化和设计。

本节将烟耗散理论应用于热防护系统中多孔隔热材料——纤维席隔热性能的优化设计，在多孔隔热材料质量一定、厚度一定的情况下，以烟耗散作为优化目标，提出在热防护系统中优化隔热性能的约束条件极值问题，并建立约束条件下的极值函数，结合变分的方法推导优化控制方程，获得在一定约束条件下使有效热导率最小的固体比的最佳分布，并进一步研究热防护性能最优时多孔隔热材料内部结构所需满足的优化准则——烟耗散热阻最大。

1) 多孔材料的传热机理分析

如图 2.32 所示，多孔隔热材料外表面的高温侧经受强大的气动加热，并通过隔热材料传到结构内部的低温侧。该过程可以简化为导热和辐射耦合的一维非稳态传热过程，其能量控制方程为

$$\rho c_p \frac{\partial T}{\partial t} = \frac{\partial}{\partial x}\left(k_{\mathrm{c}} \frac{\partial T}{\partial x}\right) - \frac{\partial \dot{q}_{\mathrm{r}}}{\partial x} \tag{2.79}$$

式中，k_c 为等效热导率；x 为厚度方向的空间坐标；D 为纤维席的厚度；$\dot{q}_r$ 为辐射热流密度；T_H 和 T_L 分别为高温侧和低温侧的温度。

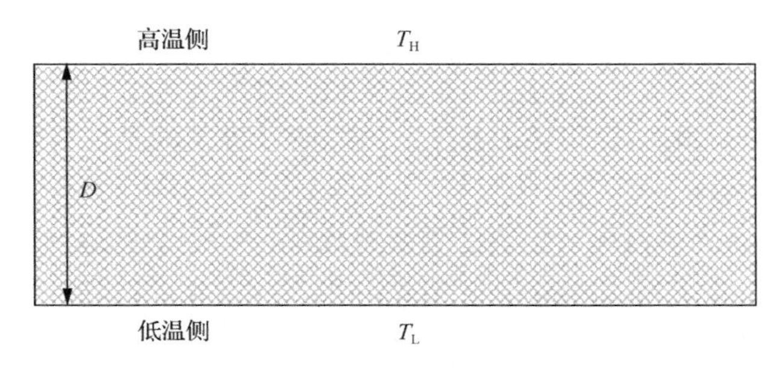

图 2.32　隔热材料示意图

在多孔隔热材料中，其传热方式主要有导热和辐射换热，气体的自然对流换热在纤维席中一般可以忽略。根据温度阶跃理论[28]，纤维席中气体热导率与气体的温度、压力以及纤维席的特征长度等参数有关，其表达式为

$$k_g=\frac{k_g^*}{1+2\frac{2-\alpha}{\alpha}\left(\frac{2\gamma}{\gamma+1}\right)\frac{1}{Pr_g}\frac{\lambda_g}{d_c}} \tag{2.80}$$

式中，k_g^*为气体在标准大气压下与温度相关的热导率，$k_g^*=3.954\times10^{-3}+7.7207\times10^{-5}T-1.6082\times10^{-8}T^2$ (W/(m·K))；α 为自适应系数，表征气体与固体界面处的温度不连续性；γ 为气体的比热比；$Pr_g=0.7086-3.7245\times10^{-6}T+2.2556\times10^{-10}T^2$，为气体的普朗特数；$\lambda_g$ 为气体分子的平均自由程[28]：

$$\lambda_g=\frac{k_BT}{\sqrt{2}\pi d_g^2 p} \tag{2.81}$$

式中，k_B 为玻尔兹曼常数；d_g 为气体分子碰撞直径；p 为气体压力；d_c 为孔隙特征长度[28]：

$$d_c=\frac{\pi}{4}\frac{d_f}{\chi} \tag{2.82}$$

式中，d_f 为纤维有效直径；χ 为纤维席的密度与组成纤维席的基体材料密度之比(固体比)：

$$\chi=\frac{\rho_f}{\rho} \tag{2.83}$$

式中，ρ_f 为纤维席的密度；ρ 为组成纤维席的基体材料密度。

纤维席中的固体热导率与组成纤维席的基体材料的热导率以及固体比有关，其具体表达式为[28]

$$k_{\mathrm{s}}=\chi^2 k_{\mathrm{s}}^* \tag{2.84}$$

式中，$k_{\mathrm{s}}^*=0.653+0.00149T$ (W/(m·K))，为组成纤维席的基体材料的热导率，是温度的函数。

辐射换热是隔热材料内部传热的重要组成部分，在分析影响隔热材料传热机理的影响因素时，应用辐射传热的扩散近似模型，即光子的平均自由程远远小于纤维席内部的特征长度，光子的运动只受周围光子的影响，而不受固体纤维的影响，因此辐射热流密度可以近似为[28]

$$\dot{q}_{\mathrm{r}}=-\frac{16\sigma T^3}{3\omega}\frac{\partial T}{\partial x} \tag{2.85}$$

式中，ω 为消光系数：

$$\omega=\rho e \tag{2.86}$$

式中，$e=41.92+0.0188\,T$ ($\mathrm{m^2/kg}$)，为比消光系数，它是温度的函数。

结合式(2.79)和式(2.85)可得到导热、辐射耦合的能量控制方程：

$$\rho c_p\frac{\partial T}{\partial t}=\frac{\partial}{\partial x}\left[\left(k_{\mathrm{c}}+\frac{16\sigma T^3}{3\omega}\right)\frac{\partial T}{\partial x}\right] \tag{2.87}$$

在隔热材料内部，影响传热的主要因素包括当量热导率和辐射扩散近似热导率两部分。当量热导率主要包括固体导热和气体导热，可以采用气体和固体部分的热导并联近似计算：

$$k_{\mathrm{c}}=\chi k_{\mathrm{s}}+(1-\chi)k_{\mathrm{g}} \tag{2.88}$$

而隔热材料的局部热导率与温度、压力、固体比等参数有关，其表达式为

$$k_x=k_{\mathrm{c}}+\frac{16\sigma T^3}{3\omega} \tag{2.89}$$

2) 多孔材料隔热性能优化的㶲耗散极值原理

图 2.33 所示的是厚度为 15mm 的隔热材料，热量通过上表面进入隔热材料内部并传递到下表面。将该导热过程的能量守恒方程等号两边同时乘以温度 T 可以获得无内热源的瞬态㶲平衡方程：

$$\rho c_p T \frac{\partial T}{\partial t} = -\nabla \cdot (\dot{\boldsymbol{q}} T) + \dot{\boldsymbol{q}} \cdot \nabla T \tag{2.90}$$

在式(2.90)中，等号左边为隔热材料的炽随时间的变化；等号右边第一项为边界炽流，第二项的绝对值为隔热材料内导热过程产生的炽耗散。

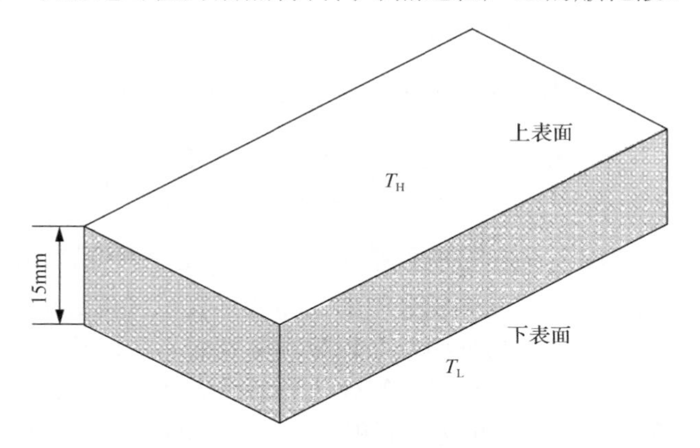

图 2.33　隔热材料几何结构示意图

该导热过程中的整体炽耗散热阻 R_g 为

$$R_g = \frac{\dot{\Phi}_g}{\dot{Q}^2} \tag{2.91}$$

式中，$\dot{\Phi}_g$ 为导热过程的整体炽耗散率；$\dot{Q}$ 为通过隔热材料的热流。

当隔热材料两侧的温差给定时，如果炽耗散取得极小值，即炽耗散热阻最大，则通过隔热材料的热流是最小的；而当隔热材料表面的热流给定时，如果炽耗散取得极大值，即炽耗散热阻最大，则隔热材料两侧的温差是最大的，此时的隔热性能最好。无论是给定温差还是给定热流，当隔热材料的炽耗散热阻最大时，隔热材料的隔热性能是最好的，这就是多层复合材料热防护性能优化的新方法——最大炽耗散热阻原理。

根据最大炽耗散热阻原理，隔热材料的优化设计问题可以描述为有约束条件下的极值问题，其中优化目标为炽耗散热阻最大：

$$\delta\left[\iiint_V k_x(\nabla T \cdot \nabla T)\mathrm{d}V\right] = 0 \tag{2.92}$$

仅考虑稳态传热过程的优化，此时约束条件包括稳态能量守恒方程以及隔热材料的总质量固定。其中，能量守恒控制方程如式(2.90)所示，略去其中的非稳态项。式(2.92)中的 k_x 为隔热材料的热导率。由于构成纤维席的基体材料的密度

ρ 不变，而固体比 χ 是空间的位置函数，隔热材料的总质量固定，可以描述为

$$\iiint_V \chi\rho \mathrm{d}V = \text{常数} \tag{2.93}$$

同时，还需要满足边界约束，即等温边界条件或等热流边界条件。对于以上约束条件极值问题，可以通过拉格朗日乘子法构造泛函：

$$\begin{aligned}\Pi = &\iiint [k_x(\nabla T \cdot \nabla T) + \lambda_1 \chi\rho + \lambda_2 \nabla\cdot(k_x \nabla T)] \mathrm{d}V \\ &+ \iint_T \lambda_3 (T - T_0)\mathrm{d}A + \iint_q \lambda_4 \left(-k_x \frac{\partial T}{\partial n} - q_0\right)\mathrm{d}A\end{aligned} \tag{2.94}$$

式中，λ_1、λ_2、λ_3、λ_4 为拉格朗日乘子，其中 λ_2 是空间位置的函数；n 为传热边界的外法线方向。等号右侧体积分中的三项分别表示优化目标、总质量固定的约束，以及能量守恒方程；另外两个面积分项分别表示等温边界和等热流边界约束条件。当压力不变时，多孔材料的等效热导率是固体比 χ 和温度 T 的函数。

式(2.94)包含三项体积分和两项面积分，体积分的第三项可改写为

$$\begin{aligned}\iiint [\lambda_2 \nabla\cdot(k_x \nabla T)]\mathrm{d}V &= \iiint \{\nabla\cdot(\lambda_2 k_x \nabla T) - (k_x \nabla T \cdot \nabla \lambda_2)\}\mathrm{d}V \\ &= \oiint \lambda_2 k_x \frac{\partial T}{\partial n}\mathrm{d}A - \iiint k_x \nabla T \cdot \nabla \lambda_2 \mathrm{d}V\end{aligned} \tag{2.95}$$

将式(2.95)代入式(2.94)，则构造的泛函可改写为

$$\begin{aligned}\Pi = &\iiint [k_x(\nabla T \cdot \nabla T) + \lambda_1 \chi\rho - k_x \nabla T \cdot \nabla \lambda_2] \mathrm{d}V \\ &+ \iint_T \lambda_3 (T - T_0)\mathrm{d}A + \iint_q \lambda_4 \left(-k_x \frac{\partial T}{\partial n} - q_0\right)\mathrm{d}A + \iint \lambda_2 k_x \frac{\partial T}{\partial n}\mathrm{d}A\end{aligned} \tag{2.96}$$

结合式(2.96)，泛函 Π 对固体比 χ 求变分。其中，对体积分项求变分，并令其等于零，可得到 χ 的控制方程：

$$\frac{\partial k_x}{\partial \chi} \nabla T \cdot (\nabla T - \nabla \lambda_2) + \lambda_1 \rho = 0 \tag{2.97}$$

对面积分求变分可以得到 χ 的边界条件。在等壁温边界上，式(2.96)中等号右边第一项面积分对 χ 的变分为 0，第三项面积分求变分可得

$$\lambda_2 \frac{\partial T}{\partial n} \frac{\partial k_x}{\partial \chi} = 0 \tag{2.98}$$

在等热流边界上，式(2.96)中等式右边第二项和第三项面积分对 χ 变分可得

$$(\lambda_2 - \lambda_4)\frac{\partial k_x}{\partial \chi}\frac{\partial T}{\partial n}=0 \tag{2.99}$$

针对式(2.96)，采用类似于式(2.97)～式(2.99)的推导，并结合高斯定理和能量守恒方程，泛函 Π 对温度 T 求变分具体过程如下：

$$\begin{aligned}\frac{\partial \Pi}{\partial T} &= \iiint\left[\frac{\partial k_x}{\partial T}\nabla T(\nabla T - \nabla\lambda_2)\delta T + k_x(2\nabla T - \nabla\lambda_2)\delta(\nabla T)\right]\mathrm{d}V \\ &\quad + \iint_T \lambda_3\delta T\mathrm{d}A + \iint_q \lambda_4\left(-k_x\delta\left(\frac{\partial T}{\partial n}\right)\right)\mathrm{d}A + \iint_q \lambda_4\left(-\frac{\partial k_x}{\partial T}\frac{\partial T}{\partial n}\right)\delta T\mathrm{d}A \\ &\quad + \iint \lambda_2\frac{\partial k_x}{\partial T}\frac{\partial T}{\partial n}\mathrm{d}A + \iint \lambda_2 k_x\delta\left(\frac{\partial T}{\partial n}\right)\mathrm{d}A\end{aligned}$$

式中，

$$\begin{aligned}\iiint k_x(2\nabla T - \nabla\lambda_2)\cdot\delta(\nabla T)\mathrm{d}V &= \iiint k_x(2\nabla T - \nabla\lambda_2)\cdot\nabla(\delta T)\mathrm{d}V \\ &= \iiint\{\nabla\cdot[k_x(2\nabla T - \nabla\lambda_2)\delta T] - \nabla\cdot[k_x(2\nabla T - \nabla\lambda_2)]\delta T\}\mathrm{d}V \\ &= \iint\left(2k_x\frac{\partial T}{\partial n} - k_x\frac{\partial\lambda_2}{\partial n}\right)\delta T\mathrm{d}A + \iiint\nabla\cdot(-2k_x\nabla T + k_x\nabla\lambda_2)\delta T\mathrm{d}V\end{aligned}$$

结合上述两式，面积分包括等温和等热流两种边界条件，由此可得

$$\begin{aligned}\frac{\partial \Pi}{\partial T} &= \iiint\left[\frac{\partial k_x}{\partial T}\nabla T\cdot(\nabla T - \nabla\lambda_2) + \nabla\cdot(k_x\nabla\lambda_2)\right]\delta T\mathrm{d}V \\ &\quad + \iint_T \lambda_2 k_x\delta\left(\frac{\partial T}{\partial n}\right)\mathrm{d}A + \iint_q\left(2k_x\frac{\partial T}{\partial n} - k_x\frac{\partial\lambda_2}{\partial n}\right)\delta T\mathrm{d}A\end{aligned} \tag{2.100}$$

由式(2.100)便可获得 Π 对温度 T 的变分表达式为

$$\frac{\partial k_x}{\partial T}\nabla T\cdot(\nabla T - \nabla\lambda_2) + \nabla\cdot(k_x\nabla\lambda_2) = 0 \tag{2.101}$$

在等壁温边界上：

$$\lambda_2 k_x = 0 \tag{2.102}$$

在等热流边界上：

$$2k_x\frac{\partial T}{\partial n} - k_x\frac{\partial\lambda_2}{\partial n} = 0 \tag{2.103}$$

泛函 Π 对固体比 χ 和温度 T 求变分获得了固体比 χ 的优化准则(式(2.97)),以及拉格朗日乘子 λ_2 的控制方程(式(2.101))。通过对一维导热过程分析,发现存在最佳固体比使得隔热材料的有效热导率最小。因此,对于三维结构,当隔热材料固体比的空间分布满足式(2.97)时,隔热材料的整体有效热导率最小,即在相同的温差下,通过隔热材料的热流最小,隔热性能最优。

结合式(2.89),可知式(2.97)和式(2.101)中的局部热导率 k_x 对温度 T 和固体比 χ 的偏导数分别为

$$\frac{\partial k_x}{\partial \chi}=3\chi^2 k_{\mathrm{s}}{}^* - \mathrm{Lam}+(1-\chi)\frac{\partial \mathrm{Lam}}{\partial \chi}-\frac{16\sigma T^3}{3\chi^2\rho e} \tag{2.104}$$

$$\frac{\partial k}{\partial T}=\chi^3\frac{\partial k_{\mathrm{s}}{}^*}{\partial T}+(1-\chi)\frac{\partial \mathrm{Lam}}{\partial T}+\frac{16\sigma}{3\chi\rho}\frac{3T^2 e-T^3\dfrac{\partial e}{\partial T}}{e^2} \tag{2.105}$$

式中

$$\mathrm{Lam}=\frac{k_{\mathrm{g}}^*}{1+2\dfrac{2-\alpha}{\alpha}\left(\dfrac{2\lambda_3}{\lambda_3+1}\right)\dfrac{1}{Pr}\dfrac{\lambda_g}{d_{\mathrm{c}}}} \tag{2.106}$$

$$\frac{\partial \mathrm{Lam}}{\partial \chi}=-\frac{2.3333\times\dfrac{4k_{\mathrm{B}}Tk_{\mathrm{g}}^*}{\sqrt{2}\pi^2 d_{\mathrm{g}}^2 d_{\mathrm{f}} Prp}}{\left(1+2.3333\dfrac{4k_{\mathrm{B}}T\chi}{\sqrt{2}\pi^2 d_{\mathrm{g}}^2 d_{\mathrm{f}} Prp}\right)^2} \tag{2.107}$$

$$\frac{\partial \mathrm{Lam}}{\partial T}=\frac{\dfrac{\partial k_{\mathrm{g}}^*}{\partial T}\left(1+\dfrac{9.3332k_{\mathrm{B}}T\chi}{\sqrt{2}\pi^2 d_{\mathrm{g}}^2 d_{\mathrm{f}} Pr_{\mathrm{g}} p}\right)}{\left(1+2.3333\dfrac{4k_{\mathrm{B}}T\chi}{\sqrt{2}\pi^2 d_{\mathrm{g}}^2 d_{\mathrm{f}} Pr_{\mathrm{g}} p}\right)^2}-\frac{\dfrac{9.3332k_{\mathrm{B}}\chi k_{\mathrm{g}}^*\left(Pr_{\mathrm{g}}-T\dfrac{\partial Pr_{\mathrm{g}}}{\partial T}\right)}{\sqrt{2}\pi^2 d_{\mathrm{g}}^2 d_{\mathrm{f}} p(Pr_{\mathrm{g}})^2}}{\left(1+2.3333\dfrac{4k_{\mathrm{B}}T\chi}{\sqrt{2}\pi^2 d_{\mathrm{g}}^2 d_{\mathrm{f}} Pr_{\mathrm{g}} p}\right)^2} \tag{2.108}$$

应用 Fluent 软件提供的 UDF 功能,求解能量守恒方程、式(2.97)、式(2.101)、式(2.104)和式(2.105),计算中用到的参数如表 2.7 所示,压力为 13000Pa,具体的数值求解步骤为:①初始化隔热材料的固体比,设为均匀的分布;②求解导热方程,获得温度场和热导率的分布;③求解方程(2.101),获得 λ_2 的分布场;④基于温度场、温度梯度场以及 λ_2 和其梯度的分布,给定 λ_1,通过应用二分法,求解方程(2.97)获得固体比。

表 2.7　多孔隔热材料算例中用到的参数

符号	参数值	单位
α	1	1
γ	1.4	1
k_B	1.38062×10^{-23}	J/K
d_g	3.65009×10^{-10}	m
d_f	3.0×10^{-6}	m
σ	5.67×10^{-8}	$W/(m^2\cdot K^4)$
ρ	1000	kg/m^3

3) 二维隔热结构优化结果

在实际的应用中，飞行器的热防护结构是无法简化为一维结构进行模拟分析的。以 X-51A 飞行器的几何外形为基础[34]，这里主要针对与其前缘尖部的形状一致的热防护结构进行优化分析。如图 2.34 所示为热防护结构的温度分布示意图，该结构前缘尖部外部受到气动加热，为高温侧，内侧为结构层内部，为低温侧。其中隔热材料的厚度分布不同，最厚的为 15mm，为隔热材料的中间对称面(y=0)，而最薄的为隔热材料的上下两端(y=15mm 或 y= –15mm)，为 7.5mm。

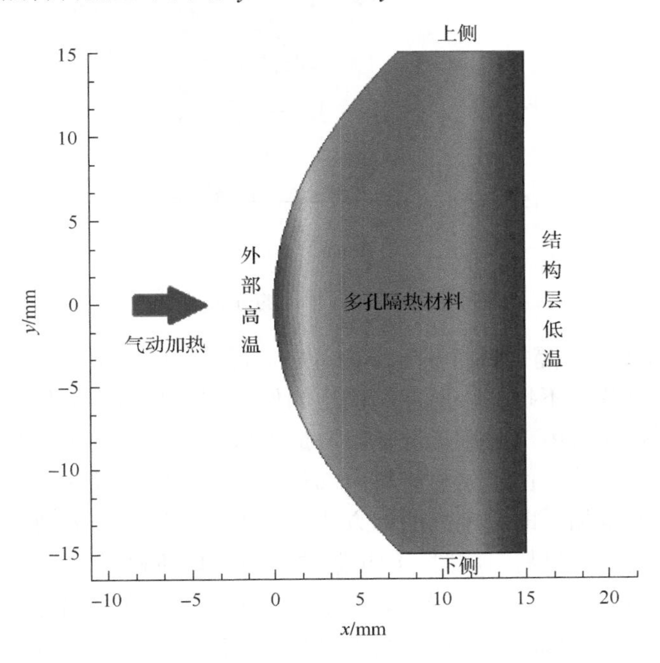

图 2.34　二维隔热结构温度分布示意图

本书以此模型为基础，研究了当压力为 13000Pa，外部高温为 1200K，结构层低温为 300K，上下侧绝热，且隔热材料的平均质量密度为 132.39kg/m^3，即平均固体比为 0.13239 时，对隔热材料的固体比分布进行了优化。

图 2.35 给出了优化后隔热材料内部最佳固体比的分布云图，从图中可以看出优化后的固体比在隔热材料的上下两侧分布比较大，而在隔热材料的高温侧和结构层的低温侧分布比较小，式中，固体比最大的为 0.2，最小的为 0.06。图 2.35 给出的优化后的隔热材料固体比分布为实际热防护的结构设计提供了基本依据。

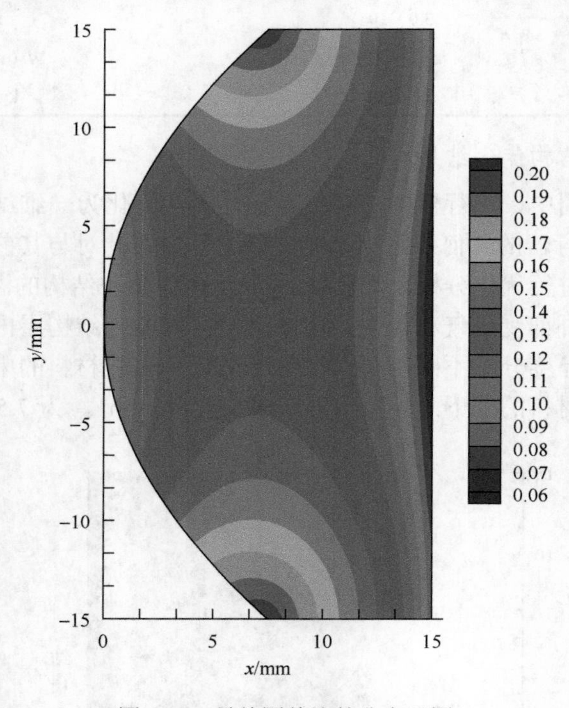

图 2.35　最佳固体比的分布云图

图 2.36 为优化后隔热材料热导率的分布云图，从图中可以看出在高温侧热导率是最大的，且分布不均匀，而在结构层的低温侧，其热导率是最小的，基本保持不变。当隔热材料内部的熵耗散热阻取最大值时，隔热材料的有效热导率分布与温度分布趋于一致，由于隔热材料内部传热包含辐射和导热，有效热导率会随着温度的增加而增加，即温度高的地方热导率大，而温度低的地方热导率小。当隔热结构由多层复合材料组成时，如果隔热材料为均质材料，即热导率处处相同，可以按照图 2.36 所示的，将热导率较高的隔热材料布置在高温侧，而将热导率相对较低的材料布置在低温侧，更有利于隔热结构的热防护，有效提高隔热材料的热防护性能。

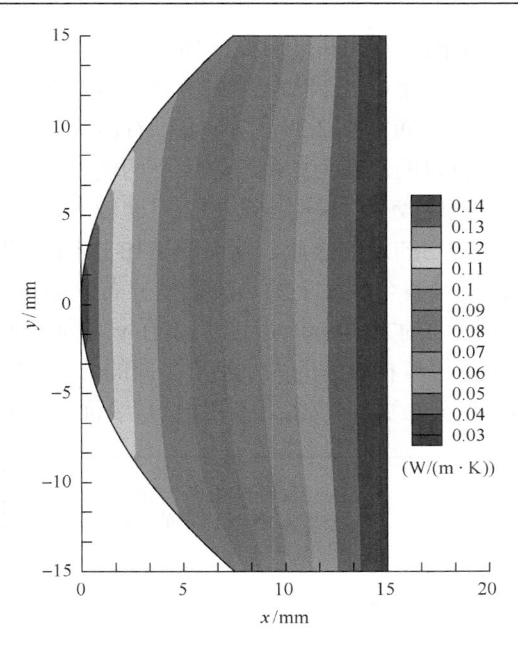

图 2.36　热导率的分布示意图

图 2.37 为对比试验的模型示意图，将隔热材料分成左右两部分，左侧为高温侧，右侧为低温侧，将平均质量密度为 132.39kg/m^3 的隔热材料根据左右两侧的体积进行均匀分配，以此与优化结果进行比较。

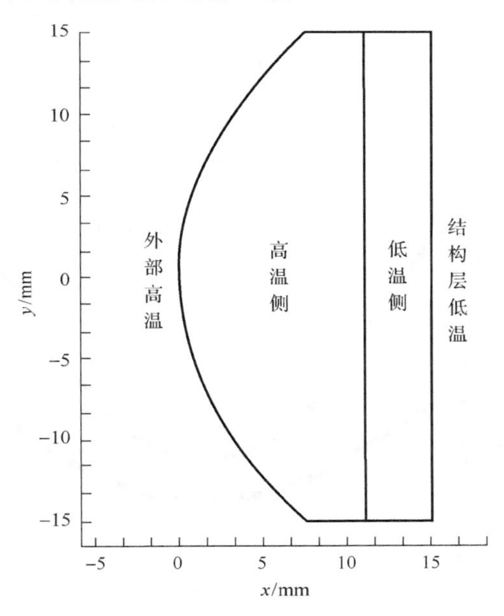

图 2.37　对比试验的模型示意图

图 2.38 给出了高温侧固体比和低温侧固体比在不同的组合情况下，进入结构层的热流变化情况，发现热流均大于优化结果的热流(145.7W)。在结构层表面，不同的位置进入的热流密度分布如图 2.39 所示，可以看出优化后进入结构层的热流密度明显减小。由于隔热材料的形状为中间厚，上下两侧薄，在上下两侧进去的热流比较多，中间进去的热流比较少，说明中间的热阻比较大，而上下两侧的热阻比较小，如果要减小进入结构层的总的热流，就需要增加上下两侧的热阻。优化后，两侧进入的热流明显减小，且整个截面上的热流密度分布更加均匀，达到了优化目的。热流沿着垂直于结构层表面的方向流出，因此温度在 y 方向的梯度基本可以忽略。图 2.40 给出了在结构层表面温度梯度值的大小沿 y 方向的分布，从图中可以看出，优化后，沿 x 方向的温度梯度分布更加均匀，即在结构层表面的热应力分布更加均匀。

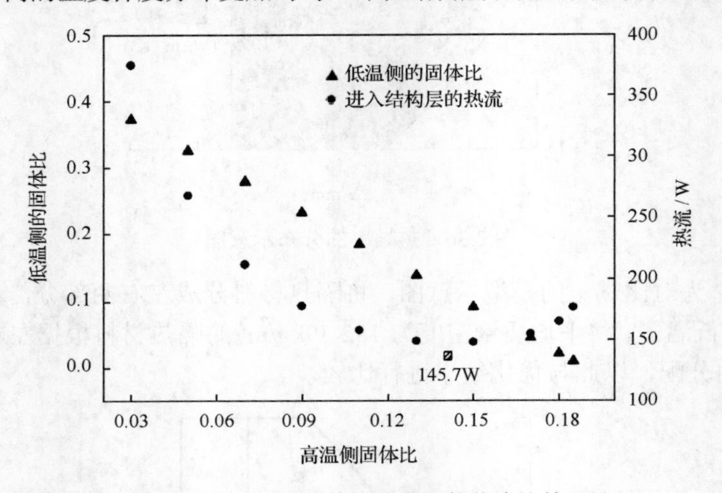

图 2.38　不同固体比分布下的热流比较

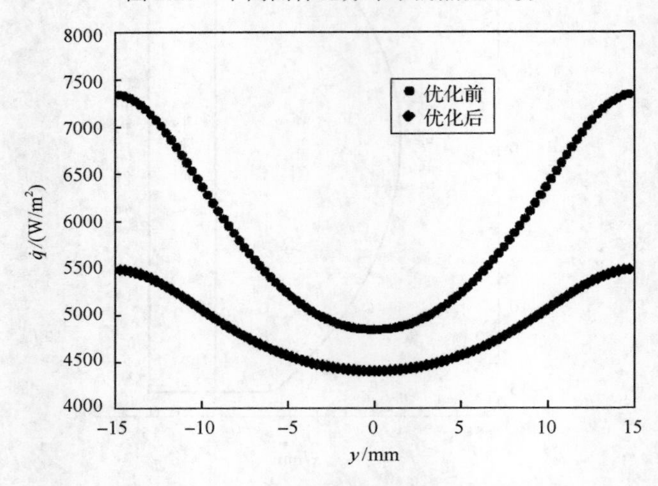

图 2.39　结构层表面热流密度分布示意图

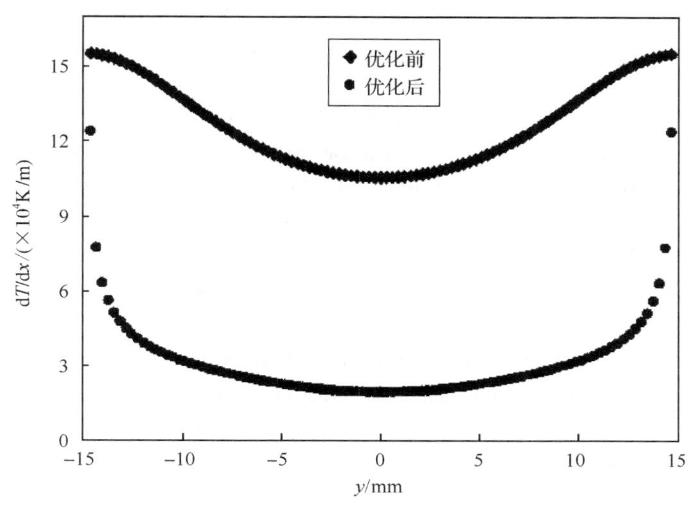

图 2.40　结构层截面沿 y 方向的温度梯度

2.5　小　结

本章从导热微分方程出发，建立了含有内热源的导热过程的炽平衡方程，并且进一步建立了导热过程中的炽耗散极值原理和最小炽耗散热阻原理。

应用最小炽耗散原理对体点导热问题中的热导率分布进行了优化分析。当炽耗散最小时，区域内平均温度最低，传热最优，而此时的热导率的分布要求温度梯度(模)均匀。炽耗散极值原理与最小熵产原理之间的区别在于它们的物理意义：炽和炽耗散是表征热量传递能力的物理量，熵与熵产是表征热功转化的物理量，因此炽耗散极值原理与最小熵产原理所对应的是不同的优化目标，应用于不同的优化问题。并且，通过将最小炽耗散原理用于体点导热问题优化，讨论了炽理论优化与构型优化之间的区别。

对于太阳能集热器的吸热板厚度布局优化设计，本章建立了以炽耗散等为约束条件的极值问题，并结合变分原理，得到了温度梯度(模)场均匀的优化准则；根据该准则，实现了吸热板厚度布局的优化设计。

针对多孔隔热材料，本章建立了基于炽理论的隔热材料固体比优化设计的条件约束极值问题，在稳态工况下，当隔热材料的厚度和质量给定时，获得了隔热材料内热流密度最小时固体比分布所需满足的控制方程，获得了多孔材料固体比的最佳分布，实现了隔热材料性能的优化，优化后进入结构层的表面热流密度和温度梯度降低。

参考文献

[1] 程新广. 烺及其在传热优化中的应用[D]. 北京: 清华大学, 2004.

[2] Guo Z Y, Zhu H Y, Liang X G. Entransy——a physical quantity describing heat transfer ability[J]. International Journal of Heat and Mass Transfer, 2007, 50(13-14): 2545-2556.

[3] Prigogine I. 从存在到演化: Time and Complexity in the Physical Science[M]. 曾庆宏, 严士健, 马本堃, 等, 译. 北京: 北京大学出版社, 2007.

[4] Bejan A. Constructal-theory network of conducting paths for cooling a heat generating volume[J]. International Journal of Heat and Mass Transfer, 1997, 40(4): 799.

[5] Gyarmati I. Non-Equilibrium Thermodynamics[M]. Berlin: Springer, 1970.

[6] Finlayson B A. The Method of Weighted Residuals and Variational Principles[M]. New York: Academic Press, 1972.

[7] 夏再忠, 过增元. 用生命演化过程模拟导热优化[J]. 自然科学进展, 2001(8): 63-70.

[8] Chen Q, Zhu H Y, Pan N, et al. An alternative criterion in heat transfer optimization[J]. Proceedings of the Royal Society a-Mathematical Physical and Engineering Sciences, 2011, 467(2128): 1012-1028.

[9] 柳雄斌. 换热器及散热通道网络热性能的烺分析[D]. 北京: 清华大学, 2009.

[10] Ghodoossi L, Egrican N. Exact solution for cooling of electronics using constructal theory[J]. Journal of Applied Physics, 2003, 93(8): 4922-4929.

[11] Xie Z H, Chen L G, Sun F R. Constructal optimization on t-shaped cavity based on entransy dissipation minimization[J]. Chinese Science Bulletin, 2009, 54(23): 4418-4427.

[12] Xiao Q H, Chen L G, Sun F R. Constructal entransy dissipation rate minimization for "disc-to-point" heat conduction[J]. Chinese Science Bulletin, 2011, 56(1): 102-112.

[13] Feng H J, Chen L G, Xie Z H, et al. Constructal entransy dissipation rate minimization for triangular heat trees at micro and nanoscales[J]. International Journal of Heat and Mass Transfer, 2015, 84: 848-855.

[14] Chen L G. Progress in entransy theory and its applications[J]. Chinese Science Bulletin, 2012, 57(34): 4404-4426.

[15] Chen Q, Liang X G, Guo Z. Entransy theory for the optimization of heat transfer-a review and update[J]. International Journal of Heat and Mass Transfer, 2013, 63: 65-81.

[16] Xiao Q H, Chen L G, Sun F R. Constructal entransy dissipation rate minimization for heat conduction based on a tapered element[J]. Chinese Science Bulletin, 2011, 56(22): 2400-2410.

[17] Chen L G, Wei S H, Sun F R. Constructal entransy dissipation minimization for 'volume-point' heat conduction[J]. Journal of Physics D-Applied Physics, 2008, 41(19550619).

[18] Feng H J, Chen L G, Xie Z H, et al. Constructal entransy dissipation rate minimization for "volume-point" heat conduction at micro and nanoscales[J]. Journal of the Energy Institute, 2015, 88(2): 188-197.

[19] Li Q, Chen Q. Application of entransy theory in the heat transfer optimization of flat-plate solar collectors[J]. Chinese Science Bulletin, 2012, 57(2/3): 299-306.

[20] Kalogirou S. Solar Energy Engineering: Process and Systems[M]. Burlington: Academic Press, 2009.

[21] Dagdougui H, Ouammi A, Robba M, et al. Thermal analysis and performance optimization of a solar water heater flat plate collector: Application to tetouan (morocco)[J]. Renewable & Sustainable Energy Reviews, 2011, 15(1): 630-638.

[22] Matrawy K K, Farkas I. Comparison study for three types of solar collectors for water heating[J]. Energy Conversion and Management, 1997, 38(9): 861-869.

[23] Tsilingiris P T. Back absorbing parallel plate polymer absorbers in solar collector design[J]. Energy Conversion and Management, 2002, 43(1): 135-150.

[24] Molero Villar N, Cejudo Lopez J M, Dominguez Munoz F, et al. Numerical 3-D heat flux simulations on flat plate solar collectors[J]. Solar Energy, 2009, 83(7): 1086-1092.

[25] Kazeminejad H. Numerical analysis of two dimensional parallel flow flat-plate solar collector[J]. Renewable Energy, 2002, 26(2): 309-323.

[26] Oliver D R. The effect of natural convection on viscous-flow heat transfer in horizontal tubes[J]. Chemical Engineering Science, 1962, 17(5): 335-350.

[27] Hao J H, Chen Q, Hu K. Porosity distribution optimization of insulation materials by the variational method[J]. International Journal of Heat and Mass Transfer, 2016, 92: 1-7.

[28] Daryabeigi K, Cunnington G R, Knutson J R. Heat transfer modeling for rigid high-temperature fibrous insulation[J]. Journal of Thermophysics and Heat Transfer, 2013, 27(3): 414-421.

[29] Daryabeigi K. Analysis and testing of high temperature fibrous insulation for reusable launch vehicles[C]. 37th Aerospace Sciences Meeting and Exhibit, Reno, 1999: 1044.

[30] Daryabeigi K. Effective thermal conductivity of high temperature insulations for reusable launch vehicles[R]. NASA/TM-1999-208972, 1999.

[31] Daryabeigi K. Heat transfer in high-temperature fibrous insulation[J]. Journal of Thermophysics and Heat Transfer, 2003, 17(1): 10-20.

[32] Daryabeigi K. Thermal analysis and design optimization of multilayer insulation for reentry aerodynamic heating[J]. Journal of Spacecraft and Rockets, 2002, 39(4): 509-514.

[33] 马忠辉, 孙秦, 王小军, 等. 热防护系统多层隔热结构传热分析及性能研究[J]. 宇航学报, 2003(5): 543-546.

[34] 宋博, 沈娟. 美国的 X-51a 高超声速发展计划[J]. 飞航导弹, 2009(5): 36-40.

第3章　对流换热的最小煅耗散热阻原理及其应用

增强换热能力、减小流动阻力是对流换热过程优化的基本出发点，然而换热能力的增强通常伴随流动阻力的增大。因此，必须合理设计换热元件的结构，优化选择流动参数才能使换热能力与流动阻力达到最优匹配。本章首先介绍基于最小熵产原理进行对流换热过程优化的基本原理和主要策略，并讨论其适用范围；其次，基于煅和煅耗散的概念，提出对流换热过程优化的最小煅耗散热阻原理(煅耗散极值原理)，并导出对流换热过程优化的场协同方程；在此基础上，分别以最小煅耗散热阻和最小传热熵产为优化准则，对圆管内层流换热过程进行优化，明确两种优化准则所导致优化结果的差别；最后，基于最小煅耗散热阻原理，推导湍流换热过程优化的场协同方程，并将其应用于平行平板间湍流换热过程的优化。

3.1　对流换热的最小熵产原理

对流换热过程换热能力和流动阻力的最优匹配是一个多目标优化问题。处理多目标优化问题的常用方法是选择一个合理的加权系数来衡量各个目标函数之间的相对重要性，从而将多目标优化问题转化为一个单目标优化问题。但是，加权系数的选择有时会因为缺乏理论依据而使得优化结果不切实际。

对流换热中的热量传递和流体流动都是不可逆性过程，可以用熵产来定量衡量它们的不可逆性。同时，对流换热的结构和运行参数的改变通常对传热和流动熵产具有相反的效果。因此，Bejan[1]通过计算传热和流动过程的熵产，以总熵产最小为优化准则，提出了对流换热过程优化的最小熵产原理，认为传热熵产和流动熵产之和最小时，对流换热过程性能达到最优。

截至目前，人们已从熵产的计算、熵产的无量纲化以及熵产优化的策略三个方面将最小熵产原理应用于众多对流换热过程的分析和优化。起初，受到计算机计算能力的限制，一般基于集总参数模型(若取整个对流换热区域作为控制体则实现零维简化，若取流动方向上的微元作为控制体则实现一维简化)，在假设控制体内流体参数分布均匀的前提下进行熵产计算[2]。利用集总参数模型，无须求解微分形式的动量守恒和能量守恒方程，而只需要通过努谢尔数(Nu)和摩擦系数的实验关联式来描述传热和流动特性，便可获得熵产率的表达式。然而，对于复杂结构中的对流换热过程，流体温度和压力等参数分布均匀这一假设势必会为熵产的计算结果带来误差。

随着计算流体力学的发展，数值求解微分形式的动量守恒和能量守恒方程可以获得对流换热区域内的温度场和速度场。在此基础上，通过熵产的定义式可以计算对流换热过程的局部熵产率。例如，对于不可压缩牛顿流体，其局部熵产率 $\dot{s}_{\mathrm{g}}$ 为[3-5]

$$\begin{aligned}\dot{s}_{\mathrm{g}}=&\frac{k}{T^2}\left[\left(\frac{\partial T}{\partial x}\right)^2+\left(\frac{\partial T}{\partial y}\right)^2+\left(\frac{\partial T}{\partial z}\right)^2\right]\\&+\frac{\mu}{T^2}\left\{2\left[\left(\frac{\partial u}{\partial x}\right)^2+\left(\frac{\partial v}{\partial y}\right)^2+\left(\frac{\partial w}{\partial z}\right)^2\right]\right.\\&\left.+\left(\frac{\partial u}{\partial y}+\frac{\partial v}{\partial x}\right)^2+\left(\frac{\partial u}{\partial z}+\frac{\partial w}{\partial x}\right)^2+\left(\frac{\partial v}{\partial z}+\frac{\partial w}{\partial y}\right)^2\right\}\end{aligned}\tag{3.1}$$

式中，T 为温度；k 为热导率；μ 为动力黏度；x、y、z 为空间坐标；u、v、w 分别为速度矢量在 x、y、z 三个坐标方向上的分量。在式(3.1)中，等号右边第一项代表有限温差下传热引起的熵产，第二项代表黏性耗散引起的熵产。

在对流换热区域内，通过分析局部熵产率的空间分布可以确定对流换热不可逆性产生的主要区域，进而可以通过降低局部熵产率来实现对流换热的优化设计。同时，将局部熵产率表达式(3.1)，在整个对流换热区域内进行积分可以得到对流换热过程的总熵产率 $\dot{S}_{\mathrm{g}}$[6, 7]：

$$\dot{S}_{\mathrm{g}}=\iiint_V \dot{s}_{\mathrm{g}}\mathrm{d}V\tag{3.2}$$

式中，V 为整个对流换热区域的体积。

对于不同应用场合下的实际对流换热过程，由于对流换热能力和流动阻力的关注程度不同，优化目标存在多样性。此时，熵产最小作为单一的优化准则不可能同时与不同的优化目标都存在一一对应关系。因此，人们定义了众多不同的无量纲熵产数来与实际的优化目标相对应。例如，利用熵产率与流体热容量流(流体的质量流量和比定压热容的乘积)的商来定义无量纲熵产数 N_{S}[8, 9]：

$$N_{\mathrm{S}}=\frac{\dot{S}_{\mathrm{g}}}{\dot{m}c_p}\tag{3.3}$$

式中，$\dot{m}$ 为质量流量；c_p 为比定压热容。

由于降低式(3.3)所示的无量纲熵产数通常会引起换热量的减小，不能实现换热能力的有效增强，一些研究人员[10-12]又将无量纲熵产数定义改进为熵产率 $\dot{S}_{\mathrm{g}}$ 除以热流 $\dot{Q}$ 再乘以特征温度(如环境温度 T_0)：

$$N_{\mathrm{RS}} = \frac{\dot{S}_{\mathrm{g}} T_0}{\dot{Q}} \tag{3.4}$$

式(3.4)所示的改进的无量纲熵产数表征了对流换热过程中单位换热量具有的作功能力的损失。在式(3.4)中，除了环境温度 T_0，特征温度还可以定义为流体的进口温度、壁面温度、或者壁面温度与流体的进口温度的差值。当特征温度定义为流体的进、出口温差时，式(3.4)定义的改进的无量纲熵产数就与式(3.3)一致。

另外，也可以将实际熵产率 $\dot{S}_{\mathrm{g}}$ 与特征熵产率 $\dot{S}_{\mathrm{g,c}}$ 的比值定义为对流换热过程的无量纲熵产数[3, 13, 14]：

$$N_{\mathrm{SS}} = \frac{\dot{S}_{\mathrm{g}}}{\dot{S}_{\mathrm{g,c}}} \tag{3.5}$$

对于通道内强制对流换热，在等热流和等壁温边界条件下，特征熵产率的定义式分别为[15-17]

$$\dot{S}_{\mathrm{g,c}} = \frac{\dot{Q}^2}{kT_0^2} \tag{3.6}$$

$$\dot{S}_{\mathrm{g,c}} = \frac{k\left(\Delta T\right)^2}{L^2 T_0^2} \tag{3.7}$$

式中，L 为对流换热通道的特征长度。

对于平行平板间的充分发展强制对流换热过程，将式(3.1)、式(3.2)和式(3.6)代入式(3.5)可以导出无量纲熵产数的表达式为[15]

$$N_{\mathrm{SS}} = \frac{1}{Pe^2}\left(\frac{\partial \theta}{\partial X}\right)^2 + \left(\frac{\partial \theta}{\partial Y}\right)^2 + \frac{Br}{\Theta}\left(\frac{\partial \overline{\boldsymbol{U}}}{\partial Y}\right)^2 \tag{3.8}$$

式中，Pe 为贝克来数；Br 为 Brinkman 数；θ 为无量纲过余温度；Θ 为无量纲温差；$\overline{\boldsymbol{U}}$ 为沿主流方向的无量纲速度；X、Y 为无量纲坐标。

此外，Bejan 利用流动熵产和传热熵产的比值来描述传热和流动所引起的熵产的相对大小[1]：

$$\varphi = \frac{\dot{S}_{\mathrm{g,flow}}}{\dot{S}_{\mathrm{g,heat}}} \tag{3.9}$$

同时，Paoletti 将传热熵产与总熵产的比值定义为 Bejan 数[18, 19]：

$$Be = \frac{\dot{S}_{\text{g,heat}}}{\dot{S}_{\text{g,heat}} + \dot{S}_{\text{g,flow}}} = \frac{1}{1+\varphi} \tag{3.10}$$

以此来比较换热和流动两种传递现象所引起的不可逆损失的相对大小，并作为对流换热的优化准则。

在计算获得(无量纲)熵产率的基础上，可以通过单参数分析法，在其他参数固定的前提下，将熵产率对单个设计参数求极值来优化对流换热过程。但是，由于对流换热过程的性能受众多参数的共同影响，单参数分析法难以获得对流换热过程的最优性能。随着计算机技术的发展，人们借助遗传算法和神经网络算法等多参数优化算法来获得最优的设计参数组合。

此外，根据最小熵产原理，当传热熵产和流动熵产之和最小时，换热能力和流动阻力达到最优匹配。然而，在实际应用过程中，以总熵产最小为优化目标存在一定缺陷[20, 21]。例如，在自然对流换热过程中，流体流动的驱动力并非由泵等外部设备提供，而是换热过程中的温度差引起密度差，并由此形成的浮升力所提供的。因此，换热能力和流动阻力的匹配是由自然对流换热过程自身的物理规律确定的，此时将流动阻力特性以熵产的形式纳入优化目标函数反而会错失过程的最优性能。对于电子器件散热设备的优化设计，重点在于增强换热能力从而降低电子器件的表面温度，而并非使散热过程中的可用能损失最小，此时以总熵产最小为优化目标明显不能满足该需求。此外，在某些对流换热过程中，传热熵产远大于流动熵产($Be\to1$)，此时总熵产最小将使得流动引起的熵产被忽略，从而难以考虑流体流动引起的阻力损失对对流换热性能的影响；反之，流动熵产也可能远大于传热熵产($Be\to0$)，此时以总熵产最小为优化目标则难以体现换热能力对对流换热性能的影响。

3.2　对流换热的烟耗散极值原理和最小烟耗散热阻原理

对流换热优化一般存在两种需求，一种是在给定热流的条件下，寻求某一个或者几个变量的最优分布使传热温差最小，其数学表达式为

$$\delta(\Delta T) = \delta f(x, y, z, t, T, k, \rho, c_p, \cdots) = 0 \tag{3.11}$$

式中，t 为时间；ρ 为密度。

另一种是在给定温差条件下寻求变量的最优分布使热流最大，其数学表达式为

$$\delta\dot{Q} = \delta g(x, y, z, t, T, k, \rho, c_p, \cdots) = 0 \tag{3.12}$$

传统的对流换热分析方法难以建立传热温差与传热区域中各个物理量之间的显式函数关系，导致难以利用数学方法进行对流换热过程的优化。基于烟这一个新的物理量以及烟耗散函数，可以解决上述问题[22]。

对于不可压缩流体的稳态对流换热过程，其热量守恒方程为

$$\rho c_p \boldsymbol{U} \cdot \nabla T = \nabla \cdot (k \nabla T) + \dot{q}_{\mathrm{s}} \tag{3.13}$$

式中，$\boldsymbol{U}$ 为速度矢量；$\dot{q}_{\mathrm{s}}$ 为内热源强度。

将式(3.13)等号两边同时乘以温度 T 可以得到对流换热的烟平衡方程：

$$\rho c_p \boldsymbol{U} \cdot \nabla \left(\frac{T^2}{2} \right) = \nabla \cdot (kT \nabla T) - k \left| \nabla T \right|^2 + \dot{q}_{\mathrm{s}} T \tag{3.14}$$

当流体物性为常数时：

$$\boldsymbol{U} \cdot \nabla g_{\mathrm{h}} = -\nabla \cdot (\dot{\boldsymbol{q}} T) - \dot{\phi}_{\mathrm{g}} + \dot{g}_{\mathrm{s}} \tag{3.15}$$

式中，$g_{\mathrm{h}} = \rho c_p T^2/2$ 为单位体积物质所具有的焓烟，因为不同于体积不变时使用比定容比热定义的烟，这里使用了比定压比热定义了烟，为区别起见称为焓烟；$\dot{\boldsymbol{q}}$ 为热流密度矢量；$\dot{\phi}_{\mathrm{g}}$ 为单位体积烟耗散率；$\dot{g}_{\mathrm{s}}$ 为内热源输入的烟流。

在式(3.14)和式(3.15)中，等号左边是伴随着流体微团运动而引起的焓烟输运，它由方程等号右边的三部分组成：第一部分是热量扩散引起的烟扩散，第二部分是介质中烟的局部耗散率，第三部分是由于内热源输入的烟流。可见，导热过程与对流换热过程具有同样的烟耗散表达式，这说明对流换热的不可逆性也是由热量扩散过程引起的。对流换热过程实质上是在流体流动改变介质温度场的基础上进行的导热过程，是伴随着流体流动的导热过程。

将对流换热的烟平衡方程(式(3.14))在整个换热区域内积分：

$$\iiint_V \rho c_p \boldsymbol{U} \cdot \nabla \left(\frac{T^2}{2} \right) \mathrm{d}V = \iiint_V -\nabla \cdot (\dot{\boldsymbol{q}} T) \mathrm{d}V + \iiint_V \dot{\boldsymbol{q}} \cdot \nabla T \mathrm{d}V + \iiint_V \dot{q}_{\mathrm{s}} T \mathrm{d}V \tag{3.16}$$

若对流换热区域内没有内热源，则式(3.16)可以简化为

$$\iiint_V \rho \boldsymbol{U} \cdot \nabla \left(\frac{c_p T^2}{2} \right) \mathrm{d}V = \iiint_V -\nabla \cdot (\dot{\boldsymbol{q}} T) \mathrm{d}V + \iiint_V \dot{\boldsymbol{q}} \cdot \nabla T \mathrm{d}V \tag{3.17}$$

因为：

$$\iiint_V \rho \boldsymbol{U} \cdot \nabla \left(\frac{c_p T^2}{2} \right) \mathrm{d}V = \iiint_V \nabla \cdot \left(\frac{\rho \boldsymbol{U} c_p T^2}{2} \right) \mathrm{d}V - \iiint_V \frac{c_p T^2}{2} \nabla \cdot (\rho \boldsymbol{U}) \mathrm{d}V \tag{3.18}$$

并结合连续方程:

$$\nabla\cdot(\rho\boldsymbol{U})=0 \tag{3.19}$$

式(3.17)可以改写为

$$\iiint_V \nabla\cdot\left(\frac{\rho\boldsymbol{U}c_pT^2}{2}\right)\mathrm{d}V=\iiint_V -\nabla\cdot(\dot{\boldsymbol{q}}T)\mathrm{d}V+\iiint_V \dot{\boldsymbol{q}}\cdot\nabla T\mathrm{d}V \tag{3.20}$$

运用高斯定律，可以得出在整个对流换热区域内总焫耗散率的表达式为

$$\dot{\Phi}_{\mathrm{g}}=\iiint_V -\dot{\boldsymbol{q}}\cdot\nabla T\mathrm{d}V=\oiint_A -\dot{\boldsymbol{q}}_AT\cdot\boldsymbol{n}\mathrm{d}A-\iint_{\mathrm{in}}\frac{\rho\boldsymbol{U}c_pT^2}{2}\cdot\boldsymbol{n}\mathrm{d}A-\iint_{\mathrm{out}}\frac{\rho\boldsymbol{U}c_pT^2}{2}\cdot\boldsymbol{n}\mathrm{d}A \tag{3.21}$$

式中，A 为整个区域的边界，in 和 out 分别为进口和出口。假设系统只有一个流体进口和一个流体出口，并且流体在进出口处的温度均匀(分别为 T_{in} 和 T_{out})，则式(3.21)可以简化为

$$\dot{\Phi}_{\mathrm{g}}=\oiint_A -\dot{\boldsymbol{q}}_AT\cdot\boldsymbol{n}\mathrm{d}A+\frac{\rho c_p\dot{M}_{\mathrm{in}}T_{\mathrm{in}}^2}{2}-\frac{\rho c_p\dot{M}_{\mathrm{out}}T_{\mathrm{out}}^2}{2} \tag{3.22}$$

式中，$\dot{M}_{\mathrm{in}}$ 和 $\dot{M}_{\mathrm{out}}$ 分别为进、出口处流体的体积流量，$\dot{M}_{\mathrm{in}}=\dot{M}_{\mathrm{out}}$。

对于给定壁面均匀热流 $\dot{\boldsymbol{q}}_A$ 的对流换热过程，总焫耗散率的表达式可以进一步简化为

$$\dot{\Phi}_{\mathrm{g}}=-\dot{\boldsymbol{q}}_A\cdot\boldsymbol{n}\oiint_A T\mathrm{d}A+\frac{\rho c_p\dot{M}_{\mathrm{in}}T_{\mathrm{in}}^2}{2}-\frac{\rho c_p\dot{M}_{\mathrm{out}}T_{\mathrm{out}}^2}{2} \tag{3.23}$$

在稳态对流换热过程中，流体吸收(释放)的热量等于壁面换热量(满足热量守恒)

$$-\dot{\boldsymbol{q}}_A\cdot\boldsymbol{n}A=\rho c_p\dot{M}_{\mathrm{out}}(T_{\mathrm{out}}-T_{\mathrm{in}})=\dot{Q}_0 \tag{3.24}$$

所以:

$$\dot{\Phi}_{\mathrm{g}}=\dot{Q}_0\left(T_A-\frac{T_{\mathrm{in}}+T_{\mathrm{out}}}{2}\right) \tag{3.25}$$

式中，$T_A=\frac{1}{A}\oiint_A T\mathrm{d}A$ 为换热表面的平均温度；$\dot{Q}_0$ 为流体与壁面间的对流换热量。当流体被加热时，$\dot{Q}_0$ 为正值，反之为负值。

此时，给定热流条件下的稳态对流换热优化问题可以表述为

$$\delta \dot{\Phi}_{\mathrm{g}} = \dot{Q}_0 \delta\left(T_A - \frac{T_{\mathrm{in}} + T_{\mathrm{out}}}{2}\right) = \dot{Q}_0 \delta T_A = 0 \tag{3.26}$$

可见，传递相同热量时，最小燃耗散对应了最小传热温差，即最优的换热性能。

考虑式(3.24)，且稳态情况下流体进出口的体积流量不变时，对于给定壁面温度 $T_A(T_A > T_{\mathrm{in}})$ 的对流换热问题，式(3.22)可以表示为

$$\begin{aligned} \dot{\Phi}_{\mathrm{g}} &= T_A \oint\!\!\!\oint_A -\dot{\boldsymbol{q}}_A \cdot \boldsymbol{n} \mathrm{d}A + \frac{\rho c_p \dot{M}_{\mathrm{in}} T_{\mathrm{in}}^2}{2} - \frac{\rho c_p \dot{M}_{\mathrm{out}} T_{\mathrm{out}}^2}{2} \\ &= (T_A - T_{\mathrm{in}})\dot{Q}_0 - \frac{\dot{Q}_0{}^2}{2\rho c_p \dot{M}_{\mathrm{out}}} \end{aligned} \tag{3.27}$$

并且

$$\delta \dot{\Phi}_{\mathrm{g}} = (T_A - T_{\mathrm{in}})\delta \dot{Q}_0 - \frac{\dot{Q}_0}{\rho c_p \dot{M}_{\mathrm{out}}} \delta \dot{Q}_0 \tag{3.28}$$

$$\delta^2 \dot{\Phi}_{\mathrm{g}} = -\frac{1}{\rho c_p \dot{M}_{\mathrm{out}}} \delta^2 \dot{Q}_0 \tag{3.29}$$

因此，壁面温度给定时，最大燃耗散对应了最大换热量，即最优的换热性能。

同理，对于含有内热源的封闭系统内的稳态对流散热过程，由式(3.16)可以导出在散热过程中总燃耗散率的表达式为

$$\dot{\Phi}_{\mathrm{g}} = \iiint_V -\dot{\boldsymbol{q}} \cdot \nabla T \mathrm{d} = \iiint_V \dot{q}_{\mathrm{s}} T \mathrm{d} - \oint\!\!\!\oint_A \dot{q}_A T_A \mathrm{d}A \tag{3.30}$$

式中，$\dot{q}_A = \dot{\boldsymbol{q}}_A \cdot \boldsymbol{n}$，为边界表面的热流密度。

考虑到内热源产生的所有热量都将从边界上散出：

$$\dot{Q}_0 = \iiint_V \dot{q}_{\mathrm{s}} \mathrm{d}V = \oint\!\!\!\oint_A \dot{q}_{\boldsymbol{A}} \mathrm{d}A \tag{3.31}$$

并且定义热流加权平均温差为

$$\Delta T = \frac{\dot{\Phi}_{\mathrm{g}}}{\dot{Q}_0} = \iiint_V \frac{\dot{q}_{\mathrm{s}}}{\dot{Q}_0} T \mathrm{d}V - \oint\!\!\!\oint_A \frac{\dot{q}_A}{\dot{Q}_0} T_A \mathrm{d}A \tag{3.32}$$

则该稳态对流换热过程优化可以用变分形式表示为

$$\dot{Q}_0\delta(\Delta T)=\delta\iiint_V k\left|\nabla T\right|^2 \mathrm{d}V=0 \tag{3.33}$$

这表明最小化炽耗散率可以使得对流换热区域内的平均温度达到最小，即换热性能最优。

综上所述，与导热过程优化类似，可以将不同边界条件下的最小炽耗散原理和最大炽耗散原理统称为炽耗散极值原理，即当炽耗散取极值时，对流换热过程的性能最优。同时，根据炽耗散热阻的定义式，在给定热流的条件下，炽耗散取得最小值时，炽耗散热阻最小；在给定温差的条件下，炽耗散取得最大值时，炽耗散热阻最小。因此，炽耗散极值原理可归纳为最小炽耗散热阻原理。它的表述为：以炽耗散定义的热阻最小时，对流换热性能最优。

3.3　对流换热优化的场协同方程

考虑到对流换热在实现热量输运的同时还要付出维持流体流动的泵功，因此在对对流换热过程的整体性能进行优化时通常需要兼顾传热性能和流动阻力，是一个多目标优化问题。由于系统的换热特性和阻力特性都取决于流体的速度分布，对于稳态无内热源的对流换热过程，可以基于 Pareto 优化[23]的思想，定义以下的优化过程：在黏性耗散(泵功)一定的条件下，寻找最佳流体速度场，它使系统的总炽耗散取极值。其约束条件分别如下(下面的推导过程与文献[24]和文献[25]中场协同方程的推导过程类似)。

(1)流体在整个对流换热区域内流动的总黏性耗散给定，即

$$\iiint_V \dot{\phi}_\mu \mathrm{d}V=\text{常数} \tag{3.34}$$

式中，$\dot{\phi}_\mu$ 为单位体积黏性耗散率，其表达式为

$$\dot{\phi}_\mu=\mu\left[2\left(\frac{\partial u}{\partial x}\right)^2+2\left(\frac{\partial v}{\partial y}\right)^2+2\left(\frac{\partial w}{\partial z}\right)^2+\left(\frac{\partial u}{\partial y}+\frac{\partial v}{\partial x}\right)^2+\left(\frac{\partial u}{\partial z}+\frac{\partial w}{\partial x}\right)^2+\left(\frac{\partial v}{\partial z}+\frac{\partial w}{\partial y}\right)^2\right] \tag{3.35}$$

(2)连续方程：

$$\nabla\cdot(\rho \boldsymbol{U})=0 \tag{3.36}$$

(3)能量方程：

$$\rho c_p \boldsymbol{U}\cdot\nabla T=\nabla\cdot(k\nabla T) \tag{3.37}$$

这个优化过程是一个典型的泛函条件极值问题，可以通过变分方法获得流体流动最优速度场所应满足的控制方程。首先利用拉格朗日方法构造泛函数：

$$\Pi = \iiint_V \left\{ k\,|\nabla T|^2 + \lambda_0 \phi_\mu + \lambda_1[\nabla\cdot(k\nabla T) - \rho c_p \boldsymbol{U}\cdot\nabla T] + \lambda_2 \nabla\cdot\rho\boldsymbol{U} \right\} \mathrm{d}V \tag{3.38}$$

式中，λ_1、λ_2 和 λ_0 为拉格朗日乘数。由于约束条件的类型不同，λ_1 和 λ_2 是空间位置的函数，而 λ_0 则在整个对流换热区域内为常数。

式(3.38)分别对 λ_1 和 λ_2 求变分可以得到能量方程和连续方程。式(3.38)对速度 $\boldsymbol{U}$ 求变分可得

$$\mu\nabla^2\boldsymbol{U} + \frac{\rho c_p}{2\lambda_0}\lambda_1\nabla T + \frac{1}{2\lambda_0}\nabla\lambda_2 = 0 \tag{3.39}$$

式(3.38)对温度 T 求变分可得

$$-\rho c_p \boldsymbol{U}\cdot\nabla\lambda_1 = \nabla\cdot(k\nabla\lambda_1) - 2\nabla\cdot(k\nabla T) \tag{3.40}$$

式中，当边界温度给定时，变量 λ_1 的边界条件为：$\lambda_{1\mathrm{w}} = 0$；当边界热流给定时，变量 λ_1 的边界条件为 $(\partial\lambda_1/\partial n)_\mathrm{w} = 2(\partial T/\partial n)_\mathrm{w}$。

式(3.36)、式(3.37)、式(3.39)和式(3.40)中共含有四个未知变量 $\boldsymbol{U}$、T、λ_1 和 λ_2，因此在给定边界条件下，将方程联立求解，可以得出烱耗散取极值时，流体对流换热的最优速度场。同时，考虑到流体流动也应满足动量方程：

$$\rho\boldsymbol{U}\cdot\nabla\boldsymbol{U} = -\nabla p + \mu\nabla^2\boldsymbol{U} + \boldsymbol{F} \tag{3.41}$$

将式(3.39)和式(3.41)对比，可得

$$\lambda_2 = -2\lambda_0 p \tag{3.42}$$

$$\boldsymbol{F} = \rho\boldsymbol{U}\cdot\nabla\boldsymbol{U} + C_\Phi\lambda_1\nabla T \tag{3.43}$$

式中，常数 C_Φ 的大小与输入的黏性耗散有关，其表达式为

$$C_\Phi = \frac{\rho c_p}{2\lambda_0} \tag{3.44}$$

将式(3.42)和式(3.43)代入动量方程(3.41)可得

$$\rho\boldsymbol{U}\cdot\nabla\boldsymbol{U} = -\nabla p + \mu\nabla^2\boldsymbol{U} + (\rho\boldsymbol{U}\cdot\nabla\boldsymbol{U} + C_\Phi\lambda_1\nabla T) \tag{3.45}$$

式(3.45)即烱耗散取极值时对流换热的流体流动所需满足的欧拉方程，实质

上它就是包含了虚拟附加体积力场 $\boldsymbol{F}$ 的动量方程。由于该力的作用，在黏性耗散一定的条件下对流换热的速度场改变了，从而系统的对流换热能力增强了。

同时，虚拟附加体积力可分为两部分：第一项与流体速度有关，称为附加惯性力；第二项与温度梯度有关，称为附加温度梯度力。其中，附加惯性力刚好抵消了流体运动过程中所受的惯性力，形成的流场与具有相同速度边界条件的任何其他流场相比较，具有最小的黏性耗散(降低流动阻力)。附加温度梯度力将改变速度矢量与温度梯度矢量之间的夹角，使得流体的速度场与温度场之间的协同程度发生改变，以达到优化系统与外界的整体换热量的目的(提高换热能力)。

欧拉方程(3.45)与文献[24]和文献[25]中场协同方程的推导过程主要区别在于：①文献[24]和文献[25]中的压力场 p 的引入缺乏明确的物理含义，而本书通过将推导得出的欧拉方程与流体运动的动量方程进行对比，引入了压力场 p 和虚拟附加体积力场 $\boldsymbol{F}$，其物理意义明晰；②文献[24]和文献[25]中的优化目标为传热势容耗散函数($J_h = \lambda|\nabla T|^2/2$)取极值，而本书的优化目标为炽耗散率($\dot{\phi}_{\mathrm{g}} = k|\nabla T|^2$)取极值，这两个目标函数之间存在两倍关系，因此导出的变量 λ_1 的控制方程也不相同。文献[24]和文献[25]中推得的关于 λ_1 变量的控制方程为

$$-\rho c_p \boldsymbol{U} \cdot \nabla \lambda_1 = \nabla \cdot (k \nabla \lambda_1) - \nabla \cdot (k \nabla T) \tag{3.46}$$

比较式(3.40)和式(3.46)可以看出，方程等号右边第二项存在两倍关系。在相同的边界条件和黏性耗散条件下，两个目标函数之间的两倍关系并不影响它们取极值时流体的流动形态，因此所获得的优化速度场是一致的。

3.4　基于最小传热熵产的对流换热优化的欧拉方程

基于Pareto优化的思想，也可以在流体流动的黏性耗散给定的前提下，对传热熵产求极值，实现对流换热的熵产优化[26]。在对流换热过程中，单位体积内有限温差传热引起的传热熵产率为

$$\dot{s}_{\mathrm{g}} = k \frac{|\nabla T|^2}{T^2} \tag{3.47}$$

在质量守恒、热量守恒、黏性耗散一定的条件下利用拉格朗日方法构造泛函：

$$\Pi' = \iiint_V \left[\frac{k\,|\nabla T\,|^2}{T^2} + \lambda_{\mathrm{s}0}\dot{\phi}_\mu + \lambda_{\mathrm{s}1}(k\nabla \cdot \nabla T) - \rho c_p \boldsymbol{U} \cdot \nabla T) + \lambda_{\mathrm{s}2} \nabla \cdot \rho \boldsymbol{U} \right] \mathrm{d}V \tag{3.48}$$

式中，$\lambda_{\mathrm{s}1}$、$\lambda_{\mathrm{s}2}$ 为空间位置的函数；$\lambda_{\mathrm{s}0}$ 为常数。式(3.48)对温度 T 求变分得到

$$-\rho c_p \boldsymbol{U} \cdot \nabla \lambda_{s1} = k\nabla \cdot (\nabla \lambda_{s1}) - 2\frac{k}{T}\nabla \cdot \left(\frac{\nabla T}{T}\right) \tag{3.49}$$

式(3.48)对速度矢量 $\boldsymbol{U}$ 求变分得到

$$\mu \nabla^2 \boldsymbol{U} + \frac{\rho c_p}{2\lambda_{s0}} \lambda_{s1} \nabla T + \frac{1}{2\lambda_{s0}} \nabla \lambda_{s2} = 0 \tag{3.50}$$

在给定边界条件下，将式(3.49)、式(3.50)与对流换热过程的连续性方程及能量守恒方程联立，可以得出熵产最小时，流体对流换热的最优速度场。同时，对比式(3.50)和流体流动的动量守恒方程(式(3.41))，可得

$$\lambda_{s2} = -2\lambda_{s0} p \tag{3.51}$$

$$\boldsymbol{F} = \rho \boldsymbol{U} \cdot \nabla \boldsymbol{U} + C_{\Phi S} \lambda_{s1} \nabla T \tag{3.52}$$

式中，$C_{\Phi s}$ 与输入的黏性耗散功有关，其定义为

$$C_{\Phi s} = \frac{\rho c_p}{2\lambda_{s0}} \tag{3.53}$$

通过改变 $C_{\Phi s}$ 的值可以获得不同黏性耗散条件下的最优速度场。将式(3.52)代入动量方程得到

$$\rho \boldsymbol{U} \cdot \nabla \boldsymbol{U} = -\nabla P + \mu \nabla^2 \boldsymbol{U} + (\rho \boldsymbol{U} \cdot \nabla \boldsymbol{U} + C_{\Phi s} \lambda_{s1} \nabla T) \tag{3.54}$$

式(3.54)即熵产最小时流体对流换热所需要满足的欧拉方程，其表达式与烟耗散取极值时流体对流换热需要满足的欧拉方程是一致的(式(3.45))，都是包含了虚拟附加体积力场 $\boldsymbol{F}$ 的动量方程。但是，如式(3.40)和式(3.49)所示，以烟耗散率取极值和以传热熵产率最小为优化目标所获得的变量 λ_1 和 λ_{s1} 的控制方程是不同的，这导致欧拉方程中附加体积力的分布不同，从而所获得的最优速度场也不同。3.5 节将以管内对流换热为例，比较和分析两种优化速度场的对流换热性能的差异。

3.5 最小烟耗散热阻与最小传热熵产的优化结果对比

考察图 3.1 所示的管内对流换热问题，圆管直径 $D = 20\text{mm}$，长度 $L = 400\text{mm}$。圆管壁面为等热流边界条件，热流密度 $\dot{q}_{\text{w}} = 50\text{W/m}^2$。氦气从圆管左侧进入，从右侧排出。进口雷诺数 Re 为 400，温度为 5K，速度充分发展(满足式(3.55))。同时，由式(3.40)的推导过程可知，对于给定温度边界，变量 λ_1 满足第一类边界条件，取值为 0；对于等热流边界，变量 λ_1 满足第二类边界条件，取值为 $(\partial \lambda_1 / \partial n)_{\text{w}} = 2(\partial T / \partial n)_{\text{w}}$。

假设在换热过程中，氦气的物性保持不变，分别为 $\rho = 4.9487\text{kg/m}^3$，$\mu = 2.26 \times 10^{-6}\text{kg/(m·s)}$，$k = 0.0169\text{W/(m·K)}$，$c_p = 5425\text{J/(kg·K)}$。

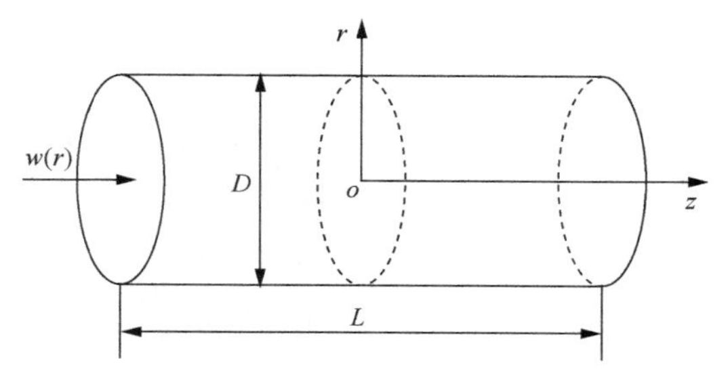

图 3.1　圆管结构示意图

流动充分发展时，管轴方向的速度沿半径的分布为

$$w(r) = 2u_{\mathrm{m}}\left(1 - \frac{4r^2}{D^2}\right) \tag{3.55}$$

采用商业软件 Fluent 对该问题进行数值求解，其中，压力与速度的解耦采用 SIMPLEC 算法，控制方程中的对流项和扩散项的离散均采用 QUICK 格式(下面如无特殊说明，均采用该数值求解方法)。式(3.45)和式(3.54)中附加体积力的引入以及变量 λ_1 和 λ_{s1} 控制方程的求解则利用 Fluent 提供的 UDF 功能进行求解。为了方便给出变量 λ_1 和 λ_{s1} 在出口处的边界条件，在换热管的下游连接了直径相同，长度为200mm 的绝热圆管，使得氦气在出口处的温度梯度为零，从而变量 λ_1 和 λ_{s1} 的出口边界条件可分别设置为 $(\partial\lambda_1/\partial z)_{\text{outlet}} = 0$ 和 $(\partial\lambda_{s1}/\partial z)_{\text{outlet}} = 0$。

由于对称性，数值计算时选取圆管的 1/4 作为研究对象。图 3.2 给出了计算区域内的网格划分及相应的坐标系和坐标原点(在进口处，z=0)。总网格单元数约为 600000(截面划分约 1500 单元，轴向划分 400 单元)，其中对壁面附近区域以及流体进口区域进行了局部网格细化。

同时，在欧拉方程(式(3.45))等号右边的附加体积力项前乘以一个接近于 1 的系数，可以得到式(3.56)和式(3.57)所示的两个不同的欧拉方程

$$\rho\boldsymbol{U}\cdot\nabla\boldsymbol{U} = -\nabla P + \mu\nabla^2\boldsymbol{U} + 1.1(C_{\Phi\text{La}}\lambda_1\nabla T + \rho\boldsymbol{U}\cdot\nabla\boldsymbol{U}) \tag{3.56}$$

$$\rho\boldsymbol{U}\cdot\nabla\boldsymbol{U} = -\nabla P + \mu\nabla^2\boldsymbol{U} + 0.9(C_{\Phi\text{Sm}}\lambda_1\nabla T + \rho\boldsymbol{U}\cdot\nabla\boldsymbol{U}) \tag{3.57}$$

式(3.56)中附加体积力前面的系数大于 1，用符号 LEDE(larger entransy dissipation extremum)表示，同理式(3.57)中附加体积力前面的系数小于 1，用符号 SEDE(smaller entransy dissipation extremum)表示。在给定边界条件下，将式(3.56)和式(3.57)分别与式(3.40)以及连续方程、能量方程联立求解，可以获得另外两种

不同的优化结果，并将其与烟耗散极值原理优化获得的结果进行比较，从而说明烟耗散极值原理导出的欧拉方程在对流换热过程优化中的有效性和唯一性。

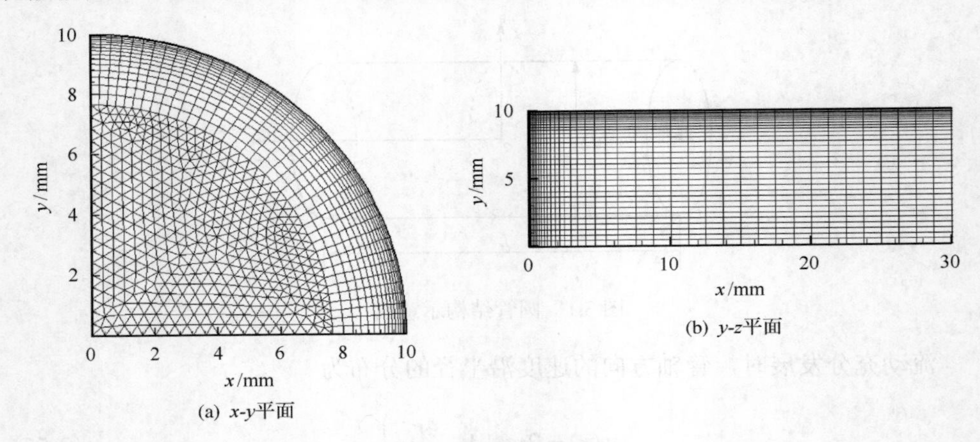

图 3.2　圆管内网格划分

求解不含附加体积力的动量方程(优化前的通道流动量方程)，可以获得圆管中氦气的原始对流换热性能。氦气在管内的平均温度为 13.1K，管壁的平均温度为 24.8K，平均换热温差为 11.7K，氦气在圆管中流动总的黏性耗散为 1.9×10^{-9}W，对流换热的努谢尔数 Nu=hD/k=5.08(包括温度入口段)，其中 h 为对流换热系数。

在给定氦气质量流量的条件下，分别求解方程(3.54)(由传热最小熵产原理推导得出，entropy generation minimization，EGM)、方程(3.45)(由烟耗散极值原理推导得出，EDE)、方程(3.56)(LEDE)和方程(3.57)(SEDE)，可以得到氦气在管内流动时不同的速度分布。

当 $C_{\Phi\mathrm{s}}$、C_{Φ}、$C_{\Phi\mathrm{La}}$ 和 $C_{\Phi\mathrm{Sm}}$ 的取值分别为 3.5×10^{-4}、1.3×10^{-6}、7.6×10^{-7} 和 9.2×10^{-7} 时，图 3.3 和图 3.4 给出了通过上述四种优化方法获得的氦气在圆管内对流换热过程中的传热熵产率和烟耗散率。在这些工况下，氦气在管内流动总的黏性耗散均为 2.1×10^{-9}W。由图 3.3 可见，利用传热最小熵产原理优化所获得的对流换热过程的传热熵产率最小，用烟耗散极值原理优化获得的对流换热过程的传热熵产率次之，利用其他两种方法(LEDE 和 SEDE)获得的传热熵产率都较大。由图 3.4 可见，利用烟耗散极值原理优化获得的对流换热过程的烟耗散率最小，传热最小熵产原理次之，利用 LEDE 和 SEDE 这两种方法优化获得的烟耗散率都较大。可见，对于等热流边界条件下的对流换热过程，在黏性耗散率相同的条件下，利用传热最小熵产原理优化可以使传热熵产率取最小值，然而烟耗散率并非最小；利用烟耗散极值原理优化可以使烟耗散率取最小值，然而传热熵产率并非最小。这说明在对对流换热过程进行优化时，传热最小熵产和烟耗散极值这两个优化准则不具有等价性，所获得的优化结果必然存在一定差异。

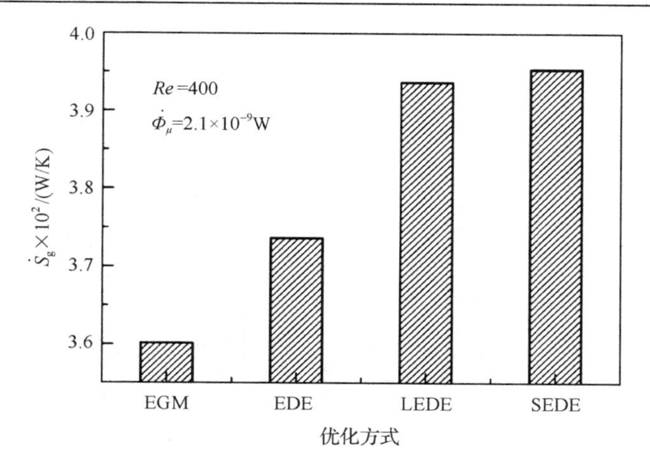

图 3.3　不同优化方式下流体对流换热的传热熵产率

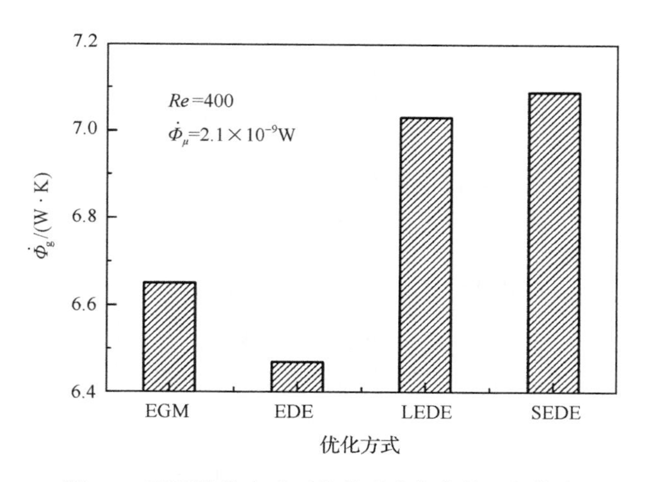

图 3.4　不同优化方式下流体对流换热的煅耗散率

图 3.5 给出了在相同的黏性耗散率条件下，利用不同优化方法获得的圆管内氦气与壁面之间的平均换热温差的计算结果。相对于传热最小熵产原理、LEDE 和 SEDE 这三种优化方式，利用煅耗散极值原理获得优化结果，其平均温差最小。在恒热流条件下，换热平均温差最小意味着系统的整体对流换热能力最强。如图 3.6 所示，用煅耗散极值原理获得优化结果的平均对流换热 Nu 最大。如表 3.1 所示，与优化前的原始结果相比，在黏性耗散增加 10%的条件下，利用煅耗散极值原理优化可以使对流换热平均温差降低 55%，Nu 增加 123%，而利用传热最小熵产原理优化仅使对流换热平均温差降低 53%，Nu 增加 112%。

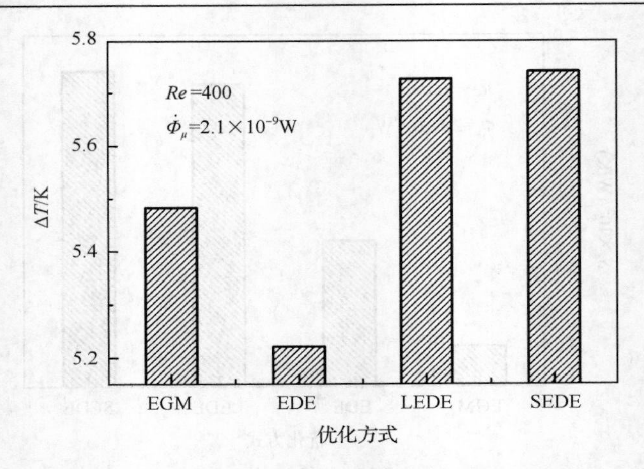

图 3.5　不同优化方式下流体对流换热的平均温差

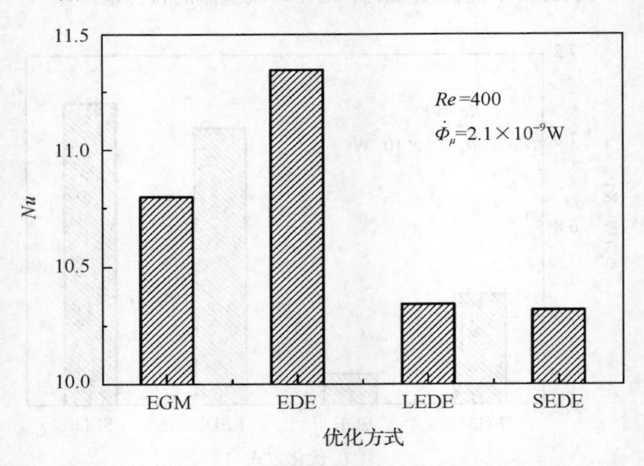

图 3.6　不同优化方式下流体对流换热的平均 Nu

表 3.1　不同优化方式下流体的对流换热特性($Re = 400$)

优化方式	$\dot{\Phi}_\mu \times 10^9$/W	ΔT/K	Nu
原始场	1.9	11.7	5.08
炽耗散极值优化	2.1(10%↑)	5.22(55%↓)	11.34(123%↑)
传热熵产最小优化	2.1(10%↑)	5.48(53%↓)	10.79(112%↑)

可见，对于等热流边界条件下的对流换热过程，在流体流动的黏性耗散给定的前提下，用炽耗散极值原理所获得的最优流场使得炽耗散率取极小值，对应的对流换热能力最强。用传热最小熵产原理优化获得的最优流场，虽然传热熵产率为极小值，但流体的对流换热能力并非最强。换句话说，炽耗散率极小而非传热熵产率极小与对流换热性能最优相对应。

当圆管内流体流动的黏性耗散为 2.1×10^{-9}W 时，图 3.7 分别给出了利用火积耗散极值原理和传热最小熵产原理优化获得的在圆管 $z=60$mm 处的横截面上的流场。由图 3.7 可见，当选取圆管的 1/4 作为研究对象时，不管是利用传热最小熵产原理还是利用火积耗散极值原理，所获得的流场特征都是在圆管内形成了 4 个纵向涡的流动结构。

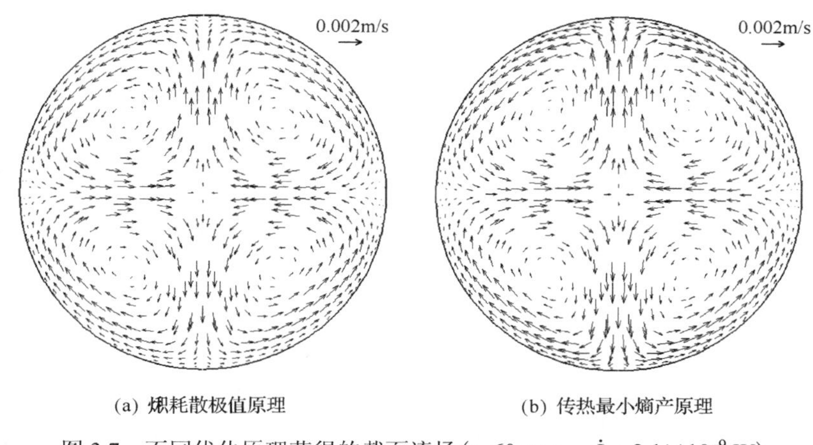

(a) 火积耗散极值原理　　(b) 传热最小熵产原理

图 3.7　不同优化原理获得的截面流场(z=60 mm，$\dot{\Phi}_\mu=2.1\times10^{-9}$ W)

图 3.8 给出了用火积耗散极值原理优化获得的流体在圆管 $z=60$mm 和 340mm 的横截面的横向速率等值线图。在这两个截面上，流体流动的横向速率的分布基本一致，单位体积内流体流动的黏性耗散都约为 1.67×10^{-5}W，说明用火积耗散极值原理获得的纵向涡强度沿着管长方向基本一致。

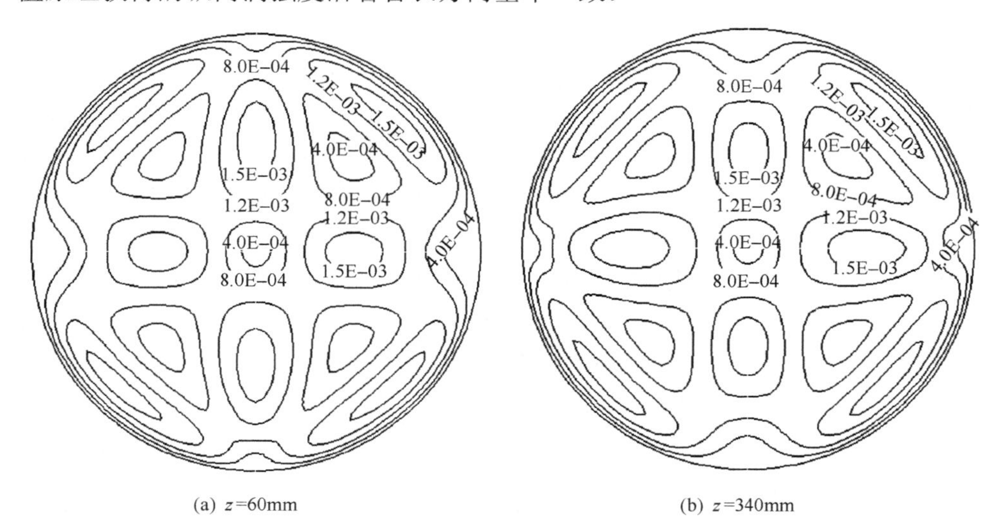

(a) z=60mm　　(b) z=340mm

图 3.8　火积耗散极值原理优化的截面横向速率值分布($\dot{\Phi}_\mu=2.1\times10^{-9}$W)

图 3.9 给出了利用传热最小熵产原理优化获得的流体横向速率等值线图。在 $z=60$mm 的横截面上流体流动的横向速率值大于 $z=340$mm 处的横截面上流体的横向速率值。在 $z=60$mm 和 340mm 的横截面上，单位体积内流体流动的黏性耗散分别为 1.75×10^{-5}W 和 1.59×10^{-5}W，这说明沿着流动方向，用传热熵产最小原理获得的纵向涡强度是逐步减弱的。对比图 3.8 和图 3.9，相对于利用火积耗散极值原理获得的优化结果，利用传热最小熵产原理获得的纵向涡强度在圆管上游(如 $z=60$mm)较大，在下游(如 $z=340$mm)较小。

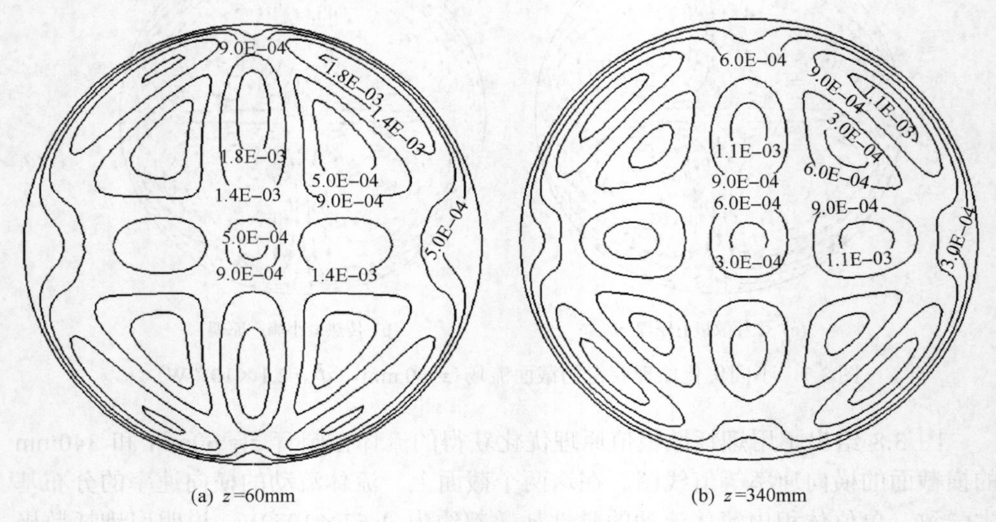

图 3.9　传热熵产最小原理优化的横向速率值分布($\dot{\Phi}_\mu=2.1\times10^{-9}$W)

图 3.10 给出了在圆管 $z=60$mm 横截面上的流体温度分布图。在圆管上部和下部，传热最小熵产原理优化所得到的壁面温度小于 10K，火积耗散极值原理优化所得到的壁面温度大于 10K。因此，相对于火积耗散极值原理优化，利用传热最小熵产原理优化获得的结果在壁面处温度较低，在整个截面上温度梯度较小。在等热流边界条件下，该截面上利用传热最小熵产原理获得的最优流场对应的对流换热 Nu 较大，对流换热能力较强。相反，在 $z=340$mm 的横截面上(图 3.11)，利用传热最小熵产原理优化获得的结果在壁面处温度较高，在整个截面上温度梯度较大。在等热流边界条件下，这就意味着利用传热最小熵产原理获得的截面“最优”流场对应的对流换热 Nu 较小，对流换热能力较弱。

傅里叶导热定律和对流换热能量方程(式(3.37))都说明了对流换热区域内流体的换热能力只与流体的热导率以及温度梯度有关，而与流体温度的绝对值无关。然而，由传热熵产的定义可以看出，在相同的换热量和换热温差条件下，对流换热的热力学温度越低，换热引起的传热熵产率越大。由于进口流体的温度较低，导致管道上游部分，流体的平均温度较低，在相同的边界热流和换热系数的条件下，该部分对流换热的传热熵产率较大。当利用传热最小熵产原理进行优化时，为了降低流体在整个圆管内对流换热的总传热熵产率，首先要降低流体在管道上游部分对流换热的传热熵产率，这就需要增大流体在该区域所受的附加体积力，提高纵向涡强度，降低换热温差，提高换热能力。对于圆管下游部分，利用传热最小熵产原理进行优化时，流体所受的附加体积力较小，流体横向速度较小，换热温差较大，换热能力也较弱。而煅耗散率只与流体的热导率以及温度梯度有关，与流体温度的绝对值无关。这就说明了为什么利用煅耗散极值原理优化获得的流场，整体上的对流换热性能要优于利用传热最小熵产原理获得的优化结果。

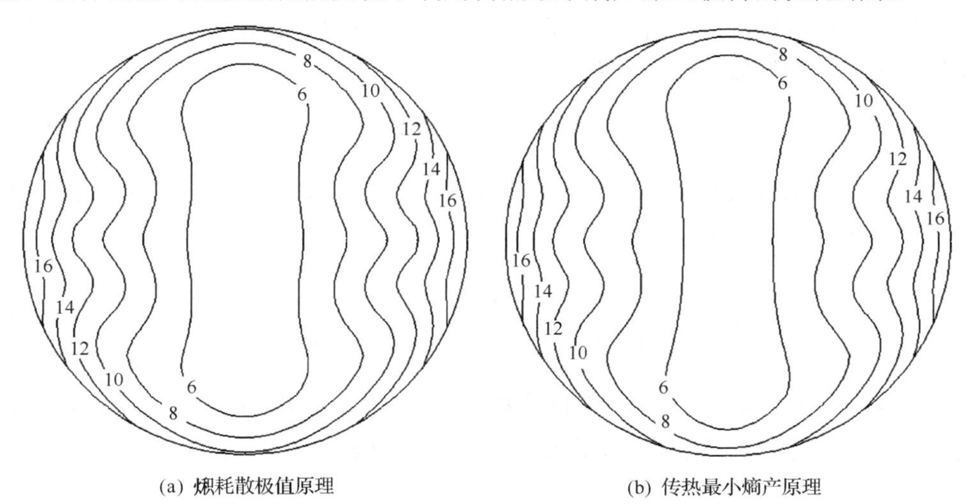

(a) 煅耗散极值原理　　　　(b) 传热最小熵产原理

图 3.10　不同优化原理获得的截面温度分布（$z = 60\text{mm}$，$\dot{\Phi}_{\mu}=2.1\times10^{-9}\text{W}$）

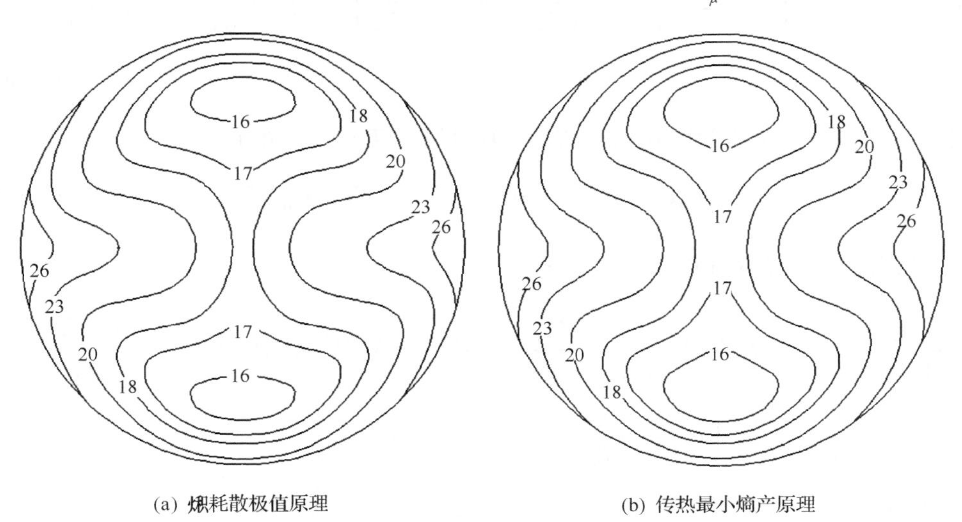

(a) 煅耗散极值原理　　　　(b) 传热最小熵产原理

图 3.11　不同优化原理获得的截面温度分布（$z = 340\text{mm}$，$\dot{\Phi}_{\mu}=2.1\times10^{-9}\text{W}$）

3.6　湍流换热优化的场协同方程

湍流脉动的作用使湍流流动和换热的瞬时物理量(如速度、压力和温度)随时间和空间随机变化，其瞬时物理量场是时间的随机函数，因此研究湍流换热要比层流换热复杂得多。由于湍流换热在实际工程应用中更为广泛，研究湍流换热的优化问题具有更重要的理论意义和工程应用价值。

与 3.1 节层流对流换热场协同方程的推导过程类似，也可以在黏性耗散一定的条件下，通过构造拉格朗日函数和变分获得湍流换热的场协同方程[27]。对于湍流换热过程，炽耗散率可以写为

$$\dot{\phi}_{\mathrm{g,t}} = k_{\mathrm{eff}} \nabla T \cdot \nabla T \tag{3.58}$$

式中，k_{eff} 为包括湍流脉动导致的湍流热导率在内的有效热导率，下标 t 表示湍流。构造如下拉格朗日函数：

$$\Pi_{\mathrm{t}} = \int_V \left\{ \begin{aligned} & k_{\mathrm{eff}} \nabla T \cdot \nabla T + \lambda_{0,\mathrm{t}} \dot{\phi}_{\mu,\mathrm{t}} \\ & + \lambda_{1,\mathrm{t}} [\nabla \cdot (k_{\mathrm{eff}} \nabla T) - \rho c_p \boldsymbol{U} \cdot \nabla T] + \lambda_{2,\mathrm{t}} \nabla \cdot \boldsymbol{U} \end{aligned} \right\} \mathrm{d}V \tag{3.59}$$

式中，$\lambda_{1,\mathrm{t}}$、$\lambda_{2,\mathrm{t}}$ 和 $\lambda_{0,\mathrm{t}}$ 为拉格朗日乘数。$\lambda_{1,\mathrm{t}}$ 与 $\lambda_{2,\mathrm{t}}$ 是坐标的函数，当流动过程的黏性耗散一定时，$\lambda_{0,\mathrm{t}}$ 是一个常数。黏性耗散可表示为

$$\dot{\phi}_{\mu,\mathrm{t}} = \mu_{\mathrm{eff}} \left[2\left(\frac{\partial u}{\partial x}\right)^2 + 2\left(\frac{\partial v}{\partial y}\right)^2 + 2\left(\frac{\partial w}{\partial z}\right)^2 + \left(\frac{\partial u}{\partial y} + \frac{\partial v}{\partial x}\right)^2 + \left(\frac{\partial u}{\partial z} + \frac{\partial w}{\partial x}\right)^2 + \left(\frac{\partial v}{\partial z} + \frac{\partial w}{\partial y}\right)^2 \right] \tag{3.60}$$

式中，各速度分量均为时均值。式(3.59)对温度 T 求变分得到

$$-\rho c_p \boldsymbol{U} \cdot \nabla \lambda_{1,\mathrm{t}} = \nabla \cdot (k_{\mathrm{eff}} \nabla \lambda_{1,\mathrm{t}}) - 2\nabla \cdot (k_{\mathrm{eff}} \nabla T) \tag{3.61}$$

式(3.59)分别对速度 u、v、w 求变分，得到

$$\begin{aligned} & \frac{\rho c_p \lambda_{1,\mathrm{t}}}{2\lambda_{0,\mathrm{t}}} \frac{\partial T}{\partial x} + \nabla \cdot (\mu_{\mathrm{eff}} \nabla u) + \frac{1}{2\lambda_{0,\mathrm{t}}} \frac{\partial \lambda_{2,\mathrm{t}}}{\partial x} - \frac{\Gamma u}{2\lambda_{0,\mathrm{t}} Pr_{\mathrm{t}}} (|\nabla T|^2 + \lambda_{1,\mathrm{t}} \nabla \cdot (\nabla T)) - \frac{\dot{\phi}_{\mu,\mathrm{t}} \Gamma u}{2\mu_{\mathrm{eff}}} \\ & - \frac{\lambda_{1,\mathrm{t}} \Gamma}{2\lambda_{0,\mathrm{t}} Pr_{\mathrm{t}}} \frac{\partial T}{\partial x} \left[\frac{u}{l} \frac{\partial l}{\partial x} - \left(u\frac{\partial u}{\partial x} + v\frac{\partial v}{\partial x} + w\frac{\partial w}{\partial x} \right) |\boldsymbol{U}|^{-2} u + \frac{\partial u}{\partial x} \right] \\ & - \frac{\lambda_{1,\mathrm{t}} \Gamma}{2\lambda_{0,\mathrm{t}} Pr_{\mathrm{t}}} \frac{\partial T}{\partial y} \left[\frac{u}{l} \frac{\partial l}{\partial y} - \left(u\frac{\partial u}{\partial y} + v\frac{\partial v}{\partial y} + w\frac{\partial w}{\partial y} \right) |\boldsymbol{U}|^{-2} u + \frac{\partial u}{\partial y} \right] \end{aligned}$$

$$
\begin{aligned}
&-\frac{\lambda_{1,t}\Gamma}{2\lambda_{0,t}Pr_t}\frac{\partial T}{\partial z}\left[\frac{u}{l}\frac{\partial l}{\partial z}-\left(u\frac{\partial u}{\partial z}+v\frac{\partial v}{\partial z}+w\frac{\partial w}{\partial z}\right)|\boldsymbol{U}|^{-2}u+\frac{\partial u}{\partial z}\right]\\
&+\left(\frac{\partial\mu_{\text{eff}}}{\partial x}\frac{\partial u}{\partial x}+\frac{\partial\mu_{\text{eff}}}{\partial y}\frac{\partial v}{\partial x}+\frac{\partial\mu_{\text{eff}}}{\partial z}\frac{\partial w}{\partial x}\right)\\
&+\frac{1}{2\lambda_{0,t}}\left[\frac{\partial}{\partial x}\left(\frac{\lambda_{1,t}\Gamma u}{Pr_t}\frac{\partial T}{\partial x}\right)+\frac{\partial}{\partial y}\left(\frac{\lambda_{1,t}\Gamma u}{Pr_t}\frac{\partial T}{\partial y}\right)+\frac{\partial}{\partial z}\left(\frac{\lambda_{1,t}\Gamma u}{Pr_t}\frac{\partial T}{\partial z}\right)\right]=0
\end{aligned}
\tag{3.62a}
$$

$$
\begin{aligned}
&\frac{\rho c_p\lambda_{1,t}}{2\lambda_{0,t}}\frac{\partial T}{\partial y}+\nabla\cdot(\mu_{\text{eff}}\nabla v)+\frac{1}{2\lambda_{0,t}}\frac{\partial\lambda_{2,t}}{\partial y}-\frac{\Gamma v}{2\lambda_{0,t}Pr_t}(|\nabla T|^2+\lambda_{1,t}\nabla\cdot(\nabla T))-\frac{\dot{\phi}_{\mu,t}\Gamma v}{2\mu_{\text{eff}}}\\
&-\frac{\lambda_{1,t}\Gamma}{2\lambda_{0,t}Pr_t}\frac{\partial T}{\partial x}\left[\frac{v}{l}\frac{\partial l}{\partial x}-\left(u\frac{\partial u}{\partial x}+v\frac{\partial v}{\partial x}+w\frac{\partial w}{\partial x}\right)|\boldsymbol{U}|^{-2}v+\frac{\partial v}{\partial x}\right]\\
&-\frac{\lambda_{1,t}\Gamma}{2\lambda_{0,t}Pr_t}\frac{\partial T}{\partial y}\left[\frac{v}{l}\frac{\partial l}{\partial y}-\left(u\frac{\partial u}{\partial y}+v\frac{\partial v}{\partial y}+w\frac{\partial w}{\partial y}\right)|\boldsymbol{U}|^{-2}v+\frac{\partial v}{\partial y}\right]\\
&-\frac{\lambda_{1,t}\Gamma}{2\lambda_{0,t}Pr_t}\frac{\partial T}{\partial z}\left[\frac{v}{l}\frac{\partial l}{\partial z}-\left(u\frac{\partial u}{\partial z}+v\frac{\partial v}{\partial z}+w\frac{\partial w}{\partial z}\right)|\boldsymbol{U}|^{-2}v+\frac{\partial v}{\partial z}\right]\\
&+\left(\frac{\partial\mu_{\text{eff}}}{\partial x}\frac{\partial u}{\partial y}+\frac{\partial\mu_{\text{eff}}}{\partial y}\frac{\partial v}{\partial y}+\frac{\partial\mu_{\text{eff}}}{\partial z}\frac{\partial w}{\partial y}\right)\\
&+\frac{1}{2\lambda_{0,t}}\left[\frac{\partial}{\partial x}\left(\frac{\lambda_{1,t}\Gamma v}{Pr_t}\frac{\partial T}{\partial x}\right)+\frac{\partial}{\partial y}\left(\frac{\lambda_{1,t}\Gamma v}{Pr_t}\frac{\partial T}{\partial y}\right)+\frac{\partial}{\partial z}\left(\frac{\lambda_{1,t}\Gamma v}{Pr_t}\frac{\partial T}{\partial z}\right)\right]=0
\end{aligned}
\tag{3.62b}
$$

$$
\begin{aligned}
&\frac{\rho c_p\lambda_{1,t}}{2\lambda_{0,t}}\frac{\partial T}{\partial z}+\nabla\cdot(\mu_{\text{eff}}\nabla w)+\frac{1}{2\lambda_{0,t}}\frac{\partial\lambda_{2,t}}{\partial z}-\frac{\Gamma w}{2\lambda_{0,t}\,\mathrm{Pr}_t}[|\nabla T|^2+\lambda_{1,t}\nabla\cdot(\nabla T)]-\frac{\dot{\phi}_{\mu,t}\Gamma w}{2\mu_{\text{eff}}}\\
&-\frac{\lambda_{1,t}\Gamma}{2\lambda_{0,t}Pr_t}\frac{\partial T}{\partial x}\left[\frac{w}{l}\frac{\partial l}{\partial x}-\left(u\frac{\partial u}{\partial x}+v\frac{\partial v}{\partial x}+w\frac{\partial w}{\partial x}\right)|\boldsymbol{U}|^{-2}w+\frac{\partial w}{\partial x}\right]\\
&-\frac{\lambda_{1,t}\Gamma}{2\lambda_{0,t}Pr_t}\frac{\partial T}{\partial y}\left[\frac{w}{l}\frac{\partial l}{\partial y}-\left(u\frac{\partial u}{\partial y}+v\frac{\partial v}{\partial y}+w\frac{\partial w}{\partial y}\right)|\boldsymbol{U}|^{-2}w+\frac{\partial w}{\partial y}\right]\\
&-\frac{\lambda_{1,t}\Gamma}{2\lambda_{0,t}Pr_t}\frac{\partial T}{\partial z}\left[\frac{w}{l}\frac{\partial l}{\partial z}-\left(u\frac{\partial u}{\partial z}+v\frac{\partial v}{\partial z}+w\frac{\partial w}{\partial z}\right)|\boldsymbol{U}|^{-2}w+\frac{\partial w}{\partial z}\right]\\
&+\left(\frac{\partial\mu_{\text{eff}}}{\partial x}\frac{\partial u}{\partial z}+\frac{\partial\mu_{\text{eff}}}{\partial y}\frac{\partial v}{\partial z}+\frac{\partial\mu_{\text{eff}}}{\partial z}\frac{\partial w}{\partial z}\right)\\
&+\frac{1}{2\lambda_{0,t}}\left[\frac{\partial}{\partial x}\left(\frac{\lambda_{1,t}\Gamma w}{Pr_t}\frac{\partial T}{\partial x}\right)+\frac{\partial}{\partial y}\left(\frac{\lambda_{1,t}\Gamma w}{Pr_t}\frac{\partial T}{\partial y}\right)+\frac{\partial}{\partial z}\left(\frac{\lambda_{1,t}\Gamma w}{Pr_t}\frac{\partial T}{\partial z}\right)\right]=0
\end{aligned}
\tag{3.62c}
$$

式中，$\Gamma = 0.03874\rho l|\boldsymbol{U}|^{-1}$；$l$ 为距壁面的距离。

将式(3.62a)与动量方程相比，可得

$$\lambda_{2,\mathrm{t}} = -2\lambda_{0,\mathrm{t}} p \tag{3.63}$$

因此，与层流场协同方程类似，式(3.62)是湍流换热的场协同方程。它与式(3.61)、连续方程和能量守恒方程一起构成封闭方程组，在一定的边界条件和约束条件下，可通过数值求解方程组得到相关的物理量，并获得与之对应的最佳速度场。

鉴于湍流流动与换热的复杂性，上述场协同方程是在利用零方程模型的基础上由变分原理获得的。尽管零方程模型比较简单，但求解速度场协同方程可以获得最优速度场的结构形式，可为开发节能效果显著的强化换热技术提供指导和帮助。

为了说明获得的湍流换热场协同方程的作用，下面以平行平板间的湍流换热为例，求解其最优速度场。选择平行平板间对流换热是因为它相对比较简单，求解湍流场协同方程相对比较容易，且其计算结果仍可说明湍流场协同方程的实际意义。计算的物理模型如图 3.12 所示，两平行板之间的距离 $H = 20\mathrm{mm}$，平板壁面温度 $T_{\mathrm{w}} = 350\mathrm{K}$，流体从左边流入，右边流出，流动介质为水($Re = 20000$)。在换热过程中，水的物性参数保持不变，分别为 $\rho = 998.2\mathrm{kg/m^3}$、$\mu = 0.001003\mathrm{kg/(m \cdot s)}$、$k = 0.6\mathrm{W/(m \cdot K)}$、$c_p = 4182\mathrm{J/(kg \cdot K)}$。为了在保证计算精度的前提下减少数值计算中的网格数量，选择长为 2.5mm 的周期性单元作为数值计算区域，在该区域进出口边界上流体对流换热满足周期充分发展边界条件，同时在进口截面水的平均温度为 300K。

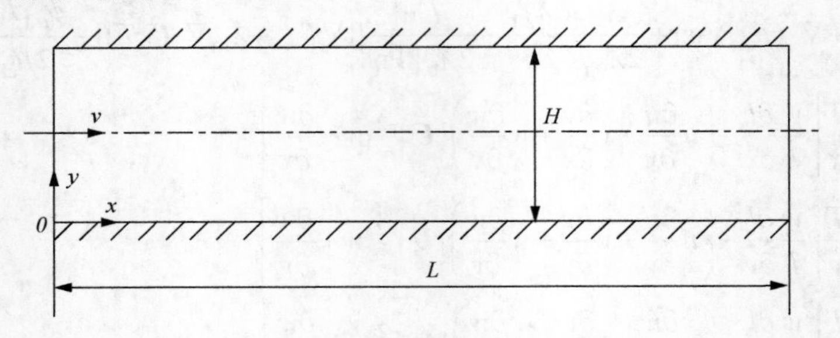

图 3.12　平行平板间通道结构示意图

对于优化前的湍流换热过程，数值计算结果表明，等温面(线)是平行于平板的平面(直线)，如图 3.13 所示。此时，速度矢量和等温线几乎平行，导致速度矢量和温度梯度矢量点积的积分值较小，对流换热性能较弱。当 Re 为 20000 时，对流换热 Nu 为 475，时均机械能耗散为 $4.61 \times 10^{-3}\mathrm{W}$，层流底层厚度和过渡层厚度分别为 0.116mm 和 0.928mm。

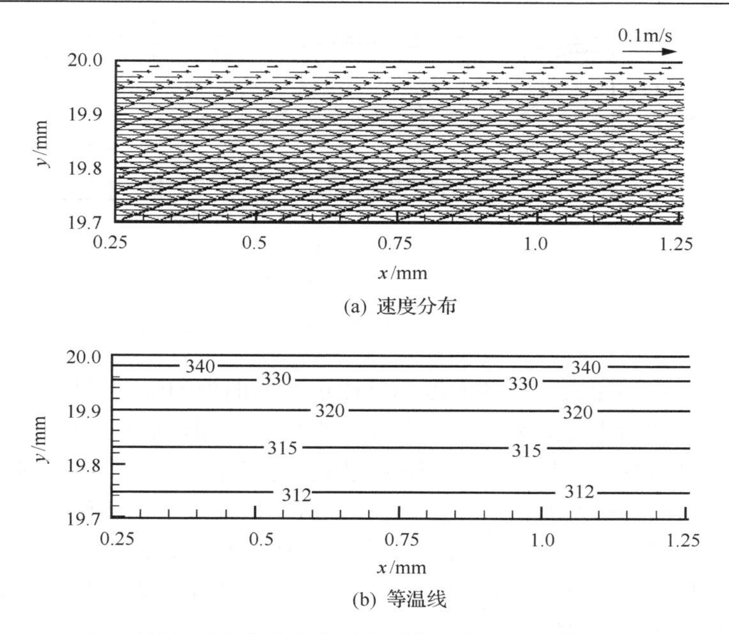

(a) 速度分布

(b) 等温线

图 3.13　平行平板间对流换热优化前的时均速度分布与等温线(Re=20000)

图 3.14 给出了 $\lambda_{0,t}=-1.5\times10^7$ 时求解湍流场协同方程获得的通道内壁面附近的最优速度场和温度场。该速度场在壁面附近表现为逆时针较大涡间夹有顺时针小涡的流型，相邻两个较大涡的中心距离大约为 0.4mm，涡的高度约为 0.2mm，大约是优化前流体流动层流底层厚度的两倍。该流型在温度梯度方向产生速度分量，改善了速度场与温度场之间的协同，从而使换热强化。在顺时针涡与逆时针涡的一侧交界附近，流体流向壁面，使壁面附近的温度梯度增大；而另一侧的流体则离开壁面，这样会使壁面附近的温度梯度减小。与图 3-13(b)所示的没有附加体积力时的温度分布相比，上壁面附近的温度梯度大部分增大，小部分减小。总体来看，优化速度场后的换热增强。在该工况下，对流换热 Nu 的计算值为 503，机械能耗散为 5.65×10^{-3}W。与优化前的结果相比，Nu 增加了 6%，时均机械能耗散增加了 23%。

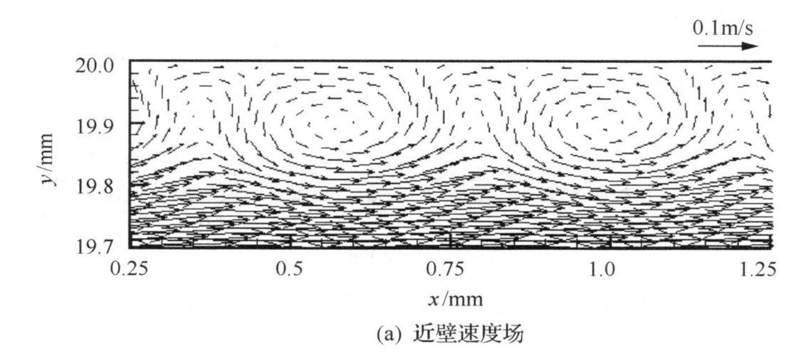

(a) 近壁速度场

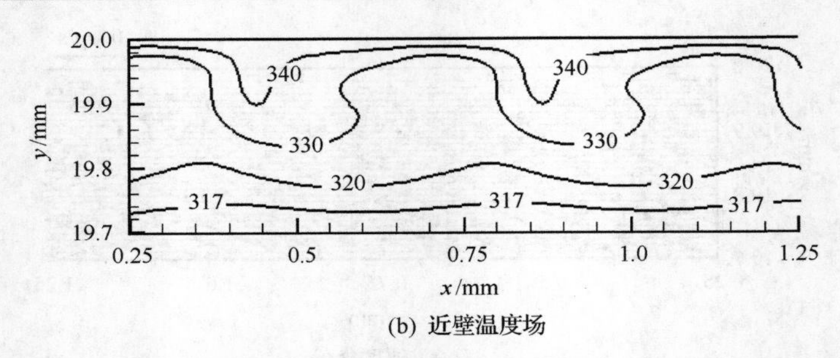

(b) 近壁温度场

图 3.14　求解场协同方程获得的近壁速度场和温度场（$\lambda_{0,t}=-1.5\times10^7$）

一般说来，在层流底层内的温度梯度比远离壁面处的温度梯度大 2～3 个数量级。因此，对于湍流换热，对流换热热阻主要发生在层流底层。要强化湍流换热，可在壁面附近增加扰动以降低对流换热热阻。上述由求解湍流换热场协同方程获得的壁面附近存在涡流的优化流场恰好可以减小层流底层的对流换热热阻，实现换热的强化。但是，涡流的产生必然使得流动阻力增加，因此，对于湍流换热的强化，还需要在换热强化与阻力增加之间选择某种平衡，以实现同功耗下尽可能多的传热强化，达到节能的目的。

求解湍流场协同方程可以发现，不同的黏性耗散(或 $\lambda_{0,t}$)，所获得的优化流场是不同的。以平行平板间的湍流换热为例，当通道流动的雷诺数相同时，若 $\lambda_{0,t}=-10^7$，其优化流场如图 3.15 所示。很显然，随着黏性耗散的增加，涡的尺度增大，相邻两个涡的尺度差别变小。同时，由优化流场的流型可知，湍流换热强化与层流换热强化存在不同的方式。由于在湍流流动主流区存在剧烈的掺混，通道中很大一部分(层流底层及其附近除外)已经混合得比较充分，再增加该区域的扰动只会进一步增加流动阻力，对换热的强化作用不大。也就是说，只有在层流底层附近产生纵向涡，才能实现同功耗下湍流换热的进一步强化，达到节能的目标。

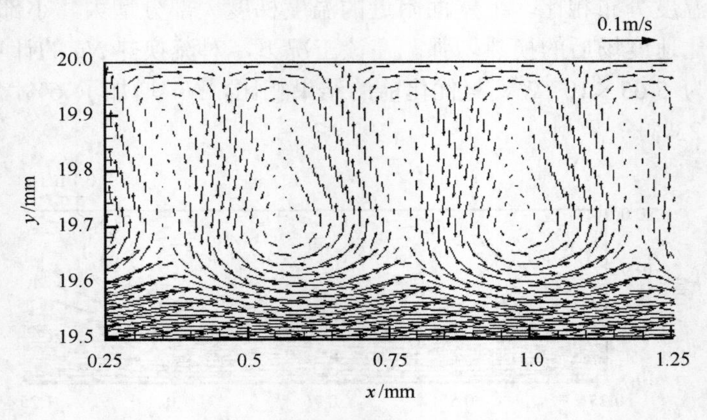

图 3.15　优化的近壁速度场（$\lambda_{0,t}=-10^7$）

3.7 小　结

对流换热过程的性能优化存在换热能力提高和流动阻力降低两个目标，是一个多目标优化问题。最小熵产原理基于流体流动和换热过程的熵产，以总熵产最小为优化准则，将多目标优化问题转变为单目标优化问题，实现对流换热过程的优化。但是，在不同的应用场合下，实际对流换热过程对换热能力和流动阻力的关注程度不同，因此优化目标存在多样性，单一的优化准则并不能同时对应于不同应用场合下所要求的不同优化目标。

本章基于煅平衡方程，导出了对流换热过程优化的最小煅耗散热阻原理，即以煅耗散定义的热阻最小时，对流换热的换热系数最大。在此基础上，考虑到系统的换热特性和阻力特性都取决于流体的速度分布，因此基于 Pareto 优化的思想，在给定泵功的条件下，以煅耗散极值(煅耗散热阻最小)为优化准则导出了对流换热性能优化的场协同方程，并且，为了揭示煅耗散极值和传热最小熵产这两个优化准则的差别，以传热熵产最小为优化准则导出了对流换热优化的欧拉方程。通过对等热流边界条件下的圆管层流换热进行优化，明确了当煅耗散热阻达到极小时，得到的换热平均温差最小，*Nu* 最大；而传热熵产达到最小时，并不与温差最小和 *Nu* 最大的工况相对应。煅耗散极值和传热熵产最小优化获得的最佳流场虽然都具有 4 个纵向涡，但前者纵向涡的强度沿管长不变，后者则沿管长减弱。其原因在于煅耗散率只与温度梯度有关，而传热熵产率还与温度的绝对值有关。

对于湍流工况下的对流换热优化问题，本章利用时均温度梯度平方与湍流热导率的乘积定义了湍流换热的煅耗散率。结合零方程湍流模型导出了泵功给定时湍流换热性能最优的速度场需要满足的场协同方程。求解此方程就得到了湍流换热性能最优的流体速度分布，从而把层流换热的最小煅耗散热阻原理推广至湍流换热。通过对平行平板通道湍流换热进行优化，得出在壁面附近形成小涡结构的流场能使湍流换热的 *Nu* 极大化的结论。这揭示了壁面微肋比其他强化表面能更有效强化湍流换热的物理原因。

参 考 文 献

[1] Bejan A. A study of entropy generation in fundamental convective heat transfer [J]. Journal of Heat Transfer, 1979, 101(4): 718-725.

[2] Poulikakos D, Bejan A. Fin geometry for minimum entropy generation in forced convection [J]. Trans ASME, J Heat Transf, 1982, 104(4): 616-623.

[3] Bejan A. Second-law analysis in heat transfer and thermal design [J]. Advances in Heat Transfer, 1982, 15(1): 1-58.

[4] Rosen M A. Second-law analysis: Approaches and implications [J]. International Journal of Energy Research, 1999, 23 (5): 415-429.

[5] Narusawa U. The second-law analysis of mixed convection in rectangular ducts [J]. Heat & Mass Transfer, 2001, 37 (2): 197-203.

[6] Herpe J, Bougeard D, Russeil S, et al. Numerical investigation of local entropy production rate of a finned oval tube with vortex generators [J]. International Journal of Thermal Sciences, 2009, 48 (48): 922-935.

[7] Lam P A K, Prakash K A. A numerical study on natural convection and entropy generation in a porous enclosure with heat sources [J]. International Journal of Heat & Mass Transfer, 2014, 69 (1): 390-407.

[8] Nag P K, Mukherjee P. Thermodynamic optimization of convective heat transfer through a duct with constant wall temperature [J]. International Journal of Heat and Mass Transfer, 1987, 30 (2): 401-405.

[9] Sekulic D P, Campo A, Morales J C. Irreversibility phenomena associated with heat transfer and fluid friction in laminar flows through singly connected ducts [J]. International Journal of Heat and Mass Transfer, 1997, 40 (4): 905-914.

[10] Ko T H, Ting K. Entropy generation and thermodynamic optimization of fully developed laminar convection in a helical coil [J]. International Communications in Heat and Mass Transfer, 2005, 32 (1-2): 214-223.

[11] Sahin A Z. The effect of variable viscosity on the entropy generation and pumping power in a laminar fluid flow through a duct subjected to constant heat flux [J]. Heat and Mass Transfer, 1999, 35 (6): 499-506.

[12] Jankowski T A. Minimizing entropy generation in internal flows by adjusting the shape of the cross-section [J]. International Journal of Heat and Mass Transfer, 2009, 52 (15–16): 3439-3445.

[13] Saouli S, Aiboud-Saouli S. Second law analysis of laminar falling liquid film along an inclined heated plate [J]. International Communications in Heat and Mass Transfer, 2004, 31 (6): 879-886.

[14] Pakdemirli M, Yilbas B S. Entropy generation for pipe flow of a third grade fluid with Vogel model viscosity [J]. International Journal of Non-Linear Mechanics, 2006, 41 (3): 432-437.

[15] Mahmud S, Fraser R A. Thermodynamic analysis of flow and heat transfer inside channel with two parallel plates [J]. Exergy, An International Journal, 2002, 2 (3): 140-146.

[16] Yari M. Second-law analysis of flow and heat transfer inside a microannulus [J]. International Communications in Heat & Mass Transfer, 2009, 36 (1): 78-87.

[17] Tasnim S H, Mahmud S. Mixed convection and entropy generation in a vertical annular space [J]. Exergy, An International Journal, 2002, 2 (4): 373-379.

[18] Basak T, Singh A K, Sruthi T P A, et al. Finite element simulations on heat flow visualization and entropy generation during natural convection in inclined square cavities [J]. International Communications in Heat & Mass Transfer, 2014, 51 (2): 1-8.

[19] Mirzazadeh M, Shafaei A, Rashidi F. Entropy analysis for non-linear viscoelastic fluid in concentric rotating cylinders [J]. International Journal of Thermal Sciences, 2008, 47 (12): 1701-1711.

[20] Zahmatkesh I. On the importance of thermal boundary conditions in heat transfer and entropy generation for natural convection inside a porous enclosure [J]. International Journal of Thermal Sciences, 2008, 47 (3): 339-346.

[21] Varol Y, Oztop H F, Koca A. Entropy generation due to conjugate natural convection in enclosures bounded by vertical solid walls with different thicknesses [J]. International Communications in Heat and Mass Transfer, 2008, 35 (5): 648-656.

[22] Chen Q, Liang X G, Guo Z Y. Entransy theory for the optimization of heat transfer——a review and update [J]. International Journal of Heat & Mass Transfer, 2013, 63 (15): 65-81.

[23] Messac A, Ismail-Yahaya A, Mattson C A. The normalized normal constraint method for generating the Pareto frontier [J]. Structural & Multidisciplinary Optimization, 2003, 25(2): 86-98.

[24] Meng J A. Enhanced heat transfer technology of longitudinal vortices based on field coordination principle and its application [J]. PhD dissertation, Tsinghua University, 2004,

[25] Meng J A, Chen Z J, Li Z X, et al. Field-coordination analysis and numerical study on turbulent convective heat transfer enhancement [J]. Journal of Enhanced Heat Transfer, 2005, 12(1): 73-84.

[26] Chen Q, Wang M R, Pan N, et al. Optimization principles for convective heat transfer [J]. Energy, 2009, 34(9): 1199-1206.

[27] Chen Q, Ren J, Meng J A. Field synergy equation for turbulent heat transfer and its application [J]. International Journal of Heat & Mass Transfer, 2007, 50(25-26): 5334-5339.

第 4 章　换热器的最小烟耗散热阻原理

换热器是一种非常重要的设备，它将一种流体的热量以某种方式传递给另外一种流体。在工业和日常生活中，换热器的应用极其广泛，如火力发电厂中的过热器、空气预热器、凝汽器和给水加热器、空调设备中的冷凝器、蒸发器、风机盘管等。在石油化工厂中，换热器可占建厂投资的20%，其重量可达总工艺设备重量的 40%。在大中型炼油企业中，换热器数量可达 300～500 台以上[1]。因此，换热器热性能的改善对提高生产效率、降低能源消耗和减少环境污染具有重要意义。

针对换热器，研究人员提出了多种设计和优化方法。本章首先简要介绍现有常见的换热器分析和优化方法，并且结合烟理论，对换热器的优化原则进行分析和讨论。

4.1　现有的换热器性能分析方法简介

换热器分析的目的在于研究各种参数对换热器效能的影响，这些影响因素包括流动型式、换热量、传热面积、传热系数、流体的进口参数等。分析的对象也可以是换热器的传热温差、换热效率等。很多文献对换热器性能分析的各种方法进行了总结[1-4]，如对数平均温差(logarithmic mean temperature difference，LMTD)法、效能-传热单元数(effectiveness-number of heat transfer unit，ε-NTU)法、P-NTU 法[3]、P-$\mathrm{NTU_t}$ 法[2]和 P-$\mathrm{NTU_c}$ 法[3]、ψ-P 法和 P_1-P_2 法[3]等。其中，最为常用的是对数平均温差法和效能-传热单元数法。本节仅简要地介绍几种常用的分析方法，其他方法的详细介绍读者可查阅相关的参考文献[1-4]。

4.1.1　对数平均温差法

对数平均温差法中，一般认为换热器总传热系数 K 是常数，传热面积 A 均匀分布。换热器的热量传递方程为

$$\dot{Q} = KA\Delta T_{\mathrm{M}} \tag{4.1}$$

式中，$\dot{Q}$ 为换热热流量；ΔT_{M} 为实际平均温差或简称为平均温差[3]。

对于单流程的顺流或逆流换热器，平均温差 ΔT_{M} 可以表示为

$$\Delta T_{\mathrm{M}} = \frac{\Delta T_{\max} - \Delta T_{\min}}{\ln\left(\Delta T_{\max} / \Delta T_{\min}\right)} = \Delta T_{\mathrm{LM}} \tag{4.2}$$

式中，ΔT_{LM} 为对数平均温差。对于顺流换热器，$\Delta T_{\max}$ 和 $\Delta T_{\min}$ 就是热流体与冷流体在换热器进出口处的温差；对于逆流换热器，$\Delta T_{\max}=\max(T_{\mathrm{h,in}}-T_{\mathrm{c,out}}, T_{\mathrm{h,out}}-T_{\mathrm{c,in}})$，$\Delta T_{\min}=\min(T_{\mathrm{h,in}}-T_{\mathrm{c,out}}, T_{\mathrm{h,out}}-T_{\mathrm{c,in}})$，$T_{\mathrm{h,in}}$、$T_{\mathrm{h,out}}$、$T_{\mathrm{c,in}}$ 和 $T_{\mathrm{c,out}}$ 分别是热流体和冷流体的进口和出口温度。

由于叉流换热器和多流程换热器中冷热流体的温度分布是多维的，对数平均温差计算公式不再适用。因此，Bowman[5]定义了一个修正因子 $F(\leqslant 1)$：

$$F=\Delta T_{\mathrm{M}}/\Delta T_{\mathrm{LM}} \tag{4.3}$$

以得到复杂流动布置的换热器的实际平均温差。不同流动布置的换热器 F 因子是不同的，在工程上可以把一台换热器在不同工况下的 F 因子制作成图表以方便使用。

式(4.1)表明，平均温差越大则换热量越大，换热器的性能就越好。当流动布置与冷热流体入口温度已知时，可以求得不同类型换热器的平均温差。对于单相流体，在同等条件下顺流换热器的平均温差最小，叉流居中，逆流最大，因此同等条件下逆流换热器的性能最好。

采用对数平均温差法必须知道流体的出口温度才能计算平均温差。如果只是给定了冷热流体的进口参数、换热器的总传热系数 K 和换热面积 A，那么计算换热器的换热量就需要迭代。

4.1.2　效能-传热单元数法

Kays 和 London[6]提出了换热器分析中的效能-传热单元数法，这一方法用效能 ε 来评价换热器：

$$\varepsilon=\frac{\dot{Q}}{\dot{Q}_{\max}}=\frac{\max(T_{\mathrm{h,in}}-T_{\mathrm{h,out}},T_{\mathrm{c,out}}-T_{\mathrm{c,in}})}{T_{\mathrm{h,in}}-T_{\mathrm{c,in}}} \tag{4.4}$$

式中，$\dot{Q}_{\max}$ 为换热器最大可能的换热流量；ε 是换热器的实际换热量与最大可能换热量的比值，或者冷、热流体温度变化的较大值与换热器最大温差之比。

换热器的传热单元数 NTU 是换热器的 KA 与热、冷流体热容量流 $\dot{C}_{\mathrm{h}}=\dot{m}_{\mathrm{h}}c_{p,\mathrm{h}}$ 和 $\dot{C}_{\mathrm{c}}=\dot{m}_{\mathrm{c}}c_{p,\mathrm{c}}$（$\dot{m}$ 为质量流量，c_p 为比定压热容，下标 c 和 h 分别代表冷热流体）中的较小者之比：

$$\mathrm{NTU}=\frac{KA}{\min(\dot{C}_{\mathrm{h}},\dot{C}_{\mathrm{c}})} \tag{4.5}$$

换热器的效能可以表示成传热单元数与热容量流比的函数，其中热容量流比定义为

$$C_r = \dot{C}_{min} / \dot{C}_{max} = \min(\dot{C}_h, \dot{C}_c) / \max(\dot{C}_h, \dot{C}_c) \tag{4.6}$$

对于单相流体，在一定的传热单元数和热容量流比下，逆流换热器的效能最高，顺流最低，而叉流和其他布置类型换热器的效能居中。

对单流程顺流或逆流换热器，其效能 ε 表达式如下。

顺流：

$$\varepsilon = \frac{1 - e^{-NTU(1+C_r)}}{1 + C_r} \tag{4.7}$$

逆流：

$$\varepsilon = \frac{1 - e^{-NTU(1-C_r)}}{1 - C_r e^{-NTU(1-C_r)}} \tag{4.8}$$

对于平衡流逆流换热器，即 C_r=1，可证明其效能为

$$\varepsilon = \frac{NTU}{1 + NTU} \tag{4.9}$$

对于叉流和某些多流程管壳式换热器，其效能 ε 都各自具有解析表达式[1-4]。

当换热器冷热流体进口参数和 KA 给定时，用效能–传热单元数法可以直接计算换热量和两股流体的出口温度而不需要迭代，避免了对数平均温差法需要迭代的缺点。

对数平均温差法和效能–传热单元数法使用时也都存在不方便的地方。一是修正因子 F 或效能 ε 的表达式与流动布置型式有关，不便于统一探讨换热器参数与性能间的联系。例如，对一侧混合、另一侧不混合的叉流换热器，小热容量流流体在混合侧或不混合侧的两种情况对应不同的效能–传热单元数关系式[3]。二是修正因子或效能与换热器不可逆性之间缺乏联系。

4.1.3　效率分析法

因为平衡流逆流换热器具有最好的换热性能，Fakheri[7, 8]提出用平衡流逆流换热器的换热量 $\dot{Q}_{opt}$ 来定义换热器的效率 η，并用 η 分析换热器的性能，计算中所采用的平衡流逆流换热器的两股流体热容量流均为实际换热器两股流体热容量流的较小者，其他参数均与实际换热器相同：

$$\eta = \frac{\dot{Q}}{\dot{Q}_{\mathrm{opt}}} = \frac{\dot{Q}}{KA\Delta T_{\mathrm{AM}}} = \frac{\tanh(\mathrm{Fa})}{\mathrm{Fa}} \tag{4.10}$$

式中，$\Delta T_{\mathrm{AM}}=[(T_{\mathrm{h,in}}+T_{\mathrm{h,out}})-(T_{\mathrm{c,in}}+T_{\mathrm{c,out}})]/2$ 为所研究的实际换热器的算术平均温差。无量纲数 Fa 被 Fakheri 称为拟肋数(fin analogy number)。表 4.1 给出了若干种换热器型式的 Fa 数表达式[7, 8]。

表 4.1　几种换热器型式的拟肋数 Fa[8]

逆流	顺流	单管	壳侧单流程
$\mathrm{NTU}\frac{1-C_{\mathrm{r}}}{2}$	$\mathrm{NTU}\frac{1+C_{\mathrm{r}}}{2}$	$\frac{\mathrm{NTU}}{2}$	$\mathrm{NTU}\frac{\sqrt{1+C_{\mathrm{r}}}}{2}$

Faheri 提出的换热器效率分析方法的优点是 η 和 Fa 的关系式(4.10)适用于任何换热器，Fa 可以用于不同换热器型式之间的比较。但是，Fa 在换热器分析中的物理意义不明显，且它未与换热不可逆性建立联系，因此也难以指导换热器的优化。

4.1.4　熵产分析法

由于换热器中热量交换是不可逆的过程，研究人员建立了换热器传热过程的不可逆性的大小与换热器性能(效能)之间的关系。热力学用熵产率度量不可逆性，Bejan[9, 10]认为换热器熵产率 $\dot{S}_{\mathrm{g}}$ 包括了有限温差传热产生的熵产率 $\dot{S}_{\mathrm{g},T}$ 和黏性流动产生的熵产率 $\dot{S}_{\mathrm{g},P}$。但是在多数情况下 $\dot{S}_{\mathrm{g},P} \ll \dot{S}_{\mathrm{g},T}$，即有限温差传热熵产率占据换热器熵产率的绝大部分[8, 9]。在忽略黏性流动熵产时，换热器熵产率 $\dot{S}_{\mathrm{g}}$ 可以表示为

$$\dot{S}_{\mathrm{g}} \approx \dot{S}_{\mathrm{g},T} = \dot{C}_{\mathrm{h}} \ln\frac{T_{\mathrm{h,out}}}{T_{\mathrm{h,in}}} + \dot{C}_{\mathrm{c}} \ln\frac{T_{\mathrm{c,out}}}{T_{\mathrm{c,in}}} \tag{4.11}$$

Bejan 定义了换热器无量纲熵产率(熵产数)N_{S}：

$$N_{\mathrm{S}} = \frac{\dot{S}_{\mathrm{g}}}{\dot{C}_{\min}} \tag{4.12}$$

平衡流逆流换热器的熵产数 N_{S} 可以根据式(4.11)和式(4.12)推导得到[10]

$$N_S=\ln\frac{\left(1+\mathrm{NTU}\dfrac{T_{h,in}}{T_{c,in}}\right)\left(1+\mathrm{NTU}\dfrac{T_{c,in}}{T_{h,in}}\right)}{(1+\mathrm{NTU})^2}\tag{4.13}$$

根据平衡流逆流换热器的熵产数式(4.13)和 ε–NTU 关系式(4.9)，可以建立平衡流逆流换热器的熵产数 N_S(不可逆性的量度)和换热器性能(效能)之间的关系，如图 4.1 所示为平衡流逆流换热器的熵产数和效能之间的关系。

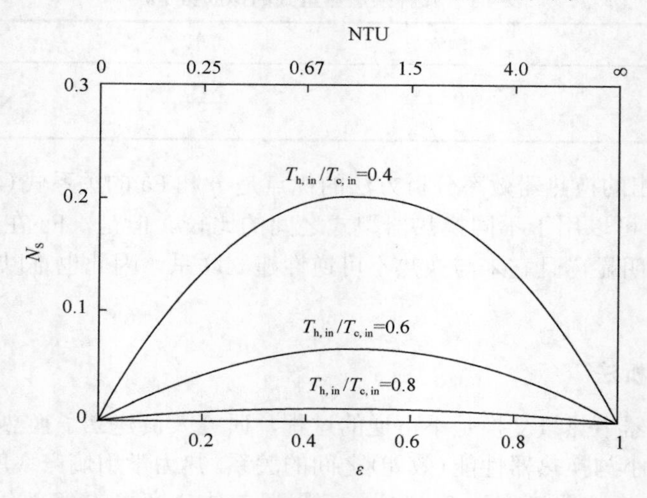

图 4.1　平衡流逆流换热器熵产数与效能的关系

图 4.1 表明，当平衡流逆流换热器效能 ε 从 0 至 1 变化时，换热器熵产数在 $\varepsilon=0.5$ 处存在一个最大值[10]。在 $\varepsilon\in[0, 0.5]$出现了“不可逆性(熵产数)越大，换热器性能(效能)越好”的现象，这个矛盾结果被 Bejan 称为“熵产悖论”[10, 11]。

一些学者试图解释换热器熵产分析中的这一悖论。例如，Bejan 认为在图 4.1 中效能 ε 和熵产数 N_S 同时趋于零的现象，代表换热器“因为接近消失而无熵产”的极限；而效能 ε 趋于 1，同时 N_S 趋于零的现象，代表换热器“因接近完美而无熵产”的极限[11]。Hesselgreaves[12]和 Ogiso[13]通过修改熵产数的定义式(4.12)，改变熵产率的无量纲化方式来消除熵产悖论。Cheng 和Liang[14]也对熵产数和改进的熵产数用于各种传热优化的情况进行了比对，发现改进的熵产数用于其他传热问题时，熵产最小也不总是与传热最优相对应。例如，对于给定温差的导热问题，改进的熵产数为常数，与传热量的大小没有关系。Shah 和 Skiepko[15]分析了 18 种不同类型换热器的效能与熵产率的关系，结果表明当熵产率最小时换热器的效能可以是最大、最小或任意值，最小熵产率并不总与传热性能最好相对应。所以他们认为换热器 ε–N_S 关系曲线中出现的熵产数最大值是温差不可逆性函数的本质特点，而不是悖论。Gupta 和 Das[16]同时考虑了换热器内部换热过程的熵产率，以及在出口处流体继续冷却到环境温度时的熵产率，认为这样处理可使熵产率之和与换热器效能之间呈单调关系。

与对数平均温差法、效能–传热单元数法和换热器效率分析法相比，换热器的熵产分析建立了换热器传热过程不可逆性与性能之间的联系，为换热器参数优化的最小熵产原理提供了基础。但是，熵产悖论表明，熵产率不能与换热器的效能建立单调的关系。虽然 Bejan[11]认为工程实际中并不期望换热器的效能接近于 0，并且当换热器效能趋近于 0 时，换热器作为一个工程设备“消失”了。因此，换热器效能趋近于 0，在工程上是不可能出现的。显然，这一解释并没有解决熵产悖论，只是解释了效能 0 点的悖论。在工程实际中换热器的效能完全有可能是[0, 0.5]中的数值，在该范围内，逆流平衡换热器的效能仍然随着熵产数的减小而减小，而不是增大。本书在第 1 章中对熵的物理意义做了讨论，指出熵是能够反映热功不等价以及能够度量闭口系作功能力的状态量。也就是说，熵产是从作功能力损失的角度来衡量某一个过程的不可逆性的。但是换热器的换热过程并不都涉及作功过程，使用熵产分析难免会出现问题。实际上关于熵产率与传热优化之间的联系没有严格的证明。如果考虑给定温差强化传热的情况，其结果必然是熵产增加，而不是减小。下面的章节中还将进一步结合炽分析讨论熵产分析存在的问题。

4.2　换热器的温差场均匀性原则

对于单相流体换热过程，在各种参数相同的情况下，逆流换热器效能>叉流换热器效能>顺流换热器效能。传热学教科书给出的解释是逆流换热器的对数平均温差(式(4.2))比顺流换热器的对数平均温差大。过增元[17]通过观察逆流换热器与顺流换热器冷热流体温度的沿程分布，指出逆流换热器中冷热流体的温度差的沿程变化明显小于顺流换热器。因此，过增元提出，将换热器冷热流体的局域温度差作为衡量换热器性能的一个参数，并且设想改善冷热流体温度差的均匀性能够提高换热器的效能，称为换热器的温差场均匀性原则，其表述为：在给定换热器的传热单元数和热容量流比的情况下，换热器的冷热流体的温差场分布越均匀，则换热器的效能越高。为衡量换热器冷热流体温差场的均匀性，经过反复的研究，定义了换热器温差场均匀性因子[18, 19]：

$$f_{\Delta T}=\frac{\int_A\left|T_{\mathrm{h}}-T_{\mathrm{c}}\right|\mathrm{d}A}{\sqrt{A\int_A\left(T_{\mathrm{h}}-T_{\mathrm{c}}\right)^2\mathrm{d}A}} \tag{4.14}$$

式中，A 为换热器冷热流体之间的传热面积。$f_{\Delta T}$ 是一个小于 1 的无量纲数，冷热流体温度差分布越均匀，其值越接近于 1。计算表明：

$$f_{\Delta T逆流} > f_{\Delta T叉流} > f_{\Delta T顺流}$$

温差场均匀性原则是提高换热器效能的一个新的途径。传统的改进换热器换热效能一般采用提高换热系数、增加换热面积等方法。根据温差场均匀性原则，可以通过改变传热单元数分布、流体的温度分布等提高换热效能。

Guo 等[18]基于温差场均匀性因子的定义，针对顺流、逆流和叉流换热器，推导得到了温差场均匀性因子和换热器效能之间的关系。

顺流换热器：

$$f_{\Delta T} = \sqrt{2\{1-\exp[-2(1+C_r)\mathrm{NTU}]/[(1+C_r)\mathrm{NTU}]\}} \tag{4.15}$$

逆流换热器：

$$f_{\Delta T} = \frac{\sqrt{2}\{\exp[(1-C_r)\mathrm{NTU}]-1\}}{\sqrt{(1-C_r)\mathrm{NTU}\{\exp[2(1-C_r)\mathrm{NTU}]-1\}}} \tag{4.16}$$

对于叉流换热器，当高热容量流为混合流而小热容量流为非混合流时：

$$f_{\Delta T} = 2\frac{\sqrt{1-\exp\{-[1-\exp(-\mathrm{NTU})]C_r\}}}{\sqrt{C_r\mathrm{NTU}[1+\exp(-\mathrm{NTU})]\{1+\exp[1-\exp(-\mathrm{NTU})C_r]\}}} \tag{4.17}$$

对于叉流换热器，当高热容量流为非混合流而小热容量流为混合流时：

$$\begin{aligned} f_{\Delta T} = 2\Big(1-\exp\big\{-[1-\exp(-C_r\mathrm{NTU})]/C_r\big\}\Big)\Big/\Big[\mathrm{NTU}\big[1+\exp(-C_r\mathrm{NTU})\big] \\ \times\Big(1-\exp\big\{-2[1-\exp(-C_r\mathrm{NTU})]/C_r\big\}\Big)\Big]^{1/2} \end{aligned} \tag{4.18}$$

由式(4.15)～式(4.18)可以看出 $f_{\Delta T}$ 只是 NTU 和 C_r 的函数。同样，换热器的效能也只是 NTU 和 C_r 的函数，因此必然可以导出温差场均匀性因子与换热器效能之间的关联。从换热器的效能及温差场均匀性因子的定义可以导出：

$$\varepsilon = \left[\left(\frac{KA}{\dot{C}_{\min}}\right)^{-1} f_{\Delta T}{}^{-2} + \frac{1}{2}(1+C_r)\right]^{-1} = \left[\mathrm{NTU}^{-1} f_{\Delta T}{}^{-2} + \frac{1}{2}(1+C_r)\right]^{-1} \tag{4.19}$$

式(4.19)表明换热器的效能只是 NTU 和 C_r 的函数；并且当 NTU 给定时，随着温差场均匀性因子趋向于 1(冷热流体的温度差分布完全均匀)，换热器的效能提高。

Guo 等[19]对常见的换热器的温差场均匀性因子与换热器的效能之间的关系进行了计算，得到了图 4.2。计算结果表明，温差场均匀性因子越高，换热器的效能越高。

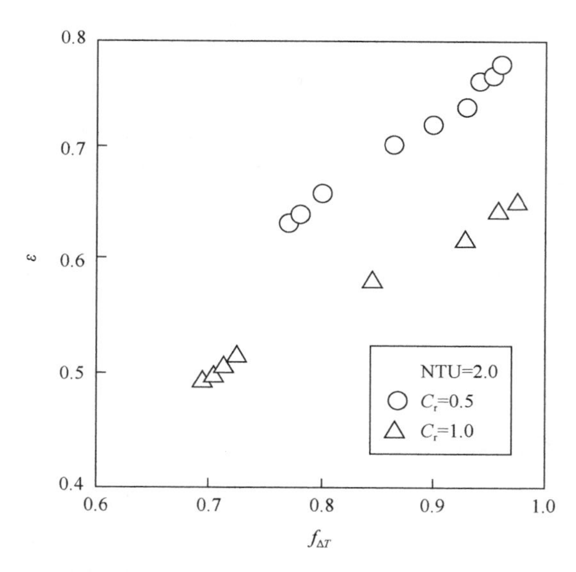

图 4.2　给定 NTU 和冷热流体热容量比时多种换热器的效能与温差场均匀性因子之间的关系[19]

为了提高换热器的效能，通常采取增加换热面积、提高流速、增加扰动等措施。那么是否可以在不增加换热面积和流动速度情况下，通过改变换热器冷热流体温差分布的均匀性来改善换热器的效能呢？Guo 等[18]针对叉流换热器进行了研究。他们在保证换热器总面积不变的条件下，通过改变换热器面积分布来改变换热器中冷热流体的温差场分布，其计算结果如图 4.3 所示。从图 4.3 中可以看到，当 NTU 和 C_r 给定时，随着温差场均匀性因子的提高，换热器的效能提高了；并且在当冷热流体的热容量流比值 C_r=1 时，叉流换热器的效能可以与平衡流逆流换热器相同($f_{\Delta T}=1$)。他们的实验也证实了温差场均匀性原则的正确性。

虽然在数值模拟和实验方面都验证了温差场均匀性原则的正确性，但是一直未能从理论上对换热器温差场均匀性原则给予证明。后面将通过炽耗散的理论证明换热器温差场均匀性原则。

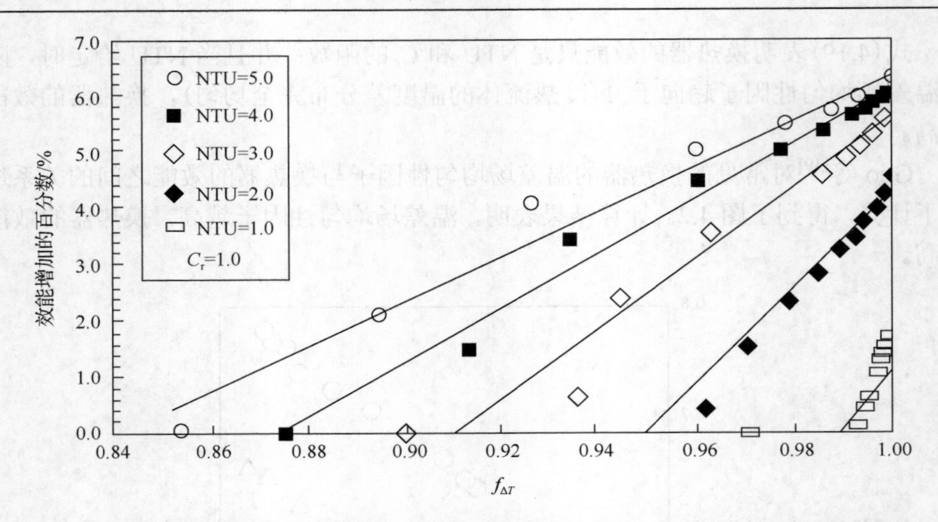

图 4.3　改变叉流换热器面积分布调节冷热流体温差场分布对效能的影响[18]

4.3　两股流换热器的烟耗散热阻分析

4.3.1　两股流换热器的烟耗散与熵产分析

考虑如图 4.4 所示的任意布置的两股流换热器，第 i(i=1 或 2)个入口的流体温度为 $T_{i,\mathrm{in}}$，出口流体温度为 $T_{i,\mathrm{out}}$，流体质量流率为 $\dot{m}_i$、比热容为 c_i。两股流体进入换热器后，以某种布局方式传递热量，然后流出换热器。对于该换热器，可将其中的传热分为换热器固体框架内的热传导和流体与固体之间的对流传热两部分，从烟的角度分别予以分析。

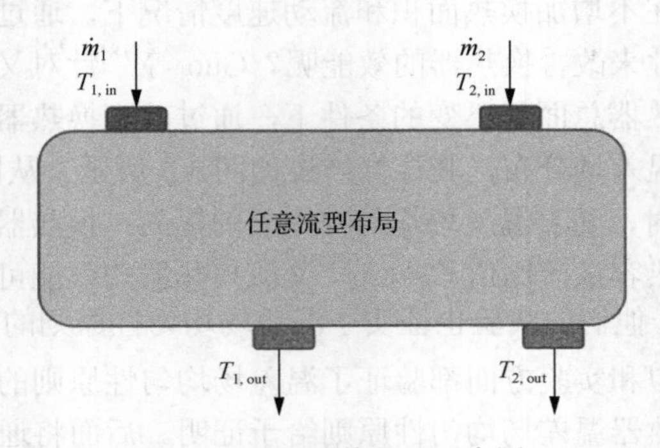

图 4.4　两股流换热器示意图

对于换热器固体结构热传导部分，结合傅里叶定律和烟平衡方程，可以得到换热器固体结构中导热引起的烟耗散率为[20, 21]

$$\dot{\Phi}_{\text{g-1}} = \iiint_{V_1} k(\nabla T)^2 \, \mathrm{d}V_1 = -\oiint_{A_1} (\dot{\boldsymbol{q}} T) \cdot \boldsymbol{n}_1 \mathrm{d}A_1 \tag{4.20}$$

式中，V_1 为热传导区域的体积；A_1 为该区域表面积；$\dot{\boldsymbol{q}}$ 为热流密度矢量；$\boldsymbol{n}_1$ 为表面法向矢量。考虑传热区域的表面积主要由两部分构成，即固体框架与流体接触的表面，以及固体框架与环境接触的表面。这里假定换热器与环境之间绝热，这样在固体框架与环境接触的表面上热流为 0，因此式(4.20)变为

$$\dot{\Phi}_{\text{g-1}} = -\iint_{A_{\text{fs}}} (\dot{\boldsymbol{q}} T) \cdot \boldsymbol{n}_1 \mathrm{d}A_{\text{fs}} \tag{4.21}$$

式中，A_{fs} 为固体与流体接触的表面。

对于流体部分，结合第 3 章的对流换热的燃平衡方程，假定流体为不可压缩流体，则可计算这部分的燃耗散率为[20, 22]

$$\begin{aligned} \dot{\Phi}_{\text{g-2}} &= \iiint_{V_2} k(\nabla T)^2 \, \mathrm{d}V_2 \\ &= -\oiint_{A_2} \left(\frac{1}{2} \rho c_p T^2 \right) \boldsymbol{U} \cdot \boldsymbol{n} \mathrm{d}A_2 - \oiint_{A_2} (\dot{\boldsymbol{q}} T) \cdot \boldsymbol{n}_2 \mathrm{d}A_2 + \iiint_{V_2} \left(\dot{\phi}_\mu T \right) \mathrm{d}V_2 \end{aligned} \tag{4.22}$$

式中，ρ 为流体密度；c_p 为流体比热容，$\boldsymbol{U}$ 为流体速度矢量；A_2 为对流传热区域的表面积；$\boldsymbol{n}_2$ 为该表面法线矢量；V_2 为对流传热区域体积；$\dot{\phi}_\mu$ 为流体单位体积的黏性耗散率。当黏性耗散率与传热量相比很小时，可以忽略其影响。如果进一步忽略流体在换热器出口和入口处的热传导，并考虑流体在出口和入口之外的其余表面的速度为 0，式(4.22)可以展开为

$$\begin{aligned} \dot{\Phi}_{\text{g-2}} &= \sum_{i=1}^{2} \left(\frac{1}{2} \rho_i c_{p,i} u_{\text{in}} A_{i,\text{in}} T_{i,\text{in}}^2 - \frac{1}{2} \rho_i c_{p,i} u_{\text{out}} A_{i,\text{out}} T_{i,\text{out}}^2 \right) - \iint_{A_{\text{fs}}} (\dot{\boldsymbol{q}} T) \cdot \boldsymbol{n}_2 \mathrm{d}A_{\text{fs}} \\ &= \sum_{i=1}^{2} \frac{1}{2} c_{p,i} \dot{m}_i \left(T_{i,\text{in}}^2 - T_{i,\text{out}}^2 \right) - \iint_{A_{\text{fs}}} (\dot{\boldsymbol{q}} T) \cdot \boldsymbol{n}_2 \mathrm{d}A_{\text{fs}} \end{aligned} \tag{4.23}$$

式中，下标 in、out 分别为进、出口参数；u 为进出口流体的速度。式(4.23)右边第一项是由流体流动带入和带出换热器的燃流的差值，第二项是在固体和流体交界面热交换引起的燃流。结合式(4.21)和式(4.23)，可得换热器总燃耗散率为

$$\begin{aligned} \dot{\Phi}_{\text{g}} &= \dot{\Phi}_{\text{g-1}} + \dot{\Phi}_{\text{g-2}} \\ &= \sum_{i=1}^{2} \frac{1}{2} c_{p,i} \dot{m}_i \left(T_{i,\text{in}}^2 - T_{i,\text{out}}^2 \right) - \iint_{A_{\text{fs}}} (\dot{\boldsymbol{q}} T) \cdot (\boldsymbol{n}_1 + \boldsymbol{n}_2) \mathrm{d}A_{\text{fs}} \end{aligned} \tag{4.24}$$

显然，在固体和流体的接触面上，法向向量 $\boldsymbol{n}_1$ 和 $\boldsymbol{n}_2$ 之和为 0，因此有

$$\dot{\Phi}_{\mathrm{g}}=\sum_{i=1}^{2}\frac{1}{2}c_{p,i}\dot{m}_i\left(T_{i,\mathrm{in}}^2-T_{i,\mathrm{out}}^2\right)=\sum_{i=1}^{2}\frac{1}{2}\dot{C}_i\left(T_{i,\mathrm{in}}^2-T_{i,\mathrm{out}}^2\right) \tag{4.25}$$

式中，$\dot{C}_i$ 为各股流体的热容量流。对于两股流体而言，其中一股流体释放热量，另外一股流体则吸收热量。换热器的热流：

$$\dot{Q}=\dot{Q}_1=\dot{Q}_2 \tag{4.26}$$

式中，$\dot{Q}_1$ 和 $\dot{Q}_2$ 分别为热流体的放热热流和冷流体的吸热热流。结合热传导和热对流中焩耗散热阻的定义[20-22]，可得换热器的焩耗散热阻[23-26]：

$$R_{\mathrm{g}}=\dot{\Phi}_{\mathrm{g}}\Big/\dot{Q}^2=\sum_{i=1}^{2}\left(\frac{1}{2}\dot{C}_iT_{i,\mathrm{in}}^2-\frac{1}{2}\dot{C}_iT_{i,\mathrm{out}}^2\right)\Big/\dot{Q}^2 \tag{4.27}$$

如果用熵产的概念分析图 4.4 所示的两股流换热器，根据熵平衡方程，考虑换热器与环境之间绝热，则对于固体结构中热传导的熵产率为

$$\dot{S}_{\text{g-1}}=-\iiint_{V_1}\mathrm{d}\dot{S}_{\text{f-1}}=\iiint_{V_1}\nabla\cdot\left(\frac{\dot{\boldsymbol{q}}}{T}\right)\mathrm{d}V_1=\oiint_{A_1}\frac{\dot{\boldsymbol{q}}}{T}\cdot\boldsymbol{n}_1\mathrm{d}A_1=\oiint_{A_{\mathrm{fs}}}\frac{\dot{\boldsymbol{q}}}{T}\cdot\boldsymbol{n}_1\mathrm{d}A_{\mathrm{fs}} \tag{4.28}$$

对于对流换热区域，忽略流体黏性、流体进出口的导热，可得

$$\dot{S}_{\text{g-2}}=\dot{S}_{\mathrm{f,out}}-\dot{S}_{\mathrm{f,in}}+\oiint_{A_{\mathrm{fs}}}\frac{\dot{\boldsymbol{q}}}{T}\cdot\boldsymbol{n}_2\mathrm{d}A_{\mathrm{fs}} \tag{4.29}$$

式中，$\dot{S}_{\mathrm{f,out}}$ 和 $\dot{S}_{\mathrm{f,in}}$ 分别为流体携带离开和进入系统的熵流。将式(4.28)和式(4.29)求和，并考虑在固体框架与流体交界面处法向矢量 $\boldsymbol{n}_1$ 和 $\boldsymbol{n}_2$ 之和为 0，总的熵产率等于：

$$\dot{S}_{\mathrm{g}}=\dot{S}_{\text{g-1}}+\dot{S}_{\text{g-2}}=\dot{S}_{\mathrm{f,out}}-\dot{S}_{\mathrm{f,in}}=\sum_{i=1}^{2}\Delta\dot{S}_{\mathrm{f},i} \tag{4.30}$$

式中，$\Delta\dot{S}_{\text{f-}i}$ 为第 i 股流体在进出口的熵流的差值：

$$\Delta\dot{S}_{\mathrm{f},i}=\int_0^{\dot{Q}_i}\frac{\mathrm{d}\dot{Q}}{T}=\int_{T_{i,\mathrm{in}}}^{T_{\mathrm{i,out}}}\frac{c_{p,i}\dot{m}_i\mathrm{d}T}{T}=\dot{C}_i\ln\frac{T_{\mathrm{in,out}}}{T_{i,\mathrm{in}}} \tag{4.31}$$

因此可得

$$\dot{S}_{\mathrm{g}}=\sum_{i=1}^{2}\dot{C}_i\ln\frac{T_{\mathrm{in,out}}}{T_{i,\mathrm{in}}} \tag{4.32}$$

对于换热器，研究人员采用熵产数[11]的概念开展了较多研究工作，也提出了一些用于分析换热器性能的物理量以避免熵产悖论，如改进熵产数等[12]。改进熵产数实际上可理解为单位传热量的熵产率，应用该概念分析换热器时，它随着效能的增大而单调减小[12]，避免了熵产悖论的出现。但是改进熵产数用于一维传热问题时，在给定冷热端的温度时，通过推导可以发现无论传热量大小改进熵产数总是常数[27]。Guo 等[23]、柳雄斌[26]基于煅耗散热阻的概念也对两股流换热器进行了分析。此外，也有学者提出了煅耗散数[28]的概念用来衡量换热器的优良，煅耗散数定义的是换热器实际的煅耗散率与最大可能煅耗散率的比值。相关文献的研究表明，随着热阻和煅耗散数的减小换热器效能单调增加[20, 23, 26]，采用煅耗散热阻和煅耗散数两个概念，同样可以避免产生悖论。那么，这些概念之间究竟有何异同呢？下面，本书针对一些具体的工况，对这些参数一并进行讨论。

根据式(4.25)、式(4.27)和式(4.32)，假定两股流换热器中第 1 股流体的入口温度高于第 2 股流体，则两股流换热器的煅耗散率 $\dot{\Phi}_{\mathrm{g}}$、煅耗散数 N_{ED}、煅耗散热阻 R_{g}、熵产率 $\dot{S}_{\mathrm{g}}$、熵产数 N_{S} 和改进熵产数 N_{RS} 可分别表达为

$$\dot{\Phi}_{\mathrm{g}}=\left(\frac{1}{2}\dot{C}_1T_{1,\mathrm{in}}^2+\frac{1}{2}\dot{C}_2T_{2,\mathrm{in}}^2\right)-\left(\frac{1}{2}\dot{C}_1T_{1,\mathrm{out}}^2+\frac{1}{2}\dot{C}_2T_{2,\mathrm{out}}^2\right) \tag{4.33}$$

$$N_{\mathrm{ED}}=\frac{\dot{\Phi}_{\mathrm{g}}}{\dot{\Phi}_{\mathrm{g\text{-}max}}}=\frac{\left(\frac{1}{2}\dot{C}_1T_{1,\mathrm{in}}^2+\frac{1}{2}\dot{C}_2T_{2,\mathrm{in}}^2\right)-\left(\frac{1}{2}\dot{C}_1T_{1,\mathrm{out}}^2+\frac{1}{2}\dot{C}_2T_{2,\mathrm{out}}^2\right)}{\dot{Q}\left(T_{1,\mathrm{in}}-T_{2,\mathrm{in}}\right)} \tag{4.34}$$

$$R_{\mathrm{g}}=\left[\left(\frac{1}{2}\dot{C}_1T_{1,\mathrm{in}}^2+\frac{1}{2}\dot{C}_2T_{2,\mathrm{in}}^2\right)-\left(\frac{1}{2}\dot{C}_1T_{1,\mathrm{out}}^2+\frac{1}{2}\dot{C}_2T_{2,\mathrm{out}}^2\right)\right]\Big/\dot{Q}^2 \tag{4.35}$$

$$\dot{S}_{\mathrm{g}}=\dot{C}_1\ln\frac{T_{1,\mathrm{out}}}{T_{1,\mathrm{in}}}+\dot{C}_2\ln\frac{T_{2,\mathrm{out}}}{T_{2,\mathrm{in}}} \tag{4.36}$$

$$N_{\mathrm{S}}=\frac{\dot{S}_{\mathrm{g}}}{\dot{C}_{\min}}=\left(\dot{C}_1\ln\frac{T_{1,\mathrm{out}}}{T_{1,\mathrm{in}}}+\dot{C}_2\ln\frac{T_{2,\mathrm{out}}}{T_{2,\mathrm{in}}}\right)\Big/\dot{C}_{\min} \tag{4.37}$$

$$N_{\mathrm{RS}}=T_{2,\mathrm{in}}\dot{S}_{\mathrm{g}}\big/\dot{Q}=T_{2,\mathrm{in}}\left(\dot{C}_1\ln\frac{T_{1,\mathrm{out}}}{T_{1,\mathrm{in}}}+\dot{C}_2\ln\frac{T_{2,\mathrm{out}}}{T_{2,\mathrm{in}}}\right)\Big/\dot{Q} \tag{4.38}$$

式中，换热器的热流为

$$\dot{Q}=\dot{C}_1\left(T_{1,\mathrm{in}}-T_{1,\mathrm{out}}\right)=\dot{C}_2\left(T_{2,\mathrm{out}}-T_{2,\mathrm{in}}\right) \tag{4.39}$$

$\dot{\Phi}_{g\text{-}max}$ 为换热器最大可能的烟耗散率，其表达式为

$$\dot{\Phi}_{g\text{-}max} = \dot{Q}\left(T_{1,in} - T_{2,in}\right) \tag{4.40}$$

对于换热器而言，在进行优化时，其优化目标一般为最大的热流 $\dot{Q}$ 或最大的效能

$$\varepsilon = \frac{\dot{Q}}{\dot{Q}_{max}} = \frac{\dot{C}_1\left(T_{1,in} - T_{1,out}\right)}{\dot{C}_{min}\left(T_{1,in} - T_{2,in}\right)} = \frac{\dot{C}_2\left(T_{2,out} - T_{2,in}\right)}{\dot{C}_{min}\left(T_{1,in} - T_{2,in}\right)} \tag{4.41}$$

下面基于式(4.33)～式(4.41)，讨论烟耗散热阻、熵产数、烟耗散率等参数与两股流换热器效能或换热量之间的关系。

首先讨论两股流体的入口温度和热容量流都给定时的情况。在这种情况下，结合式(4.33)～式(4.41)，推导可得

$$\begin{aligned}\dot{\Phi}_g &= \varepsilon\dot{C}_{min}\left(T_{1,in} - T_{2,in}\right)^2 - \frac{1}{2}\left[\varepsilon\dot{C}_{min}\left(T_{1,in} - T_{2,in}\right)\right]^2\left(1/\dot{C}_1 + 1/\dot{C}_2\right) \\ &= \dot{C}_{min}\left(T_{1,in} - T_{2,in}\right)^2\left[\varepsilon - \frac{1}{2}\varepsilon^2\left(1 + C_r\right)\right]\end{aligned} \tag{4.42}$$

$$N_{ED} = 1 - \frac{1}{2}\varepsilon\left(1 + C_r\right) \tag{4.43}$$

$$R_g = \frac{1}{\varepsilon\dot{C}_{min}} - \frac{1}{2}\left(\frac{1}{\dot{C}_1} + \frac{1}{\dot{C}_2}\right) = \frac{1}{\dot{C}_{min}}\left[\frac{1}{\varepsilon} - \frac{1}{2}\left(1 + C_r\right)\right] \tag{4.44}$$

$$\dot{S}_g = \dot{C}_1 \ln\left[1 - \frac{\dot{C}_{min}\left(T_{1,in} - T_{2,in}\right)}{\dot{C}_1 T_{1,in}}\varepsilon\right] + \dot{C}_2 \ln\left[1 + \frac{\dot{C}_{min}\left(T_{1,in} - T_{2,in}\right)}{\dot{C}_2 T_{2,in}}\varepsilon\right] \tag{4.45}$$

根据式(4.42)～式(4.45)以及熵产数、改进熵产数的表达式，将其对效能求导，即可发现烟耗散率、熵产率及改进熵产数对效能的导数在效能取值[0, 1]之间存在 0 点，而烟耗散热阻、烟耗散数和改进熵产数则不存在零点。这就表明，烟耗散率、熵产率以及改进熵产数在效能取值范围内存在极值，而烟耗散热阻、烟耗散数和改进熵产数则是单调变化的。作为算例，可假定 $\dot{C}_1 = 5\text{W/K}$、$\dot{C}_2 = 8\text{W/K}$、$T_{1,in} = 360\text{K}$、$T_{2,in} = 300\text{K}$，计算得到换热器熵产率、熵产数、改进熵产数、烟耗散率、烟耗散数和烟耗散热阻随效能的变化情况，结果如图 4.5 所示。随着换热器效能的增大，改进熵产数、烟耗散数和烟耗散热阻均单调减小，而熵产率、烟耗散率和熵产数则均先增大后减小。考虑式(4.41)可知，对于该工况，效能和热流

的变化是一致的。这就表明，对于该工况，只有改进熵产数、煅耗散数和煅耗散热阻三个参数可以描述换热器效能和换热量的变化情况。最小改进熵产数、最小煅耗散数和最小煅耗散热阻在此都对应于换热器最佳效能。

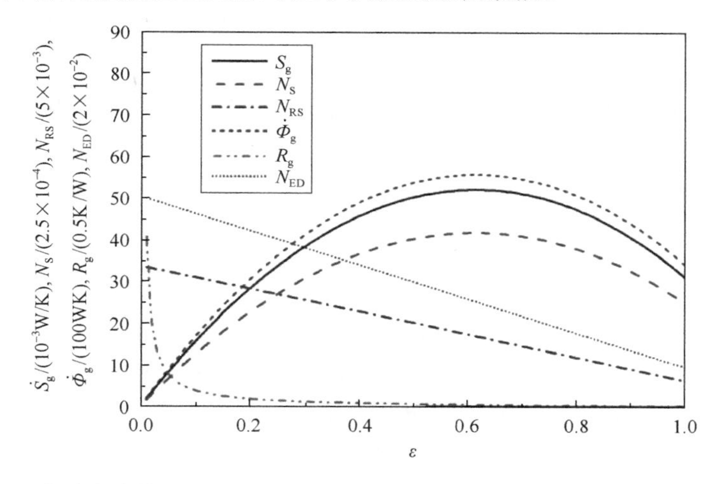

图 4.5　在给定流体入口温度和热容量流时两股流换热器的熵产率、熵产数、改进熵产数、煅耗散率、煅耗散数和煅耗散热阻随效能的变化

对于熵产率、煅耗散率和熵产数，理论分析表明，它们在同一点取得极值点，即

$$\varepsilon = \frac{1}{1 + C_r} \tag{4.46}$$

计算这一点的换热热流有

$$\dot{Q} = \frac{T_{1,in} - T_{2,in}}{1/\dot{C}_1 + 1/\dot{C}_2} \tag{4.47}$$

计算此时两股流体的出口温度可得

$$T_{1,out} = T_{2,out} = \left(\dot{C}_1 T_{1,in} + \dot{C}_2 T_{2,in}\right) \Big/ \left(\dot{C}_1 + \dot{C}_2\right) \tag{4.48}$$

当高温流体的出口温度高于低温流体的出口温度时，总体上冷热流体的温度变化相对较小，由于两股流体的入口温度和热容量流都给定，换热器的最大可能换热热流是固定的，所以换热热流随着效能的增加而增加，熵产率、熵产数和煅耗散率随着换热器的效能增加而增大。由于换热热流增加的速度超过了熵产率和煅耗散率增加的速度，改进熵产数和煅耗散数随着效能的增加而减小。而当高温流体的出口温度低于低温流体的出口温度时，效能和换热热流将随熵产率、熵产数

和燬耗散率的增大而减小。特别地，在顺流换热器中，由热力学第二定律可知，高温流体的出口温度绝不可能低于低温流体的出口温度。因此，对于顺流换热器而言，在给定流体入口温度和热容量流时，熵产率、熵产数和燬耗散率的增大就意味着换热器的效能和换热热流的增大。因此，最大燬耗散原理适用于顺流换热器，但最小熵产原理不适用。

下面讨论第二种工况，即给定两股流体的入口温度，以及换热热流与热容量流的比值，即

$$r_1 = \dot{Q}/\dot{C}_1 = \text{常数} \tag{4.49}$$

$$r_2 = \dot{Q}/\dot{C}_2 = \text{常数} \tag{4.50}$$

式中，r_1、r_2 为比值。结合效能的定义式可见，在这种工况下，换热器的效能为定值，换热量与效能之间不再存在单调变化的函数关系。此时，热流最大应为设计目标。结合式(4.33)～式(4.39)，推导可得

$$\dot{\Phi}_{\mathrm{g}} = \dot{Q}\left[-\frac{1}{2}(r_1 + r_2) + \left(T_{1,\mathrm{in}} - T_{2,\mathrm{in}}\right)\right] \tag{4.51}$$

$$N_{\mathrm{ED}} = \frac{\dot{Q}\left[-\frac{1}{2}(r_1 + r_2) + \left(T_{1,\mathrm{in}} - T_{2,\mathrm{in}}\right)\right]}{\dot{Q}\left(T_{1,\mathrm{in}} - T_{2,\mathrm{in}}\right)} = -\frac{(r_1 + r_2)}{2\left(T_{1,\mathrm{in}} - T_{2,\mathrm{in}}\right)} + 1 \tag{4.52}$$

$$R_{\mathrm{g}} = \left[-\frac{1}{2}(r_1 + r_2) + \left(T_{1,\mathrm{in}} - T_{2,\mathrm{in}}\right)\right]\Big/\dot{Q} \tag{4.53}$$

$$\dot{S}_{\mathrm{g}} = \dot{Q}\left[\frac{1}{r_1}\ln\left(1 - \frac{r_1}{T_{1,\mathrm{in}}}\right) + \frac{1}{r_2}\ln\left(1 + \frac{r_2}{T_{2,\mathrm{in}}}\right)\right] \tag{4.54}$$

$$\begin{aligned} N_{\mathrm{S}} &= \frac{\dot{Q}}{\dot{C}_{\min}}\left[\frac{1}{r_1}\ln\left(1 - \frac{r_1}{T_{1,\mathrm{in}}}\right) + \frac{1}{r_2}\ln\left(1 + \frac{r_2}{T_{2,\mathrm{in}}}\right)\right] \\ &= \begin{cases} r_1\left[\frac{1}{r_1}\ln\left(1 - \frac{r_1}{T_{1,\mathrm{in}}}\right) + \frac{1}{r_2}\ln\left(1 + \frac{r_2}{T_{2,\mathrm{in}}}\right)\right], & \dot{C}_{\min} = \dot{C}_1 \\ r_2\left[\frac{1}{r_1}\ln\left(1 - \frac{r_1}{T_{1,\mathrm{in}}}\right) + \frac{1}{r_2}\ln\left(1 + \frac{r_2}{T_{2,\mathrm{in}}}\right)\right], & \dot{C}_{\min} = \dot{C}_2 \end{cases} \end{aligned} \tag{4.55}$$

$$N_{\mathrm{RS}} = T_{2,\mathrm{in}}\left\{\left[\ln\left(1 - r_1/T_{1,\mathrm{in}}\right)\right]/r_1 + \left[\ln\left(1 + r_2/T_{2,\mathrm{in}}\right)\right]/r_2\right\} \tag{4.56}$$

在这种工况下，换热器的熵产数、改进熵产数和煅耗散数均为定值，而熵产率、煅耗散率均随着热流的增大而单调增大，煅耗散热阻则单调减小。对此，可通过一个算例具体说明。假定 $r_1 = 5\text{K}$、$r_2 = 8\text{K}$、$T_{1,\text{in}} = 320\text{K}$、$T_{2,\text{in}} = 300\text{K}$，计算可得换热器熵产率、熵产数、改进熵产数、煅耗散率、煅耗散数和煅耗散热阻随热流的变化情况，结果如图 4.6 所示。只有熵产率、煅耗散率和煅耗散热阻随换热热流的增加而单调变化，其他参数则为常数。其中，熵产率和煅耗散率单调增加，而煅耗散热阻单调下降。这表明最大煅耗散原理和最小煅耗散热阻原理均适用于此工况，而最小熵产原理不适用。

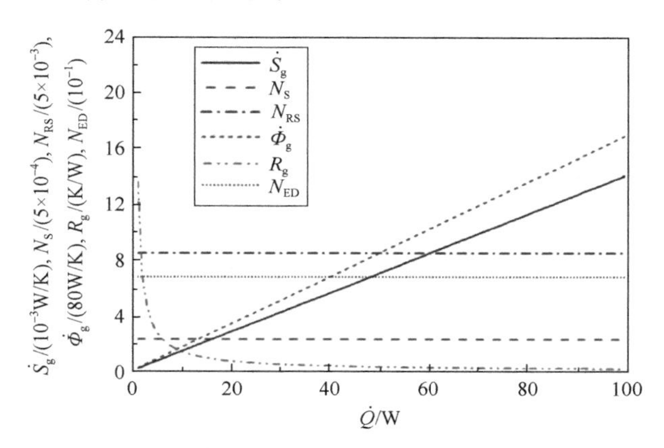

图 4.6　给定流体入口温度及换热热流与热容量流之比时两股流换热器熵产率、熵产数、改进熵产数、煅耗散率、煅耗散数和煅耗散热阻随换热热流的变化情况

最后讨论一个给定换热器热流和流体热容量流的工况。在这种工况下，结合式(4.33)～式(4.39)，推导可得换热器的煅耗散率为

$$\dot{\Phi}_g = \left(\dot{Q}^2 / \dot{C}_{\min}\right)\left[1/\varepsilon - \left(1 + C_r\right)/2\right] \tag{4.57}$$

考虑煅耗散数和煅耗散热阻仍可用式(4.43)和式(4.44)表示。对于熵产率，当 $T_{1,\text{in}}$ 给定时有

$$\dot{S}_g = \dot{C}_1 \ln\left(1 - \frac{\dot{Q}}{\dot{C}_1 T_{1,\text{in}}}\right) + \dot{C}_2 \ln\left\{1 + \frac{\dot{Q}}{\left[T_{1,\text{in}} - \dot{Q}/\left(\varepsilon \dot{C}_{\min}\right)\right]\dot{C}_2}\right\} \tag{4.58}$$

当 $T_{2,\text{in}}$ 给定时，则有

$$\dot{S}_g = \dot{C}_1 \ln\left\{1 - \frac{\dot{Q}}{\dot{C}_1\left[\dot{Q}/\left(\varepsilon \dot{C}_{\min}\right) + T_{2,\text{in}}\right]}\right\} + \dot{C}_2 \ln\left(1 + \frac{\dot{Q}}{T_{2,\text{in}} \dot{C}_2}\right) \tag{4.59}$$

考虑熵产数和改进熵产数的定义可以知道，在给定热容量流和换热热流时，熵产数和改进熵产数与熵产率的变化趋势是一致的，因此只讨论熵产率即可。此外，由于炽耗散数和炽耗散热阻仍可用式(4.43)和式(4.44)表示，它们仍随效能的增大而单调减小，这里不再对这两个参数进行计算。根据式(4.57)～式(4.59)可以发现，换热器炽耗散率和熵产率随效能的增加而单调减小。考虑一个算例，假定 $\dot{C}_1=2\text{W/K}$、$\dot{C}_2=3\text{W/K}$、$\dot{Q}=10\text{W}$、$T_{2,\text{in}}=300\text{K}$，计算可得换热器炽耗散率和熵产率随效能的变化情况，结果如图 4.7 所示。对于该工况，熵产率、熵产数、改进熵产数、炽耗散率、炽耗散数和炽耗散热阻均随效能的增大而单调减小。

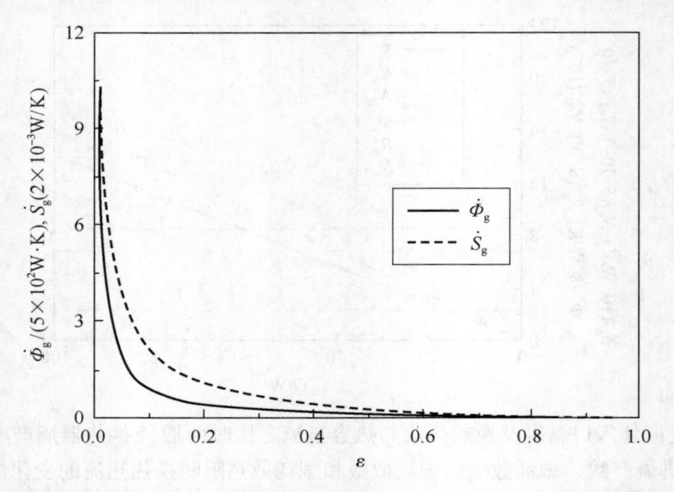

图 4.7　给定换热热流和流体热容量流时两股流换热器熵产率和炽耗散率随效能的变化情况

综合本节讨论的三种工况可见，换热器的最小炽耗散热阻总是对应于换热器最佳性能，具有普适性：在给定效能时，最小炽耗散热阻对应于换热器最大换热热流；在不给定效能时，最小炽耗散热阻则始终对应于最大效能。这就是换热器的最小炽耗散热阻原理。而其他参数只是在一些特定的情况下才能与换热器的性能有单调的关系，因此它们不是换热器优化的普适判据。

4.3.2　换热器的最小炽耗散热阻原理与温差场均匀性原则

对于换热器的炽耗散率，除了式(4.33)的计算方法，还可以根据传热过程进行计算[29]：

$$\dot{\Phi}_g=\iint_A \dot{q}\left|T_1-T_2\right|\mathrm{d}A=\iint_A K\left(T_1-T_2\right)^2\mathrm{d}A \tag{4.60}$$

式中，$\dot{q}$（$\dot{q}>0$）为冷热流体之间传热的热流密度；K 为冷热流体之间的传热系数，假定其为常数。因此，换热器的换热量可计算为

$$\dot{Q}=\iint_A \dot{q}\mathrm{d}A=\iint_A K\left|T_1-T_2\right|\mathrm{d}A \tag{4.61}$$

这样，根据煅耗散热阻的定义，结合式(4.60)、式(4.61)和式(4.14)可得

$$\begin{aligned} f_{\Delta T} &= \frac{\iint_A \left|T_1-T_2\right|\mathrm{d}A}{\sqrt{A\iint_A (T_1-T_2)^2\mathrm{d}A}}=\frac{\iint_A K\left|T_1-T_2\right|\mathrm{d}A}{\sqrt{AK^2\iint_A (T_1-T_2)^2\mathrm{d}A}} \\ &= \frac{\dot{Q}}{\sqrt{KA\dot{\Phi}_{\mathrm{g}}}}=\frac{1}{\sqrt{KAR_{\mathrm{g}}}} \end{aligned} \tag{4.62}$$

在换热器传热单元数和热容量流之比给定时，KA 必然是常数。因此，温差场均匀性因子的增大，即意味着换热器煅耗散热阻的减小，因此其对应于换热器更优的性能。

进一步，根据煅耗散热阻的定义有

$$R_{\mathrm{g}}=\frac{\iint_A K\left(T_1-T_2\right)^2\mathrm{d}A}{\left(\iint_A K\left|T_1-T_2\right|\mathrm{d}A\right)^2} \tag{4.63}$$

将换热器划分为 n 个面积相同的单元，则有

$$\begin{aligned} R_{\mathrm{g}} &= \frac{\iint_A K\left(T_1-T_2\right)^2\mathrm{d}A}{\left(\iint_A K\left|T_1-T_2\right|\mathrm{d}A\right)^2}=\frac{\iint_A \Delta T^2\mathrm{d}A}{K\left(\iint_A \Delta T\mathrm{d}A\right)^2} \\ &= \lim_{n\to+\infty}\frac{\sum_{i=1}^{n}\left(\Delta T_i\right)^2\Delta A}{K\left(\sum_{i=1}^{n}\Delta T_i\Delta A\right)^2}=\lim_{n\to+\infty}\frac{\sum_{i=1}^{n}\left(\Delta T_i\right)^2}{K\Delta A\left(\sum_{i=1}^{n}\Delta T_i\right)^2} \end{aligned} \tag{4.64}$$

式中，ΔT 为某个单元面积 ΔA 处两股流体的温度 T_1 和 T_2 之差的绝对值。

由数学不等式关系

$$n\sum_{i=1}^{n}\left(\Delta T_i\right)^2 \geqslant \left(\sum_{i=1}^{n}\Delta T_i\right)^2 \tag{4.65}$$

可得

$$\frac{\sum_{i=1}^{n}\left(\Delta T_i\right)^2}{\left(\sum_{i=1}^{n}\Delta T_i\right)^2} \geqslant \frac{1}{n} \tag{4.66}$$

式中，等号当且仅当式(4.67)成立时才成立：

$$\Delta T_i = \Delta T_j\left(i \neq j\right) \tag{4.67}$$

显然，式(4.67)成立时，整个换热器冷热流体的温差场完全均匀，式(4.62)的温差场均匀性因子等于 1。将式(4.66)代入式(4.64)可得

$$R_{\mathrm{g}} = \lim_{n\to+\infty}\frac{\sum_{i=1}^{n}\left(\Delta T_i\right)^2}{K\Delta A\left(\sum_{i=1}^{n}\Delta T_i\right)^2} \geqslant \lim_{n\to+\infty}\frac{1}{nK\Delta A} = \frac{1}{KA} \tag{4.68}$$

可见，当温差场完全均匀时，换热器炽耗散热阻取得最小值 $1/(KA)$。

考虑换热器效能的定义式(4.41)，结合式(4.44)和式(4.62)，可得温差场均匀性因子与换热器效能之间的关系为

$$\varepsilon = \left[\left(\frac{KA}{\dot{C}_{\min}}\right)^{-1} f_{\Delta T}{}^{-2} + \frac{1}{2}\left(1+C_{\mathrm{r}}\right)\right]^{-1} = \left[\mathrm{NTU}^{-1} f_{\Delta T}{}^{-2} + \frac{1}{2}\left(1+C_{\mathrm{r}}\right)\right]^{-1} \tag{4.69}$$

在给定 NTU 和 C_{r} 时，温差场均匀性因子越大，意味着换热器效能越高。换热器效能与温差场均匀性因子之间的关系直接证明了换热器的温差场均匀性原则。为更直观地说明温差场均匀性因子和换热器效能之间的关系，这里取不同 NTU 和 C_{r} 值进行了计算，计算结果如图 4.8 所示，计算结果与理论分析的结论完全一致。

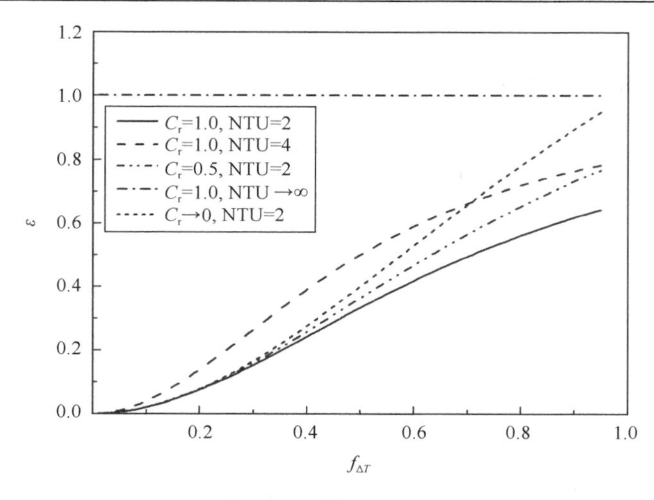

图 4.8 两股流换热器温差场均匀性因子和效能之间的关系

4.3.3 不同换热器的煅耗散热阻表达式

不同换热器的结构形式不同、流体流动的布局安排不同，因此其煅耗散热阻的表达式也会有所不同。Guo 等[23]和柳雄斌[26]给出了两股流换热器煅耗散热阻的通用表达式：

$$R_{\mathrm{g}} = \frac{1}{KA}\frac{\Delta T_{\mathrm{LM}}}{\Delta T_{\mathrm{M}}}\frac{\Delta T_{\mathrm{AM}}}{\Delta T_{\mathrm{LM}}} \tag{4.70}$$

式中，$1/(KA)$ 为换热器中流体的对流换热的热阻；$\Delta T_{\mathrm{LM}} / \Delta T_{\mathrm{M}} = 1/F$ 为换热器非逆流布置带来的热阻；$\Delta T_{\mathrm{AM}} / \Delta T_{\mathrm{LM}}$ 为热容量流非平衡引起的热阻。式(4.70)非常明确地给出了换热器煅耗散热阻的构成机理。从式(4.70)可以导出某些换热器无量纲煅耗散热阻与 NTU 的关联式(如表 4.2 所示)，其中无量纲煅耗散热阻与煅耗散热阻的关系为

$$R^{*} = \dot{C}_{\min} R_{\mathrm{g}} \tag{4.71}$$

表 4.2 典型换热器无量纲煅耗散热阻与 NTU 的关联式

顺流	逆流	TEMA E 管壳式
$R^{*} = \frac{1+C_{\mathrm{r}}}{2}\frac{1+\mathrm{e}^{\mathrm{NTU}(1+C_{\mathrm{r}})}}{1-\mathrm{e}^{\mathrm{NTU}(1+C_{\mathrm{r}})}}$	$R^{*} = \frac{1-C_{\mathrm{r}}}{2}\frac{1+\mathrm{e}^{\mathrm{NTU}(1+C_{\mathrm{r}})}}{1-\mathrm{e}^{\mathrm{NTU}(1+C_{\mathrm{r}})}}$	$R^{*} = \frac{\sqrt{1+C_{\mathrm{r}}^{2}}}{2}\frac{1+\mathrm{e}^{\mathrm{NTU}(1+C_{\mathrm{r}})}}{1-\mathrm{e}^{\mathrm{NTU}(1+C_{\mathrm{r}})}}$

Chen[25]根据换热器的类型和流程，进一步推导得到了部分换热器形式的煅耗散热阻更简洁的表达式，对于这些换热器，可以直接使用这些表达式计算出换热

器的热阻。

顺流换热器的炽耗散热阻：

$$R_{g,p} = \frac{\xi_p}{2} \frac{\exp\left(KA\xi_p\right)+1}{\exp\left(KA\xi_p\right)-1} \tag{4.72}$$

式中

$$\xi_p = \left(\frac{1}{\dot{m}_h c_{p,h}} + \frac{1}{\dot{m}_c c_{p,c}}\right) \tag{4.73}$$

逆流换热器的炽耗散热阻：

$$R_{g,c} = \frac{\xi_c}{2} \frac{\exp\left(KA\xi_c\right)+1}{\exp\left(KA\xi_c\right)-1} \tag{4.74}$$

式中

$$\xi_c = \left(\frac{1}{\dot{m}_h c_{p,h}} - \frac{1}{\dot{m}_c c_{p,c}}\right) \tag{4.75}$$

当两股流换热器的其中一股流体为相变流体时，换热器的炽耗散热阻：

$$R_{g,ph} = \frac{(e^{KA/\dot{m}_c c_{p,c}}+1)}{2\dot{m}_c c_{p,c}(e^{KA/\dot{m}_c c_{p,c}}-1)} \tag{4.76}$$

对于 TEMA E 型单壳程、偶数管程的管壳式换热器，其炽耗散热阻为

$$R_{g,s} = \frac{\xi_s}{2} \frac{\exp\left(KA\xi_s\right)+1}{\exp\left(KA\xi_s\right)-1} \tag{4.77}$$

式中

$$\xi_s = \sqrt{\frac{1}{\left(\dot{m}_c c_{p,c}\right)^2} + \frac{1}{\left(\dot{m}_h c_{p,h}\right)^2}} \tag{4.78}$$

如果热侧流体处于凝结相变，此时 TEMA E 型单壳程、偶数管程的管壳式换热器的炽耗散热阻可以简化为

$$R_{\mathrm{g,s}}=\frac{(\mathrm{e}^{KA/\dot{m}_{\mathrm{c}}c_{p,\mathrm{c}}}+1)}{2\dot{m}_{\mathrm{c}}c_{p,\mathrm{c}}(\mathrm{e}^{KA/\dot{m}_{\mathrm{c}}c_{p,\mathrm{c}}}-1)} \tag{4.79}$$

可以发现上述炽耗散热阻的表达式是统一的，区别就在于公式中的参数 ξ，对于不同的换热器流程安排，参数 ξ 不一样。

4.4　三股流换热器的炽分析

类似于两股流换热器的推导，可以得到多股流换热的炽耗散率：

$$\dot{\Phi}_{\mathrm{g}}=\sum_{i=1}^{n}\frac{1}{2}c_{p,i}\dot{m}_i\left(T_{i,\mathrm{in}}^2-T_{i,\mathrm{out}}^2\right) \tag{4.80}$$

式中，下标 i 为各股流体的编号。

对于换热器内的各股流体，在流经换热器之后，有一部分吸收了热量(假定有 m 股流体)，另一部分对外释放了热量($n-m$ 股)。这样，可以定义换热器的热流为

$$\dot{Q}=\sum_{i=1}^{m}\dot{Q}_{i,\mathrm{in}}=-\sum_{j=1}^{n-m}\dot{Q}_{j,\mathrm{out}} \tag{4.81}$$

式中，$\dot{Q}_{i,\mathrm{in}}$ 为第 i 股吸热的流体所吸收的热流；$\dot{Q}_{j,\mathrm{out}}$ 为第 j 股放热的流体所放出的热流(取负值)。这样，基于式(4.80)和式(4.81)，可以定义多股流换热器的炽耗散热阻：

$$R_{\mathrm{g}}=\dot{\Phi}_{\mathrm{g}}\Big/\dot{Q}^2=\sum_{i=1}^{n}\frac{1}{2}c_{p,i}\dot{m}_i\left(T_{i,\mathrm{in}}^2-T_{i,\mathrm{out}}^2\right)\Big/\dot{Q}^2 \tag{4.82}$$

类似地，可以得到多股流换热器传热引起的熵产率：

$$\dot{S}_{\mathrm{g}}=\sum_{i=1}^{n}c_{p,i}\dot{m}_i\ln\frac{T_{i,\mathrm{out}}}{T_{i,\mathrm{in}}} \tag{4.83}$$

4.4.1　布局对换热热流、传热温差、炽耗散、炽耗散热阻和熵产的影响

对于多股流换热器，由于其中各股流体的布局方式随着流体数量的增大而急剧增大，在此仅讨论三股流的情况。对于三股流换热器，如果只考虑顺流和逆流两种布局，则三股流体一共有 12 种布局方式，如图 4.9 所示(假定第一种布局方式中流体温度从上到下依次下降)。

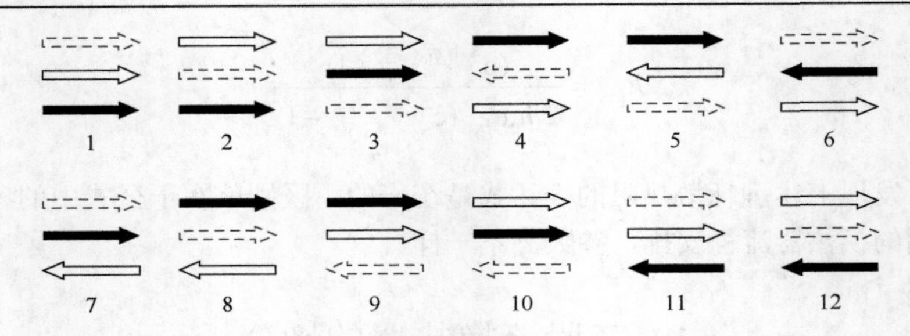

图 4.9　三股流换热器的流体流向布局方式

对于流体的任意一种布局方式，有控制方程

$$\frac{\mathrm{d}T_1}{\mathrm{d}A}=\frac{p_1K}{C_1}\left(T_2-T_1\right) \tag{4.84}$$

$$\frac{\mathrm{d}T_2}{\mathrm{d}A}=\frac{p_2K}{C_2}\left[\left(T_1-T_2\right)+\left(T_3-T_2\right)\right] \tag{4.85}$$

$$\frac{\mathrm{d}T_3}{\mathrm{d}A}=\frac{p_3K}{C_3}\left(T_2-T_3\right) \tag{4.86}$$

式中，T_1 为最上面一股流体的温度；T_2 为中间流体温度；T_3 为最下面的流体的温度；K 为流体之间的传热系数(假定为常数)；p_1、p_2 和 p_3 为流体流向，如果流体流向为从左到右，则对应 $p_i(i=1, 2, 3)$ 的取值为 1，否则为−1。

在三股流换热器的实际应用中，存在着给定流体入口温度、对流体排列方式进行优化布局以求热流最大的问题。在这样的情况下，如果已知流体比热容、质量流量、换热器内流体间的传热系数以及流体排列方式，基于式(4.84)～式(4.86)即可求解得到换热器内各股流体的出口温度。这样，根据式(4.80)～式(4.83)即可计算换热器的烟耗散率、换热热流、烟耗散热阻以及熵产率[24]。

假定三股流体的温度分别为 330K、320K、300K，热容量流 $\dot{C}_1=2000\mathrm{W/K}$，$\dot{C}_2=3000\mathrm{W/K}$，$\dot{C}_3=1500\mathrm{W/K}$，$K=1000\mathrm{W/(m^2K)}$，假定换热器长度为 1m。计算图 4.9 所示的各种排列方式，可得结果如表 4.3 所示。对于图 4.9 所示的 12 种排列方式，换热热流最大的为第 6 种布置。对应这种排列方式，换热器的烟耗散热阻与等效传热温差都取得最小值，烟耗散率取得一个中间值(烟耗散率在第 10 种排列方式时取得最大值)，熵产率则取得最大值。改变三股流的进口温度、热容量流和换热器长度等参数进行的计算均发现存在这样的规律。

表 4.3　给定流体入口温度时不同排列方式下三股流换热器的换热热流、等效传热温差、煅耗散率、煅耗散热阻和熵产率

布局编号	$\dot{Q}$ /(W/m)	ΔT/K	$\dot{\Phi}_g$ /(W·K/m)	R_g/(m·K/W)	$\dot{S}_g$ /(W/(m·K))
1	1.377×10^4	20.1	2.764×10^5	1.458×10^{-3}	2.791
2	1.991×10^4	17.2	3.418×10^5	8.621×10^{-4}	3.436
3	2.343×10^4	15.7	3.689×10^5	6.721×10^{-4}	3.709
4	2.190×10^4	16.2	3.548×10^5	7.402×10^{-3}	3.459
5	1.403×10^4	19.7	2.760×10^5	1.402×10^{-3}	2.806
6	2.554×10^4	14.2	3.620×10^5	5.552×10^{-4}	3.928
7	2.410×10^4	15.0	3.614×10^5	6.224×10^{-4}	3.800
8	2.030×10^4	17.1	3.468×10^5	8.415×10^{-4}	3.372
9	1.364×10^4	20.5	2.793×10^5	1.502×10^{-3}	2.744
10	2.480×10^4	15.0	3.710×10^5	6.033×10^{-4}	3.834
11	1.417×10^4	19.3	2.731×10^5	1.360×10^{-3}	2.855
12	2.144×10^4	16.3	3.496×10^5	7.604×10^{-4}	3.531

在三股流换热器中，还存在一类给定某股流体加热热流或者冷却热流的问题。例如，有两股热流体对一股冷流体加热或者一股热流体对两股冷流体加热，要求冷流体或热流体出口温度达到某个温度值即可。这样的问题就相当于给定某股流体热流的问题。对于这样的问题，选择某种排列方式，使得换热器中冷热流体的传热温差达到最小即为换热器的设计目标。

本书假定第一种排列中，中间流体的温度为 320 K，下面的冷流体入口温度为 300K，$\dot{C}_1$=2000W/K，$\dot{C}_2$=3000W/K，$\dot{C}_3$=1500W/K，K=1000W/(m^2·K)，假定换热器长度为 1m，给定冷流体的加热热流为 1.6×10^4W/m。这样，对于任意一种排列方式，可调整另一股热流体的入口温度，使冷流体的加热量达到额定值，进而可计算得到换热器的煅耗散率、煅耗热阻和熵产率等量，结果如表 4.4 所示。为使得入口温度为 300K 的冷流体加热热流达到预定值 1.6×10^4W/m，部分换热器布局方式的实际热流大于预定值。这是由于在这些布局方式下，入口温度为 320K 的热流体没有起到加热冷流体的作用，反而吸收了部分来自另一股热流体的热量。以第 9 种排列方式为例，可得流体沿换热器长度方向的温度分布如图 4.10 所示，其中流向向左为横轴正方向，T_c 为冷流体温度、T_{h1} 为入口温度为 358.1K 的热流体温度、T_{h2} 为入口温度为 320K 的热流体温度。可见，入口温度为 320K 的热流体温度升高了，这就表明该流体不但没有起到加热冷流体的作用，反而吸收了另一股热流体的热量。因此，这些布置方式都是不经济的。反映在煅耗散热阻上，在表 4.4 中可见，这些布置方式的煅耗散热阻都比较大。

表 4.4　给定冷流体加热热流时不同排列方式下第三股热流体入口温度以及换热器等效传热温度差、热流、烟耗散率、烟耗散热阻和熵产率

布局编号	T_i/K	ΔT/K	$\dot{Q}$/(W/m)	$\dot{\Phi}_g$/(W·K/m)	R_g/(m·K/W)	$\dot{S}_g$/(W/(m·K))
1	353.9	36.3	2.521×10^4	9.163×10^5	1.442×10^{-3}	8.517
2	328.0	16.7	1.783×10^4	2.973×10^5	9.351×10^{-4}	3.009
3	313.6	11.0	1.600×10^4	1.763×10^5	6.861×10^{-4}	1.826
4	326.1	15.4	1.748×10^4	2.688×10^5	8.797×10^{-4}	2.657
5	357.6	38.0	2.805×10^4	1.065×10^6	1.354×10^{-3}	9.839
6	310.9	10.0	1.600×10^4	1.605×10^5	6.251×10^{-4}	1.861
7	312.1	10.6	1.600×10^4	1.698×10^5	6.636×10^{-4}	1.846
8	328.1	16.6	1.826×10^4	3.038×10^5	9.109×10^{-3}	2.967
9	358.1	38.3	2.881×10^4	1.104×10^6	1.330×10^{-3}	9.996
10	312.3	10.4	1.600×10^4	1.658×10^5	6.453×10^{-4}	1.824
11	352.3	35.5	2.373×10^4	8.419×10^5	1.495×10^{-3}	8.032
12	326.0	15.4	1.706×10^4	2.628×10^5	9.035×10^{-4}	2.704

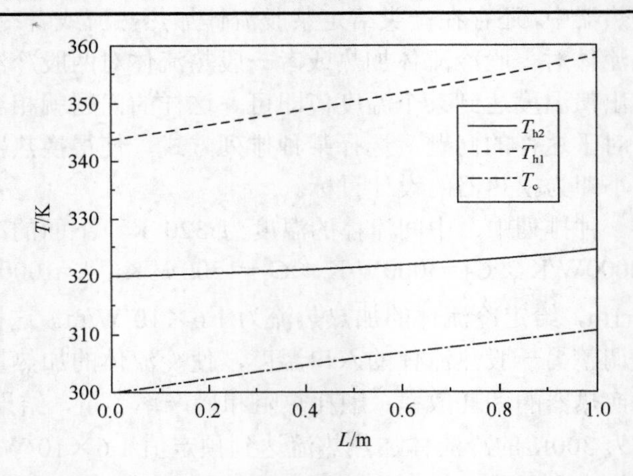

图 4.10　给定冷流体热流时第 9 种排列方式对应的流体温度分布

此时，第 6 种排列方式对应的换热器烟耗散热阻是最小的(满足给定的换热热流)，该最小烟耗散热阻与其最小的换热等效温差以及第三股热流体的最低入口温度是相对应的。这就表明在该种排列方式下换热器内的传热过程达到了最优。如果考察系统的烟耗散率和熵产率，可以发现，在本算例中，烟耗散率也在第 6 种排列方式下达到了最小值，但熵产率却是一个中间值。

综合上述给定热流和给定流体入口温度两种工况，可以发现，对于三股流换热器而言，烟耗散极值与最小熵产均不能总与换热器最优的性能相对应，而换热器的烟耗散热阻则总与最优性能对应。

4.4.2　三股流换热器的场协同分析

下面通过煅耗散方法分析三股流换热器在最优换热情况下的温度场协同情况。

1) 以中间流体为目标流体的情况

图 4.11 所示为以中间流体为加热或者冷却目标流体时的三股流换热器流动工况示意图。首先考察中间流体的总的换热热流一定时，三股流体温度场的分布。

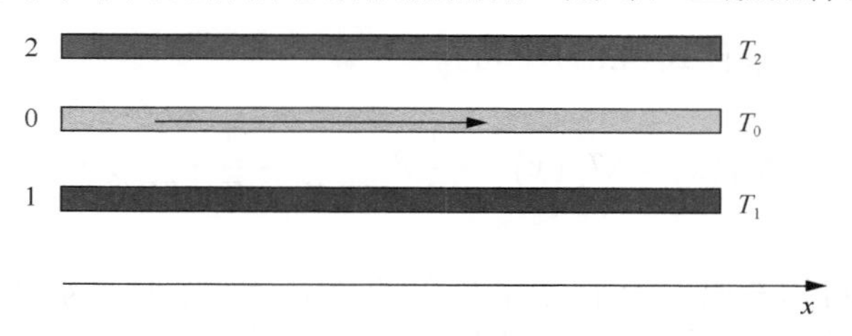

图 4.11　以中间流体为目标流体时的三股流换热器流动工况示意图

当中间流体 0 的总换热热流给定时，从换热器最小煅耗散热阻原理可以知道此时系统的煅耗散率应当最小。假设中间流体在流动过程中与环境之间没有热量交换，没有内热源，它仅与流体 1 和流体 2 进行换热。在中间流体 0 的入口温度给定的情况下，优化的目标就成为寻找最优的流体 1 和流体 2 的温度分布及流动方向布置，使得在中间流体 0 的总吸热热流 $\dot{Q}$ 一定的情况下：

$$\dot{Q}=\int_0^L W\left[K_1\Delta T_1(x)+K_2\Delta T_2(x)\right]\mathrm{d}x=\text{常数} \tag{4.87}$$

换热器中总的煅耗散率最小：

$$\dot{\Phi}_{\mathrm{g}}=W\int_0^L\left\{K_1\left[\Delta T_1(x)\right]^2+K_2\left[\Delta T_2(x)\right]^2\right\}\mathrm{d}x \tag{4.88}$$

式中，K_1、K_2 分别为流体 0 和流体 1 之间的传热系数与流体 0 和流体 2 之间的传热系数，均为常数；L 为换热器的总长度；W 为换热器的宽度；$\Delta T_1(x)=T_1(x)-T_0(x)$；$\Delta T_2(x)=T_2(x)-T_0(x)$。

根据变分原理，上面的优化目标相当于在约束条件式(4.87)下求式(4.88)的极小值。作辅助泛函，构造约束条件下的拉格朗日函数[30]：

$$\Pi=W\int_0^L\left\{K_1\left[\Delta T_1(x)\right]^2+K_2\left[\Delta T_2(x)\right]^2+\lambda\left[K_1\Delta T_1(x)+K_2\Delta T_2(x)\right]\right\}\mathrm{d}x \tag{4.89}$$

分别对 $\Delta T_1(x)$ 和 $\Delta T_2(x)$ 求变分可以获得相应的欧拉方程：

$$\begin{cases} 2K_1\Delta T_1(x)+\hat{\lambda}K_1=0 \\ 2K_2\Delta T_2(x)+\hat{\lambda}K_2=0 \end{cases} \tag{4.90}$$

从而可以得到

$$\Delta T_1(x)=\Delta T_2(x)=-\frac{1}{2}\hat{\lambda} \tag{4.91}$$

将式(4.91)带入约束条件式(4.87)中可得

$$\Delta T_1(x)=\Delta T_2(x)=-\frac{1}{2}\hat{\lambda}=\frac{\dot{Q}}{(K_1+K_2)WL}>0 \tag{4.92}$$

从式(4.92)可以看出，当中间流体 0 的总热流一定时，炽耗散率最小对应着两侧均为逆流布置的热流体 1 和热流体 2，且温度分布满足 $\Delta T_1=\Delta T_2=$常数，温差场完全均匀。也就是说当三股流换热器中间流体为目标流体，且换热热流给定时，最优换热器流体的温度分布为冷热流体温差场均匀分布的情况。从 4.4.1 节的计算看，无论是给定中间流体的热流，还是给定三股流体的入口温度，都是第 6 种布局的热阻最小，而这种布局就是中间流体与两侧流体形成逆流换热的情况，这一结果与本小节推导的结果一致。

2) 以边侧流体为目标流体的情况

以边侧流体为目标流体时的三股流换热器的流动工况如图 4.12 所示。

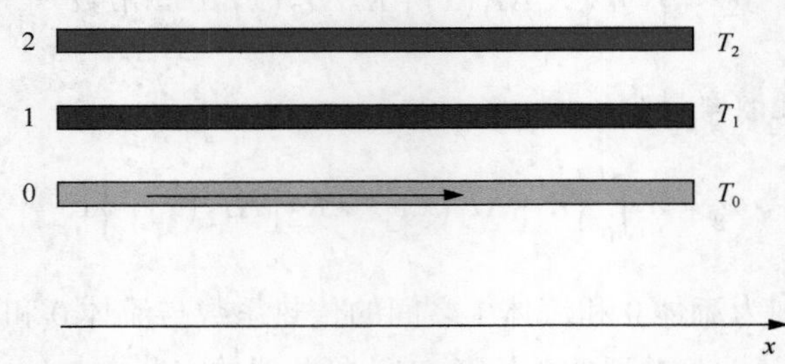

图 4.12 以边侧流体为目标流体时的三股流换热器流动工况示意图

同样假设三股流体均与环境没有热交换、也都没有内热源。该优化问题的目标为：在目标流体 0 的换热热流给定的情况下，寻找最优的流体 1 和流体 2 的温度分布及流动方向分布。

由于目标流体的换热热流给定，所以问题从换热器的最小炽耗散热阻求极值转换为对炽耗散率求极小值。流体 0 仅与流体 1 进行换热，它的换热热流可以表示为

$$\dot{Q}=\int_0^L K_1\Delta T_1(x)W\mathrm{d}x=常数 \tag{4.93}$$

式中，K_1 为流体 0 和流体 1 之间的传热系数，K_2 为流体 1 和流体 2 之间的传热系数，均为常数；$\Delta T_1(x)=T_1(x)-T_0(x)$；$\Delta T_2(x)=T_2(x)-T_1(x)$。

三股流换热器中总的炽耗散率可以表示为

$$\dot{\Phi}_{\mathrm{g}}=\int_0^L\left[K_1\Delta T_1^{\,2}(x)+K_2\Delta T_2^{\,2}(x)\right]W\mathrm{d}x \tag{4.94}$$

根据变分原理，上面的优化目标相当于在约束条件式(4.93)下求式(4.94)的极小值。作辅助泛函

$$\Pi=W\int_0^L\left[K_1\left[\Delta T_1(x)\right]^2+K_2\left[\Delta T_2(x)\right]^2+\lambda K_1\Delta T_1(x)\right]\mathrm{d}x \tag{4.95}$$

其欧拉方程为

$$\begin{cases}2K_1\Delta T_1(x)+\lambda K_1=0\\ 2K_2\Delta T_2(x)=0\end{cases} \tag{4.96}$$

可以得到

$$\begin{cases}\Delta T_1(x)=-\dfrac{1}{2}\lambda\\ \Delta T_2(x)=0\end{cases} \tag{4.97}$$

带入约束条件式(4.93)中得到

$$\Delta T_1(x)=-\frac{1}{2}\lambda=\frac{\dot{Q}}{K_1WL}>0,\qquad \Delta T_2(x)=0 \tag{4.98}$$

这一结果表明，在三股流换热器中，当边侧流体 0 为目标流体，且目标流体总的换热热流一定时，总的炽耗散率最小对应着逆流布置的热流体 1，且温度分布满足 $\Delta T_1(x)$ 为常数，但 $\Delta T_2(x)=0$，即流体 1 和流体 2 的温度相同，流体 1 和流体 2 之间没有热交换。此时的三股流换热器相当于以边侧流体 0 为目标流体、且温差场均匀的两股流换热器。优化的结果说明，将两个加热或者冷却的流体放在目标流体的同一侧是不合适的，结合 4.4.1 节的计算结果，理想的优化方式是将目标流体作为中间流体，两侧均为逆流布置的冷却(加热)流体，且温差场完全均匀。炽耗散极值原理与温差场均匀性原则的优化目标相同，二者具有一致性。

4.5 小　结

本章针对换热器的传热问题，简要介绍了主要的设计方法，讨论了换热器熵产优化存在的问题。对换热器换热过程中的炽耗散率进行了推导分析，并且引入了换热器炽耗散热阻的定义，给出了一些类型换热器的换热器炽耗散热阻的具体表达式；分析了换热器炽耗散热阻主要影响因素，包括对流换热热阻、非逆流布置带来的热阻和热容量流非平衡引起的热阻；建立了换热器炽耗散热阻与效能的关系，证明了炽耗散热阻越小，换热器的效能越高；基于温差场均匀性因子与换热器效能之间的关系，建立了温差场均匀性因子与换热器炽耗散热阻之间的关系，结果表明换热器的炽耗散热阻越小，温差场均匀性越好，换热器的效能越高。

本章对于三股流换热器的换热也进行了炽耗散分析，证明了对于三股流换热器，目标流体布置在中间、与两侧流体换热形成逆流布局，且中间的目标流体与两侧流体的温差均匀分布时换热效果最佳，同样满足温差场均匀性原则。

参考文献

[1] 史美中, 王中铮. 热交换器原理与设计[M]. 二版. 南京: 东南大学出版社, 1996.

[2] Kuppan T. Heat Exchanger Design Handbook[M]. New York: CRC Press, 2000.

[3] Shah R K, Sekulic D P. Fundamentals of Heat Exchanger Design[M]. New Jersey: John Wiley and Sons, 2003.

[4] Bejan A, Kraus A D. Heat Transfer Handbook[M]. New Jersey: Wiley-IEEE, 2003.

[5] Bowman R A. Mean temperature difference correction in multipass exchangers[J]. Industrial & Engineering Chemistry, 1936, 28(5): 541-544.

[6] Kays W M, London A L. Compact Heat Exchangers[M]. 3rd ed. New York: McGraw-Hill, 1984.

[7] Fakheri A. Efficiency and effectiveness of heat exchanger series[J]. Journal of Heat Transfer-Transactions of the ASME, 2008, 130(8): 84502.

[8] Fakheri A. Heat exchanger efficiency[J]. Journal of Heat Transfer-Transactions of the ASME, 2007, 129(9): 1268-1276.

[9] Bejan A. Entropy Generation through Heat and Fluid Flow[M]. New York: Wiley, 1982.

[10] Bejan A. Second-Law Analysis in Heat Transfer and Thermal Design[M]. New York: Elsevier, 1982: 1-58.

[11] Bejan A. Advanced Engineering Thermodynamics[M]. New York: Wiley, 1997.

[12] Hesselgreaves J E. Rationalisation of second law analysis of heat exchangers[J]. International Journal of Heat and Mass Transfer, 2000, 43(22): 4189-4204.

[13] Ogiso K. Duality of heat exchanger performance in balanced counter-flow systems[J]. Journal of Heat Transfer-Transactions of the ASME, 2003, 125(3): 530-532.

[14] Cheng X T, Liang X G. Optimization principles for two-stream heat exchangers and two-stream heat exchanger networks[J]. Energy, 2012, 46(1): 386-392.

[15] Shah R K, Skiepko T. Entropy generation extrema and their relationship with heat exchanger effectiveness - number of transfer unit behavior for complex flow arrangements[J]. Journal of Heat Transfer-Transactions of the ASME, 2004, 126(6): 994-1002.

[16] Gupta A, Das S K. Second law analysis of crossflow heat exchanger in the presence of axial dispersion in one fluid[J], Energy. 2007, 32(5): 664-672.

[17] 过增元. 热流体学[M]. 北京: 清华大学出版社, 1992.

[18] Guo Z Y, Zhou S Q, Li Z X, et al. Theoretical analysis and experimental confirmation of the uniformity principle of temperature difference field in heat exchanger[J]. International Journal of Heat and Mass Transfer, 2002, 45: 2119-2127.

[19] Guo Z Y, Li Z X, Zhou S Q, et al. Principle of uniformity of temperature difference field in heat exchanger[J]. Science in China Series E-Technological Sciences, 1996, 39(1): 68-75.

[20] Guo Z Y, Zhu H Y, Liang X G. Entransy - a physical quantity describing heat transfer ability[J]. International Journal of Heat and Mass Transfer, 2007, 50(13-14): 2545-2556.

[21] 程新广. 煅及其在传热优化中的应用[D]. 北京: 清华大学, 2004.

[22] 陈群. 对流传递过程的不可逆性及其优化[D]. 北京: 清华大学, 2008.

[23] Guo Z Y, Liu X B, Tao W Q, et al. Effectiveness-thermal resistance method for heat exchanger design and analysis[J]. International Journal of Heat and Mass Transfer, 2010, 53(13-14): 2877-2884.

[24] Cheng X T, Zhang Q Z, Liang X G. Analyses of entransy dissipation, entropy generation and entransy-dissipation-based thermal resistance on heat exchanger optimization[J]. Applied Thermal Engineering, 2012, 38: 31-39.

[25] Chen Q. Entransy dissipation-based thermal resistance method for heat exchanger performance design and optimization[J]. International Journal of Heat and Mass Transfer, 2013, 60: 156-162.

[26] 柳雄斌. 换热器及散热通道网络热性能的煅分析[D]. 北京: 清华大学, 2009.

[27] Cheng X T, Liang X G. Heat transfer entropy resistance for the analyses of two-stream heat exchangers and two-stream heat exchanger networks[J]. Applied Thermal Engineering, 2013, 59(1-2): 87-93.

[28] Guo J F, Cheng L, Xu M T. Entransy dissipation numbcr and its applicatior to heat exchanger performance evaluation[J]. Chinese Science Bulletin, 2009, 54: 2998-3002.

[29] Liu X B, Meng J A, Guo Z Y. Entropy generation extremum and entransy dissipation extremum for heat exchanger optimization[J]. Chinese Science Bulletin, 2009, 54(6): 943-947.

[30] 宋伟明，孟继安，梁新刚，等. 一维换热器中温差场均匀性原则的证明[J]. 化工学报, 2008(10): 2460-2464.

第 5 章　含有相变和物性变化的传热过程的炽分析

在传热过程中，换热介质有时发生相变，如制冷空调与电厂循环中工质的蒸发与冷凝、沸腾与冷却等。利用相变过程能够显著提升换热能力。另外，在一些传热过程中，换热介质的物性变化有时可以很大，不能够将传热过程当作常物性处理。前面章节中都没有涉及相变传热和变物性传热的过程，因此本章将针对这两类问题展开研究。

5.1　含有相变的传热过程的炽平衡方程

炽优化理论在无相变传热过程优化中有比较广泛的应用，对于相变传热过程，也有一些基于炽理论的分析[1-4]。但是还需要建立相变传热过程的炽平衡方程，研究炽优化理论在相变换热中的适用性。下面首先从能量守恒方程出发，建立含有相变过程的炽平衡方程。

相变过程经常发生在介质在压力近似不变的条件下，相变潜热也是在定压条件下定义的。在定压的开口系统中，1kg 工质所携带的能量不仅包含工质的内能，还包含工质在移动过程中所传输的能量，也就是工质的焓，因此针对开口系统，炽的定义采用焓，单位质量焓炽的微分定义为[5]

$$\mathrm{d}g_{\mathrm{m}h} = T\mathrm{d}h \tag{5.1}$$

式中，下标 m 表示单位质量，h 表示以焓定义的炽。

热力学第一定律的能量守恒方程式有两种表达形式：

$$\delta q = \mathrm{d}u + p\mathrm{d}v \tag{5.2}$$

$$\delta q = \mathrm{d}h - v\mathrm{d}p \tag{5.3}$$

式中，δq 为单位质量工质吸收或放出的热量，吸热为正；u 为比内能；v 为比容。在定容条件下有 $\delta q = \mathrm{d}u$，进而可以推导得到 $T\delta q = T\mathrm{d}u = \mathrm{d}g_{\mathrm{m}}$ ($g=\rho g_{\mathrm{m}}$，g_{m} 表示单位质量物体具有的炽)，在定容过程中没有膨胀功的输出，热量所携带的炽全部成为工质的炽。在定压条件下，$\delta q = \mathrm{d}h$，进而得到 $T\delta q = T\mathrm{d}h = \mathrm{d}g_{\mathrm{m}h}$。开口系统定压过程中没有技术功的输出，热量所携带的炽全部成为工质的焓炽。

5.1.1　含有气化相变传热的开口系炽平衡方程

如图 5.1 所示，一个包含相变过程的开口稳定流动系从左到右依次为液态区域、相变区域和气态区域，各区域体积分别为 V_1、V_v 和 V_g。假设介质流动速度低，气态区域的压力变化较小，因此动能的变化在能量方程中的影响很小，可以忽略；同时流体黏性耗散所产生的热效应也忽略不计。整个区域内没有内热源，气化相变区域仅发生饱和相变。液态区域与气态区域介质的密度与比热容分别设为常数。

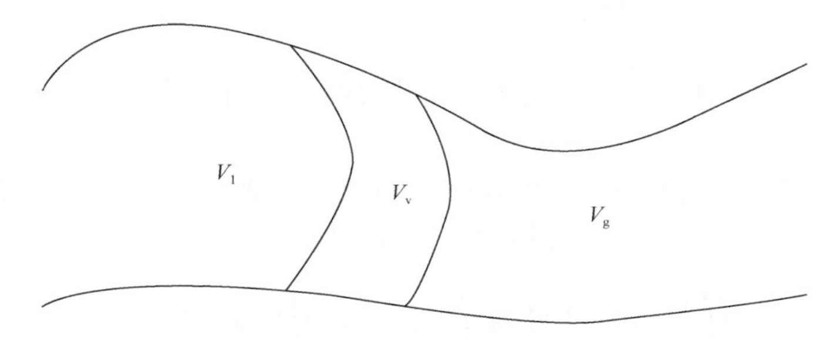

图 5.1　开口稳定流动系示意图

开口系流体工质的质量流量为 $\dot{m}$，入口温度为 T_{in}。入口的液体受热温度升高，到达相变区域时发生气化相变，整个相变区域温度都保持在气化相变温度 T_{lg}，若出口处介质已经为气态，则温度记为 T_{out}。

由于气化区域工质吸热发生了相变，能量守恒方程为

$$h_{v,out} = h_{v,in} + \gamma_v \tag{5.4}$$

式中，$h_{v,in}$ 为气化区域的入口比焓，同时也是液态区域的出口比焓；$h_{v,out}$ 为气化区域的出口比焓，同时也是气态区域的入口比焓；γ_v 为液气相变潜热。

选取液态区域或者气态区域的一个微元体，根据能量守恒：

$$\boldsymbol{U} \cdot \nabla(\rho h) = -\nabla \cdot \dot{\boldsymbol{q}} \tag{5.5}$$

式中，h 为流体的比焓；ρ 为流体密度；$\boldsymbol{U}$ 为流体的速度矢量；$\dot{\boldsymbol{q}}$ 为热流密度矢量。将式(5.5)各项乘以温度 T：

$$\boldsymbol{U} \cdot T\nabla(\rho h) = -T\nabla \cdot \dot{\boldsymbol{q}} \tag{5.6}$$

结合式(5.1)和式(5.6)，得到微元体的煅平衡方程为

$$\boldsymbol{U} \cdot \nabla g_h = -\nabla \cdot (\dot{\boldsymbol{q}} T) - (-\dot{\boldsymbol{q}} \cdot \nabla T) \tag{5.7}$$

式(5.7)等号左侧项是由微元体边界的物质交换导致的微元体内的煅变化率，也是流体流动带出微元体的净煅流，其中 $g_h = \dfrac{1}{2}\rho h T = \dfrac{1}{2}\rho c_p T^2$ 为单位体积的焓煅。式(5.7)等号右侧第一项(包括负号)是边界处热量传递进入微元体带入的净煅流，右侧第二项为微元体的煅耗散率。式(5.7)表明从微元体边界处由热量传递带入的净煅流一部分被流体带出微元体，另一部分耗散掉了。

由于工质在液态区域和气态区域的比热容均为常数，各区域工质的比焓为 $\mathrm{d}h=c_{p,\mathrm{l}}\mathrm{d}T$ 和 $\mathrm{d}h=c_{p,\mathrm{g}}\mathrm{d}T$，式(5.7)在液态区域和气态区域分别为

$$\boldsymbol{U}\cdot\nabla\left(\frac{1}{2}\rho_{\mathrm{l}}c_{p,\mathrm{l}}T^{2}\right)=-\nabla\cdot(\dot{\boldsymbol{q}}T)-(-\dot{\boldsymbol{q}}\cdot\nabla T) \tag{5.8}$$

$$\boldsymbol{U}\cdot\nabla\left(\frac{1}{2}\rho_{\mathrm{g}}c_{p,\mathrm{g}}T^{2}\right)=-\nabla\cdot(\dot{\boldsymbol{q}}T)-(-\dot{\boldsymbol{q}}\cdot\nabla T) \tag{5.9}$$

以液态区域为例进行分析，将式(5.8)对液态区域积分，得到整个液态区域的炽平衡方程，利用高斯定理简化后的炽平衡方程为[6]

$$\oiint_{A_{\mathrm{l}}}\frac{1}{2}\rho_{\mathrm{l}}Uc_{p,\mathrm{l}}T^{2}\mathrm{d}A+\oiint_{A_{\mathrm{l}}}\dot{q}T\mathrm{d}A=\iiint_{V_{\mathrm{l}}}(-\dot{\boldsymbol{q}}\cdot\nabla T)\mathrm{d}V \tag{5.10}$$

式中，$\mathrm{d}A$ 为微元面积；A_{l} 为液态区域边界面；V_{l} 为液态区域体积；U 为流过液体界面的速率；$\dot{q}=-\dot{\boldsymbol{q}}\cdot\boldsymbol{n}$ 为通过液体边界的热流密度(设定流入控制体为正)。式(5.10)左侧第一项表示伴随流体流动带入液态区域的净炽流，左侧第二项表示伴随边界处热量交换带入液态区域的净炽流。等号右侧项为液态区域的全部炽耗散率。针对图 5.1 所示的系统，炽平衡方程可写为

$$\frac{1}{2}\dot{m}c_{p,\mathrm{l}}{T_{\mathrm{in}}}^{2}-\frac{1}{2}\dot{m}c_{p,\mathrm{l}}{T_{\mathrm{lg}}}^{2}+\oiint_{A_{\mathrm{l}}}\dot{q}T\mathrm{d}A=\iiint_{V_{\mathrm{l}}}(-\dot{\boldsymbol{q}}\cdot\nabla T)\mathrm{d}V \tag{5.11}$$

类似于液态区域，气态区域上的炽平衡方程为

$$\frac{1}{2}\dot{m}c_{p,\mathrm{g}}{T_{\mathrm{lg}}}^{2}-\frac{1}{2}\dot{m}c_{p,\mathrm{g}}{T_{\mathrm{out}}}^{2}+\oiint_{A_{\mathrm{g}}}\dot{q}T\mathrm{d}A=\iiint_{V_{\mathrm{g}}}(-\dot{\boldsymbol{q}}\cdot\nabla T)\mathrm{d}V \tag{5.12}$$

式中，A_{g} 为气态区域的边界面。

对于气化相变区域，由能量守恒：

$$\dot{m}h_{\mathrm{v,in}}+\oiint_{A_{\mathrm{v}}}\dot{q}\mathrm{d}A=\dot{m}h_{\mathrm{v,out}} \tag{5.13}$$

式中，A_{v} 为气化相变区域的边界面。

式(5.13)各项乘以温度 T_{lg}，并结合式(5.4)有

$$\oiint_{A_{\mathrm{v}}} \dot{q} T_{\mathrm{lg}} \mathrm{d}A = \dot{m} \gamma_{\mathrm{v}} T_{\mathrm{lg}} \tag{5.14}$$

将积分的𤆬平衡方程式(5.11)、式(5.12)和式(5.14)相加，得到整个区域的𤆬平衡方程：

$$\begin{aligned} &\frac{1}{2}\dot{m}c_{p,\mathrm{l}}\left(T_{\mathrm{in}}^2 - T_{\mathrm{lg}}^2\right) + \frac{1}{2}\dot{m}c_{p,\mathrm{g}}\left(T_{\mathrm{lg}}^2 - T_{\mathrm{out}}^2\right) + \oiint_{A} \dot{q} T \mathrm{d}A - \dot{m}\gamma_{\mathrm{v}} T_{\mathrm{lg}} \\ &= \iiint_{V} \left(-\dot{\boldsymbol{q}} \cdot \nabla T\right) \mathrm{d}V \end{aligned} \tag{5.15}$$

式中，整个区域的体积 $V = V_{\mathrm{l}} + V_{\mathrm{v}} + V_{\mathrm{g}}$；$A$ 为整个区域的界面。由边界处的热流带入整个区域的𤆬流为

$$\oiint_{A} \dot{q} T \mathrm{d}A = \oiint_{A_{\mathrm{l}}} \dot{q} T \mathrm{d}A + \oiint_{A_{\mathrm{g}}} \dot{q} T \mathrm{d}A + \oiint_{A_{\mathrm{v}}} \dot{q} T \mathrm{d}A \tag{5.16}$$

若工质在出口处于完全气态，则出口工质温度为 T_{out}，气化相变区域内工质的焓𤆬满足 $\mathrm{d}h = \gamma_{\mathrm{v}}\mathrm{d}x$，$x$ 为工质干度将焓𤆬的微分表达式在系统入口温度与出口温度的范围内积分，得到入口处焓𤆬流与出口处焓𤆬流之差：

$$\begin{aligned} \dot{G}_{\mathrm{h,in}} - \dot{G}_{\mathrm{h,out}} &= -\dot{m}\left(\int_{T_{\mathrm{in}}}^{T_{\mathrm{lg}}} c_{p,\mathrm{l}} T \mathrm{d}T + \int_{T_{\mathrm{lg}}}^{T_{\mathrm{out}}} c_{p,\mathrm{g}} T \mathrm{d}T + \int_{0}^{1} \gamma_{\mathrm{v}} T_{\mathrm{lg}} \mathrm{d}x\right) \\ &= \frac{1}{2}\dot{m}c_{p,\mathrm{l}}\left(T_{\mathrm{in}}^2 - T_{\mathrm{lg}}^2\right) + \frac{1}{2}\dot{m}c_{p,\mathrm{g}}\left(T_{\mathrm{lg}}^2 - T_{\mathrm{out}}^2\right) - T_{\mathrm{lg}}\dot{m}\gamma_{\mathrm{v}} \\ &= \iiint_{V} \left(-\dot{\boldsymbol{q}} \cdot \nabla T\right) \mathrm{d}V \end{aligned} \tag{5.17}$$

式(5.15)～式(5.17)表明，伴随流体流动进入系统的净焓𤆬流(流动带入系统和带出系统的𤆬流差)与伴随热量交换进入系统的净焓𤆬流(导热热流带入与带出系统的𤆬流差)都耗散掉了。

类似地，若工质出口为两相态，则工质出口的温度为 T_{lg}，假设出口处工质的干度为 x_0，则整个区域内的𤆬平衡方程为

$$\frac{1}{2}\dot{m}c_{p,\mathrm{l}}\left(T_{\mathrm{in}}^2 - T_{\mathrm{lg}}^2\right) - T_{\mathrm{lg}}\dot{m}x_0\gamma_{\mathrm{v}} + \oiint_{A} \dot{q} T \mathrm{d}A = \iiint_{V} \left(-\dot{\boldsymbol{q}} \cdot \nabla T\right) \mathrm{d}V \tag{5.18}$$

5.1.2　含有相变过程的焓𤆬计算

对于不发生相变、且经历定容过程和定压过程的常物性物质，𤆬与焓𤆬分别

可表示为 $UT/2$[7]和 $HT/2$，其中 H 为物体的总焓。为了研究包含相变的传热过程，Qian 等[3]引入了同时考虑物质显热与潜热的单位质量烟的拓展表达式：

$$g_{\mathrm{m}h}\left(T_{\mathrm{lg}},x\right)=\int_{T_0}^{T_{\mathrm{lg}}}h\mathrm{d}T+T_{\mathrm{lg}}\int_0^x h\mathrm{d}x=\frac{1}{2}c_{p,\mathrm{l}}T_{\mathrm{lg}}^2+\gamma_{\mathrm{v}}xT_{\mathrm{lg}}-\frac{1}{2}c_{p,\mathrm{l}}T_0^2 \tag{5.19}$$

式(5.19)是正在发生相变的、干度为 x 的单位质量物质的焓烟的表达式，选取了温度为 T_0 的液态点作为焓烟为 0 的基准点。

以绝对零度为基准，假设物质在定压条件下经历固、液、气状态，各状态中物质的比定压热容分别为 $c_{p,\mathrm{s}}$、$c_{p,\mathrm{l}}$ 和 $c_{p,\mathrm{g}}$，固液相变与气化相变均为饱和相变，相变温度分别保持为 T_{sl} 与 T_{lg}，相变潜热分别为 γ_{m} 和 γ_{v}。令绝对零度时物质的焓烟为 0，不同温度区间内单位质量的焓烟可分段定义为

$$g_{\mathrm{m}h}=\begin{cases}\displaystyle\int_{0\mathrm{K}}^{T}c_{p,\mathrm{s}}T\mathrm{d}T, & 0\mathrm{K}<T<T_{\mathrm{sl}}\\ \displaystyle\int_{0\mathrm{K}}^{T_{\mathrm{sl}}}c_{p,\mathrm{s}}T\mathrm{d}T+\gamma_{\mathrm{m}}yT_{\mathrm{sl}}, & T=T_{\mathrm{sl}}\\ \displaystyle\int_{0\mathrm{K}}^{T_{\mathrm{sl}}}c_{p,\mathrm{s}}T\mathrm{d}T+\gamma_{\mathrm{m}}T_{\mathrm{sl}}+\int_{T_{\mathrm{sl}}}^{T}c_{p,\mathrm{l}}T\mathrm{d}T, & T_{\mathrm{sl}}<T<T_{\mathrm{lg}}\\ \displaystyle\int_{0\mathrm{K}}^{T_{\mathrm{sl}}}c_{p,\mathrm{s}}T\mathrm{d}T+\gamma_{\mathrm{m}}T_{\mathrm{sl}}+\int_{T_{\mathrm{sl}}}^{T_{\mathrm{lg}}}c_{p,\mathrm{l}}T\mathrm{d}T+\gamma_{\mathrm{v}}xT_{\mathrm{lg}}, & T=T_{\mathrm{lg}}\\ \displaystyle\int_{0\mathrm{K}}^{T_{\mathrm{sl}}}c_{p,\mathrm{s}}T\mathrm{d}T+\gamma_{\mathrm{m}}T_{\mathrm{sl}}+\int_{T_{\mathrm{sl}}}^{T_{\mathrm{lg}}}c_{p,\mathrm{l}}T\mathrm{d}T+\gamma_{\mathrm{v}}T_{\mathrm{lg}}+\int_{T_{\mathrm{lg}}}^{T}c_{p,\mathrm{g}}T\mathrm{d}T, & T>T_{\mathrm{lg}}\end{cases} \tag{5.20}$$

式中，x 为气化相变中的干度；y 为固液相变中的液化率。在 T-h 图上(图 5.2)，温度随焓值 h 的变化曲线与 h 轴包围的面积(阴影部分面积)就是相应状态处单位质量物质的焓烟。T-h 图表明，当物质在发生相变的过程中，温度保持不变，而焓烟是变化的。

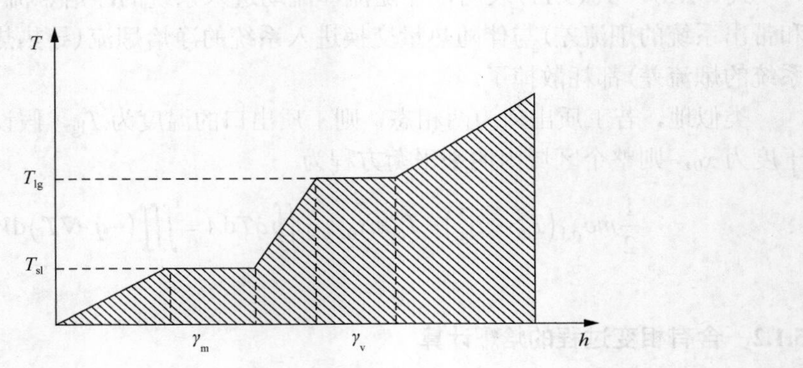

图 5.2　物质吸热过程 T-h 图

对于图 5.1 所示的开口稳定流动系，入口处为液态，当出口为气态时，依据式(5.20)中液态与气态段焓㶲的表达式，得到单位质量工质在系统中焓㶲的增加量

$$\begin{aligned}\Delta g_{\mathrm{m}h} &= \int_{0\mathrm{K}}^{T_{\mathrm{sl}}} c_{p,\mathrm{s}} T\mathrm{d}T + \gamma_{\mathrm{m}} T_{\mathrm{sl}} + \int_{T_{\mathrm{sl}}}^{T_{\mathrm{lg}}} c_{p,\mathrm{l}} T\mathrm{d}T + \gamma_{\mathrm{v}} T_{\mathrm{lg}} + \int_{T_{\mathrm{lg}}}^{T_{\mathrm{out}}} c_{p,\mathrm{g}} T\mathrm{d}T \\ &\quad - \left(\int_{0\mathrm{K}}^{T_{\mathrm{sl}}} c_{p,\mathrm{s}} T\mathrm{d}T + \gamma_{\mathrm{m}} T_{\mathrm{sl}} + \int_{T_{\mathrm{sl}}}^{T_{\mathrm{in}}} c_{p,\mathrm{l}} T\mathrm{d}T \right) \\ &= \gamma_{\mathrm{v}} T_{\mathrm{lg}} + \frac{1}{2} c_{p,\mathrm{l}} \left(T_{\mathrm{lg}}^2 - T_{\mathrm{in}}^2 \right) + \frac{1}{2} c_{p,\mathrm{g}} \left(T_{\mathrm{out}}^2 - T_{\mathrm{lg}}^2 \right)\end{aligned} \tag{5.21}$$

从㶲平衡的角度看，系统在边界处热交换带入整个系统的净㶲流，一部分用于使工质焓㶲增加，另一部分耗散掉了，因此㶲平衡方程也可以表示为

$$\oiint_A \dot{q} T\mathrm{d}A = \dot{\Phi}_{\mathrm{g}} + \dot{m}\gamma_{\mathrm{v}} T_{\mathrm{lg}} + \frac{1}{2}\dot{m} c_{p,\mathrm{l}} \left(T_{\mathrm{lg}}^2 - T_{\mathrm{in}}^2 \right) + \frac{1}{2}\dot{m} c_{p,\mathrm{g}} \left(T_{\mathrm{out}}^2 - T_{\mathrm{lg}}^2 \right) \tag{5.22}$$

当出口为干度为 x_0 的两相态时，㶲平衡方程表示为

$$\oiint_A \dot{q} T\mathrm{d}A = \dot{\Phi}_{\mathrm{g}} + \dot{m} x_0 \gamma_{\mathrm{v}} T_{\mathrm{lg}} + \frac{1}{2}\dot{m} c_{p,\mathrm{l}} \left(T_{\mathrm{lg}}^2 - T_{\mathrm{in}}^2 \right) \tag{5.23}$$

式(5.22)与式(5.15)相同，式(5.23)与式(5.18)相同，微元体㶲平衡方程积分的方法与基于绝对焓㶲定义的方法得到的㶲平衡方程是一致的。

5.1.3　非稳态固液相变换热的㶲平衡方程

固/液或者固/固相变储能是当今常用的节能技术，它利用材料的相变潜热储能或者释放热量，在太阳能、风能等清洁能源利用中有广泛的应用。图 5.3 所示是一个简化的固体融化过程，假设该系统中无内热源，无压力变化。系统左侧的热

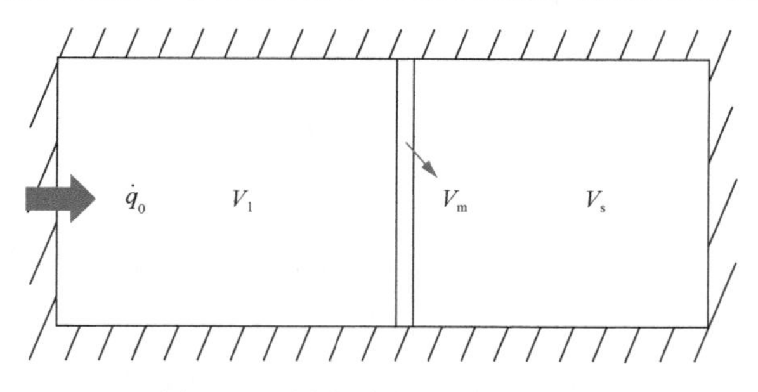

图 5.3　固液相变闭口系统示意图

流密度保持为常数 $\dot{q}_0$，系统从左到右分别为液态区域、固液相变区域和固态区域，体积分别表示为 V_{l}、V_{sl} 和 V_{s}，三个区域间的边界随着时间变化向右移动。固态区域的密度 ρ_{s}、比定压热容 $c_{p,\mathrm{s}}$，以及液态区域的密度 ρ_{l}、比定压热容 $c_{p,\mathrm{l}}$ 保持为常数。

针对系统中某个微元体，由能量守恒：

$$\rho\frac{\partial h}{\partial t}+\rho\boldsymbol{U}\cdot\nabla h=-\nabla\cdot\dot{\boldsymbol{q}} \tag{5.24}$$

由于不考虑流动，能量守恒简化为

$$\rho\frac{\partial h}{\partial t}=-\nabla\cdot\dot{\boldsymbol{q}} \tag{5.25}$$

将式(5.25)各项乘以温度 T，有

$$\rho T\frac{\partial h}{\partial t}=-T\left(\nabla\cdot\dot{\boldsymbol{q}}\right) \tag{5.26}$$

根据焓烟的定义，式(5.26)转化为

$$\frac{\partial g_h}{\partial t}=-\nabla\cdot\left(\dot{\boldsymbol{q}}T\right)-\left(-\dot{\boldsymbol{q}}\cdot\nabla T\right) \tag{5.27}$$

式(5.27)等号左侧是微元体的焓烟变化率，等号右侧第一项(包含负号)为边界处热量交换带入微元体的净烟流，第二项为微元体的烟耗散。式(5.27)表明，热流带入微元体的净烟流一部分使得微元体的烟增加，另一部分耗散掉了。

将式(5.27)对整个液态区域、相变区域和固态区域分别进行积分，得到

$$\begin{aligned}&\frac{\partial}{\partial t}\rho_{\mathrm{l}}V_{\mathrm{l}}(t)\left[\frac{1}{2}c_{p,\mathrm{l}}\overline{T}_{\mathrm{l}}^{2}(t)+\gamma_{\mathrm{m}}T_{\mathrm{sl}}+\frac{1}{2}T_{\mathrm{sl}}^{2}\left(c_{p,\mathrm{s}}-c_{p,\mathrm{l}}\right)\right]\\&=\oiint_{A_{\mathrm{l}}}\dot{q}T\mathrm{d}A-\iiint_{V_{\mathrm{l}}}\left(-\dot{\boldsymbol{q}}\cdot\nabla T\right)\mathrm{d}V\end{aligned} \tag{5.28}$$

$$\frac{\partial}{\partial t}M_{\mathrm{m}}(t)\left(\frac{1}{2}c_{p,\mathrm{s}}T_{\mathrm{sl}}^{2}+\gamma_{\mathrm{m}}T_{\mathrm{sl}}\overline{y}\right)=\oiint_{A_{\mathrm{m}}}\dot{q}T\mathrm{d}A \tag{5.29}$$

$$\frac{\partial}{\partial t}\left[\frac{1}{2}\rho_{\mathrm{s}}c_{p,\mathrm{s}}V_{\mathrm{s}}(t)\overline{T}_{\mathrm{s}}^{2}(t)\right]=\oiint_{A_{\mathrm{s}}}\dot{q}T\mathrm{d}A-\iiint_{V_{\mathrm{s}}}\left(-\dot{\boldsymbol{q}}\cdot\nabla T\right)\mathrm{d}V \tag{5.30}$$

式中，M_{m} 为相变区域工质的质量；$\dot{q}$ 为积分区域边界的热流密度，流入控制体为正；A_{l} 为液态区域的表面积；A_{m} 为相变区域的表面积；A_{s} 为固态区域的表面积。

液态区域与固态区域的体积 V_1、V_s 和相变区域工质的质量 M_m 是随时间变化的。液态区域上温度平方的体积平均值为

$$\overline{T}_1^2(t)=\frac{1}{V_1(t)}\iiint\limits_{V_1}T^2\mathrm{d}V \tag{5.31}$$

相变区域上液化率的体积平均值为

$$\overline{y}=\frac{1}{V_m(t)}\iiint\limits_{V_m}y\mathrm{d}V \tag{5.32}$$

固态区域上温度平方的体积平均值为

$$\overline{T}_s^2(t)=\frac{1}{V_s(t)}\iiint\limits_{V_s}T^2\mathrm{d}V \tag{5.33}$$

由于整个相变区域的温度都保持为相变温度，相变区域的火积耗散为 0，边界处热流带入相变区域的火积流全部用于相变区域的火积增加。

将各区域上的火积平衡方程相加，得到

$$\frac{\mathrm{d}G_w(t)}{\mathrm{d}t}=\oint\!\!\!\oint\limits_{A_1+A_m+A_s}\dot{q}T\mathrm{d}A-\iiint\limits_{V_1+V_m+V_s}(-\dot{\boldsymbol{q}}\cdot\nabla T)\mathrm{d}V \tag{5.34}$$

式中，G_w 为整个系统的火积，随时间变化，表达式为

$$\begin{aligned}G_w(t)=&\rho_1V_1(t)\left[\frac{1}{2}c_{p,1}\overline{T}_1^2(t)+\gamma_mT_{sl}+\frac{1}{2}T_{sl}^2\left(c_{p,s}-c_{p,1}\right)\right]\\&+M_m(t)\left(\frac{1}{2}c_{p,s}T_{sl}^2+\gamma_mT_{sl}\overline{y}\right)+\frac{1}{2}\rho_sc_{p,s}V_s(t)\overline{T}_s^2(t)\end{aligned} \tag{5.35}$$

由于系统吸热，相变过程为熔化过程。当整个系统对外放热时，边界热流密度 $\dot{q}$ 为负，对应于凝固过程，火积平衡方程形式与熔化过程相同。火积耗散可以从火积平衡方程中得到。

5.2　含有相变过程的换热器的火积分析

5.2.1　相变流体出口为两相

如图 5.4 所示的换热器，一侧为单相热流体，热容量流为常数 $\dot{m}_hc_{p,h}$，进出口温度分别为 $T_{h,in}$ 和 $T_{h,out}$，另一侧为两相冷流体，质量流量为 $\dot{m}_c$，气液相变温度为 T_{lg}，进出口干度分别为 x_{in} 和 x_{out}。

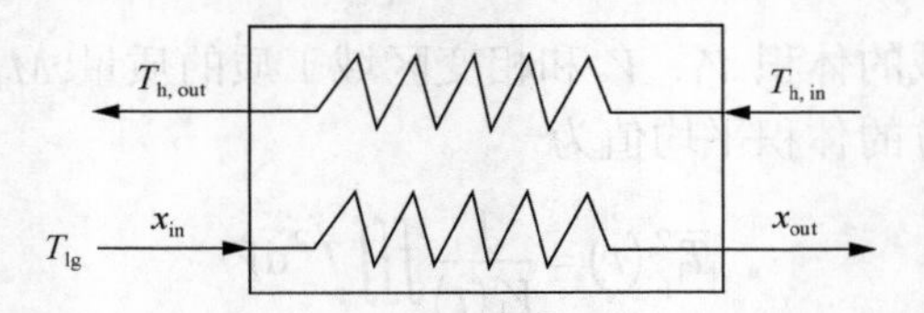

图 5.4　一侧为相变流体的换热器示意图

由能量守恒得到换热器冷热流体间的传热速率为

$$\dot{Q} = \dot{m}_h c_{p,h}\left(T_{h,in} - T_{h,out}\right) = \dot{m}_c \gamma_v\left(x_{out} - x_{in}\right) \tag{5.36}$$

换热器的传热速率也可以表示为

$$\dot{Q} = \dot{m}_h c_{p,h}\varepsilon\left(T_{h,in} - T_{lg}\right) \tag{5.37}$$

换热器的炽耗散热阻为

$$\begin{aligned} R_g &= \frac{\dot{\Phi}_g}{\dot{Q}^2} = \frac{1}{\dot{Q}^2}\left[\frac{1}{2}\dot{m}_h c_{p,h}\left(T_{h,in}^2 - T_{h,out}^2\right) - \dot{m}_c\gamma_v\left(x_{out} - x_{in}\right)T_{lg}\right] \\ &= \frac{T_{h,in} - T_{lg}}{\dot{Q}} - \frac{1}{2\dot{m}_h c_{p,h}} \end{aligned} \tag{5.38}$$

将式(5.37)代入式(5.38)中，得到

$$R_g = \frac{T_{h,in} - T_{lg}}{\dot{m}_h c_{p,h}\varepsilon\left(T_{h,in} - T_{lg}\right)} - \frac{1}{2\dot{m}_h c_{p,h}} = \frac{1}{\dot{m}_h c_{p,h}}\left(\frac{1}{\varepsilon} - \frac{1}{2}\right) \tag{5.39}$$

除了从上面的进出口的炽流差值计算换热器的炽耗散率，换热器的炽耗散率还可以依据换热器微元面积上两股流体换热引起的炽耗散积分得到。换热器中冷热流体温度沿着流体流动方向的变化如图 5.5 所示。

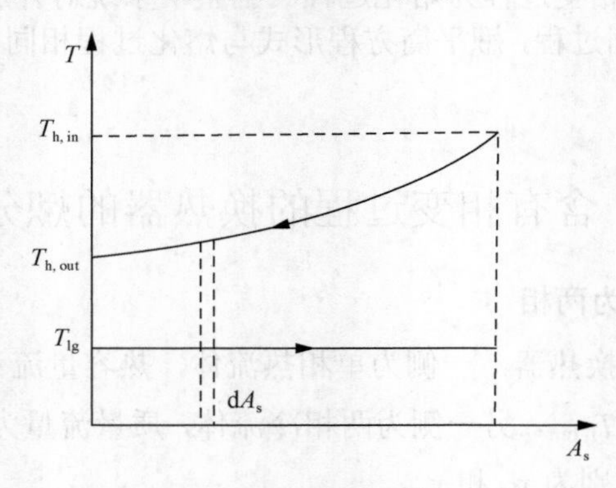

图 5.5　换热器流体温度沿程变化(冷流体一直处于液气相变状态)

假设换热器的总传热系数为 K，换热器微元面积 dA_s 上的传热速率为

$$\delta\dot{Q} = K\left(T_h - T_{lg}\right)dA_s \tag{5.40}$$

式中，T_h 为热流体的温度。在换热器微元面积 dA_s 上传热引起的炽耗散率为

$$\delta\dot{\Phi}_g = K\left(T_h - T_{lg}\right)^2 dA_s \tag{5.41}$$

由于微元面积 dA_s 上的传热热流可以表示为热流体的放热速率，以横轴方向(热流体流动的反方向)为正，则有

$$\delta\dot{Q} = \dot{m}_h c_{p,h} dT_h \tag{5.42}$$

结合式(5.40)和式(5.42)，微元面积表示为

$$dA_s = \frac{\dot{m}_h c_{p,h} dT_h}{K\left(T_h - T_{lg}\right)} \tag{5.43}$$

微元面积 dA_s 上的炽耗散率可以进一步表示为

$$\delta\dot{\Phi}_g = K\left(T_h - T_{lg}\right)^2 \frac{\dot{m}_h c_{p,h} dT_h}{K\left(T_h - T_{lg}\right)} = \dot{m}_h c_{p,h}\left(T_h - T_{lg}\right)dT_h \tag{5.44}$$

将微元面积 dA_s 上传热的炽耗散率在整个换热器范围内积分，有

$$\begin{aligned}\dot{\Phi}_g &= \int_{T_{h,out}}^{T_{h,in}} \dot{m}_h c_{p,h}\left(T_h - T_{lg}\right)dT_h \\ &= \frac{1}{2}\dot{m}_h c_{p,h}\left(T_{h,in}^2 - T_{h,out}^2\right) + \dot{m}_h c_{p,h} T_{lg}\left(T_{h,out} - T_{h,in}\right)\end{aligned} \tag{5.45}$$

根据式(5.36)、式(5.37)和式(5.45)，炽耗散热阻最终简化为

$$R_g = \frac{\dot{\Phi}_g}{\dot{Q}^2} = \frac{T_{h,in} - T_{lg}}{\dot{Q}} - \frac{1}{2\dot{m}_h c_{p,h}} = \frac{1}{\dot{m}_h c_{p,h}}\left(\frac{1}{\varepsilon} - \frac{1}{2}\right) \tag{5.46}$$

根据图 5.5 得到的式(5.39)和式(5.46)是第 4 章得到的换热器炽耗散热阻表达式(4.35)的一个特例，对应于式(4.35)所描述的两股流换热器中的一股流体的热容量为无限大的情况。式(5.39)和式(5.46)表明，基于炽耗散平衡方程得到的炽耗散热阻与基于换热器微元面积上的炽耗散分布积分得到的炽耗散热阻的结果相同。炽耗散热阻表达式表明热流体的热容量流给定时，最小的炽耗散热阻始终对应着

最大的换热器效能。换热器的效能是显示换热器换热性能的一个重要参数，效能越大表明换热器的换热能力越强。因此，在此工况下炽耗散热阻能够作为含相变过程的换热器换热性能的评价参数。

5.2.2　相变流体出口为气态

当相变流体进口处于液气相变温度，到达出口时已完成相变，并且出口温度达到 T_{out} 时，沿程的温度分布如图 5.6 所示。

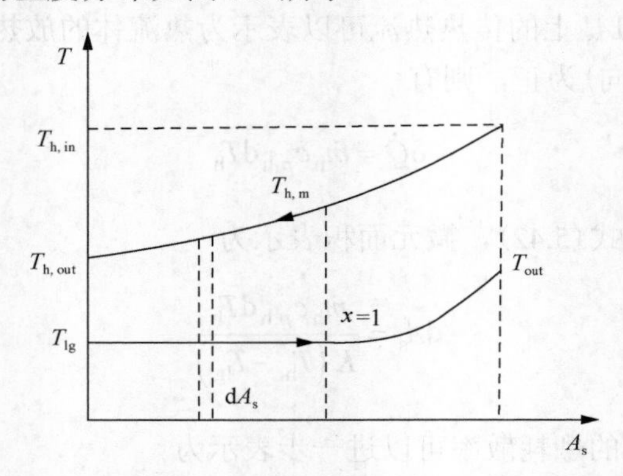

图 5.6　换热器中冷热流体温度沿程变化(相变流体完全相变且出口温度达到 T_{out})

两相流体的传热流量包含了显热换热和潜热换热两部分，根据能量守恒有

$$\dot{Q}_1 = \dot{m}_c \gamma_v (1 - x_{in}) = \dot{m}_h c_{p,h} (T_{h,m} - T_{h,out}) \tag{5.47}$$

$$\dot{Q}_2 = \dot{m}_c c_{p,g} (T_{out} - T_{lg}) = \dot{m}_h c_{p,h} (T_{h,in} - T_{h.m}) \tag{5.48}$$

式中，$T_{h,m}$ 为热流体对应相变流体相变段与过热段交界点的温度值；$\dot{m}_c$ 为相变流体的质量流量。换热器总的换热热流为

$$\dot{Q} = \dot{Q}_1 + \dot{Q}_2 = \dot{m}_h c_{p,h} (T_{h,in} - T_{h,out}) \tag{5.49}$$

通常的换热器中最大可能的换热热流表示为

$$\dot{Q}_{max} = \dot{C}_{min} (T_{h,in} - T_{lg}) \tag{5.50}$$

对于如图 5.6 所示的换热器，最大可能的换热热流为

$$\dot{Q}_{max} = \min\left\{ \left[\dot{m}_c c_{p,g} (T_{h,in} - T_{lg}) + \dot{m}_c \gamma_v (1 - x_{in}) \right], \left[\dot{m}_h c_{p,h} (T_{h,in} - T_{lg}) \right] \right\} \tag{5.51}$$

由式(5.50)和(5.51)，定义此换热器中的较小热容量流为

$$\dot{C}_{\min}=\min\left[\dot{m}_{\rm h}c_{p,{\rm h}},\dot{m}_{\rm c}c_{p,{\rm g}}+\frac{\dot{m}_{\rm c}\gamma_{\rm v}\left(1-x_{\rm in}\right)}{T_{\rm h,in}-T_{\rm lg}}\right] \tag{5.52}$$

因此，换热器的冷流体侧，也就是相变流体，等效的热容量流定义为

$$\dot{m}_{\rm c}c_{p,{\rm c}}=\dot{m}_{\rm c}c_{p,{\rm g}}+\frac{\dot{m}_{\rm c}\gamma_{\rm v}\left(1-x_{\rm in}\right)}{T_{\rm h,in}-T_{\rm lg}} \tag{5.53}$$

换热器中流体热容量流的最小值即

$$\dot{C}_{\min}=\min\left[\dot{m}_{\rm h}c_{p,{\rm h}},\dot{m}_{\rm c}c_{p,{\rm g}}+\frac{\dot{m}_{\rm c}\gamma_{\rm v}\left(1-x_{\rm in}\right)}{T_{\rm h,in}-T_{\rm lg}}\right]=\min\left(\dot{m}_{\rm h}c_{p,{\rm h}},\dot{m}_{\rm c}c_{p,{\rm c}}\right) \tag{5.54}$$

由换热器效能的定义可知，换热器实际的热流为

$$\dot{Q}=\dot{C}_{\min}\varepsilon\left(T_{\rm h,in}-T_{\rm lg}\right) \tag{5.55}$$

根据式(5.20)焓㶲的定义可以计算换热器的㶲耗散率

$$\dot{\Phi}_{\rm g}=\frac{1}{2}\dot{m}_{\rm h}c_{p,{\rm h}}\left(T_{\rm h,in}^2-T_{\rm h,out}^2\right)-\dot{m}_{\rm c}\gamma_{\rm v}\left(1-x_{\rm in}\right)T_{\rm lg}+\frac{1}{2}\dot{m}_{\rm c}c_{p,{\rm g}}\left(T_{\rm lg}^2-T_{\rm out}^2\right) \tag{5.56}$$

相变段的㶲耗散率为

$$\begin{aligned}\dot{\Phi}_{\rm g1}&=\int_{T_{\rm h,out}}^{T_{\rm h,m}}\dot{m}_{\rm h}c_{p,{\rm h}}\left(T_{\rm h}-T_{\rm lg}\right){\rm d}T_{\rm h}\\&=\frac{1}{2}\dot{m}_{\rm h}c_{p,{\rm h}}\left(T_{\rm h,m}^2-T_{\rm h,out}^2\right)+\dot{m}_{\rm h}c_{p,{\rm h}}T_{\rm lg}\left(T_{\rm h,out}-T_{\rm h,m}\right)\end{aligned} \tag{5.57}$$

在相变流体的过热段，微元面积 ${\rm d}A_{\rm s}$ 上的热流为

$$\delta\dot{Q}_2=K\left(T_{\rm h}-T_{\rm c}\right){\rm d}A_{\rm s} \tag{5.58}$$

式中，$T_{\rm c}$ 为冷流体(相变流体)温度。过热段微元面积 ${\rm d}A_{\rm s}$ 上流体换热的㶲耗散率为

$$\delta\dot{\Phi}_{\rm g2}=K\left(T_{\rm h}-T_{\rm c}\right)^2{\rm d}A_{\rm s} \tag{5.59}$$

过热段微元面积 ${\rm d}A_{\rm s}$ 上的热流还可以表示为

$$\delta\dot{Q}_2 = \dot{m}_\mathrm{h} c_{p,\mathrm{h}} \mathrm{d}T_\mathrm{h} = \dot{m}_\mathrm{c} c_{p,\mathrm{g}} \mathrm{d}T_\mathrm{c} \tag{5.60}$$

结合式(5.58)和式(5.60)有

$$\begin{aligned}\mathrm{d}(T_\mathrm{h}-T_\mathrm{c}) &= \mathrm{d}T_\mathrm{h}-\mathrm{d}T_\mathrm{c} = \delta\dot{Q}_2\left[1/(\dot{m}_\mathrm{h}c_{p,\mathrm{h}})-1/(\dot{m}_\mathrm{c}c_{p,\mathrm{g}})\right] \\ &= K\left[1/(\dot{m}_\mathrm{h}c_{p,\mathrm{h}})-1/(\dot{m}_\mathrm{c}c_{p,\mathrm{g}})\right](T_\mathrm{h}-T_\mathrm{c})\mathrm{d}A_\mathrm{s}\end{aligned} \tag{5.61}$$

将式(5.61)代入式(5.59)，整理可得

$$\delta\dot{\Phi}_{\mathrm{g}2} = \frac{(T_\mathrm{h}-T_\mathrm{c})\mathrm{d}(T_\mathrm{h}-T_\mathrm{c})}{1/(\dot{m}_\mathrm{h}c_{p,\mathrm{h}})-1/(\dot{m}_\mathrm{c}c_{p,\mathrm{g}})} \tag{5.62}$$

将式(5.62)对换热器过热段积分，得到过热段的燃耗散率为

$$\begin{aligned}\dot{\Phi}_{\mathrm{g}2} &= \int_{T_\mathrm{h,m}-T_\mathrm{lg}}^{T_\mathrm{h,in}-T_\mathrm{out}} \frac{(T_\mathrm{h}-T_\mathrm{c})\mathrm{d}(T_\mathrm{h}-T_\mathrm{c})}{1/(\dot{m}_\mathrm{h}c_{p,\mathrm{h}})-1/(\dot{m}_\mathrm{c}c_{p,\mathrm{g}})} = \frac{(T_\mathrm{h,in}-T_\mathrm{out})^2-(T_\mathrm{h,m}-T_\mathrm{lg})^2}{2\left[1/(\dot{m}_\mathrm{h}c_{p,\mathrm{h}})-1/(\dot{m}_\mathrm{c}c_{p,\mathrm{g}})\right]} \\ &= \frac{1}{2}\dot{Q}_2\left(T_\mathrm{h,in}-T_\mathrm{out}+T_\mathrm{h,m}-T_\mathrm{lg}\right) \\ &= \frac{1}{2}\dot{m}_\mathrm{h}c_{p,\mathrm{h}}\left(T_\mathrm{h,in}-T_\mathrm{h,m}\right)\left(T_\mathrm{h,in}+T_\mathrm{h,m}\right)+\frac{1}{2}\dot{m}_\mathrm{c}c_{p,\mathrm{g}}\left(T_\mathrm{lg}-T_\mathrm{out}\right)\left(T_\mathrm{lg}+T_\mathrm{out}\right) \\ &= \frac{1}{2}\dot{m}_\mathrm{h}c_{p,\mathrm{h}}\left(T_\mathrm{h,in}^2-T_\mathrm{h,m}^2\right)+\frac{1}{2}\dot{m}_\mathrm{c}c_{p,\mathrm{g}}\left(T_\mathrm{lg}^2-T_\mathrm{out}^2\right)\end{aligned} \tag{5.63}$$

根据式(5.57)和式(5.63)，得到换热器的总燃耗散率为

$$\begin{aligned}\dot{\Phi}_\mathrm{g} &= \dot{\Phi}_{\mathrm{g}1}+\dot{\Phi}_{\mathrm{g}2} \\ &= \frac{1}{2}\dot{m}_\mathrm{h}c_{p,\mathrm{h}}\left(T_\mathrm{h,in}^2-T_\mathrm{h,out}^2\right)-\dot{Q}_1T_\mathrm{lg}+\frac{1}{2}\dot{m}_\mathrm{c}c_{p,\mathrm{g}}\left(T_\mathrm{lg}^2-T_\mathrm{out}^2\right)\end{aligned} \tag{5.64}$$

式(5.64)和式(5.56)得到的燃耗散率结果相同，从而在固、液、气态各阶段介质物性均保持为常数的前提下验证了包含相变情况的焓燃定义的正确性。此工况下换热器的燃耗散热阻为

$$R_\mathrm{g} = \frac{\dot{\Phi}_\mathrm{g}}{\dot{Q}^2} = \frac{1}{\dot{C}_\mathrm{min}\varepsilon}-\frac{1}{2\dot{m}_\mathrm{h}c_{p,\mathrm{h}}}-\frac{\beta^2}{2\dot{m}_\mathrm{c}c_{p,\mathrm{g}}} \tag{5.65}$$

式中，参数 $\beta=\dot{Q}_2/\dot{Q}$ 为换热器中相变流体在过热段的换热量与总换热量的比值，

可进一步表示为

$$\beta=\frac{\dot{Q}_2}{\dot{Q}}=1-\frac{\dot{m}_c\gamma_v(1-x_{in})}{C_{min}\varepsilon\left(T_{h,in}-T_{lg}\right)} \tag{5.66}$$

由于两股流体入口条件都给定，将式(5.66)代入式(5.65)，则煅耗散热阻为

$$R_g=\frac{\dot{\Phi}_g}{\dot{Q}^2}=\frac{1}{C_{min}\varepsilon}-\frac{1}{2\dot{m}_h c_{p,h}}-\frac{1}{2\dot{m}_c c_{p,g}}\left[1-\frac{\dot{m}_c\gamma_v(1-x_{in})}{C_{min}\varepsilon\left(T_{h,in}-T_{lg}\right)}\right]^2 \tag{5.67}$$

上式表明，随着换热器效能 ε 的增加，换热器的煅耗散热阻单调减小。最大的效能对应最小的煅耗散热阻。煅耗散热阻可以用于描述此种工况下换热器的性能的优劣。

熵产是热力学过程不可逆性的量度，研究人员常将其用于换热器的优化。对于包含相变过程的换热器，传热过程的熵产率为

$$\dot{S}_g=\dot{m}_h c_{p,h}\ln\frac{T_{h,out}}{T_{h,in}}+\frac{\dot{Q}_1}{T_{lg}}+\dot{m}_c c_{p,g}\ln\frac{T_{out}}{T_{lg}} \tag{5.68}$$

图 5.7 给出了熵产率、煅耗散率和煅耗散热阻随换热器效能的变化的一个算例。入口条件给定 $T_{h,in}=1500\text{K}$，$\dot{m}_h c_{p,h}=1000\text{W/K}$，$x_{in}=0.5$，$\dot{m}=0.1\text{kg/s}$，$\gamma_v=2240\text{kJ/kg}$，$c_{p,g}=2060\text{J/(kg}\cdot\text{K)}$，$T_{lg}=380\text{K}$。在此换热器中，发生相变的冷流体在换热器出口处为气态。计算结果表明，熵产率和煅耗散率呈现先增加后减小的趋势，并不随换热器效能单调变化。产生这样的结果的原因是在效能比较小时，换热器中冷热流体的温度变化不大，冷热流体之间的换热可以近似看作等温差的换热，此时熵产率和煅耗散率都随着换热量(效能)增加而增加；当换热器的效能足够大时，冷热流体之间的温差随着效能的增加而减小，从而导致了熵产率和煅耗散率随着热流(效能)增加而较小。另外，煅耗散热阻随着换热器效能的增加单调减小，更小的煅耗散热阻始终对应更大的效能。数值计算验证了理论推导的结论，最小煅耗散热阻原理适用于含相变的两股流换热器的传热优化。与对数平均温差法、效能-传热单元数法等一样，换热器煅耗散热阻分析一样可以用于换热器的设计。

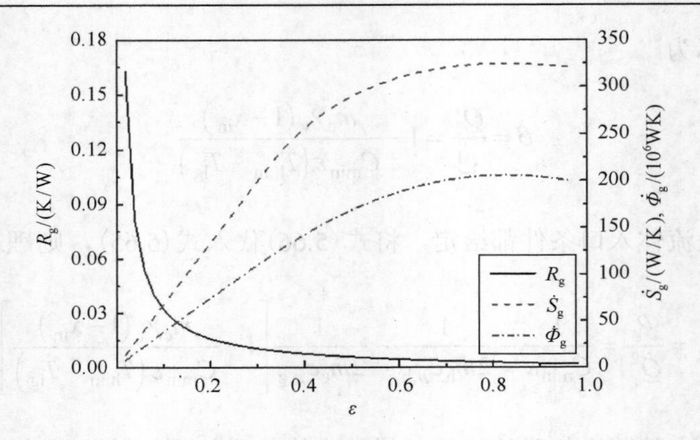

图 5.7 烟耗散率和烟耗散热阻与熵产率随 ε 的变化

5.2.3 相变储热换热网络的烟优化

如图 5.8 所示的换热网络，一股相变流体利用相变潜热，从入口温度不同的 n 股热流体中吸收热量。相变流体的温度始终保持为 T_{lg}，n 股热流体的入口温度分别为 T_1，T_2，…，T_n(不妨假设 $T_1>T_2>\cdots>T_n$)，热流体流出各换热器后汇合，成为温度为 T_0 的流体。换热网络的 T - $\dot{Q}$ 图如图 5.9 所示。

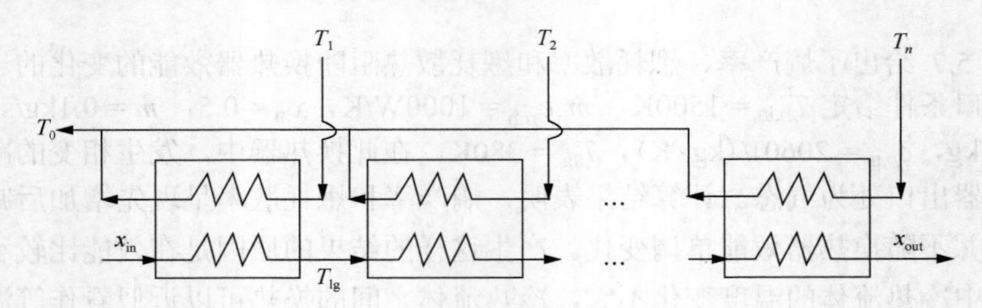

图 5.8 含相变的换热网络示意图

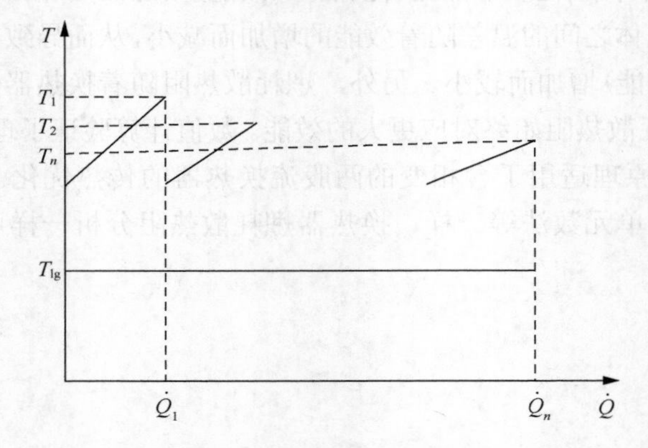

图 5.9 换热网络流体间换热的 T - $\dot{Q}$ 图

由于 n 股热流体出口混合的过程是绝热的，n 股热流体总的放热量即相变流体的储热量，同时也是换热网络的总热流 $\dot{Q}_0$。在换热网络换热器总热导给定的前提下，为了得到最大的储热量 $\dot{Q}_0$，需要对各换热器的热导分布进行优化。优化问题表示为

$$\begin{cases} \max \dot{Q}_0 = \sum_{i=1}^{n} \dot{Q}_i = \sum_{i=1}^{n} \dot{m}_i c_{p,i} \varepsilon_i \left(T_i - T_{\mathrm{lg}}\right) = \sum_{i=1}^{n} \dot{m}_i c_{p,i} T_i - T_0 \sum_{i=1}^{n} \dot{m}_i c_{p,i} \\ \mathrm{s.t.} \sum_{i=1}^{n} (KA)_i = (KA)_0 = \mathrm{const} \end{cases} \tag{5.69}$$

式中，ε_i 为第 i 个换热器的效能：

$$\varepsilon_i = 1 - \exp\left(-\mathrm{NTU}_i\right) \tag{5.70}$$

式中，NTU_i 为第 i 个换热器的传热单元数：

$$\mathrm{NTU}_i = (KA)_i / \dot{m}_i c_{p,i} \tag{5.71}$$

由能量守恒，n 股热流体的出口流体混合后的温度为

$$T_0 = \left(\sum_{i=1}^{n} \dot{m}_i c_{p,i} T_i - \dot{Q}_0 \right) \Big/ \sum_{i=1}^{n} \dot{m}_i c_{p,i} \tag{5.72}$$

将流体混合的煅耗散率考虑在内，整个换热器的煅耗散率为

$$\begin{aligned} \dot{\Phi}_{\mathrm{g}} &= \sum_{i=1}^{n} \frac{\dot{m}_i c_{p,i} \left(T_i^2 - T_0^2\right)}{2} - \dot{Q}_0 T_{\mathrm{lg}} \\ &= \sum_{i=1}^{n} \frac{\dot{m}_i c_{p,i} T_i^2}{2} - \frac{\left(\sum_{i=1}^{n} \dot{m}_i c_{p,i} T_i - \dot{Q}_0 \right)^2}{2 \sum_{i=1}^{n} \dot{m}_i c_{p,i}} - \dot{Q}_0 T_{\mathrm{lg}} \\ &= -\frac{\dot{Q}_0^2}{2 \sum_{i=1}^{n} \dot{m}_i c_{p,i}} + \left(\frac{\sum_{i=1}^{n} \dot{m}_i c_{p,i} T_i}{\sum_{i=1}^{n} \dot{m}_i c_{p,i}} - T_{\mathrm{lg}} \right) \dot{Q}_0 + \sum_{i=1}^{n} \frac{\dot{m}_i c_{p,i} T_i^2}{2} - \frac{\left(\sum_{i=1}^{n} \dot{m}_i c_{p,i} T_i \right)^2}{2 \sum_{i=1}^{n} \dot{m}_i c_{p,i}} \end{aligned} \tag{5.73}$$

由于实际的换热热流不会高于最大可能的换热量，因此有

$$\dot{Q}_0 \leqslant \sum_{i=1}^{n} \dot{m}_i c_{p,i} T_i - T_{\mathrm{lg}} \sum_{i=1}^{n} \dot{m}_i c_{p,i} \tag{5.74}$$

由式(5.73)和式(5.74)可知，在各流体入口条件都给定的前提下，烟耗散率 $\dot{\Phi}_{\mathrm{g}}$ 随着热流 $\dot{Q}_0$ 的增大而增加。烟耗散极值对应着换热器网络的最大储热量，因此烟耗散极值适用于此工况下含相变换热器网络的优化。

换热器网络的烟耗散热阻可以表示为

$$\begin{aligned} R_{\mathrm{g}} = \frac{\dot{\Phi}_{\mathrm{g}}}{\dot{Q}_0^2} &= \left[\sum_{i=1}^{n} \dot{m}_i c_{p,i} T_i^2 - \left(\sum_{i=1}^{n} \dot{m}_i c_{p,i} T_i \right)^2 \Big/ \sum_{i=1}^{n} \dot{m}_i c_{p,i} \right] \frac{1}{2\dot{Q}_0^2} \\ &+ \left(\sum_{i=1}^{n} \dot{m}_i c_{p,i} T_i \Big/ \sum_{i=1}^{n} \dot{m}_i c_{p,i} - T_{\mathrm{lg}} \right) \frac{1}{\dot{Q}_0} \frac{1}{2\sum_{i=1}^{n} \dot{m}_i c_{p,i}} \end{aligned} \tag{5.75}$$

定义热容量流加权的平均温度为

$$\overline{T} = \sum_{i=1}^{n} \dot{m}_i c_{p,i} T_i \Big/ \sum_{i=1}^{n} \dot{m}_i c_{p,i} \tag{5.76}$$

则式(5.75)可简化为[8]

$$\begin{aligned} R_{\mathrm{g}} &= \left(\sum_{i=1}^{n} \dot{m}_i c_{p,i} T_i^2 - \sum_{i=1}^{n} \dot{m}_i c_{p,i} \overline{T}^2 \right) \frac{1}{2\dot{Q}_0^2} + \left(\frac{\sum_{i=1}^{n} \dot{m}_i c_{p,i} T_i}{\sum_{i=1}^{n} \dot{m}_i c_{p,i}} - T_{\mathrm{lg}} \right) \frac{1}{\dot{Q}_0} - \frac{1}{2\sum_{i=1}^{n} \dot{m}_i c_{p,i}} \\ &= \frac{1}{2\dot{Q}_0^2} \sum_{i=1}^{n} \dot{m}_i c_{p,i} \left(T_i - \overline{T} \right)^2 + \left(\frac{\sum_{i=1}^{n} \dot{m}_i c_{p,i} T_i}{\sum_{i=1}^{n} \dot{m}_i c_{p,i}} - T_{\mathrm{lg}} \right) \frac{1}{\dot{Q}_0} - \frac{1}{2\sum_{i=1}^{n} \dot{m}_i c_{p,i}} \end{aligned} \tag{5.77}$$

由于各热流体的入口温度不相同，则有

$$\sum_{i=1}^{n} \dot{m}_i c_{p,i} \left(T_i - \overline{T} \right)^2 > 0 \tag{5.78}$$

结合式(5.74)得到：

$$\sum_{i=1}^{n}\dot{m}_i c_{p,i} T_i \bigg/ \sum_{i=1}^{n}\dot{m}_i c_{p,i} - T_{\mathrm{lg}} > 0 \tag{5.79}$$

由式(5.77)可知，含相变的换热器网络的烟耗散热阻随着储热量 $\dot{Q}_0$ 的增加单调减小。在各流体入口条件给定的前提下，最小的烟耗散热阻对应着最大的换热器网络储热量。最小烟耗散热阻原理适用于这一包含相变的换热网络的优化。

下面利用烟耗散极值原理与最小烟耗散热阻原理对具体的算例进行数值分析。首先，针对一个由两个换热器组成的网络，假定质量流量为 $\dot{m}_1 = 0.5\text{kg/s}$，$\dot{m}_2 = 0.8\text{kg/s}$；流体的比定压热容分别为 $c_{p,1} = 1.005\text{kJ/(kg·K)}$，$c_{p,2} = 1.005\text{kJ/(kg·K)}$；各股热流体的入口温度为 $T_1 = 430\text{K}$，$T_2 = 420\text{K}$，相变流体的温度保持为 $T_{\mathrm{lg}} = 373\text{K}$；换热器网络总的换热器热导为 $(KA)_0 = 2000\text{W/K}$。随着其中一个换热器热导 KA_1 的变化，换热器网络的烟耗散率、烟耗散热阻和热流的变化如图 5.10 所示。结果表明，在相同的换热器热导分布下，网络的换热热流和烟耗散率同时达到最大值 $\dot{\Phi}_{\mathrm{g,max}} = 1.626\times10^6\text{WK}$、$\dot{Q}_{0,\max} = 5.212\times10^4\text{W}$，并且烟耗散热阻达到其最小值 $R_{\mathrm{g}} = 5.985\times10^{-4}\text{K/W}$。相应的最优热导分布为 $(KA)_1 = 828.9\text{W/K}$、$(KA)_2 = 1171.1\text{W/K}$。

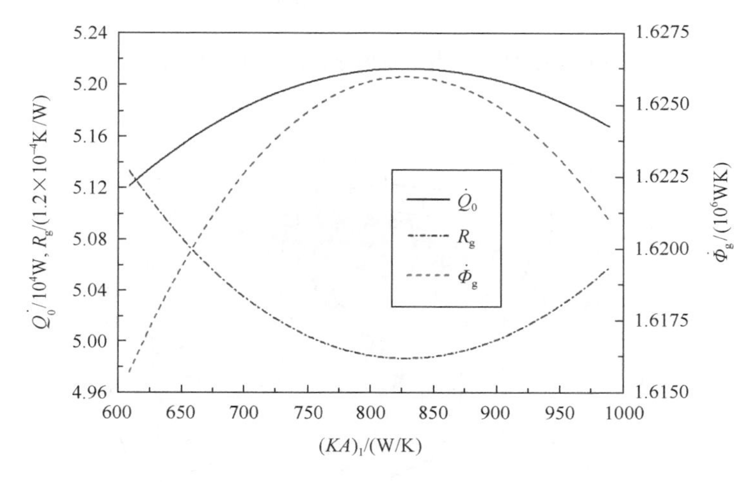

图 5.10　换热器网络热流、烟耗散率和烟耗散热阻随热导 $(KA)_1$ 的变化

针对一个由三个换热器组成的换热网络，假定热流体的质量流量分别为 $\dot{m}_1 = 0.5\text{kg/s}$，$\dot{m}_2 = 0.8\text{kg/s}$，$\dot{m}_3 = 1.0\text{kg/s}$；比定压热容分别为 $c_{p,1} = 1.005\text{kJ/(kg·K)}$，$c_{p,2} = 1.005\text{kJ/(kg·K)}$，$c_{p,3} = 1.005\text{kJ/(kg·K)}$；入口温度分别为 $T_1 = 430\text{K}$，$T_2 = 420\text{K}$，$T_3 = 415\text{K}$，相变温度仍为 $T_{\mathrm{lg}} = 373\text{K}$。总的换热器热导固定为 $(KA)_0 = 3000\text{W/K}$。换热网络的热流、烟耗散率及烟耗散热阻随换热器热导 $(KA)_1$ 和 $(KA)_2$ 的变化情况

如图 5.11、图 5.12 和图 5.13 所示。结果表明，在热导分布为$(KA)_1 = 752.6\text{W/K}$、$(KA)_2 = 1049.1\text{W/K}$、$(KA)_3 = 1198.3\text{W/K}$ 时，换热网络的总烟耗散率和总换热热流和同时达到最大值，$\dot{\Phi}_{\text{g,max}} = 2.403\times10^6\text{WK}$，$\dot{Q}_{0,\max} = 7.918\times10^4\text{W}$，并且烟耗散热阻达到其最小值 $R_{\text{g}} = 3.833\times10^{-4}\text{K/W}$。

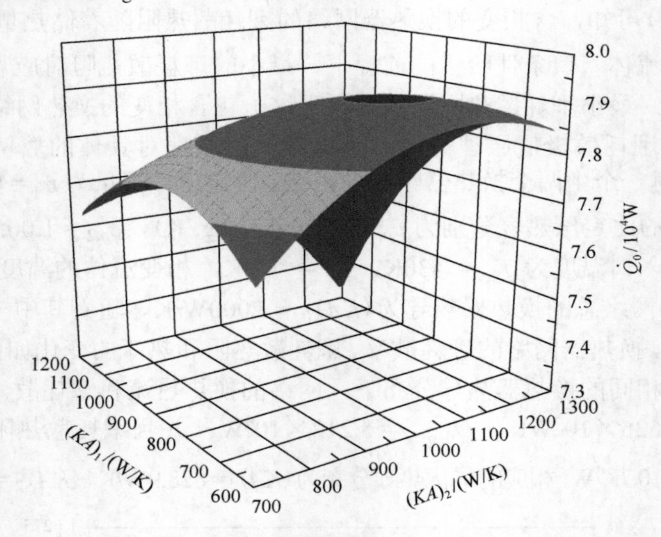

图 5.11　换热网络热流随热导$(KA)_1$和$(KA)_2$的变化

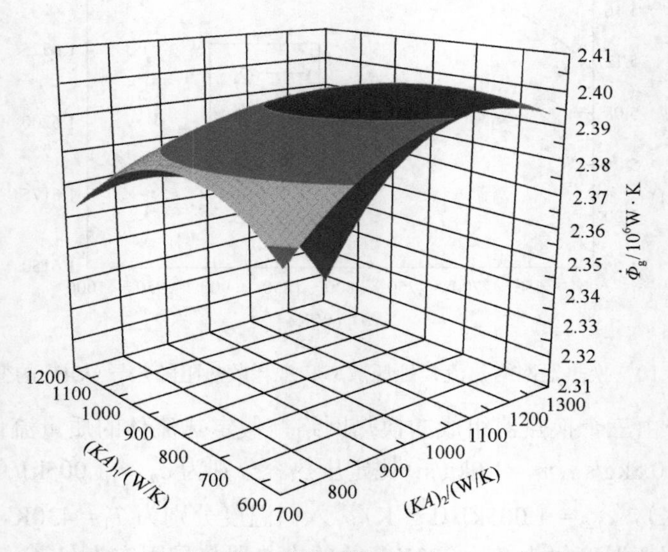

图 5.12　换热网络烟耗散率随热导$(KA)_1$和$(KA)_2$的变化

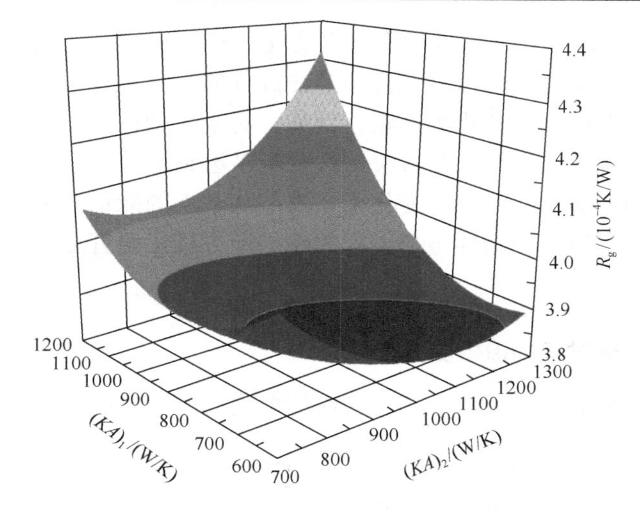

图 5.13　换热网络炽耗散热阻随热导$(KA)_1$和$(KA)_2$的变化

此外，熵产最小化方法也被应用于此数值算例中的热导分布优化。该换热网络的熵产率随着换热器热导$(KA)_1$和$(KA)_2$的变化趋势如图 5.14 所示。结果可见，最小的熵产率所对应的换热器热导分布并不能得到最大的网络换热热流。

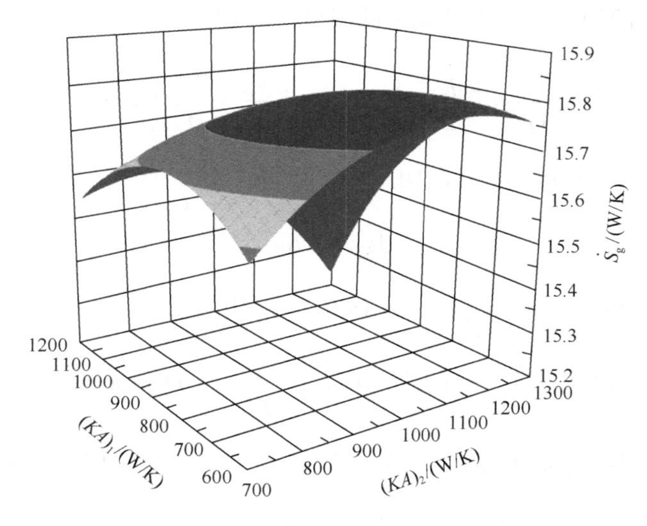

图 5.14　换热网络熵产率随热导$(KA)_1$和$(KA)_2$的变化

5.3　变物性传热过程的炽分析

对于传热过程而言，所涉及的物性参数主要有比热容、热导率、密度和动力黏度等[9]，物性参数一般随温度的变化而变化，在较小的温度范围内，物性参数可以认为不变，当作常数处理。但是若换热过程的特征温差或者物体自身温度变化较大，则需要考虑物性变化的影响。例如，对于发动机进口的预冷换热器，进口空气和出口空气的温度变化非常大，甚至可以达到上千摄氏度[10]，这个时候就要考虑空气的物性参数随温度的变化了。本节从基本的能量守衡方程和炽的微分定义出发，推导适用于变物性传热过程的炽平衡方程，研究适用于变物性条件下的炽优化方法。

5.3.1　变物性传热过程的炽平衡方程

对于传热区域的一个流体微元，其内能表述的能量守恒方程为[11]

$$\frac{\mathrm{D}u}{\mathrm{D}t}=\frac{\dot{q}_{\mathrm{s}}}{\rho}-\frac{1}{\rho}\nabla\cdot\dot{\boldsymbol{q}}+\frac{\dot{\phi}_{\mu}}{\rho}-\frac{1}{\rho}p\nabla\cdot\boldsymbol{U} \tag{5.80}$$

式中，$\mathrm{D}u/\mathrm{D}t=\partial u/\partial t+\left(\boldsymbol{U}\cdot\nabla u\right)$为物质导数；$u$为单位质量流体的内能(比内能)；$\rho$为流体的密度；$\dot{q}_{\mathrm{s}}$为流体单位体积的内热源；$\dot{\boldsymbol{q}}$为热流矢量；$\dot{\phi}_{\mu}$为单位体积流体的黏性耗散率；$p$为压力；$\boldsymbol{U}$为速度矢量；$t$为时间。

在式(5.80)两边同时乘以微元体的温度T可得

$$T\frac{\mathrm{D}u}{\mathrm{D}t}=T\frac{\dot{q}_{\mathrm{s}}}{\rho}-\frac{1}{\rho}T\nabla\cdot\dot{\boldsymbol{q}}+T\frac{\dot{\phi}_{\mu}}{\rho}-\frac{1}{\rho}pT\nabla\cdot\boldsymbol{U} \tag{5.81}$$

根据单位质量内能炽的微分定义[12]：

$$\mathrm{d}g_{\mathrm{m}}=T\mathrm{d}u \tag{5.82}$$

根据莱布尼茨法则和傅里叶定律，式(5.81)的右边第二项可以变换为

$$\frac{1}{\rho}T\nabla\cdot\dot{\boldsymbol{q}}=\frac{1}{\rho}\left[\nabla\cdot\left(\dot{\boldsymbol{q}}T\right)-\dot{\boldsymbol{q}}\nabla T\right]=\frac{1}{\rho}\left[\nabla\cdot\left(\dot{\boldsymbol{q}}T\right)+k\left(\nabla T\right)^{2}\right] \tag{5.83}$$

式中，k为热导率。$p\nabla\cdot\boldsymbol{U}$为单位体积流体在单位时间内的膨胀功：

$$\dot{w}=p\nabla\cdot\boldsymbol{U} \tag{5.84}$$

将式(5.82)～式(5.84)代入式(5.81)可得[13, 14]

$$\rho\frac{\mathrm{D}g_{\mathrm{m}}}{\mathrm{D}t}=T\dot{q}_{\mathrm{s}}-k\left(\nabla T\right)^{2}-\nabla\cdot\left(\dot{\boldsymbol{q}}T\right)+T\dot{\phi}_{\mu}-T\dot{w} \tag{5.85}$$

方程(5.85)左边项为流体微元的炽变化率，右边第一项为由内热源引起的微

元体内炽的增加率，第二项为微元体内的炽耗散率，第三项为边界上热流交换引起的微元体内的炽的变化率，第四项为由黏性耗散引起的微元体内炽的增加率，最后一项为由流体膨胀功引起的微元体内的炽变化。式(5.85)即流体微元的内能炽平衡方程，从推导的过程可以看出，不论流体的物性是否变化，该方程总是成立的。同时注意到，与第 3 章常物性的炽平衡方程[15]相比，该方程中包含了体积膨胀引起的炽的变化项。对于大多数传热问题，这一项与传热相比很小，可以忽略。

根据焓和内能的关系，有[11]

$$h = u + p/\rho \tag{5.86}$$

基于焓表述的能量守恒方程如下[11]：

$$\frac{\mathrm{D}h}{\mathrm{D}t} = \frac{\dot{q}_{\mathrm{s}}}{\rho} - \frac{1}{\rho}\nabla\cdot\dot{\boldsymbol{q}} + \frac{\dot{\phi}_{\mu}}{\rho} + \frac{1}{\rho}\frac{\mathrm{d}p}{\mathrm{d}t} \tag{5.87}$$

在式(5.87)两边同时乘以温度 T 可得

$$T\frac{\mathrm{D}h}{\mathrm{D}t} = T\frac{\dot{q}_{\mathrm{s}}}{\rho} - \frac{1}{\rho}T\nabla\cdot\dot{\boldsymbol{q}} + T\frac{\dot{\phi}_{\mu}}{\rho} + T\frac{1}{\rho}\frac{\mathrm{d}p}{\mathrm{d}t} \tag{5.88}$$

根据焓炽的微分定义式(5.1)，以及式(5.83)，式(5.88)可以变换为[13, 14]

$$\rho\frac{\mathrm{D}g_{\mathrm{m}h}}{\mathrm{D}t} = T\dot{q}_{\mathrm{s}} - k\left(\nabla T\right)^{2} - \nabla\cdot\left(\dot{\boldsymbol{q}}T\right) + T\dot{\phi}_{\mu} - T\dot{w}_{\mathrm{t}} \tag{5.89}$$

式中，$\dot{w}_{\mathrm{t}}$ 为单位体积流体在单位时间内的技术功：

$$\dot{w}_{\mathrm{t}} = -\frac{\mathrm{d}p}{\mathrm{d}t} \tag{5.90}$$

方程(5.89)左边项为单位质量流体的焓炽变化率，右边最后一项为由微元体的技术功输出引起的焓炽变化，方程中其他各项的物理意义与式(5.85)类似。式(5.89)即流体微元的焓炽平衡方程。与式(5.85)表述的内能炽平衡方程类似，不论流体的物性是否发生变化，该方程总是成立的。当做功与传热相比很小时，做功项可以忽略。

实际的过程一般发生在一个特定的有限区域中，将上述微元体的内能炽平衡方程和焓炽平衡方程在整个区域积分即可得到整个区域的内能炽平衡方程和焓炽平衡方程。首先，对于式(5.85)所示的内能炽平衡方程，将其在整个区域上积分，可得

$$\iiint_{V}\left(\rho\frac{\mathrm{D}g_{\mathrm{m}}}{\mathrm{D}t}\right)\mathrm{d}V = \iiint_{V}\left[T\dot{q}_{\mathrm{s}} - k\left(\nabla T\right)^{2} - \nabla\cdot(\dot{\boldsymbol{q}}T) + T\dot{\phi}_{\mu} - T\dot{w}\right]\mathrm{d}V \tag{5.91}$$

式中，V 为整个流体区域的体积。根据莱布尼茨法则和流体的连续性方程 $\partial\rho/\partial t + \nabla\cdot(\rho\boldsymbol{U})=0$，方程(5.91)的左边项可以变为

$$
\begin{aligned}
\iiint_V\left(\rho\frac{\mathrm{D}g_{\mathrm{m}}}{\mathrm{D}t}\right)\mathrm{d}V &= \iiint_V\left(\rho\frac{\partial g_{\mathrm{m}}}{\partial t}+\rho\boldsymbol{U}\cdot\nabla g_{\mathrm{m}}\right)\mathrm{d}V \\
&= \iiint_V\frac{\partial(\rho g_{\mathrm{m}})}{\partial t}\mathrm{d}V-\iiint_V g_{\mathrm{m}}\frac{\partial\rho}{\partial t}\mathrm{d}V \\
&\quad+\iiint_V\nabla\cdot(\rho\boldsymbol{U}g_{\mathrm{m}})\mathrm{d}V-\iiint_V g_{\mathrm{m}}\nabla\cdot(\rho\boldsymbol{U})\mathrm{d}V \\
&= \iiint_V\frac{\partial g}{\partial t}\mathrm{d}V+\oiint_A\boldsymbol{U}g\cdot\boldsymbol{n}\mathrm{d}A
\end{aligned}
\tag{5.92}
$$

根据高斯定理，式(5.91)的右边第三项可以变换为

$$
-\iiint_V\nabla\cdot(\dot{\boldsymbol{q}}T)\mathrm{d}V=-\oiint_A\dot{\boldsymbol{q}}T\cdot\boldsymbol{n}\mathrm{d}A \tag{5.93}
$$

进而式(5.91)可以变为

$$
\begin{aligned}
&\iiint_V\frac{\partial g}{\partial t}\mathrm{d}V+\oiint_A\boldsymbol{U}g\cdot\boldsymbol{n}\mathrm{d}A \\
&=\iiint_V T\dot{q}_{\mathrm{s}}\mathrm{d}V-\iiint_V k(\nabla T)^2\mathrm{d}V-\oiint_A\dot{\boldsymbol{q}}T\cdot\boldsymbol{n}\mathrm{d}A+\iiint_V T\dot{\phi}_\mu\mathrm{d}V-\iiint_V T\dot{w}\mathrm{d}V
\end{aligned}
\tag{5.94}
$$

式中，$dg=\rho dg_m$。

该方程为整个区域的内能烟平衡方程，其中左边第一项为流体区域的内能烟变化率，第二项为由边界上流体流动引起的区域的内能烟变化率；右边第一项为由内热源引起的流体区域的烟的增加率，第二项为整个区域的烟耗散，第三项为由边界上热流交换引起的区域内的烟变化率，第四项为由黏性耗散引起的区域内的烟变化率，最后一项为由区域内膨胀功输出引起的烟的变化。

对于式(5.89)所示的焓烟平衡方程，将其在整个区域上积分，采用与内能烟平衡方程相同的处理方法，可以得到

$$
\begin{aligned}
&\iiint_V\frac{\partial g_h}{\partial t}\mathrm{d}V+\oiint_A\boldsymbol{U}g_h\cdot\boldsymbol{n}\mathrm{d}A \\
&=\iiint_V T\dot{q}_{\mathrm{s}}\mathrm{d}V-\iiint_V k(\nabla T)^2\mathrm{d}V-\oiint_A\dot{\boldsymbol{q}}T\cdot\boldsymbol{n}\mathrm{d}A+\iiint_V T\dot{\phi}_\mu\mathrm{d}V-\iiint_V T\dot{w}_{\mathrm{t}}\mathrm{d}V
\end{aligned}
\tag{5.95}
$$

该方程为整个流体区域的焓烟平衡方程，其中左边第一项为整个区域内的焓烟变化率，第二项为由边界上流体流动引起的焓烟变化率，右边最后一项为由区域内技术功输出引起的烟的变化，其他各项的物意义与式(5.94)类似。

根据内能燠和焓燠的微分定义及技术功和膨胀功的关系[16]可以得到：

$$\frac{\mathrm{d}g_{\mathrm{m}h}}{\mathrm{d}t}=T\frac{\mathrm{d}h}{\mathrm{d}t}=T\frac{\mathrm{d}u}{\mathrm{d}t}+T\frac{\mathrm{d}(p/\rho)}{\mathrm{d}t}=\frac{\mathrm{d}g_{\mathrm{m}}}{\mathrm{d}t}+\frac{1}{\rho}T\dot{w}-\frac{1}{\rho}T\dot{w}_{\mathrm{t}} \tag{5.96}$$

结合式(5.85)和式(5.89)可见，两者是一致的。因此，由其进一步推导得到的式(5.94)和式(5.95)也是等价的。在实际的分析应用中，可以根据具体的条件进行选择。

首先，对于传热过程，如果是定容传热过程，则采用式(5.94)所示的燠平衡方程进行分析较为合适，因为方程中与膨胀功相关的项为零，方程可以得到简化；如果为定压传热过程，采用式(5.95)所示的焓燠平衡方程进行分析较为合适，方程中与技术功相关项为零，方程可以得到简化；如果既不为定压传热过程也不为定容传热过程，内能燠平衡方程和焓燠平衡方程均可以使用，前提是需要计算整个区域的膨胀功和技术功引起的燠变化。

其次，对于热功转换过程，如果系统为闭口系统，所关心的为膨胀功，则采用式(5.94)所示的燠平衡方程进行分析较为合适；如果系统为开口系统，所关心的为技术功，则采用式(5.95)所示的焓燠平衡方程进行分析较为合适。

上述方程同样可以用于固体系统的分析。对于固体系统而言，由于介质中不存在流动问题，相应的燠平衡方程也可以进行简化，即方程中的对流项和黏性耗散项可以略去。

5.3.2　变物性条件下物体的燠及燠变化的计算

根据燠的微分定义，在一定的状态下，单位质量物体的内能燠(简称比燠)可以表示为

$$g_{\mathrm{m}}=\int_0^g \mathrm{d}g_{\mathrm{m}}=\int_0^u T\mathrm{d}u \tag{5.97}$$

一般实际应用中只关心物体从一个状态到另一个状态的燠的变化，因此可以根据需要设定相对的参考温度点。假设在参考温度 T_{ref} 下，单位质量物体所对应的内能和燠分别为 u_{ref} 和 $g_{\mathrm{m\text{-}ref}}$，则物体相对于参考点内能燠的变化为

$$g_{\mathrm{m}}-g_{\mathrm{m\text{-}ref}}=\int_{u_{\mathrm{ref}}}^{u} T\mathrm{d}u \tag{5.98}$$

对于定容过程和可视为理想气体系统，根据热力学基本关系有

$$\mathrm{d}u=c_V\mathrm{d}T \tag{5.99}$$

进而单位质量的内能燠可以改写为

$$g_{\mathrm{m}} = g_{\mathrm{m\text{-}ref}} + \int_{u_{\mathrm{ref}}}^{u} T\mathrm{d}u = g_{\mathrm{m\text{-}ref}} + \int_{T_{\mathrm{ref}}}^{T} c_V T\mathrm{d}T \tag{5.100}$$

若假设 $T_{\mathrm{ref}}=0$、$g_{m\text{-}\mathrm{ref}}=0$，且 c_V 为常数，则内能炽的表达式可以简化为 $g_{\mathrm{m}} = c_V T^2/2$，这与常物性条件下常用的炽的定义[7]是一致的。

根据上述炽的定义，当温度从 T_1 变化到 T_2 时，单位质量物体的炽的变化为

$$\Delta g_{\mathrm{m}} = g_{\mathrm{m\text{-}}T_2} - g_{\mathrm{m\text{-}}T_1} = \int_{T_1}^{T_2} c_V T\mathrm{d}T \tag{5.101}$$

对于焓炽定义的也与内能炽类似。在一定的状态下，单位质量物体的焓炽可以表示为

$$g_{\mathrm{m}h} = \int_0^{g_h} \mathrm{d}g_{\mathrm{m}h} = \int_0^h T\mathrm{d}h \tag{5.102}$$

在参考温度 T_{ref} 下单位质量物体的焓、焓炽分别为 h_{ref} 和 $g_{\mathrm{m}h\text{-}\mathrm{ref}}$，则单位质量物体的焓炽的可以表示为

$$g_{\mathrm{m}h} = g_{\mathrm{m}h\text{-}\mathrm{ref}} + \int_{h_{\mathrm{ref}}}^{h} T\mathrm{d}h \tag{5.103}$$

对于定压过程或可视为理想气体的系统，根据热力学基本关系有

$$\mathrm{d}h = c_p \mathrm{d}T \tag{5.104}$$

单位质量物体的焓炽可以变为

$$g_{\mathrm{m}h} = g_{\mathrm{m}h\text{-}\mathrm{ref}} + \int_{h_{\mathrm{ref}}}^{h} T\mathrm{d}h = g_{\mathrm{m}h\text{-}\mathrm{ref}} + \int_{T_{\mathrm{ref}}}^{T} c_p T\mathrm{d}T \tag{5.105}$$

若假设 $T_{\mathrm{ref}}=0$、$g_{\mathrm{m}h\text{-}\mathrm{ref}}=0$，且 c_p 为常数，则单位质量物体焓炽的公式可以简化为 $g_{\mathrm{m}h} = c_p T^2/2$，这与第 3 章给出的焓炽的定义是一致的。

根据上述焓炽的定义，当温度从 T_1 变化到 T_2 时，单位质量物体焓炽的变化为

$$\Delta g_{\mathrm{m}h} = g_{\mathrm{m}h\text{-}T_2} - g_{\mathrm{m}h\text{-}T_1} = \int_{T_1}^{T_2} c_p T\mathrm{d}T \tag{5.106}$$

将变物性情况下炽的定义与含有相变过程的炽的定义式(5-20)相结合，就可以得到同时考虑物性变化与相变过程时物体的状态的炽。

5.3.3　两个变热物性物体在热平衡过程中炽的变化

如图 5.15 所示，假设两个物体的质量分别为 M_1 和 M_2，在初始状态下两者互不接触，且温度分别为 T_1 和 T_2。从某一时刻开始，两个物体接触并发生热量传递，

直到两者达到热平衡，热平衡状态下两者的温度均为 T_{av}。在整个过程中，两个物体的体积不发生变化。对于该问题，可将两个物体视为一个系统。对于两个物体的比热容均为常数的情况，Guo 等[7]和 Cheng 等[17]的研究表明，在整个热平衡过程中，系统的燃逐渐减小。那么如果两个物体的比热均不为常数，而且是温度的函数，在热平衡过程中，系统的燃是否仍然逐渐减小呢？下面将给出证明。

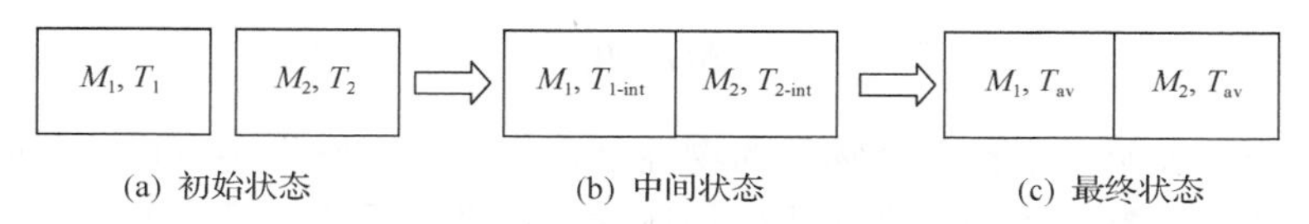

图 5.15　两个物体间的热平衡过程

由于系统的体积不发生变化，根据式(5.100)中给出的燃的表达式，在初始状态下，系统的燃为

$$G_0 = M_1\left(g_{\text{m1-ref}} + \int_{T_{\text{ref}}}^{T_1} c_{V,1} T\text{d}T\right) + M_2\left(g_{\text{m2-ref}} + \int_{T_{\text{ref}}}^{T_2} c_{V,2} T\text{d}T\right) \tag{5.107}$$

式中，下标 1 和 2 分别为两个物体的下标；$c_{V,1}$ 和 $c_{V,2}$ 分别为两个物体的比定容热容，两者的值均为温度的函数且始终为正。

假设传递任意大小的热量之后，两个物体的温度分别变为 $T_{1\text{-int}}$ 和 $T_{2\text{-int}}$，则系统的燃变为

$$G_{\text{int}} = M_1\left(g_{\text{m1-ref}} + \int_{T_{\text{ref}}}^{T_{1\text{-int}}} c_{V,1} T\text{d}T\right) + M_2\left(g_{\text{m2-ref}} + \int_{T_{\text{ref}}}^{T_{2\text{-int}}} c_{V,2} T\text{d}T\right) \tag{5.108}$$

经历该过程后，系统燃的变化为

$$\Delta G = G_{\text{int}} - G_0 = M_1 \int_{T_1}^{T_{1\text{-int}}} c_{V,1} T\text{d}T + M_2 \int_{T_2}^{T_{2\text{-int}}} c_{V,2} T\text{d}T \tag{5.109}$$

假设 $T_1<T_2$，则有 $T_1<T_{1\text{-int}}<T_{2\text{-int}}<T_2$，进一步可得

$$M_1 \int_{T_1}^{T_{1\text{-int}}} c_{V,1} T\text{d}T < M_1 T_{1\text{-int}} \int_{T_1}^{T_{1\text{-int}}} c_{V,1} \text{d}T < M_1 T_{2\text{-int}} \int_{T_1}^{T_{1\text{-int}}} c_{V,1} \text{d}T \tag{5.110}$$

$$M_2 \int_{T_2}^{T_{2\text{-int}}} c_{V,2} T\text{d}T < M_2 T_{2\text{-int}} \int_{T_2}^{T_{2\text{-int}}} c_{V,2} \text{d}T \tag{5.111}$$

结合式(5.109)～式(5.111)可得

$$\Delta G < T_{2\text{-int}}\left(M_1 \int_{T_1}^{T_{1\text{-int}}} c_{V,1} \text{d}T + M_2 \int_{T_2}^{T_{2\text{-int}}} c_{V,2} \text{d}T\right) \tag{5.112}$$

另外，根据两个物体之间的能量平衡，有

$$M_1\int_{T_1}^{T_{1\text{-int}}} c_{V,1}\mathrm{d}T + M_2\int_{T_2}^{T_{2\text{-int}}} c_{V,2}\mathrm{d}T = 0 \tag{5.113}$$

因此，式(5.112)可以变为

$$\Delta G < 0 \tag{5.114}$$

上述分析表明，不论两个物体的物性是否为常数，发生不可逆传热时，系统的炽总是减少。整个系统的炽在两个物体达到热平衡后达到最小值。

5.3.4 变物性传热过程的炽优化分析

对于如图 5.16 所示的稳态对流传热系统，流体通过边界 A_{in} 流进系统，通过边界 A_{out} 流出系统，过程中与壁面发生热量交换。对于该过程，所关注的传热量为流体与边界 A_{w} 间传递的热流 $\dot{Q}_{\text{t}}$。

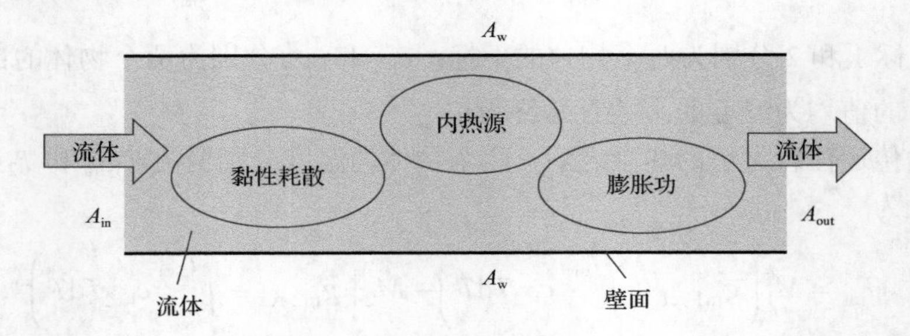

图 5.16 稳态对流传热系统

首先，采用炽平衡方程对系统进行分析。由于为稳态情况，式(5.94)中的非稳态项可以忽略，炽平衡方程可以简化为

$$\begin{aligned}\oint\!\!\!\oint_A \boldsymbol{U}g\cdot\boldsymbol{n}\mathrm{d}A =& \iiint_V T\dot{q}_s\mathrm{d}V - \iiint_V k\left(\nabla T\right)^2\mathrm{d}V \\ &-\oint\!\!\!\oint_A \dot{\boldsymbol{q}}T\cdot\boldsymbol{n}\mathrm{d}A + \iiint_V T\dot{\phi}_\mu\mathrm{d}V - \iiint_V T\dot{w}\mathrm{d}V\end{aligned} \tag{5.115}$$

进一步，系统的炽耗散可以表示为

$$\begin{aligned}\varPhi_{\text{g}} =& \iiint_V k\left(\nabla T\right)^2\mathrm{d}V \\ =& -\oint\!\!\!\oint_A \boldsymbol{U}g\cdot\boldsymbol{n}\mathrm{d}A + \iiint_V T\dot{q}_s\mathrm{d}V - \oint\!\!\!\oint_A \dot{\boldsymbol{q}}T\cdot\boldsymbol{n}\mathrm{d}A + \iiint_V T\dot{\phi}_\mu\mathrm{d}V - \iiint_V T\dot{w}\mathrm{d}V\end{aligned} \tag{5.116}$$

对于流体区域，假设其向壁面传热，传热热流可以表示为

$$\dot{Q}_{\mathrm{H}}=-\iint_{A_{\mathrm{in}}+A_{\mathrm{out}}}\rho\boldsymbol{U}u\cdot\boldsymbol{n}\mathrm{d}A+\iiint_{V}\dot{q}_{s}\mathrm{d}V+\iiint_{V}\dot{\phi}_{\mu}\mathrm{d}V-\iiint_{V}\dot{w}\mathrm{d}V \tag{5.117}$$

式中，A_{in} 和 A_{out} 分别为边界流体进出口的面积。

壁面从流体区域吸热的热流可以表示为

$$\dot{Q}_{\mathrm{L}}=\iint_{A_{\mathrm{w}}}\dot{\boldsymbol{q}}\cdot\boldsymbol{n}\mathrm{d}A \tag{5.118}$$

式中，A_{w} 为壁面的面积。

根据整个区域的能量平衡，有

$$\dot{Q}_{\mathrm{tot}}=\dot{Q}_{\mathrm{H}}=\dot{Q}_{\mathrm{L}} \tag{5.119}$$

流体区域的热流加权平均温度定义如下：

$$T_{\mathrm{H}}=\left(-\iint_{A_{\mathrm{in}}+A_{\mathrm{out}}}\boldsymbol{U}g\cdot\boldsymbol{n}\mathrm{d}A+\iiint_{V}T\dot{q}_{s}\mathrm{d}V+\iiint_{V}T\dot{\phi}_{\mu}\mathrm{d}V-\iiint_{V}T\dot{w}\mathrm{d}V\right)\dot{Q}_{\mathrm{tot}}^{-1} \tag{5.120}$$

对于一般的传热过程，作功项、黏性耗散项都比较小，可以忽略。如果进一步考虑没有内热源的情况：

$$T_{\mathrm{H}}=\left(-\iint_{A_{\mathrm{in}}+A_{\mathrm{out}}}\boldsymbol{U}g\cdot\boldsymbol{n}\mathrm{d}A\right)\dot{Q}_{\mathrm{tot}}^{-1} \tag{5.121}$$

T_{H} 就是按照进出口炽流大小平均定义的等效温度。壁面的热流加权等效平均温度为

$$T_{\mathrm{L}}=\iint_{A_{\mathrm{w}}}\dot{\boldsymbol{q}}T\cdot\boldsymbol{n}\mathrm{d}A/\dot{Q}_{\mathrm{tot}} \tag{5.122}$$

它是按照边界等效炽流定义的边界温度。

进一步，系统的炽耗散可以改写为

$$\dot{\Phi}_{\mathrm{g}}=\dot{Q}_{\mathrm{tot}}\left(T_{\mathrm{H}}-T_{\mathrm{L}}\right) \tag{5.123}$$

式(5.123)表明，当系统的等效传热温度给定时，最大炽耗散率对应于系统的最大传热热流；当系统的热流给定时，系统的最小炽耗散率对应于系统的最小传热温差。这就是变物性情况下的对流传热的炽耗散极值原理，与第 3 章常物性传热过程给出的炽耗散极值原理是一致的[7]，说明炽耗散极值原理在变物性条件下依然成立。

其次，若采用焓炽平衡方程来描述该系统，则系统的炽耗散可以表示为

$$\dot{\Phi}_{\mathrm{g}}=\iiint_V k(\nabla T)^2 \mathrm{d}V \\ =-\oiint_A \boldsymbol{U} g_h \cdot \boldsymbol{n} \mathrm{d}A+\iiint_V T\dot{q}_s \mathrm{d}V-\oiint_A \dot{\boldsymbol{q}} T \cdot \boldsymbol{n} \mathrm{d}A+\iiint_V T\dot{\phi}_\mu \mathrm{d}V-\iiint_V T\dot{w}_{\mathrm{t}} \mathrm{d}V \tag{5.124}$$

利用与式(5.118)～式(5.122)同样的方法定义系统的总传热量和等效温度，则系统的焐耗散同样可以写为(5.123)的形式，同样可以得到用于变物性情况下的对流传热优化的焐耗散极值原理。

针对变物性传热过程，与常物性过程类似，同样可以定义系统的焐耗散热阻[17]：

$$R_{\mathrm{g}}=\frac{T_{\mathrm{H}}-T_{\mathrm{L}}}{\dot{Q}_{\mathrm{tot}}}=\frac{\dot{\Phi}_{\mathrm{g}}}{\dot{Q}_{\mathrm{tot}}^2} \tag{5.125}$$

从式(5.125)可以看到，焐耗散极值原理可以简化为最小焐耗散热阻原理，即最小焐耗散热阻对应于系统的传热最优。因此对于可以不计作功、黏性耗散、没有内热源的情况，最小焐耗散热阻原理在变物性条件下同样适用。

上述焐耗散极值原理和最小焐耗散热阻原理均针对变物性的对流传热问题而得到。通过忽略方程中的对流项和黏性耗散项，其同样可用于导热过程的优化。

本节提到过，采用预冷换热器对发动机进气进行冷却和采用换热器对冷却空气进行冷却都可以达到提高发动机性能的目的[14]。在预冷器和换热器的传热过程中，燃料与高温空气具有较大的温差，并且燃料在传热过程中温升较大，需要考虑燃料变物性的影响。下面以冷却空气的换热器为例，结合变物性传热过程的焐理论，对其进行分析；同时结合熵产进行对比分析，探讨焐和熵产分析在该换热器优化中的适用性。

冷却空气换热器为如图 5.17 所示的两股流换热器，其中通过换热器的冷流体为煤油，热流体为从压气机引出的高温空气。低温和高温流体的入口温度分别为 $T_{\mathrm{c,in}}$ 和 $T_{\mathrm{h,in}}$，出口温度分别为 $T_{\mathrm{c,out}}$ 和 $T_{\mathrm{h,out}}$。两者的质量流量给定，分别为 $\dot{m}_{\mathrm{h}}$ 和 $\dot{m}_{\mathrm{c}}$，煤油和空气比热容随温度变化。

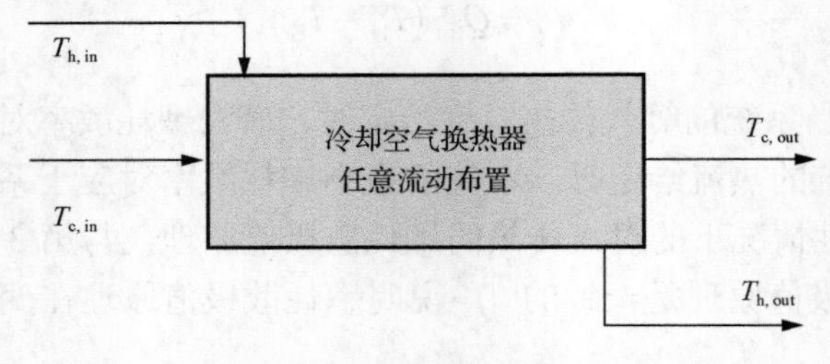

图 5.17　冷却空气换热器示意图

流体内无内热源，假设流体在换热器内的流速较低，忽略流体从入口到出口的压降，近似视为定压过程，仅考虑比热容随温度变化的情况。根据焓煅平衡方程，整个换热器的煅耗散可以计算如下：

$$\begin{aligned}\dot{\Phi}_{\mathrm{g}} &= \iiint_V k(\nabla T)^2 \mathrm{d}V = -\oiint_A \boldsymbol{U} g_h \cdot \boldsymbol{n} \mathrm{d}A \\ &= \dot{m}_{\mathrm{h}} \int_{T_{\mathrm{h,out}}}^{T_{\mathrm{h,in}}} c_{p,\mathrm{h}} T \mathrm{d}T + \dot{m}_{\mathrm{c}} \int_{T_{\mathrm{c,out}}}^{T_{\mathrm{c,in}}} c_{p,\mathrm{c}} T \mathrm{d}T\end{aligned} \tag{5.126}$$

式中，$c_{p,\mathrm{h}}$ 和 $c_{p,\mathrm{c}}$ 分别为高温空气和煤油的比定压热容。

根据以上条件，换热器的换热热流可以写为

$$\dot{Q}_{\mathrm{ex}} = \dot{m}_{\mathrm{h}} \int_{T_{\mathrm{h,out}}}^{T_{\mathrm{h,in}}} c_{p,\mathrm{h}} \mathrm{d}T = \dot{m}_{\mathrm{c}} \int_{T_{\mathrm{c,in}}}^{T_{\mathrm{c,out}}} c_{p,\mathrm{c}} \mathrm{d}T \tag{5.127}$$

整个换热器的煅耗散热阻可以写为

$$R_{\mathrm{g}} = \dot{\Phi}_{\mathrm{g}} \Big/ \dot{Q}_{\mathrm{ex}}^2 \tag{5.128}$$

同时，由于熵产、熵产数[18]和改进熵产数[19]也都被应用于换热器性能的评价，在此也一并进行讨论。对于所讨论的换热器，其计算分别如下：

$$\dot{S}_{\mathrm{g}} = \dot{m}_{\mathrm{h}} \int_{T_{\mathrm{h,in}}}^{T_{\mathrm{h,out}}} \frac{c_{p,\mathrm{h}}}{T} \mathrm{d}T + \dot{m}_{\mathrm{c}} \int_{T_{\mathrm{c,in}}}^{T_{\mathrm{c,out}}} \frac{c_{p,\mathrm{c}}}{T} \mathrm{d}T \tag{5.129}$$

$$N_{\mathrm{S}} = \dot{S}_{\mathrm{g}} \Big/ \dot{C}_{\min} \tag{5.130}$$

$$N_{\mathrm{RS}} = \dot{S}_{\mathrm{g}} T_0 \Big/ \dot{Q}_{\mathrm{ex}} \tag{5.131}$$

式(5.131)所描述的改进熵产数的物理意义是单位换热量的可用能损失。考虑到流体的比热容为温度的函数，定义最小热容量流如下：

$$\dot{C}_{\min} = \min\left\{ \frac{\dot{m}_{\mathrm{h}} \int_{T_{\mathrm{c,in}}}^{T_{\mathrm{h,in}}} c_{p,\mathrm{h}} \mathrm{d}T}{T_{\mathrm{h,in}} - T_{\mathrm{c,in}}},\ \frac{\dot{m}_{\mathrm{c}} \int_{T_{\mathrm{c,in}}}^{T_{\mathrm{h,in}}} c_{p,\mathrm{c}} \mathrm{d}T}{T_{\mathrm{h,in}} - T_{\mathrm{c,in}}} \right\} \tag{5.132}$$

换热器的最大可能的换热热流可以计算如下：

$$\dot{Q}_{\text{ex-max}} = \dot{C}_{\min} \left(T_{\mathrm{h,in}} - T_{\mathrm{c,in}} \right) \tag{5.133}$$

根据换热器效能的定义，有

$$\dot{Q}_{\text{ex}} = \varepsilon \dot{Q}_{\text{ex-max}} = \varepsilon C_{\min}\left(T_{\text{h,in}} - T_{\text{c,in}}\right) \tag{5.134}$$

下面给定一组具体的参数进行分析。取高温空气的入口温度 $T_{\text{h,in}}$= 900K、质量流量 $\dot{m}_{\text{h}}$ = 10 kg/s，煤油的入口温度 $T_{\text{c,in}}$= 300 K、质量流量 $\dot{m}_{\text{c}}$ = 2 kg/s。空气的比定压热容为温度的函数，可以用式(5.135)表示[20]：

$$c_{p,\text{a}}(T) = 10^{-3}\sum_{i=0}^{n} a_i \left(\frac{T}{1000}\right)^{i-1} \tag{5.135}$$

式中，a_i 为多项式中的第 i 项的系数，可以从文献[20]中查找。煤油的比定压热容为温度的函数，可以用如下的拟合公式表示[22]：

$$c_{p,\text{k}}(T) = 488.7 + 5.0855T \tag{5.136}$$

根据上述参数，换热器的换热热流、熵产率、炽耗散热阻、熵产数和改进熵产数随换热器效能的变化如图 5.18 所示。

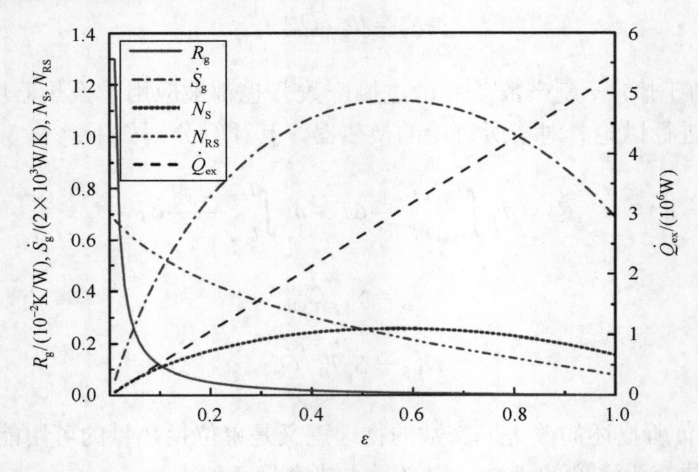

图 5.18 换热热流、熵产率、炽耗散热阻、熵产数和改进熵产数随换热器效能的变化

结果表明，在给定换热器进口参数的情况下，换热器的换热热流随换热器效能的增加而增加，换热器的炽耗散热阻随换热器效能的增加逐渐减小，因此最小炽耗散热阻原理可以用于物性随温度变化的换热器的优化。换热器的熵产率和熵产数随换热器效能的增加先增加后减小，而改进熵产数随换热器效能的增加逐渐减小，因此改进熵产数也可以作为换热器优化的目标，而熵产率和熵产数不可以。针对比热容为常数的两股流换热器，Cheng 和 Liang[22]进行了类似的讨论，结论与此一致。

5.4 小　结

本章针对相变问题，通过划分液态区、相变区和气态区，分别建立了各个状态区的能量守恒微分方程，导出了各个区域的𤆬平衡方程的微分表达式，进而获得了各区域的积分表达式。将各区域的𤆬平衡方程积分表达式相加，获得了包含相变区域的𤆬平衡方程。另外，本章以绝对零度为基准定义了各相态时的焓𤆬的数值，并应用焓𤆬定义同样推导出了相变换热系统的𤆬平衡方程。结果表明，两种方法得到的𤆬平衡方程及𤆬耗散的表达式一致。

针对热流体与相变流体进行热交换的换热器，本章分别采用焓𤆬定义与微元面积上的𤆬耗散积分的方法，推导得到了出口为两相流和出口为气态工况下的𤆬耗散热阻，两种方法得到的𤆬耗散及𤆬耗散热阻的表达式一致。具体算例的数值结果表明，在热流体入口条件固定时，最小𤆬耗散热阻始终对应着换热器的最大效能。针对利用相变储热的换热网络，本章分别从理论上推导了𤆬耗散率、𤆬耗散热阻与储热热流的函数关系式。在所有热流体入口条件给定时，𤆬耗散率的极值、最小𤆬耗散热阻与最大储热热流一一对应。

本章讨论了热物性变化情况下的𤆬平衡方程，将𤆬理论拓展应用于变热物性传热过程的分析，证明了在变热物性条件下两个物体的热平衡过程依然是𤆬减小的过程，以及稳态情况下的𤆬耗散极值原理、最小𤆬耗散热阻原理。对航空发动机冷却空气的换热器进行了分析，结果表明，在变物性的情况下最小𤆬耗散热阻也总是随着换热器的效能的增加而降低。

参 考 文 献

[1] Chen Q, Yang K D, Wang M R, et al. A new approach to analysis and optimization of evaporative cooling system I: Theory[J]. Energy, 2010, 35(6): 2448-2454.

[2] Chen Q, Pan N, Guo Z Y. A new approach to analysis and optimization of evaporative cooling system II: Applications[J]. Energy, 2011, 36(5): 2890-2898.

[3] Qian S, Huang L, Aute V, et al. Applicability of entransy dissipation based thermal resistance for design optimization of two-phase heat exchangers[J]. Applied Thermal Engineering, 2013, 55(1-2): 140-148.

[4] 江亿, 谢晓云, 刘晓华. 湿空气热湿转换过程的热学原理[J]. 暖通空调, 2011(03): 51-64.

[5] Cheng X T, Wang W H, Liang X G. Entransy analysis of open thermodynamic systems[J]. Chinese Science Bulletin, 2012, 57(22): 2934-2940.

[6] 程新广. 𤆬及其在传热优化中的应用[D]. 北京: 清华大学, 2004.

[7] Guo Z Y, Zhu H Y, Liang X G. Entransy－a physical quantity describing heat transfer ability. International Journal of Heat and Mass Transfer, 2007, 50(13-14): 2545-2556.

[8] Wang W H, Cheng X T, Liang X G. Entransy definition and its balance equation for heat transfer with vaporization processes[J]. International Journal of Heat and Mass Transfer, 2015, 83: 536-544.
[9] 过增元. 热流体学[M]. 北京: 清华大学出版社, 1992.
[10] 郭婷, 苏杭, 赵耀中. 预冷吸气式火箭发动机用换热器研制进展[J]. 军民两用技术与产品, 2014(18): 48-51.
[11] 陈懋章. 粘性流体动力学基础[M]. 北京: 高等教育出版社, 2002.
[12] Hu G J, Cao B Y, Guo Z Y. Entransy and entropy revisited[J]. Chinese Science Bulletin, 2011, 56(27): 2974-2977.
[13] Zhou B, Cheng X T, Wang W H, et al. Entransy analyses of thermal processes with variable thermophysical properties[J]. International Journal of Heat and Mass Transfer, 2015, 90: 1244-1254.
[14] 周兵. 新型涡轮基组合动力热力性能及活塞式发动机热管理研究[D]. 清华大学, 2016.
[15] Chen Q, Liang X G, Guo Z Y. Entransy theory for the optimization of heat transfer - a review and update[J]. International Journal of Heat and Mass Transfer, 2013, 63: 65-81.
[16] 沈维道, 童钧耕. 工程热力学[M]. 4 版. 北京: 高等教育出版社, 2007.
[17] Cheng X T, Liang X G, Guo Z Y. Entransy decrease principle of heat transfer in an isolated system[J]. Chinese Science Bulletin, 2011, 56(9): 847-854.
[18] Bejan A. Advanced Engineering Thermodynamics[M]. New York: Wiley, 1997.
[19] Xu Z M, Yang S R. A modified entropy generation number for heat exchangers[J]. Journal of Thermal Science, 1996, 5: 257-263.
[20] 骆广琦, 桑增产, 王如根, 等. 航空燃气涡轮发动机数值仿真[M]. 北京: 国防工业出版社, 2007.
[21] 孙弘原. 超燃冲压发动机燃烧室煤油再生冷却研究[D]. 长沙: 国防科学技术大学, 2009.
[22] Cheng X T, Liang X G. Optimization principles for two-stream heat exchangers and two-stream heat exchanger networks[J]. Energy, 2012, 46(1): 386-392.

第 6 章　炽在换热系统中的应用

在能源、动力、化工、航天和环境等工程领域广泛存在由多个换热器构成的换热系统。整个换热系统的性能提升虽然可以通过单个换热器的性能提升来实现，但是某个换热器的性能最优并不一定对应整个系统的性能最优，因此需要从系统的角度获得换热系统的整体最优性能。在工程实际中，换热系统优化主要可以分为两类：①对于流程结构尚未确定的换热系统，优化包括部件类型、数量以及位置在内的流程结构；②对于系统流程结构已经确定的换热系统，优化不同部件的结构和运行参数之间的匹配。

6.1　换热系统性能优化研究简介

换热系统优化存在部件种类多、物理过程多及优化目标多等特点。这些特点使得换热系统的分析和优化往往首先着眼于系统中某个部件性能的分析和优化，但部件的局部最优无法总是对应于系统的整体性能最优。因此，应从系统整体优化的角度出发，结合不同的优化目标，建立局部优化与整体优化联系的有效方法，整体分析和优化换热系统使换热系统的性能最优。

6.1.1　夹点法

在化工领域，流体物料间的热量交换需要借助换热系统实现。此时，流体物料的流量、温度以及需求的换热量通常已知，需要设计换热系统的最优流程结构来实现流体热量回收的最大化以及换热装置成本的最小化(上述第一类优化问题)。针对该问题，Linnhoff 和 Hindmarsh[1]将整个系统中冷、热流体间的最小传热温差定义为夹点，以此确定整个换热系统中热量回收的最大值以及系统对外界产生的冷、热负荷的最小值，并提出换热系统优化合成的夹点法。其主要思路为：①在图 6.1 所示的温焓图上将多股冷、热流体的温度曲线分别合并为冷、热流体的组合曲线；②通过平移两条组合曲线，改变其相对位置来确定夹点；③将整个系统在夹点上下分为两个子系统，夹点以上的子系统只需加热，而夹点以下的子系统只需冷却；④以换热装置成本最小为目标，分别完成两个子系统的设计以确定换热装置的位置和数量；⑤将子系统结合在一起生成整个换热器网络的最优流程结构。可以看出，夹点法采取分步优化的策略，每一步的优化目标有所不同。由于各步的优化子问题并不独立，分步优化有可能得不到最优流程结构，因此在夹点法的基础上产生了同时考虑不同目标的同步优化方法[2,3]。然而，同步优化方法虽然理论上更有可能获得最优结构，但是同时考虑不同目标及变量将导致其数学模型及求解过程过于复杂。

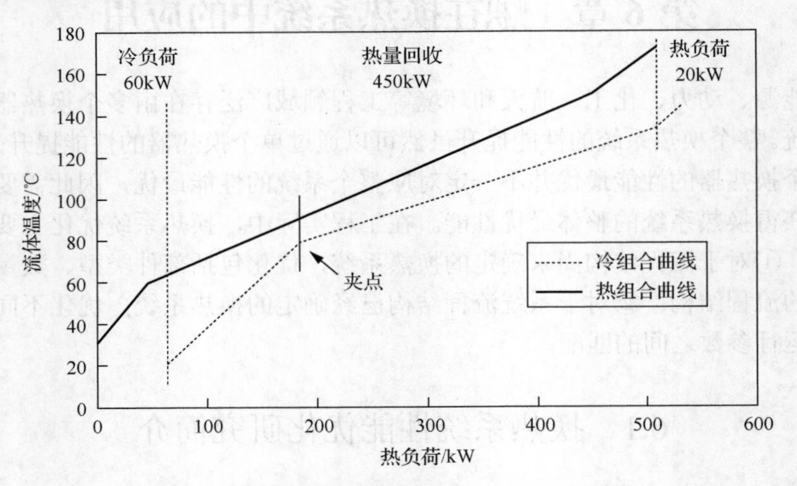

图 6.1　冷、热流体工质组合曲线及夹点位置

6.1.2　基于烟分析的优化方法[4]

夹点法主要解决的是换热系统的第一类优化问题，而当系统流程结构已知，而某些流体流量和温度未知时，需要通过寻找各参数的最优匹配来获取系统的最佳性能(第二类优化问题)。在实际换热系统中，各物理过程往往都是不可逆的，其不可逆性将导致系统对外做功能力的下降，即系统可用能的损失。在热力学中，系统具有的烟代表了系统可用能的大小，而烟损失可以衡量整个系统可用能损失的大小。因此，降低换热系统的烟损失将提高换热系统的性能。基于烟分析的换热系统优化方法的思路为：获得换热系统中各部件的烟损失，并根据烟损失的大小，寻找系统中需要改进的部件；通过调整部件结构和运行参数或更换部件来降低系统的整体烟损失，从而改善系统的性能。该方法能够帮助人们快速找到设计很不合理的部件，进而有效地改善换热系统的性能。但是，烟分析法是一种后验性方法，有时很难与系统的结构与运行参数建立直接数学联系。例如，从逆流换热器的烟损失表达式(式(6.1))中很难直接体现换热器的传热系数以及换热面积对其性能的影响：

$$\Delta E_x = \dot{m}_{\mathrm{h}} c_{p,\mathrm{h}} T_0 \ln\frac{T_{\mathrm{h,out}}}{T_{\mathrm{h,in}}} + \dot{m}_{\mathrm{c}} c_{p,\mathrm{c}} T_0 \ln\frac{T_{\mathrm{c,out}}}{T_{\mathrm{c,in}}} \tag{6.1}$$

式中，T 为流体的温度；$\dot{m}$ 为质量流量；c_p 为比定压热容；下标 h 和 c 分别代表热、冷流体，0 表示环境，in 和 out 分别表示换热器进、出口。此外，㶲分析虽然可以指明系统中设计很不合理的环节，但是找到这些环节之后并没有直接提供明确的优化途径来获得参数的最优匹配[5]。

6.1.3　最小熵产优化方法

鉴于熵产能够评价系统的不可逆性，Bejan[6, 7]将最小熵产原理引入换热系统的优化，认为对于一般的开口系统，系统的㶲损失与系统的熵产成正比：

$$W_{\mathrm{rev}} - W = T_0 S_{\mathrm{g}} \tag{6.2}$$

式中，W_{rev} 为系统最大做功能力；W 为系统实际做功；S_{g} 为系统熵产。

式(6.2)指出系统的熵产最小与系统的可用能损失最小(系统热力学性能最优)相对应，因此形成了换热系统的最小熵产优化方法：通过分析系统中各不可逆过程的熵产率，得到系统总熵产率关于各待设计参数的表达式；通过对系统的总熵产率求取极小值，获得各参数的最优值。表 6.1 列举了最小熵产优化方法在不同换热系统优化中的应用。

表 6.1　最小熵产优化方法在不同换热系统优化中的应用

时间/作者	换热系统	研究内容
1988/Klein 和 Reindl[8]	中央空调冷冻水系统	研究了冷冻水系统的参数匹配，发现熵产最小工况与系统能耗最低工况并不对应一致
2001/Alebrahim 和 Bejan[9]	环境控制系统	将熵产最小应用于温度控制系统的优化，优化了给定条件下两个换热器的面积分配
2002/Perez-Grande 和 Leo[10]	飞行器温度控制系统	将熵产最小应用于温度控制系统的换热器组优化，得到了使熵产减小的换热器热导和翅片尺寸参数
2003/Lavric 等[11]	化工冷却系统	将熵产最小应用于化工冷却系统的设计优化，得到了使换热系统熵产最小的设计优化参数及运行参数
2011/李洪波等[12]	飞机环控系统	以熵产最小为优化目标，分别优化了飞机不同飞行状态下环控系统的最优运行策略
2014/Huang 等[13]	地热换热系统	以熵产数最小为原则优化了换热器系统的设计，获得了换热器系统的面积分配和流量参数

相比㶲分析方法，最小熵产优化方法提出了更为明确的优化准则。但是，一些研究表明系统熵产最小并不总是对应系统的性能最佳[8, 14, 15]。同时，由于热系统的实际优化目标存在多样性，包括系统成本、效率、泵功、输出功率或换热器总面积等诸多指标。在不同的优化问题中，上述指标均有可能作为热系统的优化目标[16]。系统熵产最小几乎不可能都与上述优化目标对应，因此换热系统的最小熵产优化方法并非普遍适用。

6.2 换热系统整体性能分析的烟平衡方程法

对于换热系统的整体性能分析和优化，约束方程的构建非常重要，它决定了优化模型的复杂程度以及优化求解的难易。在力学领域，对于质点系或刚体系统，牛顿力学从力的角度着手，引入约束力，通过将系统拆分为单个质点，以局部分析的方式描述系统的力学特性，其数学模型中包含众多方程和变量。相比之下，分析力学则从能量的角度着手，不引入任何约束力，而使用代表系统结构特点的广义坐标对系统进行整体分析，其物理分析过程更为清晰，数学模型更为简单[17]。分析力学从能量的角度分析质点系或刚体系统。热量在传递过程中具有质量特性，称为热质，而烟则是热质势能的简化表述，其物理本质也是一种能量[18]。因此，借鉴分析力学的思路，可以提出以烟平衡方程作为约束条件的换热系统整体性能优化方法。

第 4 章讨论了换热器中换热过程的烟耗散。对于两股流换热器，在稳态工况下，热流体输出的烟流减去冷流体获得的烟流等于换热过程的烟耗散率：

$$\dot{\Phi}_{\mathrm{g,HX}} = \frac{1}{2}\dot{m}_{\mathrm{h}} c_{p,\mathrm{h}} (T_{\mathrm{h,in}}{}^{2} - T_{\mathrm{h,out}}{}^{2}) + \frac{1}{2}\dot{m}_{\mathrm{c}} c_{p,\mathrm{c}} (T_{\mathrm{c,in}}{}^{2} - T_{\mathrm{c,out}}{}^{2}) \tag{6.3}$$

式中，下标 HX 表示换热器。

将换热器的能量守恒方程代入式(6.3)中可得

$$\dot{\Phi}_{\mathrm{g,HX}} = \dot{Q}\left(\frac{T_{\mathrm{h,in}} + T_{\mathrm{h,out}}}{2} - \frac{T_{\mathrm{c,in}} + T_{\mathrm{c,out}}}{2}\right) = \dot{Q}\Delta T_{\mathrm{AM}} \tag{6.4}$$

式中，ΔT_{AM} 为换热器的算术平均温差。

式(6.3)和式(6.4)表明换热器中的烟耗散率一方面等于热、冷流体进出口烟流之差相加，另一方面还等于换热器的总热流 $\dot{Q}$ 与算术平均温差的乘积。

对于逆流换热器，如果以热流和流体温度分别作为横、纵坐标，可以得到图 6.2 所示的换热器的 T-$\dot{Q}$ 图。图 6.2 中线段 AB 和 CD 分别表示热流体与冷流体温度随着热流的变化；由冷、热流体能量守恒方程可知，T-$\dot{Q}$ 图中各线段的斜率等于流体热容量流的倒数。根据式(6.4)中换热器烟耗散率的表达式，T-$\dot{Q}$ 图中梯形 $ABCD$ 的面积等于换热器的烟耗散率。因此，T-$\dot{Q}$ 图不仅可以反映换热器中流体温度变化与热流的关系，更重要的是，它非常直观地反映换热器烟耗散率的大小。

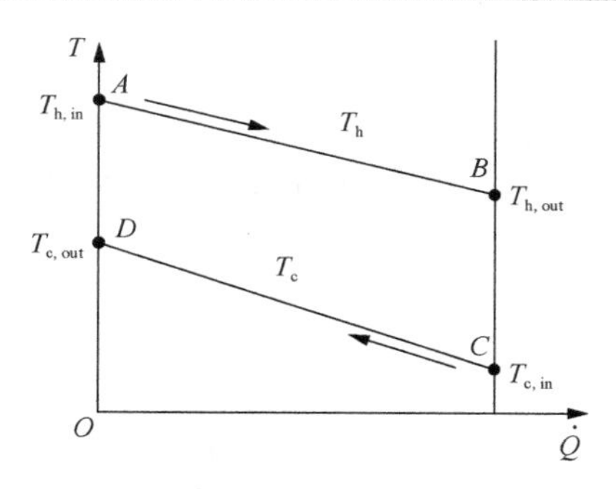

图 6.2　逆流换热器的 T-$\dot{Q}$ 图

基于换热器的燃耗散率，Guo 等[19]定义了换热器的燃耗散热阻 R_g：

$$R_g = \frac{\dot{\Phi}_{g,HX}}{\dot{Q}^2} = \frac{\Delta T_{AM}}{\dot{Q}} \tag{6.5}$$

此外，将流体的能量守恒方程代入传热方程，可以得到：

$$\ln \frac{\Delta T'}{\Delta T' - \dot{Q}\left(\dfrac{1}{\dot{m}_h c_{p,h}} - \dfrac{1}{\dot{m}_c c_{p,c}}\right)} = (KA)\left(\frac{1}{\dot{m}_h c_{p,h}} - \frac{1}{\dot{m}_c c_{p,c}}\right) \tag{6.6}$$

式中，KA 为换热器热导。

同时，利用流体的能量守恒方程消去式(6.4)中的 $T_{h,out}$ 和 $T_{c,in}$ 两项，可以得到：

$$\dot{\Phi}_{g,HX} = \dot{Q}\left[\Delta T' - \frac{\dot{Q}}{2}\left(\frac{1}{\dot{m}_h c_{p,h}} - \frac{1}{\dot{m}_c c_{p,c}}\right)\right] \tag{6.7}$$

式中，$\Delta T' = T_{h,in} - T_{c,out}$ 为冷热流体进口温度之差。

在换热过程中，温差是热量传递的驱动力，因此在换热器的燃耗散率表达式(式(6.7))以及换热器的传热方程(式(6.6))中，仅出现温差项，而不包含任何流体的热力学温度项。消去式(6.6)和式(6.7)中的温差项可得

$$\dot{\Phi}_{g,HX} = \frac{\dot{Q}^2}{2}\left(\frac{1}{\dot{m}_h c_{p,h}} - \frac{1}{\dot{m}_c c_{p,c}}\right)\frac{e^{(KA)\left(\frac{1}{\dot{m}_h c_{p,h}} - \frac{1}{\dot{m}_c c_{p,c}}\right)} + 1}{e^{(KA)\left(\frac{1}{\dot{m}_h c_{p,h}} - \frac{1}{\dot{m}_c c_{p,c}}\right)} - 1} \tag{6.8}$$

由式(6.4)和式(6.8)可以看出，换热器的燃耗散率具有两种表达式：一种表示为流体进出口温度与热流等边界量的函数，另一种还可表示为热流以及包括换热

器热导(换热面积与换热系数的乘积)、流体的热容量流在内的换热器结构和运行参数的函数。

基于式(6.5)和式(6.8)可得逆流换热器的烟耗散热阻关于换热器热导以及冷热流体热容量流的表达式：

$$R_{\rm g}=\frac{1}{2}\left(\frac{1}{\dot{m}_{\rm h}c_{p,\rm h}}-\frac{1}{\dot{m}_{\rm c}c_{p,\rm c}}\right)\frac{{\rm e}^{(KA)\left(\frac{1}{\dot{m}_{\rm h}c_{p,\rm h}}-\frac{1}{\dot{m}_{\rm c}c_{p,\rm c}}\right)}+1}{{\rm e}^{(KA)\left(\frac{1}{\dot{m}_{\rm h}c_{p,\rm h}}-\frac{1}{\dot{m}_{\rm c}c_{p,\rm c}}\right)}-1}\tag{6.9}$$

可见，换热器的烟耗散热阻表示了换热器的换热系数、换热面积，以及冷、热流体热容量流等因素引起的换热器中热量传递的“阻力”。

对于其他类型的换热器，也可以得到与式(6.9)类似的烟耗散热阻表达式(见第4章)。进而，由式(6.4)、式(6.8)和式(6.9)可以得到换热器的烟平衡方程，即输入换热器的净烟流等于换热器的烟耗散率：

$$\dot{Q}\left(\frac{T_{\rm h,in}+T_{\rm h,out}}{2}-\frac{T_{\rm c,in}+T_{\rm c,out}}{2}\right)=\dot{Q}^2R_{\rm g}\tag{6.10}$$

基于换热器的烟耗散率、烟耗散热阻以及烟平衡方程，可以提出换热系统整体优化的烟方法。图6.3给出了多回路换热器网络的结构示意图。它包含4个流体回路(从左至右依次为回路1至4)及5个换热器(从左至右依次为换热器1至5)。该换热器网络将热量由热端的热流体传递给冷端的冷流体。$T_1\sim T_8$分别为四个回路中流体的中间温度。

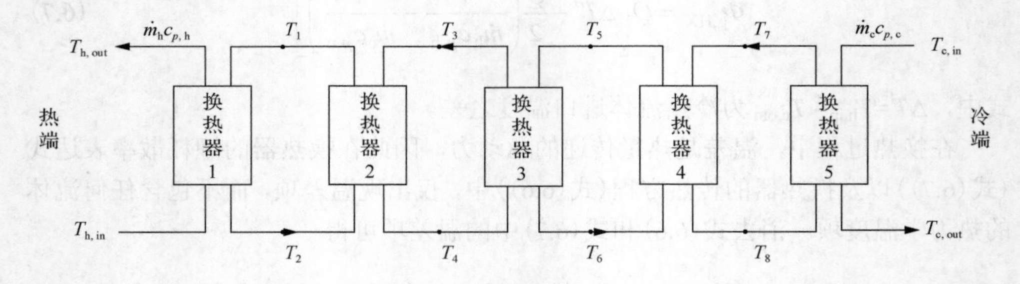

图6.3　多回路换热器网络的结构示意图

如果两侧热流体和冷流体的进出口温度及热容量流均已知，而驱动流体所消耗的总泵功一定，则优化目标为系统中换热器的总成本最小。由于总泵功与各回路流体的总热容量流正相关，而换热器总成本与换热器总热导正相关，因此，该优化问题可简化为：在回路中流体的总热容量流一定的情况下，以换热器总热导最小为优化目标，优化各回路中流体的热容量流以及各换热器的热导等参数。图 6.3 中，换热器 1 的燃平衡方程：

$$\dot{Q}\left(\frac{T_{\mathrm{h,in}}+T_{\mathrm{h,out}}}{2}-\frac{T_1+T_2}{2}\right)=\dot{Q}^2 R_{\mathrm{g},1} \tag{6.11}$$

式中，$R_{\mathrm{g},1}$ 为换热器 1 的燃耗散热阻。

$$R_{\mathrm{g},1}=\frac{1}{2}\left(\frac{1}{\dot{m}_{\mathrm{h}}c_{p,\mathrm{h}}}-\frac{1}{\dot{m}_1 c_{p,1}}\right)\frac{\mathrm{e}^{(KA)_1\left(\frac{1}{\dot{m}_{\mathrm{h}}c_{p,\mathrm{h}}}-\frac{1}{\dot{m}_1 c_{p,1}}\right)}+1}{\mathrm{e}^{(KA)_1\left(\frac{1}{\dot{m}_{\mathrm{h}}c_{p,\mathrm{h}}}-\frac{1}{\dot{m}_1 c_{p,1}}\right)}-1} \tag{6.12}$$

式中，$\dot{m}_1$ 和 $c_{p,1}$ 分别为回路 1 中流体的质量流量和比定压热容。

对于换热器 2、3、4，其燃平衡方程分别为

$$\dot{Q}\left(\frac{T_{2n-3}+T_{2n-2}}{2}-\frac{T_{2n-1}+T_{2n}}{2}\right)=\dot{Q}^2 R_{\mathrm{g},n} \tag{6.13}$$

式中，$R_{\mathrm{g},n}$ 为换热器 n 的燃耗散热阻，n =2, 3, 4，其表达式为

$$R_{\mathrm{g},n}=\frac{1}{2}\left(\frac{1}{\dot{m}_{n-1}c_{p,n-1}}-\frac{1}{\dot{m}_n c_{p,n}}\right)\frac{\mathrm{e}^{(KA)_n\left(\frac{1}{\dot{m}_{n-1}c_{p,n-1}}-\frac{1}{\dot{m}_n c_{p,n}}\right)}+1}{\mathrm{e}^{(KA)_n\left(\frac{1}{\dot{m}_{n-1}c_{p,n-1}}-\frac{1}{\dot{m}_n c_{p,n}}\right)}-1} \tag{6.14}$$

式中，$\dot{m}_n$ 和 $c_{p,n}$ 分别为回路 n 中流体的质量流量和比定压热容。

对于换热器 5，其燃平衡方程为

$$\dot{Q}\left(\frac{T_7+T_8}{2}-\frac{T_{\mathrm{c,in}}+T_{\mathrm{c,out}}}{2}\right)=\dot{Q}^2 R_{\mathrm{g},5} \tag{6.15}$$

式中，$R_{\mathrm{g},5}$ 为换热器 5 的燃耗散热阻，其表达式为

$$R_{\mathrm{g},5}=\frac{1}{2}\left(\frac{1}{\dot{m}_4 c_{p,4}}-\frac{1}{\dot{m}_{\mathrm{c}}c_{p,\mathrm{c}}}\right)\frac{\mathrm{e}^{(KA)_5\left(\frac{1}{\dot{m}_4 c_{p,4}}-\frac{1}{\dot{m}_{\mathrm{c}}c_{p,\mathrm{c}}}\right)}+1}{\mathrm{e}^{(KA)_5\left(\frac{1}{\dot{m}_4 c_{p,4}}-\frac{1}{\dot{m}_{\mathrm{c}}c_{p,\mathrm{c}}}\right)}-1} \tag{6.16}$$

将式(6.11)、式(6.13)和式(6.15)等号两边对应项相加可得

$$\dot{Q}\left(\frac{T_{\mathrm{h,in}}+T_{\mathrm{h,out}}}{2}-\frac{T_{\mathrm{c,in}}+T_{\mathrm{c,out}}}{2}\right)=\dot{Q}^2\sum_{n=1}^{5}R_{\mathrm{g},n} \tag{6.17}$$

式(6.17)等号左侧为换热系统总换热量和外界冷、热流体温度等边界量的函数，等号右边为各换热器的热导、各回路中流体的热容量流等换热系统结构和运行参数以及热流的函数(如式(6.12)、式(6.14)和式(6.16)所示的换热器烟耗散热阻表达式)。因此，上述推导过程以烟耗散作为桥梁建立了系统边界量与内部结构和运行参数之间的数学关系。并且，式(6.17)的方程形式仅与换热系统结构和运行参数有关，与具体的优化目标和已知条件无关，因此式(6.17)可以作为该换热器网络的系统整体约束。特别值得注意的是，该整体约束中不涉及任何流体的中间温度。

另外，式(6.17)等号左侧表示外界冷、热流体输入系统的烟流，右侧表示系统内部各换热器的烟耗散率之和，即系统的总烟耗散率。上述系统整体约束实际上就是该换热器网络的烟平衡方程。因此，式(6.17)也可以通过直接列出系统烟平衡方程而得到，即系统的总烟耗散率一方面等于外界流体输入系统的烟流：

$$\dot{\Phi}_{\mathrm{g,t}}=\dot{Q}\left(\frac{T_{\mathrm{h,in}}+T_{\mathrm{h,out}}}{2}-\frac{T_{\mathrm{c,in}}+T_{\mathrm{c,out}}}{2}\right) \tag{6.18}$$

另一方面等于各换热器烟耗散率之和：

$$\dot{\Phi}_{\mathrm{g,t}}=\dot{Q}^2\sum_{n=1}^{5}R_{\mathrm{g},n} \tag{6.19}$$

合并式(6.18)和式(6.19)即可直接得到式(6.17)中的系统整体约束。如表 6.2 所示，与分析力学中的质点系分析思路相似，基于以烟平衡方程作为约束的换热系统整体性能分析方法，不是采用通过“拆分”系统，并进行局部分析建立约束方程组的常规思路，而是从能量的角度，对系统进行整体分析。基于烟平衡方程构建的换热系统整体约束，在不引入流体中间温度的前提下，替代常规思路中包括的各换热器传热方程及各流体能量守恒方程在内的诸多约束方程，降低了系统分析和优化的复杂度。

表 6.2 换热系统整体性能分析的烟平衡方程法与常规方法对比

方法	常规方法	烟方法
分析方式	叠加局部分析	整体分析
引入流体中间温度	需要	不需要
约束方程	流体能量守恒方程、 换热器传热方程	系统烟平衡方程
优化模型特点	方程多、变量多	方程少、变量少

综上所述，在分析力学中，广义坐标之所以能够替代牛顿力学中使用的直角坐标，是由于广义坐标从物理本质上比直角坐标更能反映力学系统的结构特点。基于煅分析得到的系统整体约束揭示了换热系统内部结构和运行参数与设计需求的关系，代表了热系统整体结构特点。与广义坐标的功能相似，系统整体约束可以认为是代表热系统结构特点的“广义约束”，因此优于常规思路的分析方法。

6.3　基于煅分析的典型换热系统的性能优化

6.2 节推导了换热系统整体性能分析的煅平衡方程，并构建了反映系统内部结构和运行参数与设计需求之间关系的整体约束。本节基于上述约束，对航天器热管理系统、中央空调冷冻水系统和集中供热系统进行优化，研究基于煅平衡方程的换热系统整体性能优化的基本思路和主要步骤。

6.3.1　航天器热管理系统的整体性能优化

航天器热管理系统作为航天器中必不可少的子系统，它的轻量化设计有助于降低整个航天器的发射成本，已成为航天器设计的基本技术需求。图 6.4 给出了包含两个回路的典型航天器热管理系统，它将航天器内部的热负荷释放到宇宙空间中，从而将航天器内部环境维持在合适的温度。整个系统由内、外两个流体回路组成，包含三类换热器，即中间换热器 HX_m、内部换热器 HX_0 和空间辐射散热器 HX_{rad}；除此之外，系统部件还包括驱动空气的风机 F 和驱动内、外回路工质的泵 P_1 和 P_2 以及为其供电的电源系统。图 6.4 中 T_a 为空气温度，下标 in 和 out 表示换热器 HX_0 的进出口。T_1 和 T_2 分别表示内回路工质进入、离开换热器 HX_0 的温度，T_3 和 T_4 表示外部回路工质进入、离开中间换热器 HX_m 的温度。$\dot{m}_a$ 、$\dot{m}_{f,1}$ 和 $\dot{m}_{f,2}$ 分别表示空气、内回路工质和外回路工质的质量流量，$\dot{Q}$ 为系统换热量。

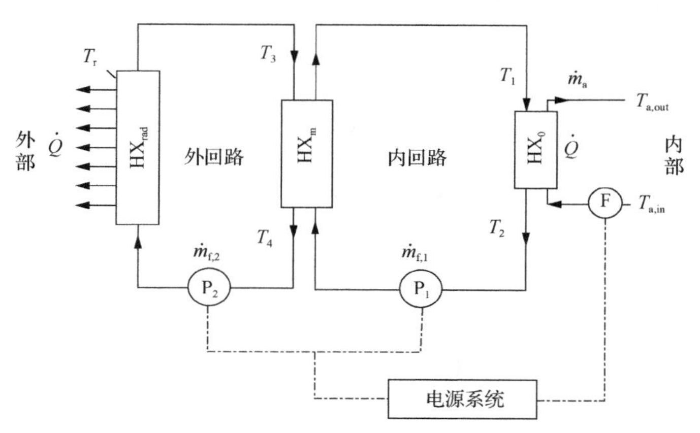

图 6.4　航天器热管理系统的结构示意图

1. 系统整体约束构建

图 6.4 所示的航天器热管理系统中共涉及四个传热过程，分别是：①内部换热器 HX_0 中的传热过程；②中间换热器 HX_m 中的传热过程；③空间辐射散热器 HX_{rad} 中的传热过程；④航天器内部空气的混合传热过程。上述各传热过程可以表示在图 6.5 所示的 $T\text{-}\dot{Q}$ 图中。

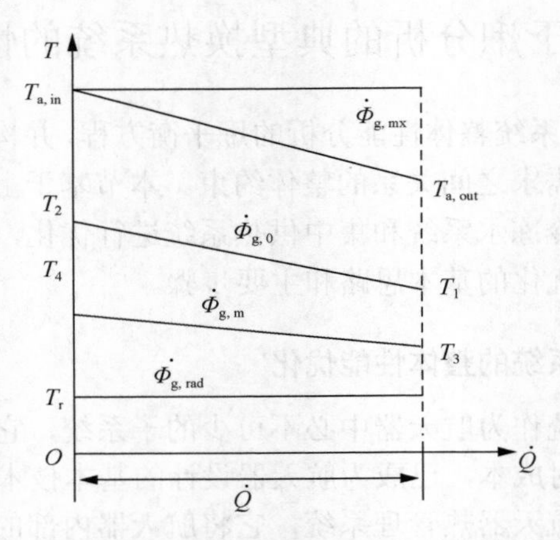

图 6.5　航天器热管理系统中各传热过程的 $T\text{-}\dot{Q}$ 图

1) 换热器 HX_0 中的传热过程

在换热器 HX_0 中，内回路工质冷却进入换热器的空气。如图 6.5 所示，此过程的炽耗散率 $\dot{\Phi}_{g,0}$ 可表示为

$$\dot{\Phi}_{g,0} = \dot{Q}^2 R_{g,0} \tag{6.20}$$

式中，$R_{g,0}$ 为换热器 HX_0 的炽耗散热阻：

$$R_{g,0} = \frac{\xi_0}{2} \frac{e^{K_0 A_0 \xi_0} + 1}{e^{K_0 A_0 \xi_0} - 1} \tag{6.21}$$

式中，$\xi_0 = \dfrac{1}{\dot{m}_a c_{p,a}} - \dfrac{1}{\dot{m}_{f,1} c_{p,1}}$，$c_{p,a}$ 和 $c_{p,1}$ 分别表示空气和内回路工质的比定压热容；K_0 和 A_0 分别为换热器 HX_0 的传热系数和换热面积。

2) 换热器 HX_m 中的传热过程

在换热器 HX_m 中，外回路工质冷却内回路工质。如图 6.5 所示，此过程的炽耗散率 $\dot{\Phi}_{g,m}$ 可表示为

$$\dot{\Phi}_{\mathrm{g,m}} = \dot{Q}^2 R_{\mathrm{g,m}} \tag{6.22}$$

式中，$R_{\mathrm{g,m}}$ 为换热器 $\mathrm{HX_m}$ 的煨耗散热阻：

$$R_{\mathrm{g,m}} = \frac{\xi_{\mathrm{m}}}{2} \frac{\mathrm{e}^{K_{\mathrm{m}} A_{\mathrm{m}} \xi_{\mathrm{m}}} + 1}{\mathrm{e}^{K_{\mathrm{m}} A_{\mathrm{m}} \xi_{\mathrm{m}}} - 1} \tag{6.23}$$

式中，$\zeta_{\mathrm{m}} = \dfrac{1}{\dot{m}_{\mathrm{f,1}} c_{p,1}} - \dfrac{1}{\dot{m}_{\mathrm{f,2}} c_{p,2}}$，$c_{p,2}$ 表示外回路工质的比定压热容；K_{m} 和 A_{m} 为换热器 $\mathrm{HX_m}$ 的传热系数和换热面积。

3) 空间辐射散热器 $\mathrm{HX_{rad}}$ 中的传热过程

外回路工质在空间辐射散热器中被冷却。假设空间辐射散热器外表面温度均匀且为 T_{r}，则该换热过程可以视为外回路工质与热容量流无限大的流体之间的传热过程。如图 6.5 所示，空间辐射散热器 $\mathrm{HX_{rad}}$ 的煨耗散率 $\dot{\Phi}_{\mathrm{g,rad}}$ 为

$$\dot{\Phi}_{\mathrm{g,rad}} = \dot{Q}^2 R_{\mathrm{g,rad}} \tag{6.24}$$

式中，$R_{\mathrm{g,rad}}$ 为空间辐射散热器 $\mathrm{HX_{rad}}$ 的煨耗散热阻的表达式为

$$R_{\mathrm{g,rad}} = \frac{\zeta_{\mathrm{rad}}}{2} \frac{\mathrm{e}^{K_{\mathrm{rad}} A_{\mathrm{rad}} \zeta_{\mathrm{rad}}} + 1}{\mathrm{e}^{K_{\mathrm{rad}} A_{\mathrm{rad}} \zeta_{\mathrm{rad}}} - 1} \tag{6.25}$$

式中，$\zeta_{\mathrm{rad}} = \dfrac{1}{\dot{m}_{\mathrm{f,2}} c_{p,2}}$，下标 r 表示空间辐射散热器；$K_{\mathrm{rad}}$ 和 A_{rad} 分别为空间辐射散热器 $\mathrm{HX_{rad}}$ 的传热系数和换热面积。

4) 航天器内部空气的混合传热过程

在换热器 $\mathrm{HX_0}$ 中被冷却的空气与航天器内部空气混合。假设舱内空气热容量流无限大，其温度恒定不变为 $T_{\mathrm{a,in}}$，如图 6.5 所示。被换热器冷却的空气进入舱内，温度升高到舱内温度 $T_{\mathrm{a,in}}$ 后返回，此过程的煨耗散率 $\dot{\Phi}_{\mathrm{g,mx}}$ 在图 6.5 中就是 $T = T_{\mathrm{a,in}}$ 的水平线与 $T_{\mathrm{a,in}}$ 和 $T_{\mathrm{a,out}}$ 所构成的斜线围成的三角形面积：

$$\dot{\Phi}_{\mathrm{g,mx}} = \dot{Q}^2 R_{\mathrm{g,mx}} \tag{6.26}$$

式中，空气混合过程的煨耗散热阻 $R_{\mathrm{g,mx}}$ 为

$$R_{\mathrm{g,mx}} = \frac{1}{2 \dot{m}_{\mathrm{a}} c_{p,\mathrm{a}}} \tag{6.27}$$

由于整个热管理系统的总煨耗散率 $\dot{\Phi}_{\mathrm{g,tot}}$ 等于所有传热过程的煨耗散率之和，

因此，根据式(6.20)、式(6.22)、式(6.24)和式(6.26)，其表达式为

$$\begin{aligned}\dot{\Phi}_{g,tot} &= \dot{\Phi}_{g,0} + \dot{\Phi}_{g,m} + \dot{\Phi}_{g,rad} + \dot{\Phi}_{g,mx} \\ &= \dot{Q}^2\left(R_{g,0} + R_{g,m} + R_{g,rad} + R_{g,mx}\right)\end{aligned} \tag{6.28}$$

另外，整个系统的炽耗散率等于图 6.5 中的三角形和梯形的面积之和，其表达式为

$$\dot{\Phi}_{g,tot} = \dot{Q}\left(T_{a,in} - T_{rad}\right) \tag{6.29}$$

整个系统的热量最终在空间辐射散热器表面以热辐射的方式释放出去。假设空间辐射散热器位于航天器顶部，仅接受太阳辐射而没有地球反射与地球辐射，则热流可表示为

$$\dot{Q} = \varepsilon\sigma A_{rad}\left({T_{rad}}^4 - {T_{rc}}^4\right) \tag{6.30}$$

式中，ε 为空间辐射散热器的表面辐射率，取为 0.88；σ 为斯忒藩–玻尔兹曼常数；T_{rc} 为空间辐射散热器位于航天器顶部时的等效辐射热沉温度的平均值，取为 177.0K。

根据式(6.30)，空间辐射散热器的表面温度可表示为

$$T_{rad} = \left(\frac{\dot{Q}}{\varepsilon\sigma A_{rad}} + {T_{rc}}^4\right)^{\frac{1}{4}} \tag{6.31}$$

将式(6.31)代入式(6.29)中可得

$$\dot{\Phi}_{g,tot} = \dot{Q}\left[T_{a,in} - \left(\frac{\dot{Q}}{\varepsilon\sigma A_{rad}} + {T_{rc}}^4\right)^{\frac{1}{4}}\right] \tag{6.32}$$

将式(6.28)和式(6.32)联立，即可建立航天器热管理系统的炽平衡方程：

$$\dot{Q}^2\left(R_{g,0} + R_{g,m} + R_{g,rad} + R_{g,mx}\right) = \dot{Q}\left[T_{a,in} - \left(\frac{\dot{Q}}{\varepsilon\sigma A_{rad}} + {T_{rc}}^4\right)^{\frac{1}{4}}\right] \tag{6.33}$$

由于各换热器炽耗散热阻是关于换热器面积和工质热容量流等结构参数的函数，所以式(6.33)建立了系统待设计的结构和运行参数与航天器内部空气温度、热负荷等设计需求的定量关系。这一关系仅与系统结构有关，反映了系统结构特性，因此是整个航天器热管理系统的系统整体约束。

2. 航天器热管理系统的轻量化

航天器热管理系统轻量化的目标是在完成传热任务的前提下，使得系统总质量最小。系统总质量由以下几部分构成：①换热器 HX_0 和 HX_m 的质量 M_{HX}；②空间辐射散热器的质量 M_{rad}；③风机和泵的质量 $M_{p,f}$；④电源系统质量 M_{power}；⑤管件质量。当管道尺寸一定时，管件质量随即确定，因此对轻量化设计没有影响，出于简化，暂不考虑这部分质量。

换热器 HX_0 和 HX_m 的总质量可表示为

$$M_{HX} = (A_0 + A_m)\delta\rho_{HX} \tag{6.34}$$

式中，δ 为厚度；ρ_{HX} 为换热器材料的密度。

空间辐射散热器的质量与其表面积成正比，可表示为

$$M_{rad} = \varphi A_{rad} \tag{6.35}$$

式中，φ 为空间辐射散热器质量与面积的比率，取值 $\varphi = 12.0\text{kg/m}^2$。

电源系统质量与风机、泵的总功率成正比：

$$M_{power} = a_1 \dot{W}_N \tag{6.36}$$

式中，a_1 为电源系统质量与功率的比率，取值 0.2860kg/W；$\dot{W}_N$ 为风机与泵的总功率，可表示为[20]

$$\dot{W}_N = \frac{8c_{f,1}L_1}{\pi^2 d_1^{\,5}} \frac{\left(\dot{m}_{f,1}c_{p,1}\right)^3}{\rho_{f,1}^{\,2} c_{p,1}^{\,3}} + \frac{8c_{f,2}L_2}{\pi^2 d_2^{\,5}} \frac{\left(\dot{m}_{f,2}c_{p,2}\right)^3}{\rho_{f,2}^{\,2} c_{p,2}^{\,3}} + \frac{8c_{f,a}L_a}{\pi^2 d_a^{\,5}} \frac{\left(\dot{m}_a c_{p,a}\right)^3}{\rho_a^{\,2} c_{p,a}^{\,3}} \tag{6.37}$$

式中，L_1、L_2 和 L_a 分别为内回路、外回路以及风机所在管道的长度；d_1、d_2 和 d_a 分别为相应的管道直径；$\rho_{f,1}$ 和 $\rho_{f,2}$ 表示内、外回路中工质的密度；c_f 为沿程阻力系数。

风机和泵的质量与总功率 $\dot{W}_N$ 成正比[20]：

$$M_{p,f} = a_2 \dot{W}_N + 1.923 \tag{6.38}$$

式中，a_2 为风机和泵的质量与功率的比率，取值 0.0038kg/W。

结合式(6.35)～式(6.38)可导出航天器热管理系统总质量的表达式：

$$\begin{aligned} M_{tot} &= M_{HX} + M_{rad} + M_{power} + M_{p,f} \\ &= M_{tot}(A_0, A_m, A_{rad}, \dot{m}_{f,1}c_{p,1}, \dot{m}_{f,1}c_{p,2}, \dot{m}_a c_{p,a}) \end{aligned} \tag{6.39}$$

由式(6.39)可知，系统总质量是换热器面积、空间辐射散热器面积以及各流体热容量流等系统结构参数的函数。因此，航天器热管理系统的轻量化问题可转化为以式(6.39)为目标函数，以式(6.33)为约束方程的条件极值问题。借助拉格朗日乘子法，可构建如下拉格朗日函数：

$$\begin{aligned}\Pi =& \left(A_0 + A_{\mathrm{m}}\right)\delta\rho_{\mathrm{HX}} + \varphi A_{\mathrm{rad}} \\ &+\left(a_1 + a_2\right)\left[\frac{8c_{f,1}L_1}{\pi^2 d_1^{\ 5}}\frac{\left(\dot{m}_{\mathrm{f},1}c_{p,1}\right)^3}{\rho_{\mathrm{f},1}^{\ \ 2}c_{p,1}^{\ \ 3}} + \frac{8c_{f,2}L_2}{\pi^2 d_2^{\ 5}}\frac{\left(\dot{m}_{\mathrm{f},2}c_{p,2}\right)^3}{\rho_{\mathrm{f},2}^{\ \ 2}c_{p,2}^{\ \ 3}} + \frac{8c_{f,a}L_{\mathrm{a}}}{\pi^2 d_{\mathrm{a}}^{\ 5}}\frac{\left(\dot{m}_{\mathrm{a}}c_{p,\mathrm{a}}\right)^3}{\rho_{\mathrm{a}}^{\ 2}c_{p,\mathrm{a}}^{\ \ 3}}\right] \\ &+\lambda\left\{\dot{Q}^2\left(R_{\mathrm{g},0} + R_{\mathrm{g,m}} + R_{\mathrm{g,r}} + R_{\mathrm{g,mx}}\right) - \dot{Q}\left[T_{\mathrm{a,in}} - \left(\frac{\dot{Q}}{\varepsilon\sigma A_{\mathrm{rad}}} + T_{\mathrm{rc}}^{\ \ 4}\right)^{1/4}\right]\right\}\end{aligned} \tag{6.40}$$

式中，λ为拉格朗日乘子。

令Π关于各未知量的偏导等于零，可得到优化方程组：

$$\frac{\partial \Pi}{\partial X} = 0, X \in \left\{A_0, A_{\mathrm{m}}, A_{\mathrm{rad}}, \dot{m}_{\mathrm{f},1}c_{p,1}, \dot{m}_{\mathrm{f},1}c_{p,2}, \dot{m}_{\mathrm{a}}c_{p,\mathrm{a}}, \lambda\right\} \tag{6.41}$$

通过求解式(6.41)中的优化方程组可直接得到各结构参数的最优值。

对于图 6.4 所示的航天器热管理系统，取换热器 HX_0 入口处的空气温度 $T_{\mathrm{a,i}}$=297.0K，系统热负荷 $\dot{Q}$=1000.0W；内、外回路的管道长度和管径均分别为 2.0m 和 30.0mm，内、外回路中的工质均为制冷剂 R22，在其工作压力下密度和比定压热容分别为 $\rho = 1210.0\mathrm{kg/m^3}$ 和 $c_p = 1.2\mathrm{kJ/(kg \cdot K)}$；取换热器和空间辐射散热器的材料为铝，厚度为5.0mm，各换热器的传热系数分别为K_0=30.0W/(m²·K)，K_{m}=600.0W/(m²·K)，K_{r}=600.0W/(m²·K)。表 6.3 给出了系统中各结构参数的优化结果，表 6.4 给出了各部分质量、系统总质量及总功率的优化值。

表 6.3 航天器热管理系统中各结构参数优化结果

结构参数	$\dot{m}_{\mathrm{a}}$ /(kg/s)	$\dot{m}_{\mathrm{f},1}$ /(kg/s)	$\dot{m}_{\mathrm{f},2}$ /(kg/s)	A_0/m²	A_{m}/m²	A_{rad}/m²
优化结果	0.05	0.17	0.63	1.67	0.37	5.34

表 6.4 航天器热管理系统中总功耗及质量优化结果

未知参数	$\dot{W}_{N\mathrm{tot}}$ /W	M_0/kg	M_{m}/kg	M_{rad}/kg	$M_{\mathrm{p,f}}$/kg	M_{power}/kg	M_{t}/kg
优化结果	18.5	22.65	5.06	64.07	0.07	5.30	97.15

为了研究系统热负荷对优化结果的影响，本书在热负荷为 500.0W，600.0W，…，1500.0W 的工况下，分别对系统进行了优化。图 6.6 给出了对应不同热负荷时系

统总质量最小值及各部件的最优质量。在系统最小总质量 M_{tot} 中，各部件质量的最优值按照所占比例由高到低依次为：空间辐射散热器质量 M_{rad}、换热器质量 M_{HX}、风机与泵及其电源系统的质量 $M_{P}= M_{p,f}+ M_{power}$。因此，整个系统最小总质量大部分来自于空间辐射散热器。随着热负荷增加，系统最小总质量值及各部件质量的最优值均增加，其中空间辐射散热器的质量和系统的最小总质量增加更为明显。同时，空间辐射散热器所占的质量比例随着热负荷的增加略有下降。图 6.7 给出了空间辐射散热器的最优表面积 A_{rad} 及单位热负荷所需的空间辐射散热器表面积 $A_{rad}/\dot{Q}$ 随着热负荷的变化。随着热负荷的增加，空间辐射散热器的最优表面积逐渐增加，且单位热负荷所需的空间辐射散热器表面积也随之增加。

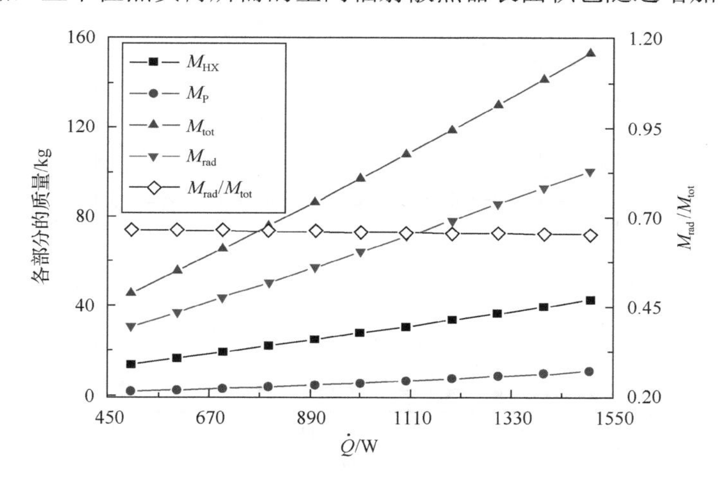

图 6.6　系统最小总质量及各部件的最优质量随热负荷 $\dot{Q}$ 的变化

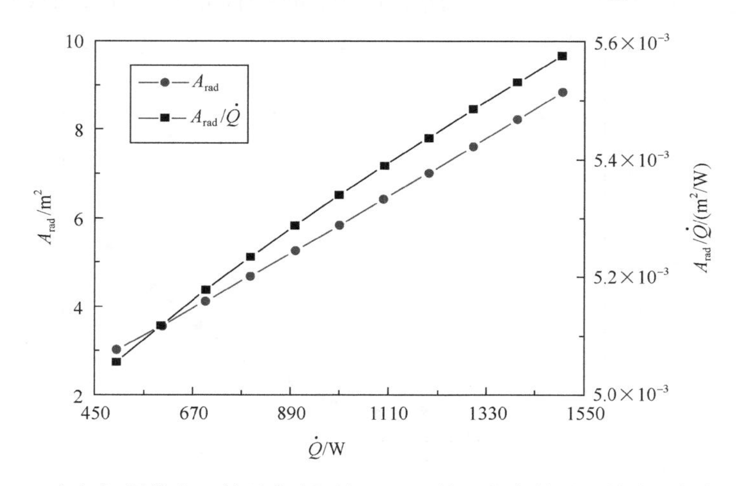

图 6.7　空间辐射散热器的最优表面积 A_{rad} 及单位热负荷所需的空间辐射散器表面积随着热负荷 $\dot{Q}$ 的变化

图 6.8 给出了外、内回路中工质的最优质量流量 $\dot{m}_{f,2}$、$\dot{m}_{f,1}$ 及其比值和空气的最优质量流量 $\dot{m}_a$ 随热负荷的变化。可见，内、外回路工质及空气的最优流量的相对大小关系为：外回路工质>内回路工质>空气，并且随着热负荷增加，内、外回路工质及空气的最优质量流量均增大。同时，外回路工质的最优质量流量大约是内回路工质质量流量的 3.5～4.0 倍，并且随着热负荷增加，两者的比值 $\dot{m}_{f,2}/\dot{m}_{f,1}$ 略有下降。

在前面的分析中，由于回路长度、管径确定，未考虑回路管道及工质质量的影响。为了分析回路管径对系统轻量化的影响，需要在总质量的分析中考虑管道质量和回路中工质质量的影响，而其他条件保持不变。图 6.9 给出了不同的回

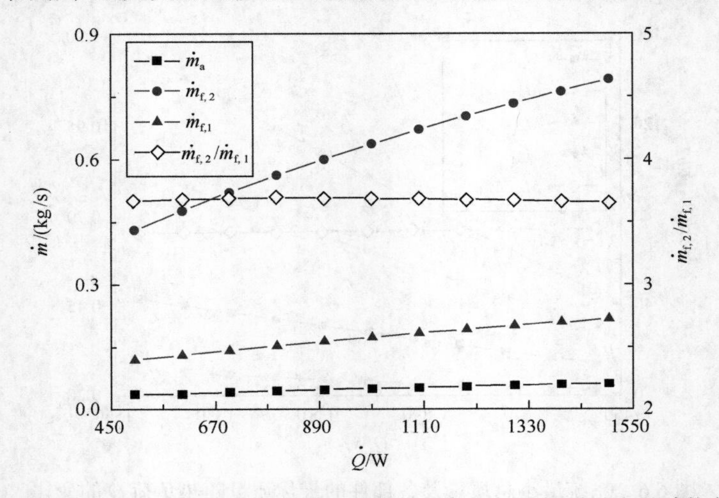

图 6.8　内、外回路工质的最优质量流量及其比值和空气的最优质量流量随热负荷的变化

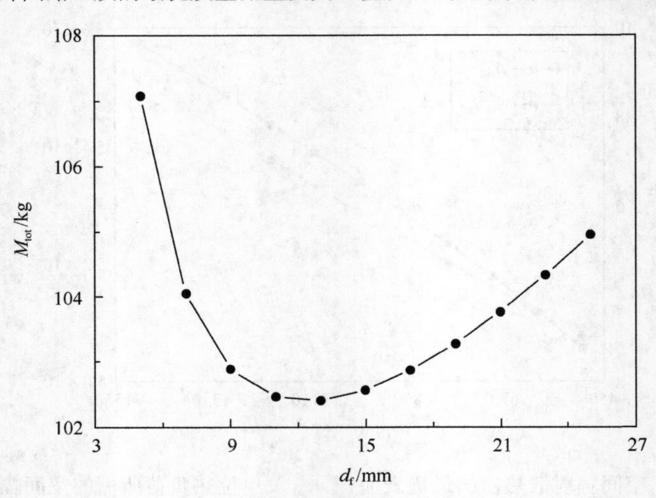

图 6.9　系统最小总质量随回路管径的变化

路管径所对应的系统最小总质量。随着回路管径的增加，系统最小总质量先减小后增加，存在极小值及相应的最优管径。因此，通过基于燃分析的整体优化方法，可以在设计前得到理论上最优的回路管径，并可以参照图 6.9 评估不同管径的选取对优化设计的影响。

6.3.2　中央空调冷冻水系统的整体性能优化

如图 6.10 所示，冷冻水系统作为中央空调系统中的重要子系统，将制冷机组产生的冷量输送给建筑中的各个用户。该系统由多个冷冻水支路并联而成，每个支路包含一个用户风机盘管(fam coil，FC)，且各个支路均与系统的蒸发器相连接。冷冻水在蒸发器中被制冷剂冷却后分流进入各个支路，并流入各支路中的风机盘管冷却各用户的室内回风；回风被冷却后与室内空气混合，从而维持特定的室内温度；最后，各支路的冷冻水离开风机盘管后相互混合，返回蒸发器中再次被冷却。

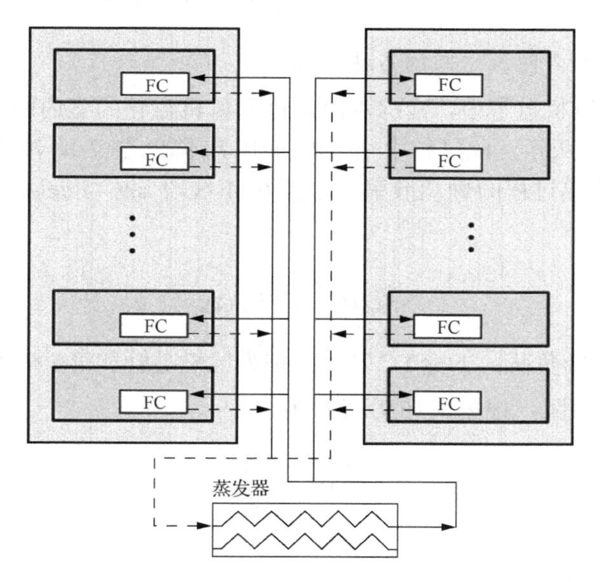

图 6.10　中央空调冷冻水系统的结构示意图

1. 构建系统整体约束

整个系统中共涉及四种传热过程，分别是：①蒸发器中制冷剂与冷冻水之间的传热过程；②风机盘管中冷冻水与室内回风之间的传热过程；③风机盘管送风与室内空气的混合传热过程；④各支路冷冻水回水的混合传热过程。

上述传热过程均可以表示在图 6.11 所示的 $T\text{-}\dot{Q}$ 图中(图中以两个支路作为示意)，其中线段 a_ia_0 代表室内空气温度变化、a_ib_i 表示空气在风机盘管中的温度变化、c_id_i 表示冷冻水的温度变化、d_{im} 表示回水混合传热过程中的温度变化，mc_i 表示蒸发器中的冷冻水的温度变化、f_ig_i 表示蒸发器中制冷剂的温度变化(i=1, 2)。

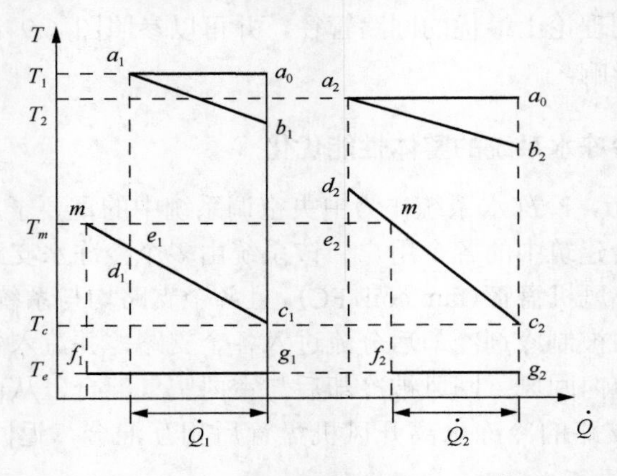

图 6.11　中央空调冷冻水系统的 T-$\dot{Q}$ 图

1) 冷冻水与室内回风之间的传热过程

在各支路的风机盘管中，冷冻水冷却进入风机盘管的室内回风。如图 6.11 中的线段 a_ib_i 和 c_id_i 所示，此过程中空气温度由 T_{ai} 降低至 T_{bi}，冷冻水温度则由 T_{ci} 升高到 T_{di}。该换热过程的熈耗散率等于图 6.11 线段 a_ib_i 与 c_id_i 之间所夹的梯形面积，可表示为

$$\dot{\Phi}_{\mathrm{g},i,\mathrm{FC}} = \dot{Q}_i^2 R_{\mathrm{g},i,\mathrm{FC}} \tag{6.42}$$

式中，$\dot{Q}_i$ 为用户冷负荷；下标 FC 和 i 分别为风机盘管和第 i 个支路；$R_{\mathrm{g},i,\mathrm{FC}}$ 为风机盘管的熈耗散热阻，根据式(6.9)可写为

$$R_{\mathrm{g},i,\mathrm{FC}} = \frac{\xi_{i,\mathrm{FC}}}{2}\frac{\mathrm{e}^{(KA)_{i,\mathrm{FC}}\xi_{i,\mathrm{FC}}}+1}{\mathrm{e}^{(KA)_{i,\mathrm{FC}}\xi_{i,\mathrm{FC}}}-1} \tag{6.43}$$

式中，$\xi_{i,\mathrm{FC}} = \dfrac{1}{\dot{m}_{i,\mathrm{ca}}c_{p,\mathrm{ca}}} - \dfrac{1}{\dot{m}_{i,\mathrm{w}}c_{p,\mathrm{w}}}$，下标 w 和 ca 分别代表冷冻水和风机盘管送/回风。

2) 风机盘管送风与室内空气的混合传热过程

在风机盘管中被冷却的空气直接与室内空气进行混合。如图 6.11 中的线段 a_ib_i 和 a_ia_0 所示，送风的温度从 T_{bi} 上升至 T_{ai}。假设室内空气热容量流无限大，则室内空气温度 T_i 不变，且送风混合后的温度等于室内空气温度，即 $T_{ai} = T_i$。因此，该混合传热过程可以视为换热面积无限大的换热器中的传热过程，该过程的熈耗

散率等于图 6.11 中线段 a_ib_i 与 a_ia_0 之间所夹三角形面积，其表达式为

$$\dot{\Phi}_{g,i,\mathrm{am}} = \dot{Q}_i^{\,2} R_{g,i,\mathrm{am}} \tag{6.44}$$

式中，am 表示混合过程；$R_{g,i,\mathrm{am}}$ 为混合过程的煅耗散热阻：

$$R_{g,i,\mathrm{am}} = \frac{1}{2\dot{m}_{i,\mathrm{ca}} c_{p,\mathrm{ca}}} \tag{6.45}$$

3）各支路冷冻水回水的混合传热过程

如图 6.11 中线段 d_im 所示，根据能量守恒方程，各支路冷冻水回水的温度 T_{di} 为

$$T_{di} = \frac{\dot{Q}_i}{\dot{m}_{i,\mathrm{w}} c_{p,\mathrm{w}}} + T_c \tag{6.46}$$

式中，T_c 为蒸发器出口处冷冻水的温度。

冷冻水混合后的温度为

$$T_m = \frac{\sum_{i=1}^{n} \dot{Q}_i}{\sum_{i=1}^{n} \dot{m}_{i,\mathrm{w}} c_{p,\mathrm{w}}} + T_c \tag{6.47}$$

式中，下标 m 为冷冻水回水混合过程。

各支路冷冻水回水所携带的煅流为

$$\dot{G}_{\mathrm{f},di} = \frac{1}{2} \dot{m}_{i,\mathrm{w}} c_{p,\mathrm{w}} \left(\frac{\dot{Q}_i}{\dot{m}_{i,\mathrm{w}} c_{p,\mathrm{w}}} + T_c \right)^2 \tag{6.48}$$

冷冻水混合后所携带的煅流为

$$\dot{G}_{\mathrm{f},m} = \frac{1}{2} \sum_{i}^{n} \dot{m}_{i,\mathrm{w}} c_{p,\mathrm{w}} \left(\frac{\sum_{i}^{n} \dot{Q}_i}{\sum_{i}^{n} \dot{m}_{i,\mathrm{w}} c_{p,\mathrm{w}}} + T_c \right)^2 \tag{6.49}$$

冷冻水回水混合过程的煅耗散率等于图 6.11 中各三角形 e_id_im 的面积之和，同时也等于式(6.48)中各支路冷冻水回水的煅流之和减去式(6.49)混合后冷冻水

的烟流，可表示为

$$\dot{\Phi}_{g,m}=\sum_{i}^{n}\dot{G}_{f,di}-\dot{G}_{f,m}=\sum_{i=1}^{n}\frac{\dot{Q}_i^{\ 2}}{2\dot{m}_{i,w}c_{p,w}}-\frac{\left(\sum_{i}^{n}\dot{Q}_i\right)^2}{2\sum_{i}^{n}\dot{m}_{i,w}c_{p,w}} \tag{6.50}$$

4) 蒸发器中制冷剂与冷冻水之间的传热过程

如图 6.11 中线段 mc_i 和 f_ig_i 所示，混合后进入蒸发器中的冷冻水温度由 T_m 降至 T_c。假设制冷剂在蒸发器中始终处于饱和状态，温度维持在蒸发温度 T_e，则蒸发器的烟耗散率可表示为

$$\dot{\Phi}_{g,e}=\left(\sum_{i}^{n}\dot{Q}_i\right)^2 R_{g,e} \tag{6.51}$$

式中，$R_{g,e}$ 为蒸发器的烟耗散热阻：

$$R_{g,e}=\frac{1}{2}\left(\frac{1}{\sum_{i=1}^{n}\dot{m}_{i,w}c_{p,w}}\right)\frac{e^{(KA)_e/\sum_{i=1}^{n}\dot{m}_{i,w}c_{p,w}}+1}{e^{(KA)_e/\sum_{i=1}^{n}\dot{m}_{i,w}c_{p,w}}-1} \tag{6.52}$$

考虑到中央空调冷冻水系统的总烟耗散率等于上述各传热过程的烟耗散率之和，因此由式(6.42)、式(6.44)、式(6.50)和式(6.51)可得系统的总烟耗散率为

$$\begin{aligned}\dot{\Phi}_{g,\mathrm{tot}}&=\sum_{i=1}^{n}\dot{\Phi}_{g,i,\mathrm{am}}+\sum_{i=1}^{n}\dot{\Phi}_{g,i,\mathrm{FC}}+\dot{\Phi}_{g,m}+\dot{\Phi}_{g,e}\\&=\sum_{i}^{n}\dot{Q}_i^{\ 2}R_{g,i,\mathrm{FC}}+\sum_{i}^{n}\dot{Q}_i^{\ 2}R_{g,i,\mathrm{am}}+\sum_{i=1}^{n}\frac{\dot{Q}_i^{\ 2}}{2\dot{m}_{i,w}c_{p,w}}-\frac{\left(\sum_{i}^{n}\dot{Q}_i\right)^2}{2\sum_{i}^{n}\dot{m}_{i,w}c_{p,w}}+\left(\sum_{i}^{n}\dot{Q}_i\right)^2R_{g,e}\end{aligned} \tag{6.53}$$

式(6.53)表明系统总烟耗散率是蒸发器和各风机盘管的热导、各支路冷冻水热容量流以及各支路换热量的函数。另外，整个系统的烟耗散率还等于外界热源和冷源输入系统的净烟流。对于中央空调冷冻水系统而言，其热源为各用户室内空气，冷源则是蒸发器中的制冷剂，因此系统烟耗散率还可以表示为

$$\dot{\Phi}_{\mathrm{g,tot}} = \sum_{i=1}^{n} T_i \dot{Q}_i - T_e \sum_{i=1}^{n} \dot{Q}_i \tag{6.54}$$

联立式(6.53)和式(6.54)即可建立中央空调冷冻水系统的㶲平衡方程：

$$\sum_{i}^{n} \dot{Q}_i^2 R_{\mathrm{g},i,\mathrm{FC}} + \sum_{i}^{n} \dot{Q}_i^2 R_{\mathrm{g},i,\mathrm{am}} + \sum_{i=1}^{n} \frac{\dot{Q}_i^2}{2\dot{m}_{i,\mathrm{w}} c_{p,\mathrm{w}}} - \frac{\left(\sum_{i}^{n} \dot{Q}_i\right)^2}{2\sum_{i}^{n} \dot{m}_{i,\mathrm{w}} c_{p,\mathrm{w}}} + \left(\sum_{i}^{n} \dot{Q}_i\right)^2 R_{\mathrm{g},e} = \sum_{i=1}^{n} T_i \dot{Q}_i - T_e \sum_{i=1}^{n} \dot{Q}_i \tag{6.55}$$

式(6.55)所示的㶲平衡方程在不引入任何冷冻水中间温度的前提下，揭示了系统内包括风机盘管和蒸发器热导、流体热容量流等结构参数与系统的冷/热源温度以及冷负荷在内的系统设计需求之间的定量关系。

由于系统中各冷冻水支路相互并联，各支路的冷冻水供水温度均与蒸发器出口处的冷冻水温度相等：

$$T_{ci} = T_c \tag{6.56}$$

根据风机盘管的㶲平衡方程：

$$\dot{Q}_i \left(\frac{T_i + T_{bi}}{2} - \frac{T_{ci} + T_{di}}{2} \right) = \dot{Q}_i^2 R_{\mathrm{g},i,\mathrm{FC}} \tag{6.57}$$

以及能量守恒方程：

$$T_{bi} = T_i - \frac{\dot{Q}_i}{\dot{m}_{i,\mathrm{ca}} c_{p,\mathrm{ca}}} \tag{6.58}$$

$$T_{di} = T_{ci} + \frac{\dot{Q}_i}{\dot{m}_{i,\mathrm{w}} c_{p,\mathrm{w}}} \tag{6.59}$$

各支路冷冻水的供水温度 T_{ci} 可表示为

$$T_{ci} = T_i - R_{\mathrm{g},i,\mathrm{FC}} \dot{Q}_i - \frac{\dot{Q}_i}{2} \left(\frac{1}{\dot{m}_{i,\mathrm{ca}} c_{p,\mathrm{ca}}} + \frac{1}{\dot{m}_{i,\mathrm{w}} c_{p,\mathrm{w}}} \right) \tag{6.60}$$

根据蒸发器的㶲平衡方程：

$$\left(\sum_{i=1}^{n}\dot{Q}_i\right)\left(\frac{T_c+T_m}{2}-T_e\right)=\left(\sum_{i=1}^{n}\dot{Q}_i\right)^2 R_{g,e} \tag{6.61}$$

蒸发器出口处的冷冻水温度为

$$T_c=T_e+R_{g,e}\sum_{i=1}^{n}\dot{Q}_i-\frac{\sum_{i=1}^{n}\dot{Q}_i}{2\sum_{i=1}^{n}\dot{m}_{i,w}c_{p,w}} \tag{6.62}$$

结合式(6.56)、式(6.60)和式(6.62)可以得到

$$T_i-R_{g,i,FC}\dot{Q}_i-\frac{\dot{Q}_i}{2}\left(\frac{1}{\dot{m}_{i,ca}c_{p,ca}}+\frac{1}{\dot{m}_{i,w}c_{p,w}}\right)=T_e+R_{g,e}\sum_{i=1}^{n}\dot{Q}_i-\frac{\sum_{i=1}^{n}\dot{Q}_i}{2\sum_{i=1}^{n}\dot{m}_{i,w}c_{p,w}} \tag{6.63}$$

式(6.63)描述了中央空调冷冻水系统的并联结构特点，它与式(6.55)共同构成了中央空调冷冻水系统的整体约束。

2. 系统性能的整体优化

1) 总功耗最小化

已知用户室内温度 T_i、所需冷量 $\dot{Q}_i$ 等设计需求，以及蒸发器中制冷剂的蒸发温度 T_e。当换热器的总成本给定时，需要优化蒸发器、各风机盘管的热导以及各支路冷冻水的热容量流，实现驱动流体的总功耗最小化。由于换热器总成本与换热器总热导成正比，换热器总成本可以简化为给定换热器总热导，即

$$(KA)_{tot}=\sum_{i=1}^{n}(KA)_{i,FC}+(KA)_e=(KA)_0 \tag{6.64}$$

式中，$(KA)_0$ 为常量。

由于总功耗与各支路冷冻水的总热容量流呈正相关关系，优化目标可近似等效为各支路冷冻水热容量流之和最小：

$$\min\left(\dot{m}c_p\right)_{tot}=\min\sum_{i=1}^{n}\left(\dot{m}_{i,ca}c_{p,ca}+\dot{m}_{i,w}c_{p,w}\right) \tag{6.65}$$

因此，上述优化问题可以转化为以式(6.55)、式(6.63)和式(6.64)为约束方程，以式(6.65)为目标函数的条件极值问题。借助拉格朗日乘子法可以构造拉格朗日函数：

$$
\begin{aligned}
\Pi = & \sum_{i=1}^{n}\left(\dot{m}_{i,\mathrm{ca}}c_{p,\mathrm{ca}} + \dot{m}_{i,\mathrm{w}}c_{p,\mathrm{w}}\right) + \alpha\left(\sum_{i=1}^{n}\dot{\Phi}_{\mathrm{g},i,\mathrm{am}} + \sum_{i=1}^{n}\dot{\Phi}_{\mathrm{g},i,\mathrm{FC}} + \dot{\Phi}_{\mathrm{g},m} + \dot{\Phi}_{\mathrm{g},e} - \sum_{i=1}^{n}T_i\dot{Q}_i + T_e\sum_{i=1}^{n}\dot{Q}_i\right) \\
& + \sum_{i=1}^{n-1}\lambda_i\left[T_i - R_{\mathrm{g},i,\mathrm{FC}}\dot{Q}_i - \frac{\dot{Q}_i}{2}\left(\frac{1}{\dot{m}_{i,\mathrm{ca}}c_{p,\mathrm{ca}}} + \frac{1}{\dot{m}_{i,\mathrm{w}}c_{p,\mathrm{w}}}\right) - T_e - R_{\mathrm{g},e}\sum_{i=1}^{n}\dot{Q}_i + \frac{\sum_{i=1}^{n}\dot{Q}_i}{2\sum_{i=1}^{n}\dot{m}_{i,\mathrm{w}}c_{p,\mathrm{w}}}\right] \\
& + \beta\left[\sum_{i=1}^{n}(KA)_{i,\mathrm{FC}} + (KA)_e - (KA)_0\right]
\end{aligned}
\tag{6.66}
$$

式中，α、β 和 λ_i 为拉格朗日乘子。考虑到由系统的总炽平衡方程和 n–1 个支路的并联关系方程可以导出第 n 个支路的并联关系方程，因此式(6.66)中拉格朗日乘子 λ_i 的下标 $i = 1, 2,\cdots, n-1$。

令 Π 关于各变量的偏导等于零即可得到如下优化方程组：

$$
\frac{\partial \Pi}{\partial X} = 0,\quad X \in \left\{(KA)_{i,\mathrm{FC}}, (KA)_e, \dot{m}_{i,\mathrm{ca}}c_{p,\mathrm{ca}}, \dot{m}_{i,\mathrm{w}}c_{p,\mathrm{w}}, \alpha, \beta, \lambda_1, \cdots, \lambda_{n-1}\right\} \tag{6.67}
$$

式中，i=1, 2, $\cdots$, n。求解该优化方程组即可直接得到各结构参数的最优值。

以包含两用户的简单系统为例，两用户的室内温度均为 24.0℃，制冷剂蒸发温度为 5.0℃，用户 1 所需冷量为 20000W，所有换热器的总热导为 10000W/K。通过求解式(6.67)中的优化方程组，即可在用户 2 不同的冷量需求下，获得蒸发器与各风机盘管的最优热导(图 6.12)，以及各支路冷冻水及风机盘管送风的最优热容量流(图 6.13)。随着用户 2 所需冷量的增加，为了实现系统中冷冻水的总热容量流最小，不仅用户 2 需要使用热导更大的风机盘管，而且系统也需要使用热导更大的蒸发器。同时，为了保证换热器的总热导一定，用户 1 的风机盘管的热导则相对减少。如图 6.13 所示，随着用户 2 所需冷量的增加，用户 2 所在支路的送风和冷冻水的最优热容量流随之增大，而且用户 1 所在支路中的冷冻水及送风的最优热容量流也会增加。

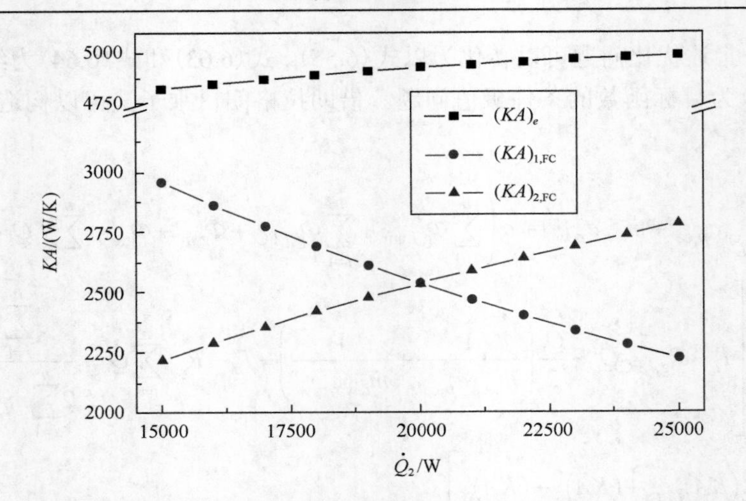

图 6.12 各换热器最优热导随用户 2 所需冷量的变化(相同室内温度)

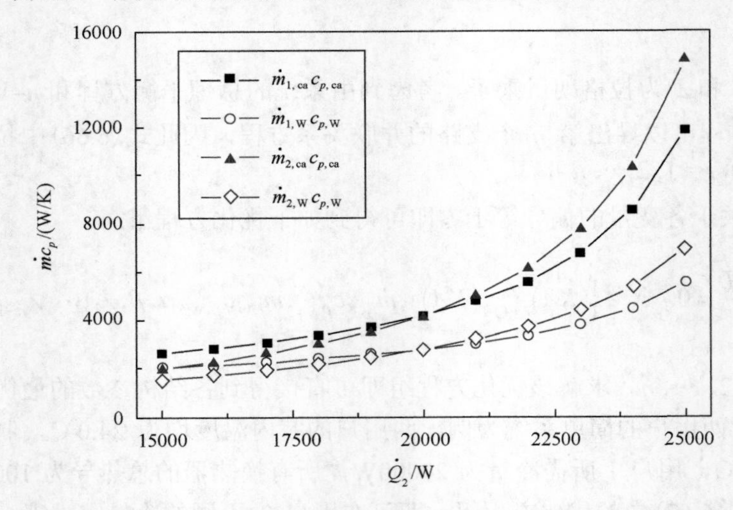

图 6.13 各支路送风和冷冻水热容量流最优值随用户 2 所需冷量的变化(相同室内温度)

对于中央空调冷冻水系统，工程经验认为各支路冷冻水回水等温混合会对应系统最优性能。对于用户 2 与用户 1 所需冷量的不同比率 $\dot{Q}_2/\dot{Q}_1$，表 6.5 列出了两支路风机盘管最优热导的比率 $(KA)_{1,FC}/(KA)_{2,FC}$、送风最优热容量流的比率 $\dot{m}_{1,ca}c_{p,ca}/\dot{m}_{2,ca}c_{p,ca}$、冷冻水最优热容量流的比率 $\dot{m}_{1,w}c_{p,w}/\dot{m}_{2,w}c_{p,w}$，以及两支路冷冻水最优回水温度的比率 T_{d1}/T_{d2}。可以看出，风机盘管热导和流体热容量流等结构参数最优值的比率均与两用户所需冷量的比率相同；而冷冻水最优回水温度比率始终为 1.0，即两支路冷冻水回水进入蒸发器前进行了等温混合而并无热量交换，此时混合引起的煅耗散为零，没有因混合引起传热能力损失。因此，如果系统中各用户的室内温度相等，则各支路风机盘管最优热导、风机盘管送风和支路冷冻水的最优热容量流均与支路所需冷量成正比，且比例系数相同；同时各支路冷冻水回水等温混合对应系统性能最优，这一点与工程经验相符。

表 6.5　两用户所需冷量不同比率下的优化结果(相同室内温度)

$\dot{Q}_2/\dot{Q}_1$	$\frac{(KA)_{1,\mathrm{FC}}}{(KA)_{2,\mathrm{FC}}}$	$\frac{\dot{m}_{1,\mathrm{ca}}c_{p,\mathrm{ca}}}{\dot{m}_{2,\mathrm{ca}}c_{p,\mathrm{ca}}}$	$\frac{\dot{m}_{1,\mathrm{w}}c_{p,\mathrm{w}}}{\dot{m}_{2,\mathrm{w}}c_{p,\mathrm{w}}}$	$\frac{T_{d1}}{T_{d2}}$
0.8	0.8	0.8	0.8	1.0
0.9	0.9	0.9	0.9	1.0
1.0	1.0	1.0	1.0	1.0
1.1	1.1	1.1	1.1	1.0
1.2	1.2	1.2	1.2	1.0

如果用户 1 和 2 的室内温度并不相等，分别为 22.0℃和 24.0℃，而其他条件不变，图 6.14 和图 6.15 分别表示在用户 2 不同冷量需求下换热器的最优热导以及各支路送风和冷冻水的最优热容量流。可以看出随着用户 2 所需冷量的增加，用户 2 的风机盘管和系统的蒸发器均需要更大的热导，而用户 1 风机盘管的最优热导则逐渐减小；同时，所有流体的最优热容量流均随着用户 2 所需冷量的增加而增大。

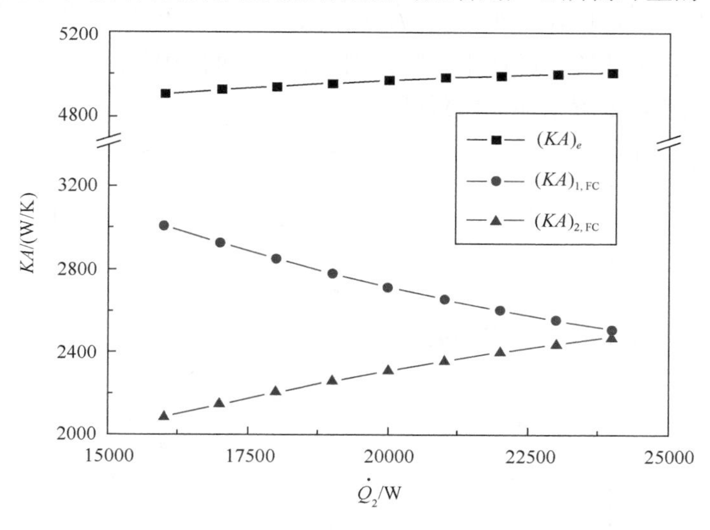

图 6.14　换热器最优热导随用户 2 所需冷量的变化(不同室内温度)

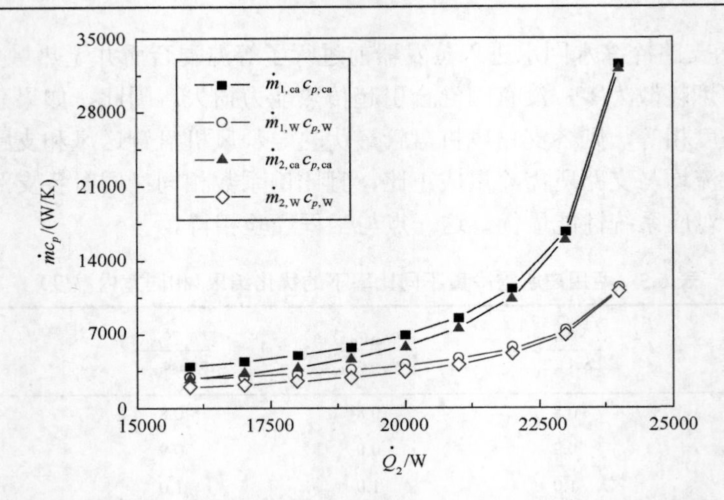

图 6.15　各支路送风和冷冻水最优热容量流随用户 2 所需冷量的变化(不同室内温度)

图 6.16 表示了在用户 2 不同冷量需求下，两个支路冷冻水的最优回水温度。对应用户 2 所需冷量的不同数值，两个支路冷冻水的最优回水温度始终不相等，说明在最优工况中两个支路冷冻水在进入蒸发器前进行了不等温混合。换言之，当各用户室内温度不等时，冷冻水回水等温混合对应系统性能最优的工程经验不再成立。同时，表 6.6 列举了对应用户 2 所需冷量的不同数值，两支路风机盘管最优热导的比率$(KA)_{1,FC}/(KA)_{2,FC}$、送风最优热容量流的比率$\dot{m}_{1,ca}c_{p,ca}/\dot{m}_{2,ca}c_{p,ca}$、冷冻水最优热容量流的比率$\dot{m}_{1,w}c_{p,w}/\dot{m}_{2,w}c_{p,w}$。三种结构参数的比率彼此相等，但是均与两用户所需冷量的比率不同。因此各参数的最优值很难通过工程经验直接得到，只能通过系统整体优化获得。

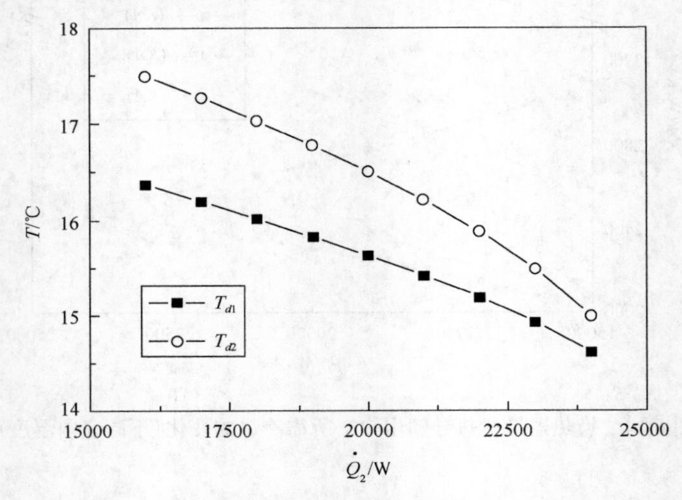

图 6.16　支路冷冻水最优回水温度随用户 2 所需冷量的变化(不同室内温度)

表 6.6　两用户所需冷量不同比率下的优化结果(不同室内温度)

$\dot{Q}_2/\dot{Q}_1$	$\frac{(KA)_{1,\mathrm{FC}}}{(KA)_{2,\mathrm{FC}}}$	$\frac{\dot{m}_{1,\mathrm{ca}}c_{p,\mathrm{ca}}}{\dot{m}_{2,\mathrm{ca}}c_{p,\mathrm{ca}}}$	$\frac{\dot{m}_{1,\mathrm{w}}c_{p,\mathrm{w}}}{\dot{m}_{2,\mathrm{w}}c_{p,\mathrm{w}}}$
0.8	0.7	0.7	0.7
0.9	0.8	0.8	0.8
1.0	0.9	0.9	0.9
1.1	0.9	0.9	0.9
1.2	1.0	1.0	1.0

2) 换热器总成本最小化

如果系统中泵/风机的总功耗限制在一定水平，则可以近似地认为冷冻水和循环风的总热容量流一定：

$$\left(\dot{m}c_p\right)_{\mathrm{tot}}=\sum_{i=1}^{n}\left(\dot{m}_{i,\mathrm{ca}}c_{p,\mathrm{ca}}+\dot{m}_{i,\mathrm{w}}c_{p,\mathrm{w}}\right)=\left(\dot{m}c_p\right)_0 \tag{6.68}$$

式中，$(mc_p)_0$ 为常量。

换热器总成本最小的优化目标可等效为换热器的总热导最小，因此优化问题可转化为以式(6.55)、式(6.63)和式(6.68)为约束方程的条件极值问题。借助拉格朗日乘子法求解，构造拉格朗日函数 Π'：

$$\begin{aligned}\Pi'=&\sum_{i=1}^{n}(KA)_{i,\mathrm{FC}}+(KA)_e+\alpha\left(\sum_{i=1}^{n}\dot{\Phi}_{\mathrm{g},i,\mathrm{am}}+\sum_{i=1}^{n}\dot{\Phi}_{\mathrm{g},i,\mathrm{FC}}+\dot{\Phi}_{\mathrm{g},m}+\dot{\Phi}_{\mathrm{g},e}-\sum_{i=1}^{n}T_i\dot{Q}_i+T_e\sum_{i=1}^{n}\dot{Q}_i\right)\\&+\sum_{i=1}^{n-1}\lambda_i\left[\begin{array}{l}T_i-R_{\mathrm{g},i,\mathrm{FC}}\dot{Q}_i-\dfrac{\dot{Q}_i}{2}\left(\dfrac{1}{\dot{m}_{i,\mathrm{ca}}c_{p,\mathrm{ca}}}+\dfrac{1}{\dot{m}_{i,\mathrm{w}}c_{p,\mathrm{w}}}\right)\\-T_e-R_{\mathrm{g},e}\sum\limits_{i=1}^{n}\dot{Q}_i+\dfrac{\sum\limits_{i=1}^{n}\dot{Q}_i}{2\sum\limits_{i=1}^{n}\dot{m}_{i,\mathrm{w}}c_{p,\mathrm{w}}}\end{array}\right]+\beta\left[\sum_{i=1}^{n}\left(\dot{m}_{i,\mathrm{ca}}c_{p,\mathrm{ca}}+\dot{m}_{i,\mathrm{w}}c_{p,\mathrm{w}}\right)-\left(\dot{m}c_p\right)_0\right]\end{aligned} \tag{6.69}$$

式中，α、β 和 λ_i 为拉格朗日乘子。

令 Π' 关于各变量的偏导数等于零可得如下优化方程组：

$$\frac{\partial \Pi'}{\partial X}=0,\quad X\in\left\{(KA)_{i,\mathrm{FC}},(KA)_e,\dot{m}_{i,\mathrm{ca}}c_{p,\mathrm{ca}},\dot{m}_{i,\mathrm{w}}c_{p,\mathrm{w}},\alpha,\beta,\lambda_1,\cdots,\lambda_{n-1}\right\} \tag{6.70}$$

式中，$i=1, 2,\cdots, n$。

当系统中流体的热容量流之和等于 20000W/K，制冷剂的蒸发温度为 5.0℃，用户 1 和 2 所需冷量分别为 20000W 和 18000W，用户 1 的室内温度为 24.0℃时，图 6.17 给出了各支路冷冻水和风机盘管送风的最优热容量流随用户 2 室内温度的变化。可以看出用户 2 室内温度的升高会导致用户 2 所在支路的送风和冷冻水的最优热容量流减少。由于总热容量流一定，用户 1 所在支路的送风和冷冻水的最优热容量流均上升。

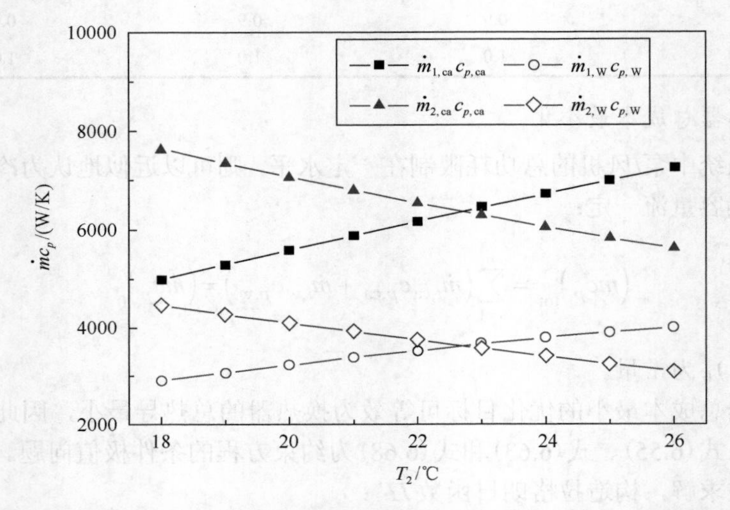

图 6.17　各支路冷冻水和风机盘管送风的最优热容量流随用户 2 室内温度的变化

图 6.18 给出了各换热器最优热导随用户 2 室内温度的变化。随着用户 2 室内温度的升高，用户 2 的风机盘管和系统蒸发器的最优热导不断下降。同时，尽管

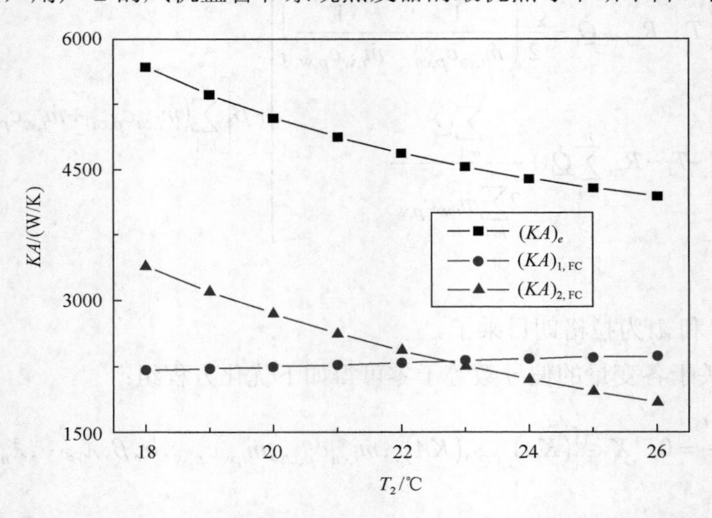

图 6.18　各换热器最优热导随用户 2 室内温度的变化(用户所需冷量不同)

用户 1 的冷量确定，但是其所在支路的送风和冷冻水的最优热容量流也会随着用户 2 的室内温度的升高而增加，而其风机盘管的最优热导也略微增加。

如果用户 2 室内温度等于 22.0℃，图 6.19 给出了在不同的流体总热容量流的前提下，系统换热器总热导的最小值。随着流体总热容量流的增加，总热导$(KA)_{tot}$的最小值单调下降，并且下降速率逐渐放缓；当流体热容量流足够大时，继续增大热容量流所带来的系统总热导最小值的减少已经微乎其微。此时如果继续增大流体总热容量流，则会引起系统总功耗的增加。由此看出，虽然流体流量的增加有助于节省换热器成本，但是流体流量并非越大越好，流量过大反而有可能不利于系统总成本的降低。

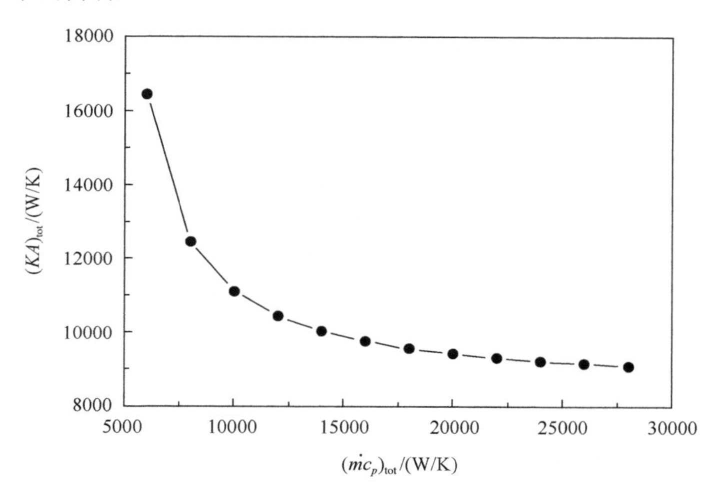

图 6.19　系统总热导最小值随流体总热容量流的变化

6.3.3　集中供热系统的整体性能优化

集中供热是我国北方城市冬季取暖的主要方式，通过集中供热网络将锅炉或热电厂等处所产生的热量传递给用户。如图 6.20 所示，一次供热网将热源处产生的热水输运至各区域的二次供热网，在热力站的换热器中加热二次供热网中的供水。一次供热网的供、回水温度分别为 T'和 T''；二次供热网中从热力站流出的热水分别输运至各建筑 B_i，进而通过每座建筑中的散热器加热各用户的室内空气。各支路热水冷却后从各建筑离开，经混合返回热力站换热器，T_s 和 T_b 分别表示二次供热网的供、回水温度。建筑 B_i 包含 N_i 个串联用户（从供水上游至下游，依次为用户 1 至用户 N_i）；且建筑 B_i 中各用户的室内温度相同均为 T_i。

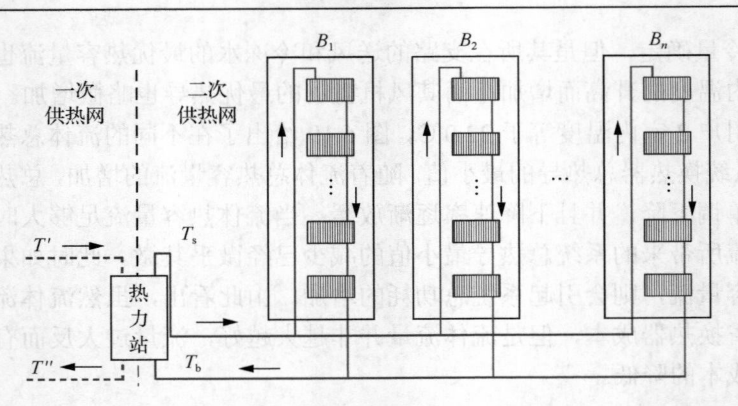

图 6.20　集中供热网络的结构示意图

1. 系统整体约束构建

整个集中供热网路中共涉及三类传热过程，包括：①热力站换热器中的传热过程；②各用户散热器中的传热过程；③各支路回水的混合过程。为了更直观地表示各传热过程中流体温度变化以及各过程的焖耗散率，以包含两座建筑、每座建筑两个用户的集中供热网络为例，将上述各传热过程表示在图 6.21 所示的 $T\text{-}\dot{Q}$ 图上。

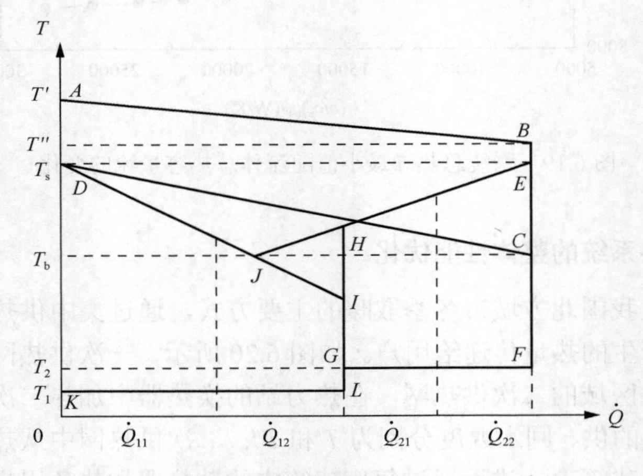

图 6.21　集中供热网络中各传热过程 $T\text{-}\dot{Q}$ 图

1) 热力站换热器中的传热过程

在热力站换热器中，一次供热网中的热水加热二次供热网中的回水。如图 6.21 中线段 AB 所示，一次供热网的热水温度由 T' 降至 T''；二次供热网的回水则由温度 T_b 被加热至 T_s，如线段 CD 所示。该传热过程的焖耗散率的大小等于梯形 $ABCD$ 的面积，可表示为

$$\dot{\Phi}_{\mathrm{g,sub}}=\dot{Q}_{\mathrm{tot}}{}^{2}R_{\mathrm{g,sub}}=\dot{Q}_{\mathrm{tot}}\left(\frac{T'+T''}{2}-\frac{T_{\mathrm{s}}+T_{\mathrm{b}}}{2}\right) \tag{6.71}$$

式中，$\dot{Q}_{\mathrm{tot}}$ 为二次供热网的所有用户热负荷之和，$\dot{Q}_{\mathrm{tot}}=\sum_{i=1}^{n}\dot{Q}_i$；下标 sub 为热力站换热器。热力站换热器的煅耗散热阻 $R_{\mathrm{g,sub}}$ 的表达式为

$$R_{\mathrm{g,sub}}=\frac{\xi_{\mathrm{sub}}}{2}\frac{\mathrm{e}^{(KA)_{\mathrm{sub}}\xi_{\mathrm{sub}}}+1}{\mathrm{e}^{(KA)_{\mathrm{sub}}\xi_{\mathrm{sub}}}-1} \tag{6.72}$$

式中，$\xi_{\mathrm{sub}}=\frac{1}{\dot{m}_0c_p}-\frac{1}{\dot{m}_{\mathrm{tot}}c_p}$；$\dot{m}_0$ 和 $\dot{m}_{\mathrm{tot}}$ 分别为一次和二次供热网中热水的质量流量；c_p 为热水的比定压热容，$\dot{m}_{\mathrm{tot}}=\sum_{i=1}^{n}\dot{m}_i$，$\dot{m}_i$ 为建筑 B_i 中热水的质量流量，$i=1,2,\cdots,n$。

2) 用户散热器中的传热过程

各用户散热器中，二次供热网的热水加热用户室内空气。如图 6.21 中线段 DI 或 EH 所示，热水温度由 T_{s} 降至 T_I 或 T_H。假设室内空气的热容量流无限大，因此如线段 KL 或 FG 所示，室内空气温度不变；此时散热器中的煅耗散率等于图 6.21 中梯形 $DILK$ 或 $EFGH$ 的面积，可表示为

$$\begin{aligned}\dot{\Phi}_{\mathrm{g},ij,\mathrm{rad}}&=\dot{Q}_{ij}{}^{2}R_{\mathrm{g},ij,\mathrm{rad}}\\&=\frac{1}{2}\dot{Q}_{ij}\left(2T_{ij,\mathrm{w}}-2T_i-\frac{\dot{Q}_{ij}}{\dot{m}_ic_p}\right)\end{aligned} \tag{6.73}$$

式中，下标 rad 为散热器；下标 ij 为建筑 B_i 中的第 j 个用户的散热器（$i=1,2,\cdots,n$，$j=1,2,\cdots,N_i$）；T_i 为建筑 B_i 中用户室内温度；$T_{ij,\mathrm{w}}$ 为该散热器入口处的热水温度；$\dot{Q}_{ij}$ 为该用户的热负荷。各散热器煅耗散热阻的表达式为

$$R_{\mathrm{g},ij,\mathrm{rad}}=\frac{1}{2\dot{m}_ic_p}\frac{\mathrm{e}^{(KA)_{ij}/(\dot{m}_ic_p)}+1}{\mathrm{e}^{(KA)_{ij}/(\dot{m}_ic_p)}-1} \tag{6.74}$$

式中，$(KA)_{ij}$ 为该用户散热器的热导。

进而，建筑 B_i 中所有用户散热器的煅耗散率之和为

$$\dot{\Phi}_{\mathrm{g},i}=\sum_{j=1}^{N_i}\dot{\Phi}_{\mathrm{g},ij,\mathrm{rad}}=\sum_{j=1}^{N_i}\dot{Q}_{ij}{}^{2}R_{\mathrm{g},ij,\mathrm{rad}} \tag{6.75}$$

根据式(6.75)，集中供热网络中所有用户散热器的总烟耗散率可表示为

$$\dot{\Phi}_{\mathrm{g,rad}}=\sum_{i=1}^{n}\dot{\Phi}_{\mathrm{g},i}=\sum_{i=1}^{n}\sum_{j=1}^{N_i}\dot{Q}_{ij}{}^2R_{\mathrm{g},ij,\mathrm{rad}} \tag{6.76}$$

3) 各支路回水的混合传热过程

各建筑的回水混合后返回热力站。如图 6.21 中线段 HJ 或 IJ 所示，各建筑回水的温度由混合前的 T_H 或 T_I 变化至混合后的 T_{b}。该混合过程的烟耗散率等于图 6.21 中三角形 HIJ 的面积。根据能量守恒，混合前的各建筑回水温度为

$$T_{i,\mathrm{b}}=T_{\mathrm{s}}-\frac{\dot{Q}_i}{\dot{m}_i c_p} \tag{6.77}$$

式中，$\dot{Q}_i$ 为建筑 B_i 所有用户热负荷之和，即 $\dot{Q}_i=\sum_{j=1}^{N_i}\dot{Q}_{ij}$ 。

各支路回水混合后的温度为

$$T_{\mathrm{b}}=T_{\mathrm{s}}-\frac{\dot{Q}_{\mathrm{tot}}}{\dot{m}_{\mathrm{tot}}c_p} \tag{6.78}$$

式中，$\dot{Q}_{\mathrm{tot}}$ 为二次供热网中所有用户热负荷之和，因此 $\dot{Q}_{\mathrm{tot}}=\sum_{i=1}^{n}\dot{Q}_i$ 。

混合传热过程的烟耗散率等于流体进、出口的烟流之差：

$$\begin{aligned}\dot{\Phi}_{\mathrm{g},m}&=\sum_{i=1}^{n}\frac{1}{2}\dot{m}_i c_p T_{i,\mathrm{b}}{}^2-\frac{1}{2}\dot{m}_{\mathrm{tot}}c_p T_{\mathrm{m}}{}^2\\&=\frac{1}{2}\left(\sum_{i=1}^{n}\frac{\dot{Q}_i^2}{\dot{m}_i c_p}-\frac{\dot{Q}_{\mathrm{tot}}{}^2}{\dot{m}_{\mathrm{tot}}c_p}\right)\end{aligned} \tag{6.79}$$

式中，下标 m 代表混合过程。

系统的总烟耗散率等于这三类传热过程的烟耗散率之和：

$$\begin{aligned}\dot{\Phi}_{\mathrm{g,tot}}&=\dot{\Phi}_{\mathrm{g,sub}}+\dot{\Phi}_{\mathrm{g,rad}}+\dot{\Phi}_{\mathrm{g,m}}\\&=\dot{Q}_{\mathrm{tot}}{}^2R_{\mathrm{g,sub}}+\sum_{i=1}^{n}\sum_{j=1}^{N_i}\dot{Q}_{ij}{}^2R_{\mathrm{g},ij,\mathrm{rad}}+\frac{1}{2}\left(\sum_{i=1}^{n}\frac{\dot{Q}_i^2}{\dot{m}_i c_p}-\frac{\dot{Q}_{\mathrm{tot}}{}^2}{\dot{m}_{\mathrm{tot}}c_p}\right)\end{aligned} \tag{6.80}$$

另外，由一次供热网热水和各用户室内空气输入系统的净烟流为

$$\dot{\Phi}_{\text{g,tot}}=\frac{1}{2}(T'+T'')\dot{Q}_{\text{tot}}-\sum_{i=1}^{n}\sum_{j=1}^{N_i}\dot{Q}_{ij}T_i \tag{6.81}$$

联立式(6.80)和式(6.81)可建立整个系统的炽平衡方程：

$$\begin{aligned}&\dot{Q}_{\text{tot}}^{\ 2}R_{\text{g,sub}}+\sum_{i=1}^{n}\sum_{j=1}^{N_i}\dot{Q}_{ij}^{\ 2}R_{\text{g},ij,\text{rad}}+\frac{1}{2}\left(\sum_{i=1}^{n}\frac{\dot{Q}_i^{\ 2}}{\dot{m}_i c_p}-\frac{\dot{Q}_{\text{tot}}^{\ 2}}{\dot{m}_{\text{tot}}c_p}\right)\\&=\frac{1}{2}(T'+T'')\dot{Q}_{\text{tot}}-\sum_{i=1}^{n}\sum_{j=1}^{N_i}\dot{Q}_{ij}T_i\end{aligned} \tag{6.82}$$

由各换热器炽耗散热阻的表达式可知，式(6.82)中的系统炽平衡方程揭示了换热器热导及流体热容量流等系统内部结构和运行参数与包括用户室内温度、热负荷、一次供热网的供回水温度等系统设计和边界参数之间的关系。因此式(6.82)为集中供热网络的系统整体约束。同时，根据几何关系可知，由于图 6.21 中三角形 *CDJ* 与 *ECJ* 的面积相等，图 6.21 中所有图形面积之和等于图 6.22 中多边形 *ABFGLK* 的面积，即式(6.82)中系统的炽平衡方程在 T-$\dot{Q}$ 图上的几何表述。

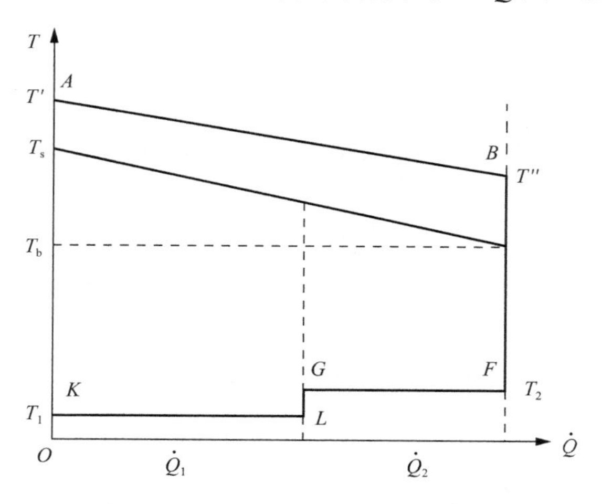

图 6.22　集中供热网络等效 T-$\dot{Q}$ 图

此外，对于图 6.20 中的集中供热网络，各建筑的供热管路间是并联关系，即输送至各建筑的热水的温度相等，即各建筑第 1 个用户的散热器入口处的水温相等：

$$T_{11,\text{w}}=T_{i1,\text{w}}=T_{\text{s}} \tag{6.83}$$

由式(6.73)可知，各散热器入口处的热水温度 $T_{ij,\text{w}}$ 的表达式为

$$T_{ij,\mathrm{w}}=T_i+\dot{Q}_{ij}R_{\mathrm{g},ij,\mathrm{rad}}+\frac{\dot{Q}_{ij}}{2\dot{m}_i c_p} \tag{6.84}$$

将式(6.84)代入式(6.83)，即可得到集中供热网络的并联约束：

$$T_1+\dot{Q}_{11}R_{\mathrm{g},11,\mathrm{rad}}+\frac{\dot{Q}_{11}}{2\dot{m}_1 c_p}=T_i+\dot{Q}_{i1}R_{\mathrm{g},i1,\mathrm{rad}}+\frac{\dot{Q}_{i1}}{2\dot{m}_i c_p} \tag{6.85}$$

另外，由于在每座建筑内部各用户散热器为串联关系，即各散热器入口处的热水温度 $T_{ij,\mathrm{w}}$ 与二次供热网的供水温度间需满足如下能量守恒关系：

$$T_{\mathrm{s}}=T_{ij,\mathrm{w}}+\frac{\sum_{k=1}^{j-1}\dot{Q}_{ik}}{\dot{m}_i c_p} \tag{6.86}$$

式中，$j=2, 3, \cdots, N_i$。

由式(6.71)和能量守恒方程可知，二次供热网络的供水温度 T_{s} 可表示为

$$T_{\mathrm{s}}=\frac{T'+T''}{2}-\dot{Q}_{\mathrm{tot}}R_{\mathrm{g,sub}}+\frac{\dot{Q}_{\mathrm{tot}}}{2\dot{m}_{\mathrm{tot}}c_p} \tag{6.87}$$

将式(6.84)和式(6.87)代入式(6.86)中即可得到如下方程：

$$T_i+\dot{Q}_{ij}R_{\mathrm{g},ij,\mathrm{rad}}+\frac{\dot{Q}_{ij}}{2\dot{m}_i c_p}+\frac{\sum_{k=1}^{j-1}\dot{Q}_{ik}}{\dot{m}_i c_p}=\frac{T'+T''}{2}-\dot{Q}_{\mathrm{tot}}R_{\mathrm{g,sub}}+\frac{\dot{Q}_{\mathrm{tot}}}{2\dot{m}_{\mathrm{tot}}c_p} \tag{6.88}$$

式(6.88)描述了集中供热网络系统的串联结构特点，它与式(6.82)和式(6.85)共同构成了集中供热网络的整体约束。

2. 系统性能的整体优化

集中供热网络的成本主要包含两部分：换热器热导对应的固定成本，以及由驱动流体的泵功产生的运行成本。如果驱动流体的泵功给定，通过减少系统中换热器总热导即可降低系统固定成本，从而减少总成本。另外，如果一个系统在设计之初，其固定成本(换热器总热导)给定，通过减少泵功能够降低系统运行成本以及总成本。当一次供热网供、回水温度 T'、T'' 以及各用户室内温度 T_i、热负荷 $\dot{Q}_{ij}$ 均已知，则对于上述这两类优化问题，其优化目标分别表示为

$$f_1 = \min\left[\sum_{i=1}^{n}\sum_{j=1}^{N_i}(KA)_{ij} + (KA)_{\text{sub}}\right] \tag{6.89}$$

以及：

$$f_2 = \min\left(\sum_{i=1}^{n}\dot{m}_i c_p\right) \tag{6.90}$$

对于第一类问题，二次供热网供水的总热容量流一定，即

$$\sum_{i=1}^{n}\dot{m}_i c_p = C \tag{6.91}$$

式中，C 为常量。

则优化问题转化为以式(6.89)为目标函数，以式(6.82)、式(6.85)、式(6.88)和式(6.91)为约束的条件极值问题。借助拉格朗日乘子法，构造如下拉格朗日函数：

$$\begin{aligned}
\Pi_1 &= \sum_{i=1}^{n}\sum_{j=1}^{N_i}(KA)_{ij} + (KA)_{\text{sub}} + \alpha\left[\sum_{i=1}^{n}\dot{m}_i c_p - C\right] \\
&\quad + \sum_{k=2}^{n}\lambda_k\left(T_1 + \dot{Q}_{11}R_{\text{g},11,\text{rad}} + \frac{\dot{Q}_{11}}{2\dot{m}_1 c_p} - T_k - \dot{Q}_{k1}R_{\text{g},k1,\text{rad}} - \frac{\dot{Q}_{k1}}{2\dot{m}_k c_p}\right) \\
&\quad + \beta\left[\dot{Q}_{\text{tot}}{}^2 R_{\text{g,sub}} + \sum_{i=1}^{n}\sum_{j=1}^{N_i}\dot{Q}_{ij}{}^2 R_{\text{g},ij,\text{rad}} + \frac{1}{2}\left(\sum_{i=1}^{n}\frac{\dot{Q}_i^2}{\dot{m}_i c_p} - \frac{\dot{Q}_{\text{tot}}{}^2}{\dot{m}_{\text{tot}} c_p}\right) - \frac{1}{2}(T' + T'')\dot{Q}_{\text{tot}} + \sum_{i=1}^{n}\sum_{j=1}^{N_i}\dot{Q}_{ij}T_i\right] \\
&\quad + \sum_{i=1}^{n}\sum_{j=2}^{N_i}\lambda_{ij}\left(\frac{T' + T''}{2} - T_i - \dot{Q}_{\text{tot}}R_{\text{g,sub}} - \dot{Q}_{ij}R_{\text{g},ij,\text{rad}} + \frac{\dot{Q}_{\text{t}}}{2\dot{m}_{\text{tot}} c_p} - \frac{\dot{Q}_{ij}}{2\dot{m}_i c_p} - \frac{\sum_{k=1}^{j-1}\dot{Q}_{ik}}{\dot{m}_i c_p}\right)
\end{aligned} \tag{6.92}$$

式中，α、β、λ_{ij} 以及 λ_k 均为拉格朗日乘子。

令 Π_1 关于所有变量的偏导等于零可得如下优化方程组：

$$\frac{\partial \Pi_1}{\partial X_1} = 0, X_1 \in \left\{(KA)_{\text{sub}}, (KA)_{ij}, \dot{m}_i c_p, \alpha, \beta, \lambda_k, \lambda_{ij}\right\} \tag{6.93}$$

对于第二类问题，换热器总热导一定的约束条件可以表示为

$$(KA)_{\text{tot}} = \sum_{i=1}^{n}\sum_{j=1}^{N_i}(KA)_{ij} + (KA)_{\text{sub}} = (KA)_0 \tag{6.94}$$

式中，$(KA)_0$ 为常量。则优化问题转化为以式(6.90)为目标函数，以式(6.82)、式(6.85)、式(6.88)和式(6.94)为约束方程的条件极值问题。借助拉格朗日乘子法，构造如下拉格朗日函数：

$$\begin{aligned}
\Pi_2 = &\sum_{i=1}^{n}\dot{m}_i c_p + \alpha\left[\sum_{i=1}^{n}\sum_{j=1}^{N_i}(KA)_{ij} + (KA)_{\text{sub}} - (KA)_0\right] \\
&+ \sum_{k=2}^{n}\lambda_k\left(T_1 + \dot{Q}_{11}R_{\text{g},11,\text{rad}} + \frac{\dot{Q}_{11}}{2\dot{m}_1 c_p} - T_k - \dot{Q}_{k1}R_{\text{g},k1,\text{rad}} - \frac{\dot{Q}_{k1}}{2\dot{m}_k c_p}\right) \\
&+ \beta\left[\dot{Q}_{\text{tot}}{}^2 R_{\text{g,sub}} + \sum_{i=1}^{n}\sum_{j=1}^{N_i}\dot{Q}_{ij}{}^2 R_{\text{g},ij,\text{rad}} + \frac{1}{2}\left(\sum_{i=1}^{n}\frac{\dot{Q}_i^2}{\dot{m}_i c_p} - \frac{\dot{Q}_{\text{tot}}{}^2}{\dot{m}_{\text{tot}} c_p}\right) - \frac{1}{2}(T' + T'')\dot{Q}_{\text{tot}} + \sum_{i=1}^{n}\sum_{j=1}^{N_i}\dot{Q}_{ij}T_i\right] \\
&+ \sum_{i=1}^{n}\sum_{j=2}^{N_i}\lambda_{ij}\left[\frac{T' + T''}{2} - T_i - \dot{Q}_{\text{tot}}R_{\text{g,sub}} - \dot{Q}_{ij}R_{\text{g},ij,\text{rad}} + \frac{\dot{Q}_{\text{tot}}}{2\dot{m}_t c_p} - \frac{\dot{Q}_{ij}}{2\dot{m}_i c_p} - \frac{\sum_{k=1}^{j-1}\dot{Q}_{ik}}{\dot{m}_i c_p}\right]
\end{aligned} \tag{6.95}$$

式中，α、β、λ_{ij} 以及 λ_k 均为拉格朗日乘子。

令 Π_2 关于所有变量的偏导等于零可得如下优化方程组：

$$\frac{\partial \Pi_2}{\partial X_2} = 0, X_2 \in \left\{(KA)_{\text{sub}}, (KA)_{ij}, \dot{m}_i c_p, \alpha, \beta, \lambda_k, \lambda_{ij}\right\} \tag{6.96}$$

求解式(6.93)或式(6.96)的优化方程组，即可在不同条件下直接得到各结构和运行参数的最优值。

若图 6.20 所示的集中供热网络中仅包含一个支路两个用户，则其优化目标为两用户散热器及热力站换热器的总热导最小。当二次供热网供水的热容量流等于 1400.0W/K、一次供热网的供回水温度分别为 403.0K 和 323.0K、两用户室内温度均为 292.0K、位于供水上游的用户 1 的热负荷 $\dot{Q}_1$ 为 10000.0W 时，如果下游用户 2 的热负荷与用户 1 相等，即 $\dot{Q}_2 = \dot{Q}_1$，表 6.7 列出了各换热器热导的优化结果，其中 $(KA)_1$ 和 $(KA)_2$ 分别代表用户 1 和 2 散热器的最优热导。由表 6.7 可知，$(KA)_2$

比 $(KA)_1$ 大 29.3%，也就是说，尽管两用户的热负荷、室内温度以及供水热容量流均一样，但是位于下游的用户 2 需要热导更大的散热器，这一点与常识相符。

表 6.7　两用户热负荷相等时集中供热网络优化结果

优化参数	$(KA)_{sub}$	$(KA)_1$	$(KA)_2$
优化结果/(W/K)	619.1	315.5	408.0

图 6.23 表示换热器总热导的最小值随用户 2 热负荷的变化，其中 $(KA)_{ED}$ 代表基于煅分析得到的换热器最小总热导，它随着用户 2 热负荷的增加而不断增大。在集中供热网络的工程优化设计过程中，为了降低系统的复杂性，工程中往往习惯于人为给定二次供热网各支路的供水温度。例如，如果人为给定二次供热网络供水温度为 318.0K，则如图 6.23 中所示，在不同的用户热负荷情况下，系统换热器总热导 $(KA)_{tot}$ 始终大于基于煅分析得到的换热器最小总热导 $(KA)_{ED}$；另外，图 6.24 表示二次供热网络的最优供水温度 T_s 随着用户 2 热负荷的变化，由图中可以看出，在用户不同的热负荷下，系统最优供水温度明显不同，因此仅凭借工程经验是很难准确预测出不同用户热负荷下的最佳供水温度的，换言之，人为给定供水温度很难获得系统的最优性能。

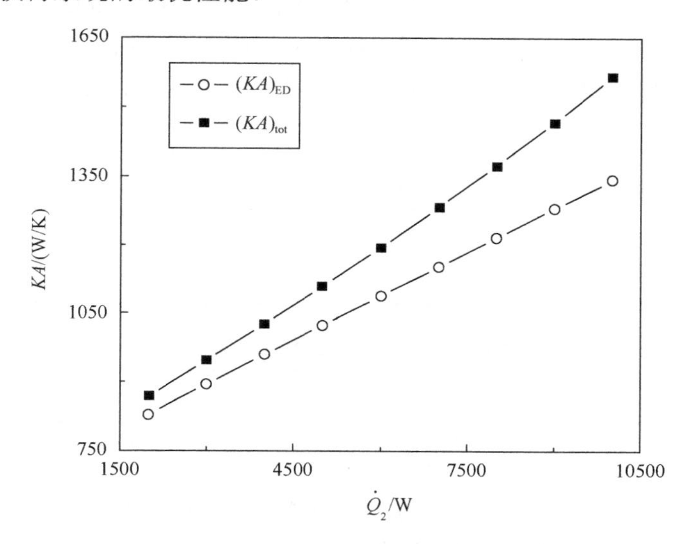

图 6.23　系统总热导随用户 2 热负荷的变化

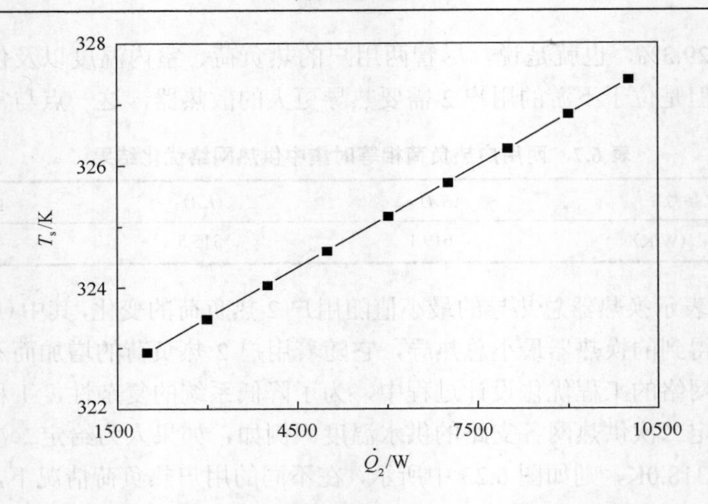

图 6.24　二次供热网最优供水温度随用户 2 热负荷的变化

对于包含两栋建筑 B_1 和 B_2、每座建筑各有两个用户的集中供热网络，建筑 B_1 中的两用户室内温度均为 293.0K，热负荷均为 15000.0W；建筑 B_2 中用户 21 和 22 的室内温度均为 288.0K，但是热负荷分别为 18000.0W 和 12000.0W。两类优化问题的优化结果分别为：①当系统中换热器热导之和为 4000.0W/K 时，各换热器热导及支路供水热容量流的最优值如表 6.8 所示。②当系统中二次供热网供水热容量流给定为 3000.0 W/K 时，各换热器热导及支路供水热容量流的最优值如表 6.9 所示。

表 6.8　换热器热导及支路供水热容量流的最优值(总热导一定)

优化参数	$(KA)_{sub}$	$(KA)_{11}$	$(KA)_{12}$	$(KA)_{21}$	$(KA)_{22}$	$\dot{m}_1c_p$	$\dot{m}_2c_p$
优化结果/(W/K)	2178.2	255.8	683.7	311.2	571.2	439.9	413.2

表 6.9　换热器热导及支路供水热容量流的最优值(总热容量流一定)

优化参数	$(KA)_{sub}$	$(KA)_{11}$	$(KA)_{12}$	$(KA)_{21}$	$(KA)_{22}$	$\dot{m}_1c_p$	$\dot{m}_2c_p$
优化结果/(W/K)	1814.3	449.3	628.2	492.4	460.8	1591.9	1408.1

由于上述问题中换热器总热导最小化问题有两个自由度，即表 6.8 中 7 个结构参数中给定任意两个就可以确定其他参数，并对应该系统的一种设计方案。根据试凑法，令建筑 B_1 中供水的热容量流 $\dot{m}_1c_p$ 和热力站换热器的热导 $(KA)_{sub}$ 分别选取不同的数值进行组合，就可形成该系统不同的设计方案。图 6.25 中分别以热力站换热器热导 $(KA)_{sub}$ 和总热导 $(KA)_{tot}$ 作为横、纵坐标；圆点代表基于试凑法通过 $\dot{m}_1c_p$ 和 $(KA)_{sub}$ 间的不同组合获得的多种设计方案，方点代表表 6.8 中基于炽分析的整体优化得到的设计方案。可以看出尽管通过试凑法能够获得一系列设计方

案，并从中找到换热器总热导较小的一种；随着试凑的参数组合越来越多，有可能从中找到越来越接近系统最优的设计方案。但是这种方法的核心是穷举，并不能像基于炽分析的整体优化方法获得式(6.92)中的优化方程组，从而可直接解出最优参数。对于包含大量自由度的实际集中供热网络，使用试凑法进行优化会非常复杂。

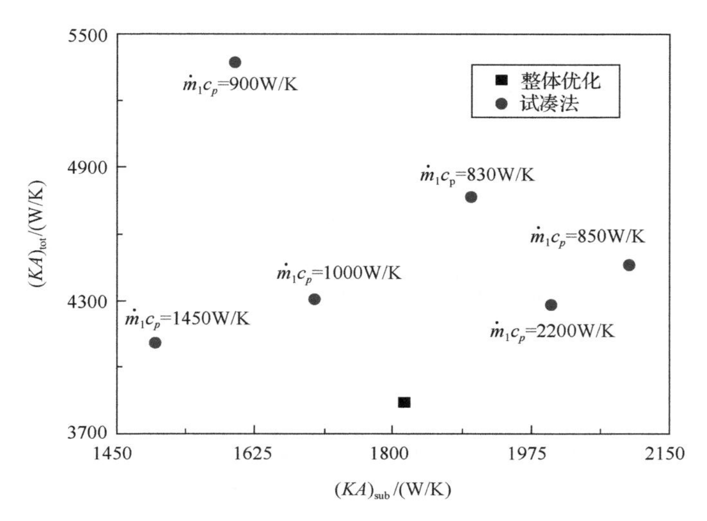

图 6.25　试凑法的优化思路与基于炽分析的整体优化思路对比

图 6.26 给出了建筑 B_2 的散热器最优总热导中用户 21 的所占比例 ζ 随着其热负荷比例 b 的变化。如果其他条件不变，建筑 B_2 的热负荷与 B_1 的热负荷相等，而随着热负荷比例 b 的增加，热导比例 ζ 相应增加，但是 ζ 始终小于 b，即在建筑 B_2 中，位于供水上游的用户 21 的散热器最优热导所占比例始终小于其热负荷所占比例。因为热水流经上游用户时温度较高，传热温差较大，所以完成单位热负荷需要的换热器热导更小。另外，如图 6.27 所示，尽管热负荷比例 b 的改变会影响建筑 B_2 内两用户散热器的最优热导 $(KA)_{21}$、$(KA)_{22}$ 的数值，但是却并不会影响建筑 B_2 中散热器总热导 $(KA)_{21}+(KA)_{22}$。同时，热负荷比例 b 的改变也并不影响其他变量的优化值。也就是说，如果某建筑中各用户的室内温度相等，则其用户间热负荷分配比例的变化仅改变该建筑中各用户散热器热导的分配比例，而不会改变该建筑散热器总热导的优化值；也不会影响其他建筑各用户散热器、热力站换热器热导以及供水流量分配比例的最优值，从而也不会影响系统总热导的最小值。

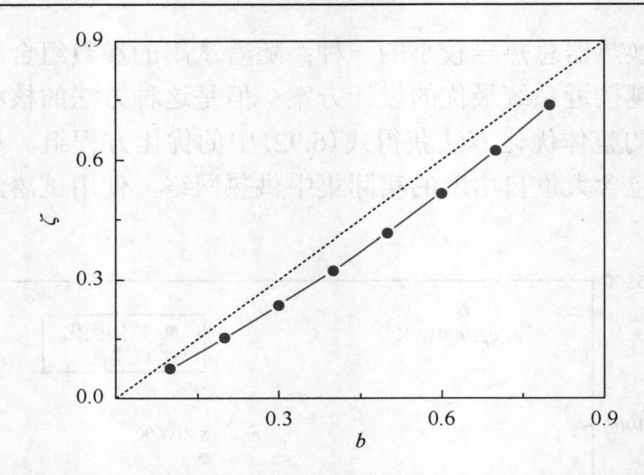

图 6.26　建筑 B_2 内用户 21 的散热器最优热导所占比例 ζ 随着其热负荷比例 a 的变化

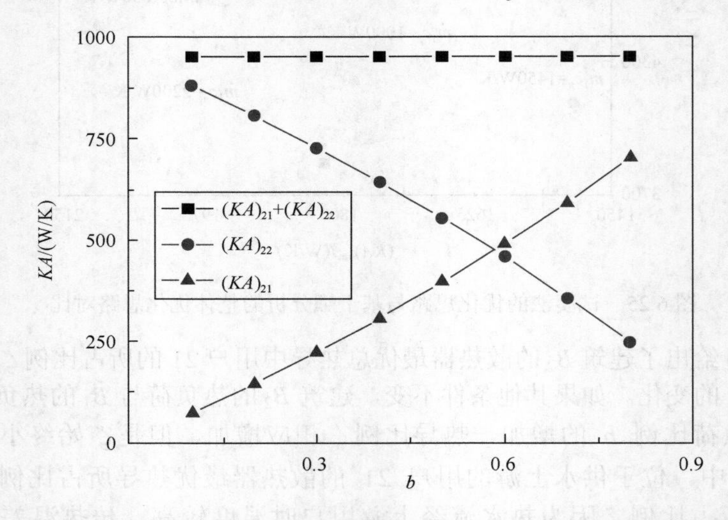

图 6.27　建筑 B_2 散热器总热导与各用户散热器热导的优化值随用户热负荷比例的变化

如果建筑 B_2 中用户室内温度 T_2 取不同的数值，而其他已知条件均与表 6.9 对应的条件相同，图 6.28 和图 6.29 表示了 T_2 对集中供热网络优化结果的影响。图 6.28 表示系统总热导最小值$(KA)_{\text{tot}}$以及建筑 B_1、B_2 总热导优化值$(KA)_1$、$(KA)_2$ 随用户室内温度 T_2 的变化。随着 T_2 升高，建筑 B_2 中各用户散热器的传热温差减小，则各散热器需要更大的热导，从而引起该建筑散热器总热导优化值以及系统总热导最小值的明显增加。另外，图 6.29 表示两建筑的供水最优热容量流的比值及室内温度比值随用户室内温度 T_2 的变化。随着建筑 B_2 用户室内温度的升高，为了实现系统总热导最小，二次供热网的热水越来越多地分配给建筑 B_2。

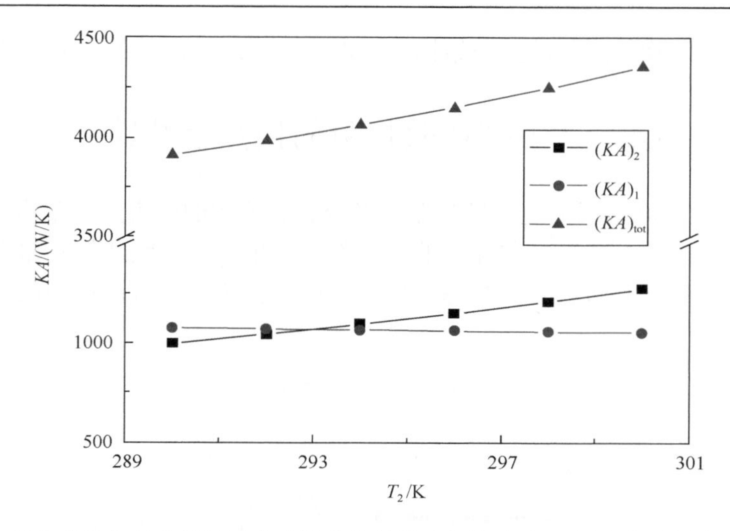

图 6.28　系统总热导最小值以及各建筑总热导优化值随建筑 B_2 用户室内温度 T_2 的变化

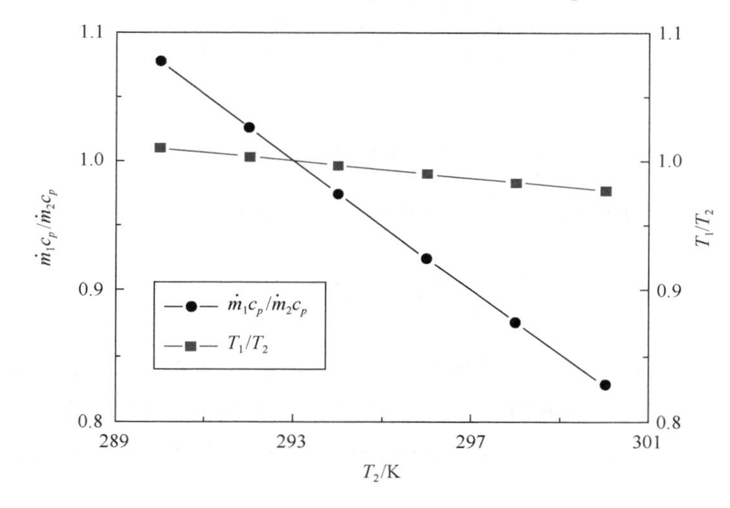

图 6.29　两建筑的供水最优热容量流比值以及室内温度比值随用户室内温度 T_2 的变化

总之，炽分析方法为换热系统的整体性能分析和优化提供了新的思路，是解决复杂换热系统整体优化的可行和有效方法，其主要步骤为：①在不引入中间变量的前提下，推导系统炽平衡方程作为系统整体约束；②明确换热系统结构形式，并构建相应的并联约束或串联约束；③基于系统整体约束以及并联或串联约束，结合具体的优化目标，借助拉格朗日乘子法获得优化方程组；④求解优化方程组进而得到各结构参数的最优值。然而，由于炽平衡方程不能完整揭示换热系统的拓扑结构，需要引入额外的约束来描述系统的拓扑结构，如中央空调冷冻水系统中并联约束的构建、集中供热网络中串联约束的构建等。因此，有必要提出新的方法来完整揭示换热系统的拓扑结构，实现换热系统性能的整体分析和优化。

6.4　基于燠耗散热阻的换热器热路图

针对如图 6.30 所示的逆流换热器，当冷、热流体的热容量流都为无穷大时，随着传热过程的进行，冷、热流体的温度都不发生改变，因此换热器中的传热过程可简化为一维导热过程。在稳态条件下，根据传热方程可以得到此换热器中的换热量为

$$\dot{Q} = KA\left(T_{\mathrm{h}} - T_{\mathrm{c}}\right) \tag{6.97}$$

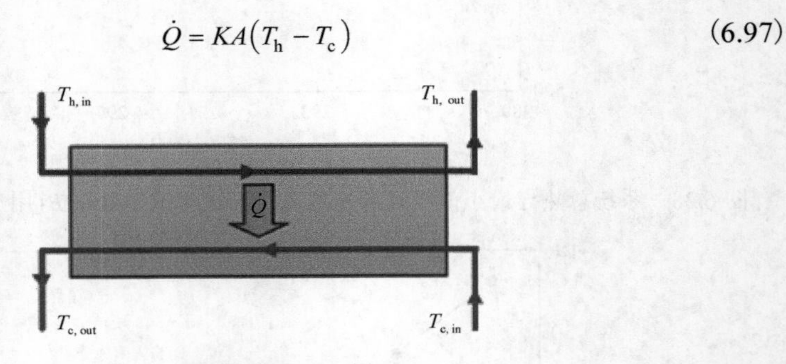

图 6.30　逆流换热器的结构示意图

类比一维稳态导热问题，定义其传热热阻为 R_{h}：

$$R_{\mathrm{h}} = \frac{T_{\mathrm{h}} - T_{\mathrm{c}}}{\dot{Q}} \tag{6.98}$$

同样，类比一维稳态导热的热电比拟法，根据式(6.98)可以得到如图 6.31 所示的换热器的热路图。图 6.31 中，电阻即换热器的热阻，流经电阻的电流为换热器的换热热流量，电阻两端的高、低电势对应换热器中热、冷流体温度。

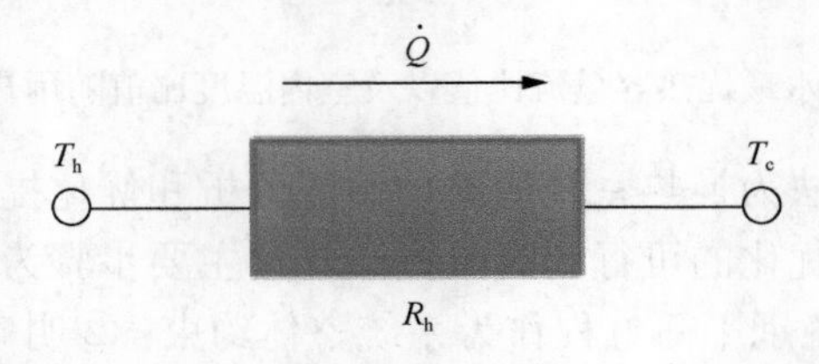

图 6.31　流体热容量流无穷大的条件下换热器的热路图

在实际工程应用中，换热器中流体的热容量流都是有限值，冷、热流体的温度随着传热过程的进行在不断变化，导致无法将换热器类比为一维稳态导热问题的热阻。因此，在传统的换热器的研究中，研究人员提出了对数平均温差的概念：

$$\dot{Q} = KA\frac{\Delta T_{\max} - \Delta T_{\min}}{\ln\left(\Delta T_{\max}/\Delta T_{\min}\right)} \tag{6.99}$$

式中，$\Delta T_{\max}$ 和 $\Delta T_{\min}$ 分别为换热器中冷、热流体的最大和最小温差。对数平均温差的概念虽然定义了换热器中冷、热流体之间的特征温差，但是不能直接确定热、冷流体各自的特征温度，也就不能通过热电比拟法定义高、低特征电势。因此，在传统方法中，利用换热器热导的倒数定义的热阻难以对换热器中的传热过程进行定量的热电比拟分析。

根据换热器煅耗散热阻的定义式(式(6.5))及逆流换热器煅耗散热阻的计算式(式(6.9))可以看出，与电学中的欧姆定律类似，换热器的换热量等于热、冷流体进出口的算术平均温差与煅耗散热阻之比：

$$\dot{Q} = \frac{T_{\mathrm{h}} - T_{\mathrm{c}}}{R_{\mathrm{g}}} \tag{6.100}$$

式中，T_{h} 和 T_{c} 分别为热流体和冷流体的进出口算术平均温度，称为热、冷流体的特征温度：

$$T_{\mathrm{h}} = \frac{T_{\mathrm{h,in}} + T_{\mathrm{h,out}}}{2} \tag{6.101}$$

$$T_{\mathrm{c}} = \frac{T_{\mathrm{c,in}} + T_{\mathrm{c,out}}}{2} \tag{6.102}$$

在此基础上，采用热电比拟的方法可以得到逆流换热器的等效电路图。如图 6.32 所示，热流体的进出口平均温度等效为高电势，冷流体的进出口平均温度等效为低电势。

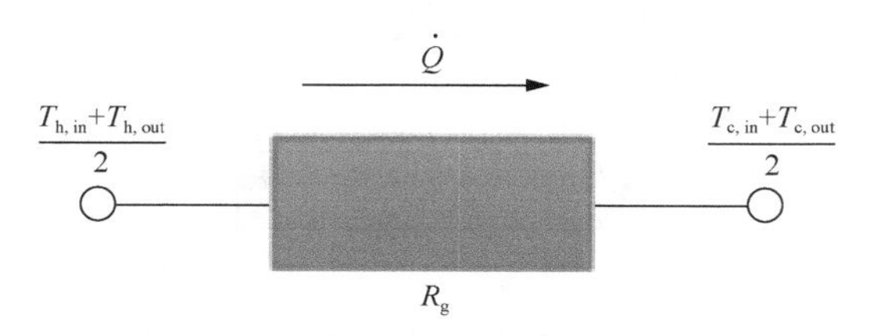

图 6.32　逆流换热器的热路图

对于顺流、管壳式换热器，Chen[21]也分别给出了相应的煅耗散热阻表达式，在第 4 章也有介绍。然而不论顺流还是管壳式换热器，它们的冷、热流体温度、煅耗散热阻以及换热量之间的关系都可以写为式(6.100)的形式，这说明逆流、顺流、管壳式换热器中的传热过程都可以进行电学类比，等效成一个电流流经电阻的导电过程，等效电路同样可以用图 6.32 表示。其中，导电过程中的电流对应于换热热流，电阻对应于火积耗散热阻，高电势为热流体进出口算术平均温度，低电势为冷流体进出口算术平均温度。

6.5 常物性换热系统的热路图

换热器网络通常有多回路、串联、并联三种连接方式，而复杂换热器网络通常由这三种基本网络组成。本节结合换热器的火积耗散热阻及其等效电路图，给出三种基本换热器网络的等效电路图，利用电路图说明各个换热器之间的联系，并给出了复杂换热器网络的等效电路图绘制方法。

6.5.1 流体多回路换热系统的热路图

对于图 6.33 所示的流体多回路换热器网络，热量从上至下依次经过各个换热器进行传递，第 i 个换热器的冷流体在第 i 个换热器中吸收热量后，流入第 $i+1$ 个换热器，并作为热流体向下一级网络进行传热，并且在第 $i+1$ 个换热器内放热后流回第 i 个换热器。

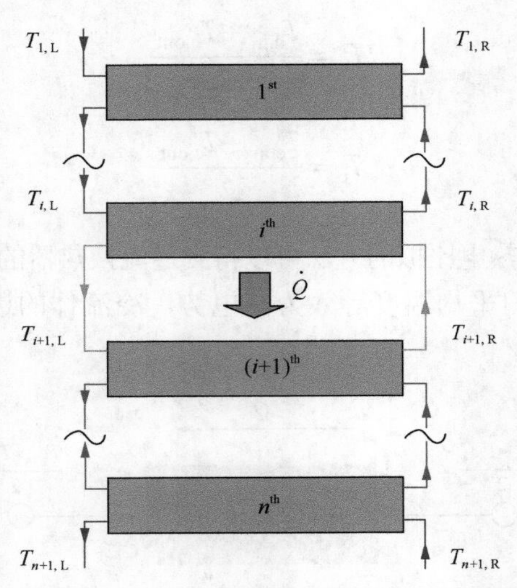

图 6.33 多回路换热器网络的流程示意图

根据单一换热器的 T-$\dot{Q}$ 曲线，可以得到多回路换热器网络的 T-$\dot{Q}$ 曲线，如图 6.34 所示。图 6.34 中，线段表示连接第 i 个和第 i–1 个换热器的回路中的流体温度变化，即第 i–1 个换热器中的冷流体温度变化线，同时也是第 i 个换热器中的热流体温度变化线。

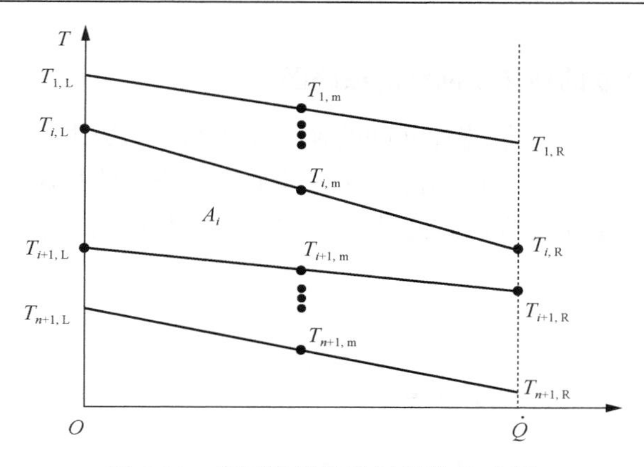

图 6.34　多回路换热器网络的 T-$\dot{Q}$ 图

第 i 个换热器中的煅耗散为图 6.34 中梯形的面积：

$$\dot{\Phi}_{g,i}=A_i=\left(\frac{T_{i,L}+T_{i,R}}{2}-\frac{T_{i+1,L}+T_{i+1,R}}{2}\right)\dot{Q}_i=\left(T_{i,m}-T_{i+1,m}\right)\dot{Q}_i \tag{6.103}$$

式中，下标 L、R 分别为图 6.33 所示回路的左端和右端；下标 m 为算术平均值。

对于第 i 个换热器，其热流和煅耗散热阻的关系同样可以写为

$$\dot{Q}_i=\frac{T_{i,m}-T_{i+1,m}}{R_{g,i}} \tag{6.104}$$

式中，$R_{g,i}$ 为第 i 个换热器的煅耗散热阻 $(i=1, 2, \cdots, n)$。

在稳态工况下，各个换热器中的热流量相同，即 $\dot{Q}_1=\cdots=\dot{Q}_i=\cdots=\dot{Q}_n=\dot{Q}$，联立各个换热器的温度和煅耗散热阻关系式(式(6.104))，可以得到

$$\dot{Q}_i=\frac{T_{1,m}-T_{n+1,m}}{\sum_i R_{g,i}} \tag{6.105}$$

式(6.104)和式(6.105)的形式和串联电阻网络的电压、电流与总电阻的关系相同，即多回路换热器网络的总煅耗散热阻等于各个换热器的煅耗散热阻之和，且每个煅耗散热阻中流过的热流相同。因此，可以将流体多回路换热器网络中的传热过程等效为一个串联电阻网络中的导电过程，其热路图如图 6.35 所示。

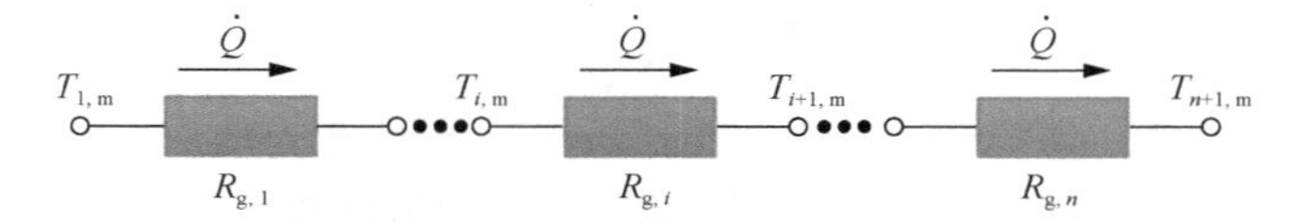

图 6.35　多回路换热器网络的热路图

6.5.2 单侧流体并联的换热器网络的热路图

对于图 6.36 所示的单侧流体并联的换热器网络，一股温度为 T_c 的冷流体分成 n 股冷流体，分别流入 n 个换热器，并与各个换热器中的热流体进行换热，最终流出各个换热器并重新混合，温度升高至 T_d。冷流体在第 i 个换热器内吸收的热量用 $\dot{Q}_i$ 表示。

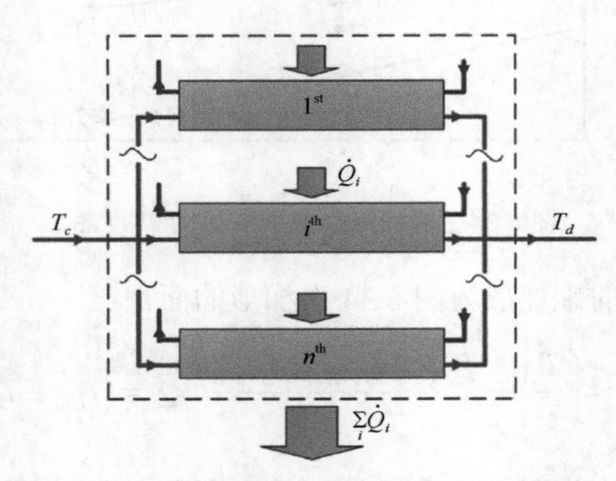

图 6.36 单侧流体并联的换热器网络的流程示意图

根据单一换热器的 T-$\dot{Q}$ 曲线，可以画出并联换热器网络的 T-$\dot{Q}$ 曲线，如图 6.37 所示。图 6.37 中细实线 b_ia_i 表示第 i 个换热器内热流体温度随热流量的变化关系，粗实线 cd 表示换热器网络中所有冷流体的平均温度随热流量的变化关系，线段 c_id_i 表示第 i 个换热器中冷流体的温度随热流量的变化关系。

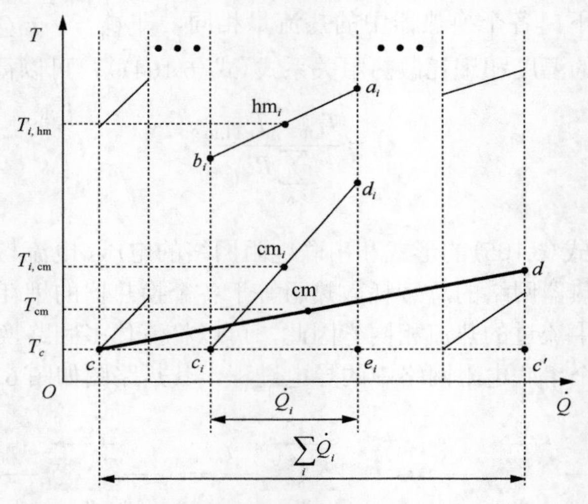

图 6.37 单侧流体并联的换热器网络的 T-$\dot{Q}$ 图

第 i 个换热器中的炽耗散为图 6.37 中梯形 $a_ib_ic_id_i$ 的面积，因此对于第 i 个换热器，换热量与炽耗散热阻的关系可以写为

$$T_{i,\mathrm{hm}} - T_{i,\mathrm{cm}} = \dot{Q}_i R_{\mathrm{g},i} \tag{6.106}$$

式中，$T_{i,\mathrm{hm}}$ 和 $T_{i,\mathrm{cm}}$ 分别为线段 b_ia_i 和 c_id_i 的中点。

图 6.37 中线段 cd 的斜率为 $1\Big/\sum_i \dot{m}_{i,\mathrm{c}} c_{p,\mathrm{c}}$，即冷流体总热容量流的倒数，又由于线段 cc' 的长度为 $\sum_i \dot{Q}_i$，所以从线段 cd 的中点 cm 到线段 cc' 中点的距离为

$$T_{\mathrm{cm}} - T_c = \frac{\sum_i \dot{Q}_i}{2\sum_i \dot{m}_{i,\mathrm{c}} c_{p,\mathrm{c}}} \tag{6.107}$$

式中，$\dot{m}_{i,\mathrm{c}}$ 为第 i 个换热器中冷流体的质量流量；T_{cm} 为整个并联换热器网络冷流体的特征温度，即 T_c 与 T_d 的算术平均温度。

由于线段 c_ie_i 长度为 $\dot{Q}_i$，线段 c_id_i 的斜率为 $1\Big/\sum_i \dot{m}_{i,\mathrm{c}} c_{p,\mathrm{c}}$，所以从线段 c_id_i 的中点 cm_i 到线段 cc' 中点的距离为

$$T_{i,\mathrm{cm}} - T_c = \frac{\dot{Q}_i}{2\dot{m}_{i,\mathrm{c}} c_{p,\mathrm{c}}} \tag{6.108}$$

联立式(6.106)、式(6.107)、式(6.108)消去 $T_{i,\mathrm{cm}}$ 和 T_{c}，可以得到特征温度 $T_{i,\mathrm{hm}}$ 和 T_{m} 之间的关系为

$$T_{i,\mathrm{hm}} - \dot{Q}_i R_{\mathrm{g},i} - \frac{\dot{Q}_i}{2\dot{m}_{i,\mathrm{c}} c_{p,\mathrm{c}}} + \frac{\sum_i \dot{Q}_i}{2\sum_i \dot{m}_{i,\mathrm{c}} c_{p,\mathrm{c}}} = T_{\mathrm{cm}} \tag{6.109}$$

式(6.109)表述了并联换热器网络中各个特征温度之间的关系。通过热电比拟分析，可以将其看成电学中不同节点电势之间的关系：对于第 i 个换热器，大小为 $\dot{Q}_i$ 的电(热)流流经电热阻 $R_{\mathrm{g},i}$(炽耗散热阻)并使得电(热)势从 $T_{i,\mathrm{hm}}$ 降低到 $T_{i,\mathrm{cm}}$，之后继续流过一个附加电(热)阻，大小为

$$R_{\mathrm{p},i} = \frac{1}{2\dot{m}_{i,\mathrm{c}} c_{p,\mathrm{c}}} \tag{6.110}$$

通过附加电(热)阻 $R_{\mathrm{p},i}$ 后，电(热)势从 $T_{i,\mathrm{cm}}$ 下降到 T_c。此时，各个换热器的

电(热)势都降低到了同一个值 T_c，然后各个换热器的等效电流(热流)汇合，并最终流过一个附加电(热)动势，其值为

$$\varepsilon_{\mathrm{p}}=\frac{\sum_i \dot{Q}_i}{2\sum_i \dot{m}_{i,\mathrm{c}}c_{p,\mathrm{c}}}=\frac{Q_0}{2\dot{m}_i c_{p,\mathrm{c}}} \tag{6.111}$$

该附加电(热)动势使得电(热)势从 T_c 升高至 T_{cm}，即整体换热器网络的冷流体特征温度。因此，根据上述热电比拟分析，可以得到并联换热器网络的热路图，如图 6.38 所示。

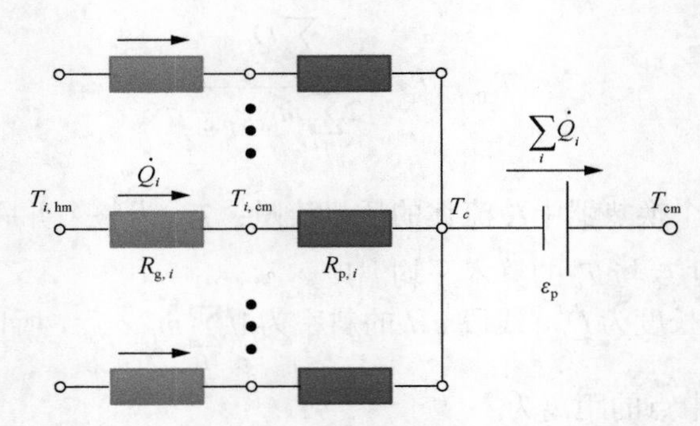

图 6.38　单侧流体并联的换热器网络的热路图

6.5.3　单侧流体串联的换热器网络的热路图

对于图 6.39 所示的单侧流体串联换热器网络，一股冷流体依次流过 n 个换热器，并与各个换热器中的热流体依次进行换热，使得其温度从 T_c 升高至 T_d，冷流体在第 i 个换热器内吸收的热量用 $\dot{Q}_i$ 表示。

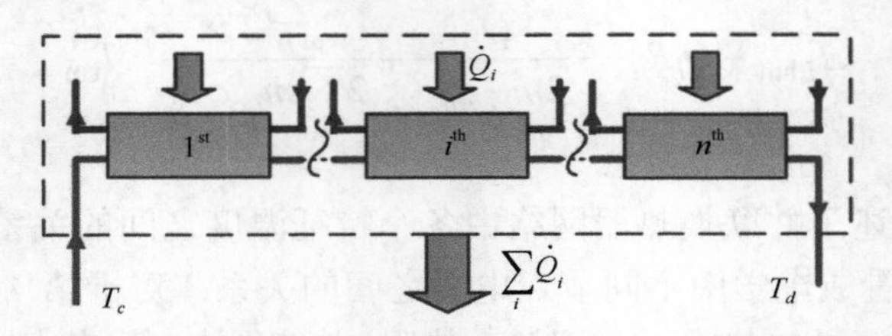

图 6.39　单侧流体串联的换热器网络的流程示意图

根据单一换热器的 T-$\dot{Q}$ 曲线，可以画出单侧流体串联的换热器网络的 T-$\dot{Q}$ 图。如图 6.40 所示，细实线表示第 i 个换热器内热流体温度随换热量的变化关系，粗实线 cd 表示换热器网络中冷流体温度随热流量的变化关系，组成线段 cd 的小线段 c_id_i 表示第 i 个换热器中冷流体的温度随热流量的变化关系。

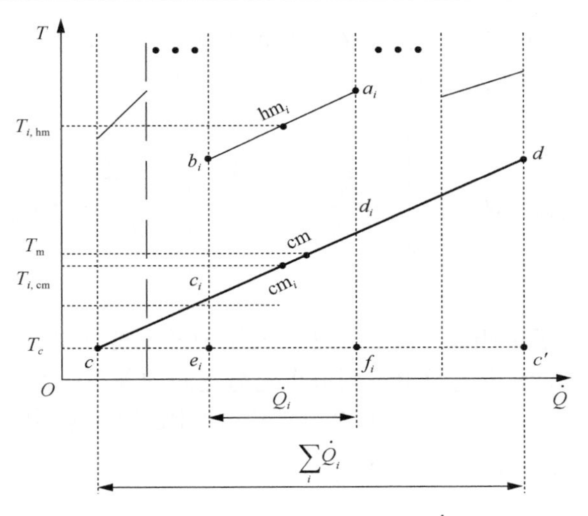

图 6.40　串联换热器网络的 T-$\dot{Q}$ 图

第 i 个换热器中的炽耗散为图 6.40 中梯形 $a_ib_ic_id_i$ 的面积，所以对第 i 个换热器，换热量和炽耗散热阻的关系式为

$$T_{i,\mathrm{hm}} - T_{i,\mathrm{cm}} = \dot{Q}_i R_{\mathrm{g},i} \tag{6.112}$$

式中，$T_{i,\mathrm{hm}}$ 和 $T_{i,\mathrm{cm}}$ 分别为第 i 个换热器中热流体和冷流体的特征温度，即算术平均温度。

图 6.40 中线段 cd 的斜率为 $1/(\dot{m}_\mathrm{c}c_{p,\mathrm{c}})$，即冷流体热容量流的倒数；又由于线段 cc' 的长度为 $\sum_i \dot{Q}_i$，所以从线段 cd 的中点 cm 到线段 cc' 的距离为

$$T_\mathrm{cm} - T_c = \frac{\sum_i \dot{Q}_i}{2\dot{m}_\mathrm{c}c_{p,\mathrm{c}}} \tag{6.113}$$

式中，T_cm 为整个换热器网络中冷流体的特征温度，即 T_c 与 T_d 的算术平均温度。

由于线段 e_if_i 和 ce_i 的长度分别为 $\dot{Q}_i$ 和 $\sum_{j=1}^{i-1}\dot{Q}_j$，所以从线段 c_id_i 的中点 cm_i 到线段 cc' 的距离为

$$T_{i,\mathrm{cm}} - T_c = \frac{\dot{Q}_i}{2\dot{m}_\mathrm{c}c_{p,\mathrm{c}}} + \frac{\sum_{j=1}^{i-1}\dot{Q}_j}{\dot{m}_\mathrm{c}c_{p,\mathrm{c}}} \tag{6.114}$$

联立式(6.112)、式(6.113)和式(6.114)消去 $T_{i,\mathrm{cm}}$ 和 T_c，可以得到特征温度 $T_{i,\mathrm{hm}}$ 和 T_{cm} 之间的数学关系表达式：

$$T_{i,\mathrm{hm}} - \dot{Q}_i R_{\mathrm{g},i} - \left(\frac{\dot{Q}_i}{2\dot{m}_{\mathrm{c}} c_{p,\mathrm{c}}} + \frac{\sum\limits_{j=1}^{i-1} \dot{Q}_j}{\dot{m}_{\mathrm{c}} c_{p,\mathrm{c}}} \right) + \frac{\sum\limits_{i} \dot{Q}_i}{2\dot{m}_{\mathrm{c}} c_{p,\mathrm{c}}} = T_{\mathrm{cm}} \tag{6.115}$$

式(6.115)表述了单侧流体串联换热器网络中各个特征温度之间的关系。通过热电比拟，可以将其看成电学中不同节点电势之间的关系：对于第 i 个换热器，大小为 $\dot{Q}_i$ 的电(热)流流经电(热)阻 $R_{\mathrm{g},i}$(烟耗散热阻)使得电(热)势从 $T_{i,\mathrm{hm}}$ 降低到 $T_{i,\mathrm{cm}}$，之后继续流过一个附加电(热)阻，大小为

$$R_{\mathrm{s},i} = \frac{1}{2\dot{m}_{\mathrm{c}} c_{p,\mathrm{c}}} + \frac{\sum\limits_{j=1}^{i-1} \dot{Q}_j}{\dot{Q}_i \dot{m}_{\mathrm{c}} c_{p,\mathrm{c}}} \tag{6.116}$$

在通过附加电(热)阻 $R_{\mathrm{s},i}$ 后，电(热)势从 $T_{i,\mathrm{cm}}$ 下降到 T_c，此时各个换热器的电(热)势都降低到了同一个值 T_c，而后各个换热器的等效电流(热流)进行并联，并最终流过一个附加电(热)动势：

$$\varepsilon_{\mathrm{s}} = \frac{\sum\limits_{i} \dot{Q}_i}{2\dot{m}_{\mathrm{c}} c_{p,\mathrm{c}}} \tag{6.117}$$

使得电(热)势从 T_c 升高至 T_{cm}，即整体换热器网络的冷流体特征温度。根据上述热电比拟分析，可以得到单侧流体串联的换热器网络的热路图，如图 6.41 所示。

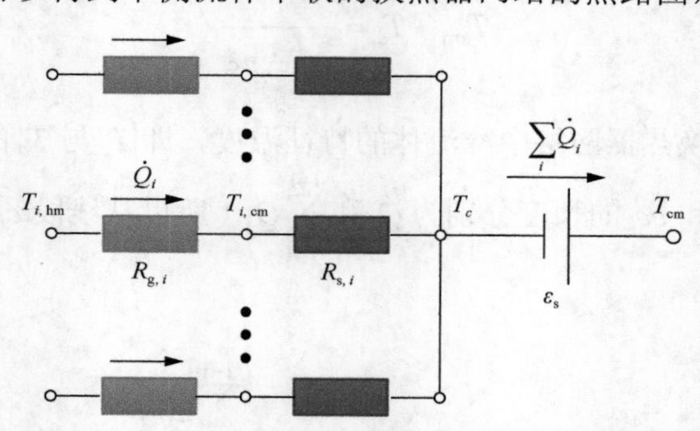

图 6.41　单侧流体串联的换热器网络的热路图

6.6　基于热路图的集中供热系统的性能整体优化

根据 6.5 节的讨论，单一换热器及多回路、单侧流体串联、单侧流体并联换热器网络中的传热过程都可以用等效电路图进行描述。对于一个由三种基本网络结构组成的换热系统，也可以很方便地得到其等效电路图，具体方法为

(1) 首先将复杂换热系统拆分为基本换热器网络的组合形式。

(2) 分别画出各个基本换热器网络的热路图。

(3) 将基本网络的热路图按换热器的连接方式进行电(热)路连接。

(4) 对于相互连接的电(热)阻和电(热)动势，若电(热)阻的电(热)势下降值与电(热)动势的电(热)势增加值相等，则电(热)阻和电(热)动势相互抵消，获得最终的整体热路图。

6.6.1　集中供热网络的热路图

本节以集中供热系统为例，说明应用等效电路图对复杂换热系统进行优化的思路。如图 6.20 所示，同一栋楼中每个用户的换热器是以热流体串联方式连接的，而每栋楼作为一个大的换热单元是以热流体并联方式连接的，而最终热流体的整体二次供热网又是通过换热站与一次供热网以多回路方式连接的。因此，将每个基本换热器网络的等效电(热)路图画出并按网络连接方式进行组合，可以得到这个区域供暖系统的整体等效电(热)路图，如图 6.42 所示。

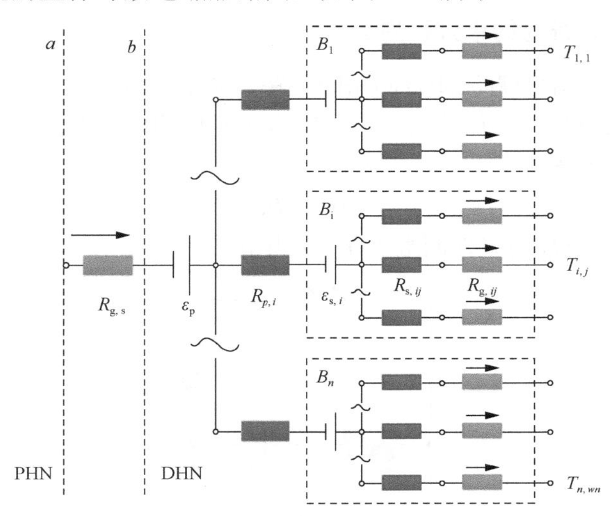

图 6.42　集中供热系统的热路图

图 6.42 中，各个虚线框 B_i 中的电(热)路图即楼房 B_i 中热流体串联换热器网络的等效电(热)路图，虚线 b 右侧的电路图即各个楼房并联而成的并联换热器网

络的等效电(热)路图，$R_{g,s}$ 为换热站中换热器的等效炽耗散热阻，而整体电(热)路图即一次供热网(PHN)和二次供热网(DHN)以多回路形式组成的换热系统的等效热路图。根据上述分析，图 6.42 中电阻 $R_{p,i}$ 上的电(热)势降和电(热)动势 $\varepsilon_{s,i}$ 完全相同，作为附加电(热)阻和电(热)动势，二者作用相抵消，在电热路图中可以消去，所以最终简化后的集中供热系统的等效热路图为图 6.43。

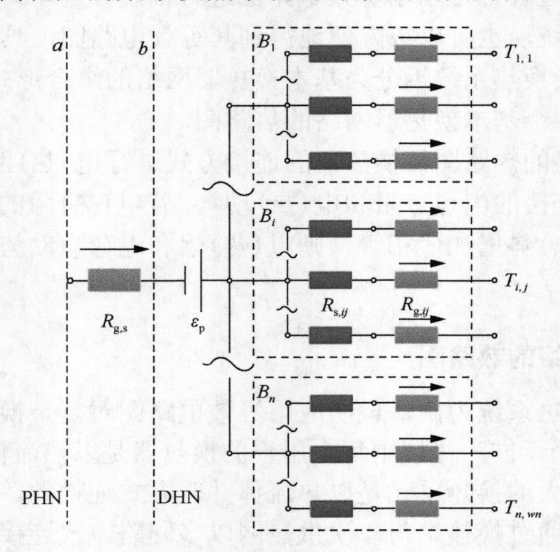

图 6.43　简化后的集中供热系统的热路图

6.6.2　集中供热系统的约束方程构建

对于图 6.44 所示的直流闭合回路的电路，根据电路原理，存在元件约束和拓扑约束两类约束方程。元件约束为电路中电子元件的电压电流关系方程，其中，电阻的元件约束方程为

$$\Delta U = IR \tag{6.118}$$

式中，R 为电阻；ΔU 为元件两端电压；I 为电流。

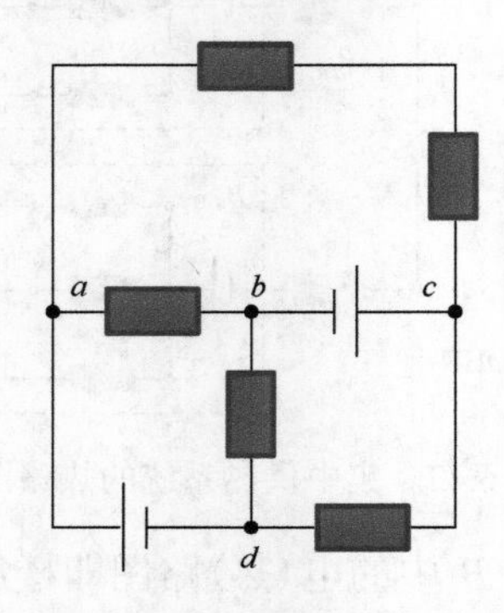

图 6.44　典型的闭环电路示意图

电动势的元件约束方程为

$$\Delta U=\varepsilon \tag{6.119}$$

式中，ε 为电源电动势。

另外，电路的拓扑约束需要满足电路中的基尔霍夫电流定律和基尔霍夫电压定律。基尔霍夫电流定律表示对闭合回路中的每一个节点，流入节点的电流之和与流出节点的电流之和相等，即

$$\sum_{k=1}^{N} I_k=0 \tag{6.120}$$

式中，N 为连接节点的支路数量；I_k 为各个支路中的电流。在一个有 X 个节点的闭合回路中，存在 $X-1$ 个独立的节点电流方程。图 6.44 所示的闭合回路中有 a、b、c 和 d 四个节点，所以一共有 3 个独立的基尔霍夫电流方程。在选取节点列写方程时，可以任意选取其中的 3 个节点，列写独立的节点电流方程。

基尔霍夫电压定律表示在一个闭合回路中，沿任意一个闭合路径的总电势降为零，即

$$\sum_{k'=1}^{N'} \Delta U_{k'}=0 \tag{6.121}$$

式中，N' 为闭合路径上的元件数量；$\Delta U_{k'}$ 为各个元件上的电势降。在一个有 X 个节点，B 个支路的闭合回路中，存在 $B-X+1$ 个独立的回路电压方程。图 6.44 所示的闭合回路中有 ac、ab、ad、bc、bd、cd 六条支路，所以存在三个独立的基尔霍夫电压方程。在选取闭合路径列写方程时，每次选取的闭合回路需要包含一条之前没有选取过的支路，这样列写的回路电压方程就是相互独立的。

针对图 6.43 所示的集中供热系统的热路图，为了应用上述确定约束方程的方法，可以将图 6.43 所示的热路图补全为闭合电路，如图 6.45 所示。其中，每个边界节点分别连接了一个与其电势值相同的接地电动势。

由于有 $\sum_i w_i$ 个用户和 1 个换热站，图 6.45 中共有 $\sum_i w_i+1$ 个支路，且只有 2 个节点 a、b。根据电路原理，存在 1 个独立的节点电流方程和 $\sum_i w_i$ 个回路电压方程。由于每条支路上都有 3 个元件，所以图 6.45 中共存在 $3\sum_i w_i+3$ 个元件及其相应的 $3\sum_i w_i+3$ 个元件约束方程。

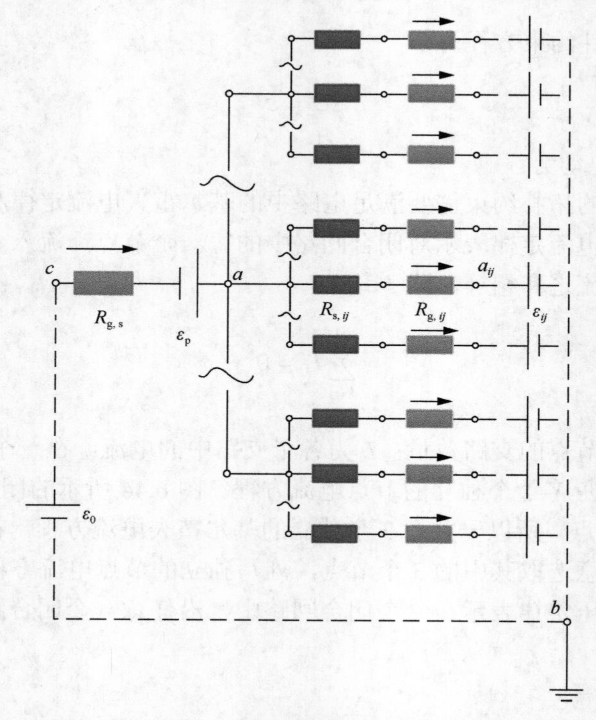

图 6.45　集中供热系统的闭式热路图

图 6.45 中电路元件的元件约束方程为

$$\Delta T_R = \dot{Q}_R R_g \tag{6.122}$$

$$\Delta T_\varepsilon = \varepsilon \tag{6.123}$$

式中，R_g 为各个换热器的烟耗散热阻或附加热阻；ΔT_R 为烟耗散热阻两端的特征温差(电势差)；$\dot{Q}_R$ 为流经烟耗散热阻的热流；ΔT_ε 为附加电动势两端的特征温差(电势差)；ε 为附加电(热)动势的电(热)动势值。

对图 6.45 中的节点 a、b 中任意一点列写节点电流方程，可以得到

$$\sum_i \sum_j \dot{Q}_{ij} = \dot{Q}_{tot} \tag{6.124}$$

式中，$\dot{Q}_{ij}$ 为用户 ij 房间热负荷；$\dot{Q}_{tot}$ 为区域供暖系统的总热负荷。

对于图 6.45 中的各个闭合路径，可以写出 $\sum_i w_i$ 个独立的回路电压方程。为了得到统一形式的回路电压方程，可以选择图 6.45 中路径 $bcaa_{ij}b$ 来列写基尔霍夫电压方程，其方程的统一形式为

$$\Delta T_{\varepsilon_0} - \Delta T_{\varepsilon_{ij}} = \Delta T_{R_{\mathrm{g,s}}} - \Delta T_{\varepsilon_{\mathrm{p}}} + \Delta T_{R_{\mathrm{s},ij}} + \Delta T_{R_{\mathrm{g},ij}} \tag{6.125}$$

将式(6.122)、式(6.123)代入式(6.125)中，可以得到

$$\frac{T' + T''}{2} - T_{ij} = \dot{Q}_{\mathrm{tot}} R_{\mathrm{g,s}} - \varepsilon_{\mathrm{p}} + \dot{Q}_{ij} R_{\mathrm{s},ij} + \dot{Q}_{ij} R_{\mathrm{g},ij} \tag{6.126}$$

式中，T' 和 T'' 分别为一次热网流入换热站的流体进、出口温度；$\dot{Q}_{ij}$ 和 T_{ij} 分别为用户 ij 的热负荷需求和室温。

将式(6.9)、式(6.111)、式(6.112)和式(6.116)代入方程(6.126)可以得到

$$\begin{aligned}\frac{T' + T''}{2} - T_{ij} = {}& \dot{Q}_{\mathrm{tot}} \frac{1/(\dot{m}_{\mathrm{o}} c_p) - 1/(\dot{m}_{\mathrm{tot}} c_p)}{2} \frac{\mathrm{e}^{(KA)_{\mathrm{o}}[1/(\dot{m}_{\mathrm{o}} c_p) - 1/(\dot{m}_{\mathrm{tot}} c_p)]} + 1}{\mathrm{e}^{(KA)_{\mathrm{o}}[1/(\dot{m}_{\mathrm{o}} c_p) - 1/(\dot{m}_{\mathrm{tot}} c_p)]} - 1} - \frac{\dot{Q}_{\mathrm{tot}}}{2\dot{m}_{\mathrm{tot}} c_p} \\ & + \dot{Q}_{ij} \left(\frac{1}{2\dot{m}_i c_p} + \frac{\sum_{1}^{j-1} \dot{Q}_{ij}}{\dot{Q}_{ij} \dot{m}_i c_p} \right) + \dot{Q}_{ij} \frac{1}{2\dot{m}_i c_p} \frac{\mathrm{e}^{(KA)_{ij}/(\dot{m}_i c_p)} + 1}{\mathrm{e}^{(KA)_{ij}/(\dot{m}_i c_p)} - 1}\end{aligned} \tag{6.127}$$

式(6.127)中只包含设计参数(各个换热器的换热面积、各楼房中的热容量流)和设计需求(各个用户的室内温度、初级换热器网络的进出口流体温度、各个用户的热负荷)的约束方程，是系统传热过程的整体约束，反映了热量在系统中的整体传递规律。

6.6.3　优化结果与讨论

针对图 6.20 所示的集中供热系统，当二次供热网中所有流体的总热容量流给定时：

$$\sum_{i=1}^{n} \dot{m}_i c_p = C \tag{6.128}$$

式中，C 给定。优化目标是最小化系统中换热器的总热导：

$$\min\left(\sum_{i=1}^{n} \sum_{j=1}^{w_i} (KA)_{ij} + (KA)_{\mathrm{o}} \right) \tag{6.129}$$

考虑系统中的所有约束，可构建拉格朗日函数，即

$$
\begin{aligned}
\Pi &= \left[\sum_{i=1}^{n}\sum_{j=1}^{w_i}(KA)_{ij}+(KA)_{\mathrm{o}}\right]+\alpha\left(\sum_{i=1}^{n}\dot{m}_i c_p - C\right)\\
&\quad\left[\frac{T'+T''}{2}-T_{ij}-\dot{Q}_{\mathrm{tot}}\frac{1/(\dot{m}_{\mathrm{o}}c_p)-1/(\dot{m}_{\mathrm{tot}}c_p)}{2}\frac{\mathrm{e}^{(KA)_{\mathrm{o}}[1/(\dot{m}_{\mathrm{o}}c_p)-1/(\dot{m}_{\mathrm{tot}}c_p)]}+1}{\mathrm{e}^{(KA)_{\mathrm{o}}[1/(\dot{m}_{\mathrm{o}}c_p)-1/(\dot{m}_{\mathrm{tot}}c_p)]}-1}+\frac{\dot{Q}_{\mathrm{tot}}}{2\dot{m}_{\mathrm{tot}}c_p}\right.\\
&\quad+\sum_{i=1}^{n}\sum_{j=1}^{w_i}\lambda_{ij}\\
&\quad\left.-\dot{Q}_{ij}\left(\frac{1}{2\dot{m}_i c_p}+\frac{\sum_{1}^{j-1}\dot{Q}_{ij}}{\dot{Q}_{ij}\dot{m}_i c_p}\right)-\dot{Q}_{ij}\frac{1}{2\dot{m}_i c_p}\frac{\mathrm{e}^{(KA)_{ij}/(\dot{m}_i c_p)}+1}{\mathrm{e}^{(KA)_{ij}/(\dot{m}_i c_p)}-1}\right]
\end{aligned}
\tag{6.130}
$$

将Π对$(KA)_{\mathrm{pri}}$求偏导，并令其等于0可得

$$
\frac{\partial \Pi}{\partial (KA)_{\mathrm{pri}}}=1-\sum_{i=1}^{n}\sum_{j=1}^{w_i}\lambda_{ij}\dot{Q}_{\mathrm{tot}}\frac{[1/(\dot{m}_{\mathrm{pri}}c_p)-1/(\dot{m}_{\mathrm{sec}}c_p)]^2\mathrm{e}^{(KA)_{\mathrm{pri}}[1/(\dot{m}_{\mathrm{pri}}c_p)-1/(\dot{m}_{\mathrm{sec}}c_p)]}}{\left(\mathrm{e}^{(KA)_{\mathrm{pri}}[1/(\dot{m}_{\mathrm{pri}}c_p)-1/(\dot{m}_{\mathrm{sec}}c_p)]}-1\right)^2}
\tag{6.131}
$$

将Π对$(KA)_{ij}$求偏导，并令其等于0可得

$$
\frac{\partial \Pi}{\partial (KA)_{ij}}=1-\lambda_{ij}\dot{Q}_{ij}\frac{\mathrm{e}^{(KA)_{ij}/\dot{m}_i c_p}}{(\dot{m}_i c_p)^2\left(\mathrm{e}^{(KA)_{ij}/\dot{m}_i c_p}-1\right)^2}
\tag{6.132}
$$

将Π对$\dot{m}_i c_p$求偏导，并令其等于0，可得

$$
\frac{\partial \Pi}{\partial (\dot{m}_i c_p)}=\alpha-\sum_{j=1}^{w_i}\lambda_{ij}\left\{-\dot{Q}_{ij}\left[\frac{(KA)_{ij}}{(\dot{m}_i c_p)^3}\frac{\mathrm{e}^{(KA)_{ij}/(\dot{m}_i c_p)}}{\left(\mathrm{e}^{(KA)_{ij}/(\dot{m}_i c_p)}-1\right)^2}-\frac{1}{2(\dot{m}_i c_p)^2}\frac{\mathrm{e}^{(KA)_{ij}/(\dot{m}_i c_p)}+1}{\mathrm{e}^{(KA)_{ij}/(\dot{m}_i c_p)}-1}\right]+\frac{\dot{Q}_{ij}}{(\dot{m}_i c_p)^2}+\frac{\sum_{1}^{j-1}\dot{Q}_{ij}}{(\dot{m}_i c_p)^2}\right\}
\tag{6.133}
$$

联立求解便可获得给定热容量流时，各换热器的最优热导，实现系统中所有换热器的总热导的最小化。

针对一个包含三个建筑(单元)，每个建筑(单元)两层的楼房，每个房间的温度和热负荷如表6.10所示。当一次供热网供、回水温度分别为393.0K和333.0K，系统总热容量流为2000W/K时，联立求解式(6.127)、式(6.128)和式(6.131)～式(6.133)，可获得系统中各个换热器的热导和各条支路中流体的热容量流，如

表 6.11 所示。

表 6.10　每个房间的室内温度和热负荷

B	11	12	21	22	31	32
T_{ij}/K	290.0	290.0	290.0	295.0	295.0	295.0
$\dot{Q}_{ij}$ /kW	10	10	15	15	10	15

表 6.11　每个换热器的热导以及每条支路中流体的热容量流

参数	$(KA)_o$	$(KA)_{11}$	$(KA)_{12}$	$(KA)_{21}$	$(KA)_{22}$	$(KA)_{31}$	$(KA)_{32}$	$\dot{m}_1c_p$	$\dot{m}_2c_p$	$\dot{m}_3c_p$
结果/(W/K)	2358	208.6	364.6	307.0	601.3	217.8	565.6	500.0	816.0	683.0

6.7　煅理论在换热系统与换热过程分析和优化中的联系与区别

换热过程优化的瓶颈在于难以建立最大热流或最小温差等优化目标这一整体量(边界量)与元件内部的局部优化参数之间的直接函数关系。与此类似，换热系统整体优化的目标，如系统总成本、效率、功率或热流等，均属于系统的整体量或边界量，而优化参数则是系统内部的结构参数，因此换热系统整体优化的困难之处也在于难以建立系统整体量(边界量)与系统内部参数之间的直接函数关系。基于煅理论优化换热元件和换热系统均是通过物理量——煅，建立上述整体量(边界量)与内部参数之间的关系。

在此基础上，换热元件优化和换热系统优化最终都可以借助拉格朗日乘子法直接获得待优化参数的最优值。煅优化理论在换热过程优化中体现为元件或部件的优化准则，即煅耗散极值原理。这一优化准则已成功地应用于不同导热元件以及对流换热元件的优化中。煅耗散极值原理(最小煅耗散热阻原理)的核心思路是首先证明换热元件的优化目标与元件煅耗散极值对应，借助拉格朗日乘子法和变分法，通过煅耗散(煅耗散热阻)求极值，获得优化参数的最优分布。

与换热过程优化不同的是，基于煅理论优化换热系统时，则是基于煅平衡方程和元件的煅耗散热阻，利用电路原理构建系统的整体约束，进而结合热系统的实际优化目标，通过拉格朗日乘子法及拉格朗日函数求偏导的方式获得系统各待定参数的最优值。如图 6.46 所示，无论换热过程(或元件)，还是换热系统优化问题，通常均包含优化目标和约束方程两部分。而对比换热过程和换热系统的优化思路可以发现：煅理论在优化换热过程时是通过煅耗散极值原理从优化目标着手解决优化问题的；而煅理论在优化换热系统时则是通过建立系统整体约束，进而从约束方程着手解决优化问题的。

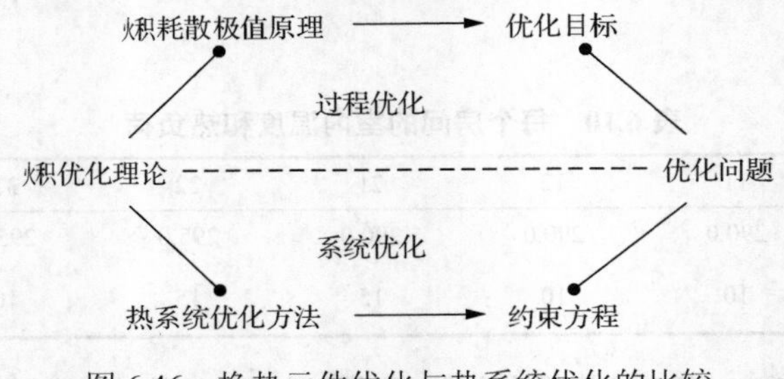

图 6.46　换热元件优化与热系统优化的比较

6.8　小　结

由于换热系统多部件、多参数的特点，在应用传统的优化方法时必须引入大量的中间变量，割裂了系统的整体性，导致无法实现直接的系统整体优化。借鉴分析力学从能量的角度对质点系进行整体分析和使用广义坐标的思路，将烟理论的应用从换热元件的优化扩展到热系统的整体优化。本章建立了反映系统结构特点，具有广义坐标类似功能的“广义约束”，即系统整体约束，提出了基于烟理论的换热系统整体优化思路，为解决复杂换热系统整体优化提供了可行和有效方法。

本章基于单个换热器的烟耗散热阻，结合热电比拟，建立了串联、并联和多回路换热器网络的等效电路图，并提出了构建复杂换热系统等效热阻网络的方法。针对换热系统的等效电路图，结合基尔霍夫定律，可以构建系统的整体约束，既反映了系统中的元件约束，又可以揭示系统的拓扑结构约束，实现了换热系统的整体性能优化。

参 考 文 献

[1] Linnhoff B, Hindmarsh E. The pinch design method for heat exchanger networks [J]. Chemical Engineering Science, 1983, 38(5): 745-763.

[2] Ciric A R, Floudas C A. Heat exchanger network synthesis without decomposition [J]. Computers & Chemical Engineering, 1991, 15(6): 385-396.

[3] Yee T F, Grossmann I E. Simultaneous optimization models for heat integration—II. Heat exchanger network synthesis [J]. Computers & Chemical Engineering, 1990, 14(10): 1165-1184.

[4] Ahern J E. The exergy method of energy systems analysis [J]. Journal of Solar Energy Engineering, 1982, 104(1): 56.

[5] Tsatsaronis G. Strengths and Limitations of Exergy Analysis [M]. Dordrecht: Springer. 1999: 93-100.

[6] Bejan A. Entropy Generation Minimization: The Method of Thermodynamic Optimization of Finite-size Systems and Finite-time Processes [M]. Boca Raton, CRC Press, 1995.

[7] Bejan A. Entropy generation minimization: The new thermodynamics of finite - size devices and finite - time processes [J]. Journal of Applied Physics, 1996, 79(3): 1191-1218.

[8] Klein S A, Reindl D T. The relationship of optimum heat exchanger allocation and minimum entropy generation rate for refrigeration cycles [J]. Journal of Energy Resources Technology, 1998, 120(2): 172-178.

[9] Alebrahim A, Bejan A. Thermodynamic optimization of heat - transfer equipment configuration in an environmental control system [J]. International Journal of Energy Research, 2001, 25(13): 1127-1150.

[10] Pérez-Grande I, Leo T J. Optimization of a commercial aircraft environmental control system [J]. Applied Thermal Engineering, 2002, 22(17): 1885-1904.

[11] Lavric V, Baetens D, Pleşu V, et al. Entropy generation reduction through chemical pinch analysis [J]. Applied Thermal Engineering, 2003, 23(14): 1837-1845.

[12] 李洪波，董新民，李婷婷，等. 飞机环控系统最小熵产分析[J]. 应用科学学报, 2011, 29(3): 325-330.

[13] Huang S, Ma Z, Cooper P. Optimal design of vertical ground heat exchangers by using entropy generation minimization method and genetic algorithms [J]. Energy Conversion and Management, 2014, 87: 128-137.

[14] Shah R K, Skiepko T. Entropy generation extrema and their relationship with heat exchanger effectiveness——number of transfer unit behavior for complex flow arrangements [J]. Journal of Heat Transfer, 2004, 126(6): 994-1002.

[15] Salamon P, Hoffmann K H, Schubert S, et al. What conditions make minimum entropy production equivalent to maximum power production? [J]. Journal of Non-Equilibrium Thermodynamics, 2001, 26(1): 73-83.

[16] Jaluria Y. Design and Optimization of Thermal Systems [M]. CRC Press, 2007.

[17] 许云超. 基于火积分析的热系统整体优化及系统传热定律 [D]. 北京：清华大学, 2015.

[18] Chen Q, Liang X G, Guo Z Y. Entransy theory for the optimization of heat transfer——a review and update [J]. International Journal of Heat & Mass Transfer, 2013, 63(15): 65-81.

[19] Guo Z Y, Liu X B, Tao W Q, et al. Effectiveness–thermal resistance method for heat exchanger design and analysis [J]. International Journal of Heat and Mass Transfer, 2010, 53(13): 2877-2884.

[20] 张信荣. 空间站环控生保系统热管理研究[D]. 北京：清华大学, 2002.

[21] Chen Q. Entransy dissipation-based thermal resistance method for heat exchanger performance design and optimization [J]. International Journal of Heat and Mass Transfer, 2013, 60: 156-162.

第 7 章　煅在热力系统中的应用

第 6 章讨论了煅理论在换热系统性能分析和优化中的应用。除了换热系统，涉及热功转换过程的热力循环也是最常见的热力系统之一。由于热力系统同时包含传热与热功转换这两种物理过程，所以需要分别从传热学和热力学的角度对上述两种过程进行分析来建立热力系统中待设计的结构/运行参数与设计需求的整体约束，这也是热力系统分析与换热系统分析相比最为明显的区别。本章通过对不涉及工质相变的气体压缩制冷循环和涉及工质相变的蒸汽压缩制冷循环的优化，讨论煅理论在热力循环性能分析和优化中的应用。

7.1　气体压缩制冷系统的性能优化[1]

图 7.1 给出了气体压缩制冷系统的结构示意图。整个系统包含压缩机 C、热端逆流换热器 HX_h、膨胀机 E 和冷端逆流换热器 HX_c 四个主要部件。从图 7.2 所示的工质 p-v 图可以看出，整个循环共涉及四个物理过程：①在热端换热器中，工质被热端外界流体冷却，温度由 T_2 降至 T_3，而外界流体的温度由 $T_{h,in}$ 升至 $T_{h,out}$；②在膨胀机中，工质对外膨胀做功，温度由 T_3 降至 T_4，压力由 p_3 降至 p_4；③在冷端换热器中，工质从外界吸热，温度由 T_4 升至 T_1，而冷端外界流体的温度则由 $T_{c,in}$ 降至 $T_{c,out}$；④在压缩机中，工质接受外界输入功被压缩，温度由 T_1 提高至 T_2，压力由 p_1 升高至 p_2。如果忽略制冷气体在换热器和管路中的压降，则 $p_2=p_3$，$p_1=p_4$。

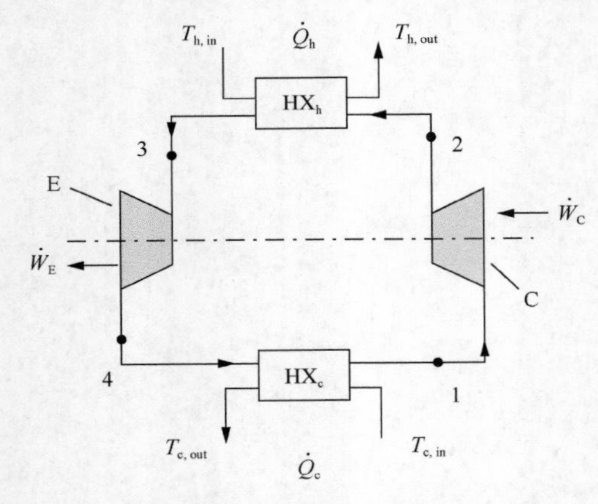

图 7.1　气体压缩制冷系统的流程示意图

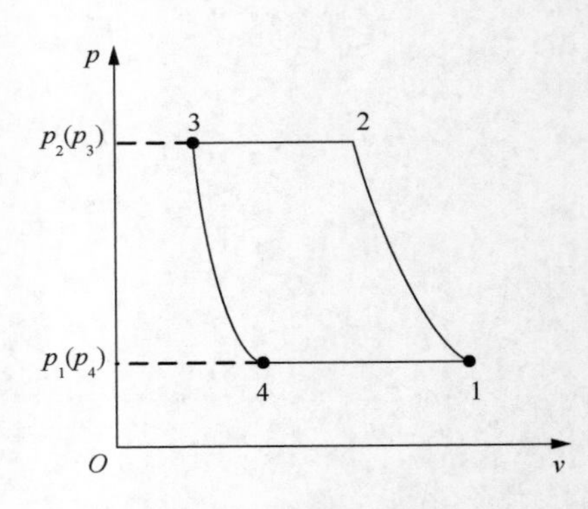

图 7.2　气体压缩制冷循环的 p-v 图

T_h 和 T_c 分别表示热端和冷端外界流体温度，而下标 in 和 out 表示换热器的入口和出口。$\dot{Q}_h$ 和 $\dot{Q}_c$ 别表示热端换热器、冷端换热器的换热热流。$\dot{W}_E$ 和 $\dot{W}_C$ 分别为膨胀机和压缩机的功率。上述四个物理过程实际上可以归为两类：其一是换热器中的传热过程，其二是压缩机和膨胀机中的热功转换过程。下面分别从传热学和热力学的角度对这两类物理过程进行分析。

7.1.1　气体压缩制冷循环优化的常规思路

对于气体压缩制冷循环中热端和冷端换热器，其传热方程分别为

$$\dot{Q}_h = (KA)_h \frac{(T_2 - T_{h,out}) - (T_3 - T_{h,in})}{\ln \dfrac{T_2 - T_{h,out}}{T_3 - T_{h,in}}} \tag{7.1}$$

$$\dot{Q}_c = (KA)_c \frac{(T_{c,in} - T_1) - (T_{c,out} - T_4)}{\ln \dfrac{T_{c,in} - T_1}{T_{c,out} - T_4}} \tag{7.2}$$

式中，$(KA)_h$ 和 $(KA)_c$ 分别为热端和冷端换热器的热导。

制冷气体在两个换热器中的能量守恒方程分别为

$$\dot{Q}_h = \dot{m}_a c_{p,a} (T_2 - T_3) \tag{7.3}$$

$$\dot{Q}_c = \dot{m}_a c_{p,a} (T_1 - T_4) \tag{7.4}$$

式中，$\dot{m}_a c_{p,a}$ 为制冷气体的热容量流。

假设制冷气体为理想气体，如果压缩机中的压缩过程和膨胀机中的膨胀过程均为等熵过程，则压缩机进出口处制冷气体的压力与温度之间存在如下关系：

$$\frac{p_2}{p_1} = \left(\frac{T_2}{T_1}\right)^{\frac{\kappa}{\kappa-1}} \tag{7.5}$$

而膨胀机进出口处制冷气体的压力与温度之间存在如下关系：

$$\frac{p_3}{p_4} = \left(\frac{T_3}{T_4}\right)^{\frac{\kappa}{\kappa-1}} \tag{7.6}$$

式中，κ 为制冷气体的绝热指数。

当不考虑制冷气体在换热器和管路中的压力损失时（$p_2 = p_3$，$p_1 = p_4$），联立式

(7.5) 和式 (7.6)，可得制冷气体在四个节点处的温度之间存在如下关系：

$$\frac{T_2}{T_1}=\frac{T_3}{T_4} \tag{7.7}$$

对于该等熵压缩/膨胀的气体压缩制冷循环，常规思路以传热过程分析得到的式 (7.1)～式 (7.4) 和热功转换过程分析得到的式 (7.7) 作为描述循环物理特性的约束方程组。对于不同的优化问题，结合具体的优化目标，可以将问题转化为条件极值问题。例如，当外界流体的热容量流、入口温度、冷端换热器的热流以及输入系统的净功率均已知时，若需要最小化换热器的总热导，则利用拉格朗日乘子法，构造拉格朗日函数 Π：

$$\begin{aligned}\Pi=&(KA)_{\mathrm{h}}+(KA)_{\mathrm{c}}+\lambda_1\left[\dot{Q}_{\mathrm{h}}-(KA)_{\mathrm{h}}\frac{\left(T_2-T_{\mathrm{h,out}}\right)-\left(T_3-T_{\mathrm{h,in}}\right)}{\ln\dfrac{T_2-T_{\mathrm{h,out}}}{T_3-T_{\mathrm{h,in}}}}\right]\\&+\lambda_2\left[\dot{Q}_{\mathrm{c}}-(KA)_{\mathrm{c}}\frac{\left(T_{\mathrm{c,in}}-T_1\right)-\left(T_{\mathrm{c,out}}-T_4\right)}{\ln\dfrac{T_{\mathrm{c,in}}-T_1}{T_{\mathrm{c,out}}-T_4}}\right]+\lambda_3\left[\dot{Q}_{\mathrm{h}}-\dot{m}_{\mathrm{a}}c_{\mathrm{p,a}}\left(T_2-T_3\right)\right]\\&+\lambda_4\left[\dot{Q}_{\mathrm{c}}-\dot{m}_{\mathrm{a}}c_{\mathrm{p,a}}\left(T_1-T_4\right)\right]+\lambda_5\left(\frac{T_2}{T_1}-\frac{T_3}{T_4}\right)\end{aligned} \tag{7.8}$$

式中，λ_i (i=1, 2,3, 4,5) 为拉格朗日乘子。

令 Π 关于所有未知量的偏导等于零即可得到如下优化方程组：

$$\frac{\partial \Pi}{\partial X_j}=0 \tag{7.9}$$

式中，$X_j\in\left\{(KA)_{\mathrm{h}},(KA)_{\mathrm{c}},\dot{m}_{\mathrm{a}}c_{p,\mathrm{a}},T_1,T_2,T_3,T_4,\lambda_1,\lambda_2,\lambda_3,\lambda_4,\lambda_5\right\}$。

式 (7.9) 中的 12 个方程组成了优化问题的优化方程组。由于方程组中共有 12 个未知量，直接求解该方程组即可得到各未知量的最优值。对于图 7.1 所示的气体压缩制冷循环，需要优化的结构和运行参数为两换热器的热导 $(KA)_{\mathrm{h}}$、$(KA)_{\mathrm{c}}$ 及制冷气体的热容量流 $\dot{m}_{\mathrm{a}}c_{p,\mathrm{a}}$。但是，与使用常规思路优化回路式换热器网络类似，上述分析过程中无论系统的约束方程，还是最终的优化方程组均需要引入循环中各节点处制冷气体中间温度 T_i (i=1, 2, 3, 4)，增加了优化的复杂度。

7.1.2　气体压缩制冷系统的烟分析思路

首先，基于烟理论分析热力系统中的传热过程，热端换热器 HX_h 的烟平衡方程可表示为

$$\dot{Q}_h\left(\frac{T_2+T_3}{2}-\frac{T_{h,in}+T_{h,out}}{2}\right)=\dot{Q}_h{}^2R_{g,h} \tag{7.10}$$

式中，$R_{g,h}$ 为热端换热器的烟耗散热阻，其表达式为

$$R_{g,h}=\frac{\xi_h}{2}\frac{e^{(KA)_h\xi_h}+1}{e^{(KA)_h\xi_h}-1} \tag{7.11}$$

式中，$\xi_h=\dfrac{1}{\dot{m}_a c_{p,a}}-\dfrac{1}{\dot{m}_h c_{p,h}}$。

对于冷端换热器 HX_c，其烟平衡方程可表示为

$$\dot{Q}_c\left(\frac{T_{c,in}+T_{c,out}}{2}-\frac{T_1+T_4}{2}\right)=\dot{Q}_c{}^2R_{g,c} \tag{7.12}$$

式中，$R_{g,c}$ 为冷端换热器烟耗散热阻：

$$R_{g,c}=\frac{\xi_1}{2}\frac{e^{(KA)_c\xi_c}+1}{e^{(KA)_c\xi_c}-1} \tag{7.13}$$

式中，$\xi_c=\dfrac{1}{\dot{m}_c c_{p,c}}-\dfrac{1}{\dot{m}_a c_{p,a}}$。

联立式(7.3)、式(7.4)以及式(7.10)～式(7.13)，可得到制冷气体在图 7.1 中四个节点处的中间温度与外界流体平均温度的关系分别为

$$T_1=\frac{T_{c,in}+T_{c,out}}{2}-\dot{Q}_c\left(R_{g,c}-\frac{1}{2\dot{m}_a c_{p,a}}\right) \tag{7.14}$$

$$T_2=\frac{T_{h,in}+T_{h,out}}{2}+\dot{Q}_h\left(R_{g,h}+\frac{1}{2\dot{m}_a c_{p,a}}\right) \tag{7.15}$$

$$T_3=\frac{T_{h,in}+T_{h,out}}{2}+\dot{Q}_h\left(R_{g,h}-\frac{1}{2\dot{m}_a c_{p,a}}\right) \tag{7.16}$$

$$T_4 = \frac{T_{c,in} + T_{c,out}}{2} - \dot{Q}_c \left(R_{g,c} + \frac{1}{2\dot{m}_a c_{p,a}} \right) \tag{7.17}$$

从式(7.14)～式(7.17)可以看出，当系统中各换热器热导、制冷气体热容量流等结构参数和外界流体的热容量流以及换热器热流均确定时，各节点处制冷气体的中间温度也就随之确定了。

借助炽理论完成了循环中各传热过程分析后，结合传热过程分析与针对压缩机和膨胀机中热功转换过程的热力学分析，将式(7.14)～式(7.17)代入式(7.7)中即可得到如下关系式：

$$\frac{1}{\dot{Q}_c}\frac{T_{c,in} + T_{c,out}}{2} - \frac{1}{\dot{Q}_h}\frac{T_{h,in} + T_{h,out}}{2} = R_{g,h} + R_{g,c} \tag{7.18}$$

根据式(7.11)和式(7.13)中炽耗散热阻 $R_{g,h}$ 和 $R_{g,c}$ 的表达式，式(7.18)的等号右侧的两项都是换热器热导 $(KA)_h$ 和 $(KA)_c$，以及制冷气体热容量流 $\dot{m}_a c_{p,a}$ 等系统结构和运行参数的函数；而左侧为外界流体温度及两端换热器热流等边界参数的函数。因此，式(7.18)揭示了等熵压缩/膨胀的气体压缩制冷循环的结构参数与边界参数的关系，描述了系统结构特性，它就是该循环的系统整体约束。

当热/冷端的高/低温流体的进口温度和流量、制冷循环的制冷量等设计需求给定时，存在两类优化问题：①当系统中换热器的总成本(即总热导)一定时，需要优化热/冷端换热器的热导以及循环内制冷气体的热容量流，最小化循环的净输入功，即制冷系数的最大化；②当循环的净输入功一定时，最小化系统中换热器的总热导。若以换热器总热导最小的优化问题为例，与常规思路对比，可以发现使用式(7.18)作为系统整体约束可以替代常规优化思路所得到的式(7.1)～式(7.4)和式(7.7)中的所有约束方程。借助拉格朗日乘子法，构造拉格朗日函数 Π：

$$\Pi = (KA)_h + (KA)_c + \lambda \left(\frac{1}{\dot{Q}_c}\frac{T_{c,in} + T_{c,out}}{2} - \frac{1}{\dot{Q}_h}\frac{T_{h,in} + T_{h,out}}{2} - R_{g,h} - R_{g,c} \right) \tag{7.19}$$

令 Π 关于所有未知量的偏导等于零即可得到相应的优化方程组：

$$\frac{\partial \Pi}{\partial Y_j} = 0,\ \ Y_j \in \left\{ (kA)_h, (kA)_c, \dot{m}_a c_{p,a}, \lambda \right\} \tag{7.20}$$

式中，λ 为拉格朗日乘子。

与式(7.8)中常规思路的优化方程组包含 12 个方程相比，基于炽分析所得的优化方程组中仅包含 4 个方程。

对于等熵压缩/膨胀的气体压缩制冷循环，如果已知条件为：$T_{h,in}$=303.0K，$T_{c,in}$=293.0K，$\dot{m}_h c_{p,h}$=500.0W/K，$\dot{m}_c c_{p,c}$=480.0W/K，$\dot{Q}_c$=2000.0W，压缩机和膨胀机输入系统的净功率，$\dot{W}_0=\dot{Q}_h-\dot{Q}_c$=500.0W，制冷气体为空气，其绝热指数等于 1.40。求解式(7.20)中的优化方程组即可得到各结构参数的最优值以及系统中换热器总热导$(KA)_{tot}$的最小值，如表 7.1 所示。此时，压缩机的最优压比等于 2.2。

表 7.1　气体压缩制冷系统的优化结果(等熵压缩/膨胀)

结构/运行参数	$\dot{m}_a c_{p,a}$	$(KA)_h$	$(KA)_c$	$(KA)_{tot}$
优化结果/(W/K)	489.8	86.0	86.0	172.0
中间温度	T_1	T_2	T_3	T_4
优化值/K	269.7	337.1	332.0	265.6

对于该制冷循环，有些学者的研究结果是两换热器热导相等时系统性能最优[2]。从表 7.1 中可以看出，两换热器的最优热导的确相等。对于不同的制冷量，图 7.3 给出了换热器最优热导和气体最优热容量流随制冷量的变化。其中，左、右纵坐标轴分别代表换热器热导和气体热容量流。随着制冷量的增加，两个换热器的最优热导逐渐增加，并且始终相等。也就是说，对于等熵压缩/膨胀的气体压缩制冷循环，两换热器的最优热导确实相等。

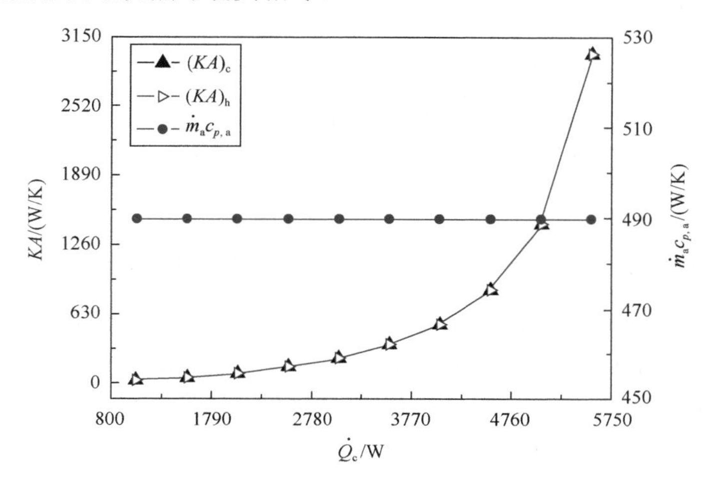

图 7.3　各换热器最优热导和气体热容量流随制冷量 $\dot{Q}_c$ 的变化(等熵压缩/膨胀)

图 7.4 表示换热器的最优热导和气体的最优热容量流随输入系统净功率的变化，其中左、右纵坐标轴分别代表换热器热导和气体热容量流。图 7.4 表明系统中换热器总热导的最小值和输入系统的净功率是相互制约的。增大输入功率，可以使得系统总热导的最小值下降，但是总热导最小值存在极限，即当输入功率大

到一定程度时，功率的继续增加所带来的换热器总热导的减小越来越少。相反，增加系统总热导可以带来输入功率的减少，但是随着热导的增加，输入功率也并不会无限减小，也存在极限。该极限就是理想的逆布雷顿循环的最大效率。同时，图 7.3 与图 7.4 中制冷气体的最优热容量流始终为定值。从优化结果分析，气体最优热容量流与外界流体热容量流之间始终满足如下关系：

$$\frac{1}{\dot{m}_{\mathrm{a}}c_{p,\mathrm{a}}}-\frac{1}{\dot{m}_{\mathrm{h}}c_{p,\mathrm{h}}}=\frac{1}{\dot{m}_{\mathrm{c}}c_{p,\mathrm{c}}}-\frac{1}{\dot{m}_{\mathrm{a}}c_{p,\mathrm{a}}} \tag{7.21}$$

可见，当热/冷端的高/低温流体的热容量流保持不变时，循环中的气体的最优热容量流始终为定值。同时，结合式(7.11)、式(7.13)和式(7.21)可知，当系统中换热器的总热导最小时，两换热器的煅耗散热阻相等。

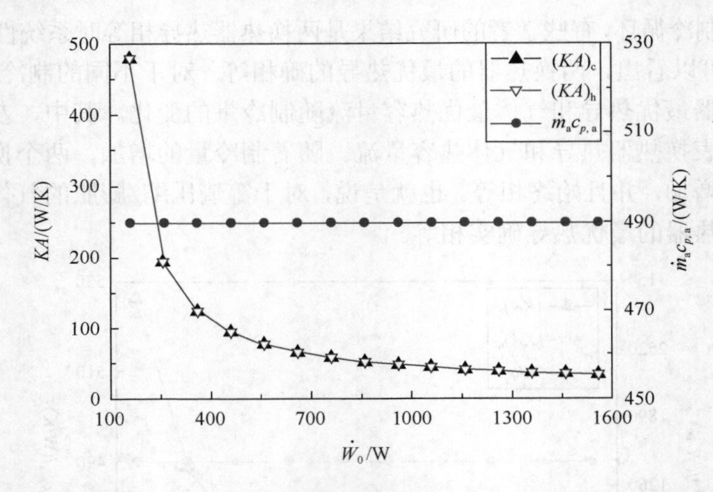

图 7.4　各换热器最优热导和气体最优热容量流随输入净功率的变化(等熵压缩/膨胀)

图 7.5 和图 7.6 分别表示换热器最优热导和气体最优热容量流随冷端外界流体的入口温度和热容量流的变化，图中左、右纵坐标轴分别代表换热器热导和气体热容量流。在冷端，外界流体入口温度 $T_{\mathrm{c,in}}$ 或热容量流 $\dot{m}_{\mathrm{c}}c_{p,\mathrm{c}}$ 的增加均会导致换热器最优热导的下降。其原因是：无论 $T_{\mathrm{c,in}}$ 升高还是 $\dot{m}_{\mathrm{c}}c_{p,\mathrm{c}}$ 增大，均会使得外界冷流体的平均温度升高；在输入功率一定的情况下，两个换热器各自的传热温差都会增大，进而引起换热器热导减少。同时，如图 7.6 所示，随着外界流体热容量流的增加，制冷气体最优热容量流也随着增加，但是热容量流之间的关系依然满足式(7.21)。

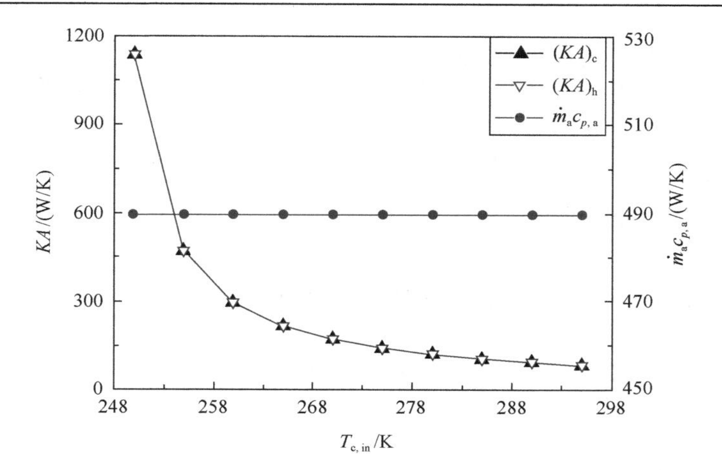

图 7.5　各换热器最优热导和气体最优热容量流随冷端外界流体入口温度的变化(等熵压缩/膨胀)

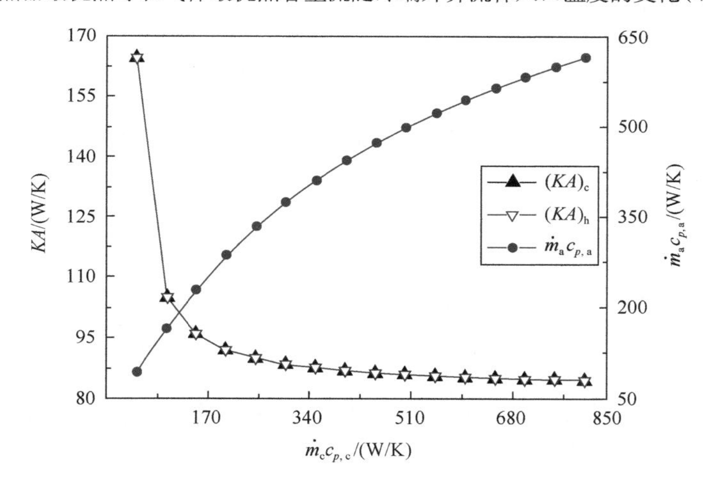

图 7.6　各换热器最优热导和气体最优热容量流随冷端外界流体热容量流的变化(等熵压缩/膨胀)

7.1.3　可逆非等熵压缩/膨胀的气体压缩制冷循环

在以上研究的气体压缩制冷系统中，压缩机中的压缩过程和膨胀机中的膨胀过程均为等熵过程。通过研究发现当系统中换热器的总热导最小时，两换热器的热导应该相等。对于相同的优化问题，如果压缩和膨胀过程的多变指数分别为 n_C 和 n_E 的可逆非等熵过程，上述结论是否依然成立？对于可逆非等熵压缩、膨胀过程，压缩机和膨胀机进出口处制冷气体温比和压比存在如下关系：

$$\left(\frac{T_2}{T_1}\right)^{\frac{n_C}{n_C-1}}=\pi=\left(\frac{T_3}{T_4}\right)^{\frac{n_E}{n_E-1}} \tag{7.22}$$

式中，π 为膨胀机进出口处气体压比，$\pi=p_3/p_4$。

另外，气体在压缩机中被压缩的同时对外放热，放热热流 $\dot{Q}_{\mathrm{C}}$ 的大小为

$$\dot{Q}_{\mathrm{C}} = -N_{\mathrm{C}}\dot{m}_{\mathrm{a}}c_{p,\mathrm{a}}\left(T_2 - T_1\right) \tag{7.23}$$

式中，$N_{\mathrm{C}} = \dfrac{n_{\mathrm{C}} - \kappa}{\kappa\left(n_{\mathrm{C}} - 1\right)}$。

气体在膨胀机中膨胀的同时从外界吸收热热流 $\dot{Q}_{\mathrm{E}}$，其大小为

$$\dot{Q}_{\mathrm{E}} = N_{\mathrm{E}}\dot{m}_{\mathrm{a}}c_{p,\mathrm{a}}\left(T_4 - T_3\right) \tag{7.24}$$

式中，$N_{\mathrm{E}} = \dfrac{n_{\mathrm{E}} - \kappa}{\kappa\left(n_{\mathrm{E}} - 1\right)}$。

整个系统的能量守恒方程为

$$\dot{Q}_{\mathrm{E}} + \dot{Q}_{\mathrm{c}} + \dot{W}_0 = \dot{Q}_{\mathrm{h}} + \dot{Q}_{\mathrm{C}} \tag{7.25}$$

将式(7.14)～式(7.17)、式(7.23)和式(7.24)代入式(7.25)中，得到热端换热器热流 $\dot{Q}_{\mathrm{h}}$ 的表达式为

$$\dot{Q}_{\mathrm{h}} = \frac{\begin{Bmatrix}\left(N_{\mathrm{E}} - N_{\mathrm{C}}\right)\dot{m}_{\mathrm{a}}c_{p,\mathrm{a}}\left(T_{\mathrm{h,in}} + T_{\mathrm{h,out}} - T_{\mathrm{c,in}} - T_{\mathrm{c,out}}\right) \\ +\left[2 - 2\left(N_{\mathrm{E}} - N_{\mathrm{C}}\right)R_{\mathrm{g,c}}\dot{m}_{\mathrm{a}}c_{p,\mathrm{a}} - \left(N_{\mathrm{E}} + N_{C}\right)\right]\dot{Q}_{\mathrm{c}} + 2\dot{W}_0\end{Bmatrix}}{2 + 2\left(N_{\mathrm{E}} - N_{\mathrm{C}}\right)R_{\mathrm{g,h}}\dot{m}_{\mathrm{a}}c_{p,a} - \left(N_{\mathrm{E}} + N_{\mathrm{C}}\right)} \tag{7.26}$$

基于烟理论的传热过程分析与本节中热功转换过程的热力学分析，进而将式(7.14)～式(7.17)代入式(7.22)中可得

$$\left[\frac{\dfrac{T_{\mathrm{h,in}} + T_{\mathrm{c,out}}}{2} + \dot{Q}_{\mathrm{h}}\left(R_{\mathrm{g,h}} + \dfrac{1}{2\dot{m}_{\mathrm{a}}c_{p,\mathrm{a}}}\right)}{\dfrac{T_{\mathrm{c,in}} + T_{\mathrm{c,out}}}{2} - \dot{Q}_{\mathrm{c}}\left(R_{\mathrm{g,c}} - \dfrac{1}{2\dot{m}_{\mathrm{a}}c_{p,\mathrm{a}}}\right)}\right]^{\frac{n_{\mathrm{C}}}{n_{\mathrm{C}}-1}} = \left[\frac{\dfrac{T_{\mathrm{h,in}} + T_{\mathrm{h,out}}}{2} + \dot{Q}_{\mathrm{h}}\left(R_{\mathrm{g,h}} - \dfrac{1}{2\dot{m}_{\mathrm{a}}c_{p,a}}\right)}{\dfrac{T_{\mathrm{c,in}} + T_{\mathrm{c,out}}}{2} - \dot{Q}_{\mathrm{c}}\left(R_{\mathrm{g,c}} + \dfrac{1}{2\dot{m}_{\mathrm{a}}c_{p,a}}\right)}\right]^{\frac{n_{\mathrm{E}}}{n_{\mathrm{E}}-1}} \tag{7.27}$$

与式(7.18)类似，式(7.27)作为系统的整体约束，揭示了系统各结构参数与边界量的定量关系。对于相同的优化问题，问题转化为以 $(KA)_{\mathrm{h}}+(KA)_{\mathrm{c}}$ 最小为目标函数，以式(7.27)为约束条件的条件极值问题。借助拉格朗日乘子法，构造拉格朗日函数 Π：

$$\Pi = (KA)_{\text{h}} + (KA)_{\text{c}} + \lambda \left\{ \left[\frac{\dfrac{T_{\text{h,in}} + T_{\text{h,out}}}{2} + \dot{Q}_{\text{h}} \left(R_{\text{g,h}} + \dfrac{1}{2\dot{m}_{\text{a}} c_{p,\text{a}}} \right)}{\dfrac{T_{\text{c,in}} + T_{\text{c,out}}}{2} - \dot{Q}_{\text{c}} \left(R_{\text{g,c}} - \dfrac{1}{2\dot{m}_{\text{a}} c_{p,\text{a}}} \right)} \right]^{\frac{n_{\text{C}}}{n_{\text{C}}-1}} - \left[\frac{\dfrac{T_{\text{h,in}} + T_{\text{h,out}}}{2} + \dot{Q}_{\text{h}} \left(R_{\text{g,h}} - \dfrac{1}{2\dot{m}_{\text{a}} c_{p,\text{a}}} \right)}{\dfrac{T_{\text{c,in}} + T_{\text{c,out}}}{2} - \dot{Q}_{c} \left(R_{\text{g,c}} + \dfrac{1}{2\dot{m}_{\text{a}} c_{p,\text{a}}} \right)} \right]^{\frac{n_{\text{E}}}{n_{\text{E}}-1}} \right\} \tag{7.28}$$

令 Π 关于所有未知量的偏导等于零可得该优化问题的优化方程组：

$$\frac{\partial \Pi}{\partial Z_j} = 0, \quad Z_j \in \left\{ (KA)_{\text{h}}, (KA)_{\text{c}}, \dot{m}_{\text{a}} c_{p,\text{a}}, \lambda \right\} \tag{7.29}$$

式中，λ 为拉格朗日乘子。求解式(7.29)中的优化方程组即可得到各未知量的最优值。

如果其他已知条件均不变，多变指数 $n_{\text{C}}=1.37$，$n_{\text{E}}=1.30$，图 7.7、图 7.8 和图 7.9 分别表示压缩、膨胀过程为可逆非等熵过程时，各换热器最优热导和气体最优热容量流随制冷量 $\dot{Q}_{\text{c}}$、净功率 $\dot{W}_0$ 和冷端外界流体入口温度 $T_{\text{c,in}}$ 的变化，图中左、右纵坐标轴分别代表换热器热导和气体热容量流。如图 7.7 所示，随着制冷量的增加，两个换热器最优热导均增加。但是，与图 7.3 不同的是，制冷气体最优热容量流不再恒定而是不断增加；同时，两个换热器最优热导不再相等，且 $(KA)_{\text{h}} > (KA)_{\text{c}}$，即热端换热器的最优热导始终大于冷端换热器。这是因为多变指数 $n_{\text{C}} > n_{\text{E}}$，气体压缩过程放热量小于膨胀过程吸热量，热端换热器热流大于冷

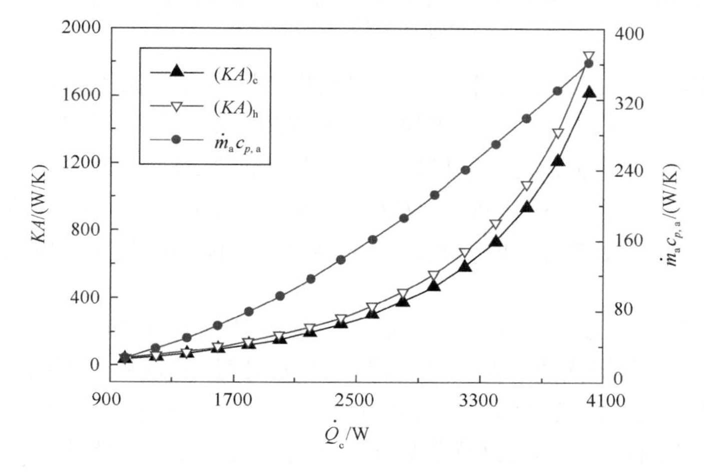

图 7.7　各换热器最优热导和气体最优热容量流随制冷量 $\dot{Q}_{\text{c}}$ 的变化(可逆非等熵压缩/膨胀)

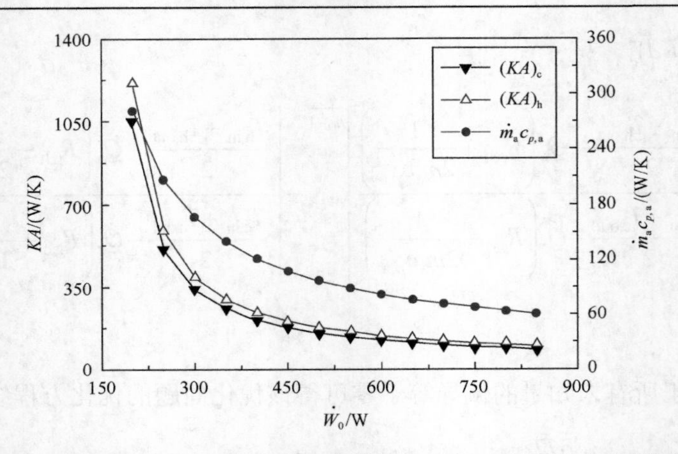

图 7.8 各换热器最优热导和气体最优热容量流随输入功率 $\dot{W}_0$ 的变化(可逆非等熵压缩/膨胀)

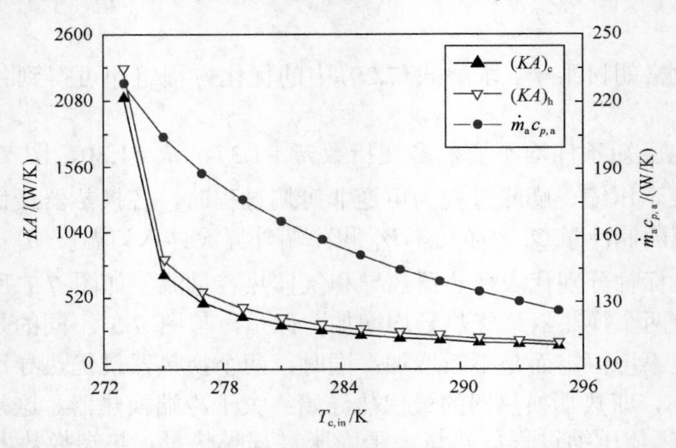

图 7.9 各换热器最优热导和气体最优热容量流随冷端外界流体入口温度 $T_{c,in}$ 的变化(可逆非等熵压缩/膨胀)

端换热器热流与输入净功率之和，因此热端换热器需要更大的热导。如图 7.8 所示，随着输入功率 $\dot{W}_0$ 的增加，两个换热器最优热导以及气体最优热容量流均随之减少。输入功率的增加导致压缩机进出口处气体温差增大，使得两换热器传热温差增加，换热器热导减小。同时，$(KA)_h$ 依然大于 $(KA)_c$。如图 7.9 所示，随着冷端外界流体入口温度 $T_{c,in}$ 不断升高，两个换热器最优热导及气体最优热容量流都随之减少。

为了研究多变指数对优化结果的影响，将 n_E 固定在 1.20 不变，而变化 n_C。图 7.10 表示换热器最优热导及气体最优热容量流随压缩过程多变指数 n_C 的变化。当 n_C 与 n_E 相等时，两换热器的最优热导相等，与等熵压缩/膨胀情况相似。当 n_C 与 n_E 不相等时，两换热器的最优热导始终不等，且热端换热器热导始终大于冷端换热器热导。随着 n_C 的增加，两换热器最优热导都随之增加，但热端换热器热导增加更为明显，原因是随着 n_C 越来越大，压缩过程的放热量越来越小，则热端换热器的热流越来越大，进而需要的换热器热导也越来越大。另外，随着 n_C 增加，制冷气体热容量流先减小再增加，在 n_C =1.25 左右达到极小值，而不再像图 7.4 中一样保持恒定。

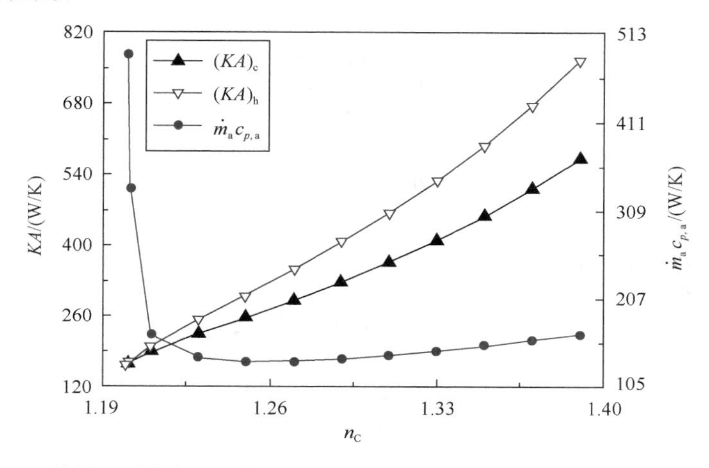

图 7.10　换热器最优热导及气体最优热容量流随压缩过程多变指数 n_C 的变化

7.1.4　不可逆绝热压缩/膨胀的气体压缩制冷循环

对于图 7.1 气体压缩制冷系统的结构示意图中的气体压缩制冷循环，如果压缩和膨胀过程均为不可逆绝热过程，则循环的 p-v 图如图 7.11 所示。过程 1→2 和 3→4 分别为不可逆绝热压缩和膨胀过程，点 2r 和 4r 分别表示相同压比下、等熵压缩、膨胀过程时的压缩机和膨胀机出口处制冷气体的状态，即过程 1→2r 和 3→4r 分别为等熵压缩和等熵膨胀过程。

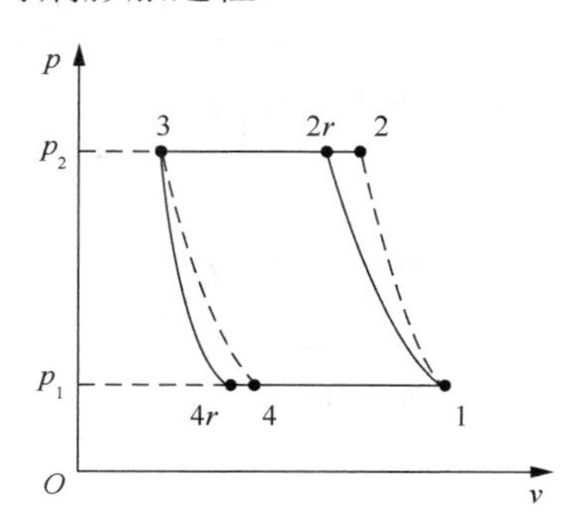

图 7.11　气体压缩制冷循环 p-v 图(不可逆绝热压缩/膨胀过程)

由于过程 1→2r 和 3→4r 均为等熵过程，根据式(7.7)，四个节点的温度间存在如下关系：

$$\frac{T_{2r}}{T_1}=\frac{T_3}{T_{4r}} \tag{7.30}$$

对于不可逆绝热压缩及膨胀过程，可以分别定义压缩机和膨胀机的绝热效率 η_C 和 η_E 为[3, 4]

$$\eta_C=\frac{T_{2r}-T_1}{T_2-T_1} \tag{7.31}$$

$$\eta_E=\frac{T_3-T_4}{T_3-T_{4r}} \tag{7.32}$$

因此，T_{2r} 和 T_{4r} 可分别表示为

$$T_{2r}=(1-\eta_C)T_1+\eta_C T_2 \tag{7.33}$$

$$T_{4r}=\frac{\eta_E-1}{\eta_E}T_3+\frac{1}{\eta_E}T_4 \tag{7.34}$$

将式(7.33)和式(7.34)代入式(7.30)中可得

$$\left(1-\eta_C+\eta_C\frac{T_2}{T_1}\right)\left(1-\eta_E^{-1}+\eta_E^{-1}\frac{T_4}{T_3}\right)=1 \tag{7.35}$$

结合基于烟理论的传热过程分析与热功转换过程的热力学分析，将式(7.14)～式(7.17)中气体中间温度的表达式代入式(7.35)中可得

$$1-\eta_C+\eta_C\frac{\dfrac{T_{h,in}+T_{h,out}}{2}+\dot{Q}_h\left(R_{g,h}+\dfrac{1}{2\dot{m}_a c_{p,a}}\right)}{\dfrac{T_{c,in}+T_{c,out}}{2}-\dot{Q}_c\left(R_{g,c}-\dfrac{1}{2\dot{m}_a c_{p,a}}\right)}$$
$$=\left[1-\eta_E^{-1}+\eta_E^{-1}\frac{\dfrac{T_{c,in}+T_{c,out}}{2}-\dot{Q}_c\left(R_{g,c}+\dfrac{1}{2\dot{m}_a c_{p,a}}\right)}{\dfrac{T_{h,in}+T_{h,out}}{2}+\dot{Q}_h\left(R_{g,h}-\dfrac{1}{2\dot{m}_a c_{p,a}}\right)}\right]^{-1} \tag{7.36}$$

式(7.36)即该循环系统的整体约束，基于此约束方程可以将不同优化问题转化为条件极值问题，并借助拉格朗日乘子法予以求解。如果以换热器总热导最小为优化目标，则可构造式(7.37)所示的拉格朗日函数进而获得优化方程组。在不

同边界条件下，对优化方程组进行求解，即可分析不可逆绝热压缩/膨胀过程对系统最优结构/运行参数的影响。

$$
\begin{aligned}
\Pi = & (KA)_{\mathrm{h}} + (KA)_{\mathrm{c}} \\
& + \lambda \left\{ 1 - \eta_{\mathrm{C}} + \eta_{\mathrm{C}} \frac{\dfrac{T_{\mathrm{h,in}} + T_{\mathrm{h,out}}}{2} + \dot{Q}_{\mathrm{h}} \left(R_{\mathrm{g,h}} + \dfrac{1}{2\dot{m}_{\mathrm{a}} c_{p,\mathrm{a}}} \right)}{\dfrac{T_{\mathrm{c,in}} + T_{\mathrm{c,out}}}{2} - \dot{Q}_{\mathrm{c}} \left(R_{\mathrm{g,c}} - \dfrac{1}{2\dot{m}_{\mathrm{a}} c_{p,\mathrm{a}}} \right)} - \left[1 - \eta_{\mathrm{E}}^{-1} + \eta_{\mathrm{E}}^{-1} \frac{\dfrac{T_{\mathrm{c,in}} + c_{\mathrm{c,out}}}{2} - \dot{Q}_{\mathrm{c}} \left(R_{\mathrm{g,c}} + \dfrac{1}{2\dot{m}_{\mathrm{a}} c_{p,\mathrm{a}}} \right)}{\dfrac{T_{\mathrm{h,in}} + T_{\mathrm{h,out}}}{2} + \dot{Q}_{\mathrm{h}} \left(R_{\mathrm{g,h}} - \dfrac{1}{2\dot{m}_{\mathrm{a}} c_{p,\mathrm{a}}} \right)} \right]^{-1} \right\}
\end{aligned} \tag{7.37}
$$

7.2　回热式气体压缩制冷系统性能整体优化[5]

图 7.12 为回热式气体压缩制冷系统的结构示意图，主要构件包括压缩机(C)、膨胀机(E)、换热器(HEX_i, i=1,2,3)。其工作流程为：经压缩机压缩后的制冷剂(理想气体)进入换热器 HEX_1 被预冷工质冷却，经过回热器 HEX_3 回收冷量，然后进入膨胀机进行绝热膨胀进一步冷却。低温低压的制冷剂通过用户换热器 HEX_2 冷却用户端，再经过回热器 HEX_3 释放冷量，最后回到压缩机中进行多变压缩过程。假定在循环过程中，制冷剂始终保持气态。

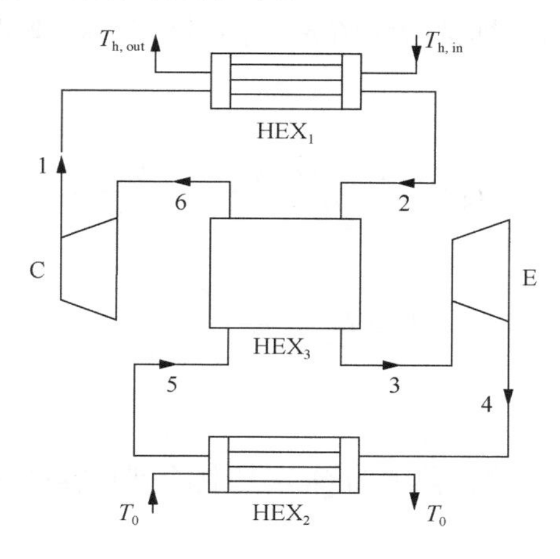

图 7.12　回热式气体压缩制冷系统示意图

7.2.1 传热过程分析

制冷剂与预冷工质在热端逆流换热器 HEX_1 中的换热热流记作 $\dot{Q}_1$，则根据能量守恒，存在：

$$\dot{Q}_1 = \dot{m}_a c_{p,a}\left(T_1 - T_2\right) = \dot{m}_h c_{p,h}\left(T_{h,out} - T_{h,in}\right) \tag{7.38}$$

同时，换热器两端的总炽流值之差与通过炽耗散热阻求出的炽耗散率表达式相等，即

$$\frac{1}{2}\left(T_1 + T_2 - T_{h,in} - T_{h,out}\right)\dot{Q}_1 = \frac{1}{2}\dot{Q}_1^{\,2}\xi_1\frac{e^{(KA)_1\xi_1}+1}{e^{(KA)_1\xi_1}-1} \tag{7.39}$$

式中，$\xi_1=1/(\dot{m}_h c_{p,h})-1/(\dot{m}_a c_{p,a})$。

联立式(7.38)和式(7.39)，分别得到换热热流和制冷剂出口温度与设计参数的关系式：

$$\dot{Q}_1 = \frac{T_1 - T_{h,in}}{\dfrac{\xi_1}{e^{(KA)_1\xi_1}-1} + \dfrac{1}{\dot{m}_h c_{p,h}}} \tag{7.40}$$

$$T_2 = T_1 - \frac{T_1 - T_{h,in}}{\dfrac{\dot{m}_a c_{p,a}\xi_1}{e^{(KA)_1\xi_1}-1} + \dfrac{\dot{m}_a c_{p,a}}{\dot{m}_h c_{p,h}}} \tag{7.41}$$

在冷端逆流换热器 HEX_2 中，制冷量为 $\dot{Q}_0$，换热器热导记作 $(KA)_2$。将用户侧流体温度视为恒定值，即热容量流 $\dot{m}_1 c_{p,1}$ 无限大，同理可得到制冷剂在 HEX_2 的进出口温度表达式为

$$T_4 = T_0 - \frac{\dot{Q}_0\xi_2}{e^{(KA)_2\xi_2}-1} - \frac{\dot{Q}_0}{\dot{m}_a c_{p,a}} \tag{7.42}$$

$$T_5 = T_0 - \frac{\dot{Q}_0\xi_2}{e^{(KA)_2\xi_2}-1} \tag{7.43}$$

式中，$\xi_2=1/(\dot{m}_a c_{p,a})$。

在回热器 HEX_3 中，换热热流为 $\dot{Q}_3$，与制冷剂热容量流及进出口温度之间满足能量守恒方程：

$$\dot{Q}_3 = \dot{m}_a c_{p,a}\left(T_2 - T_3\right) = \dot{m}_a c_{p,a}\left(T_6 - T_5\right) \tag{7.44}$$

回热器两侧流体逆流换热，且热容量流相等，因此换热器内是均匀温差场，传热方程为

$$\dot{Q}_3 = (KA)_3\left(T_2 - T_6\right) \tag{7.45}$$

式(7.44)和式(7.45)中 T_2、T_5 已由式(7.41)和式(7.43)得到，联立求得回热器两侧流体的出口温度表达式分别为

$$\begin{aligned} T_3 = {} & \frac{\dot{m}_a c_{p,a}}{(KA)_3 + \dot{m}_a c_{p,a}}\left[T_1 - \frac{T_1 - T_{h,in}}{\dfrac{\dot{m}_a c_{p,a}\xi_1}{e^{(KA)_1\xi_1} - 1} + \dfrac{\dot{m}_a c_{p,a}}{\dot{m}_h c_{p,h}}}\right] \\ & + \frac{(KA)_3}{(KA)_3 + \dot{m}_a c_{p,a}}\left(T_0 - \frac{\dot{Q}_0\xi_2}{e^{(KA)_2\xi_2} - 1}\right) \end{aligned} \tag{7.46}$$

$$\begin{aligned} T_6 = {} & \frac{(KA)_3}{(KA)_3 + \dot{m}_a c_{p,a}}\left[T_1 - \frac{T_1 - T_{h,in}}{\dfrac{\dot{m}_a c_{p,a}\xi_1}{e^{(KA)_1\xi_1} - 1} + \dfrac{\dot{m}_a c_{p,a}}{\dot{m}_h c_{p,h}}}\right] \\ & + \frac{\dot{m}_a c_{p,a}}{(KA)_3 + \dot{m}_a c_{p,a}}\left(T_0 - \frac{\dot{Q}_0\xi_2}{e^{(KA)_2\xi_2} - 1}\right) \end{aligned} \tag{7.47}$$

7.2.2　热力过程分析

工质在压缩机内经历多变过程，增温增压并放出热量，记绝热指数为 κ，多变指数为 n。由过程方程及气体状态方程，可以得出初、终态的温度和压力之间的关系为

$$\left(\frac{T_1}{T_6}\right)^{\frac{n}{n-1}} = \frac{p_1}{p_6} \tag{7.48}$$

并得到压缩过程中放热换热 $\dot{Q}_C$ 的表达式：

$$\dot{Q}_C = \frac{\dot{m}_a c_{p,a}}{\kappa}\frac{\kappa - n}{n - 1}\left(T_1 - T_6\right) \tag{7.49}$$

在膨胀机中，气体经历绝热膨胀过程，初、终态的温度及压力关系为

$$\left(\frac{T_3}{T_4}\right)^{\frac{\kappa}{\kappa-1}}=\frac{p_3}{p_4} \tag{7.50}$$

根据系统能量守恒方程有

$$\dot{Q}_{\mathrm{C}}=\dot{Q}_0+\dot{W}_0-\dot{Q}_1 \tag{7.51}$$

联立式(7.49)及式(7.51)得到多变指数表达式：

$$n=\frac{\dot{m}_{\mathrm{a}}c_{p,\mathrm{a}}\left(T_1-T_6\right)+\dot{Q}_0+\dot{W}_0-\dot{Q}_1}{\dot{m}_{\mathrm{a}}c_{p,\mathrm{a}}\left(T_1-T_6\right)+\kappa\left(\dot{Q}_0+\dot{W}_0-\dot{Q}_1\right)}\kappa \tag{7.52}$$

7.2.3　优化问题的数学模型及求解

假设工质在换热器中的压力保持不变，因此压缩和膨胀过程的压缩比 π 相等：

$$\pi=\frac{p_1}{p_6}=\frac{p_3}{p_4} \tag{7.53}$$

将式(7.53)代入式(7.48)和式(7.50)中得到：

$$\ln\frac{T_1}{T_6}=\frac{n-1}{n}\ln\pi \tag{7.54}$$

$$\ln\frac{T_3}{T_4}=\frac{\kappa-1}{\kappa}\ln\pi \tag{7.55}$$

式(7.54)和式(7.55)为上述回热式气体压缩制冷系统中结构/运行参数与设计需求之间的整体约束。针对制冷需求、运行投入(净功耗及预冷工质流量)及压比给定的制冷系统，以其最小总热导为优化目标，可以建立以下拉格朗日函数：

$$\Pi=\sum_{i=1}^{3}(KA)_i+\lambda_1\left(\ln\frac{T_1}{T_6}-\frac{n-1}{n}\ln\pi\right)+\lambda_2\left(\ln\frac{T_3}{T_4}-\frac{\kappa-1}{\kappa}\ln\pi\right) \tag{7.56}$$

式中，λ_i 为拉格朗日乘子，$i=1,2$。

将拉格朗日函数对各待设计量 $(KA)_i$ 和 $\dot{m}_{\mathrm{a}}c_{p,\mathrm{a}}$ 求偏导，并令其等于零可得

$$\begin{cases}\dfrac{\partial F}{\partial(KA)_i}=0, i=1,2,3\\ \dfrac{\partial F}{\partial(\dot{m}_{\mathrm{a}}c_{p,\mathrm{a}})}=0\end{cases} \tag{7.57}$$

式(7.54)、式(7.55)和式(7.57)构成了封闭的优化方程组。联立求解该优化方程组可得到各设计参数的最优配置，实现换热器总热导最小的优化目标。

7.2.4　优化结果及分析

以制冷温度为 20K，制冷量为 10kW 的制冷机为例，给定净功耗 $\dot{W}_0$=400kW，压缩比 π=5，制冷剂压缩后温度 T_1=310K，气体绝热指数 κ=1.4，预冷工质进口温度 $T_{h,in}$=80K 及热容量流 $\dot{m}_h c_{p,h}$=500W/K。将给定参数代入优化方程组中联立求解，可得如表 7.2 所示的优化结果。

表 7.2　回热式气体压缩制冷系统的优化结果

结构/运行参数	$(\dot{m}_a c_{p,a})$	$(KA)_1$	$(KA)_2$	$(KA)_3$	$(KA)_{tot}$	
优化结果/(W/K)	3244.7	1776.4	8213.4	122015.2	132005.0	
中间温度	T_1	T_2	T_3	T_4	T_5	T_6
优化结果/K	310.0	276.1	26.4	16.7	19.7	269.4

图 7.13 显示了换热器最优热导和制冷剂最优热容量流随预冷工质热容量流的变化趋势。随着预冷工质热容量流 $\dot{m}_h c_{p,h}$ 的提高，热端换热器的热导 KA_1 逐渐增加，而冷端换热器和回热器的热导$(KA)_2$、$(KA)_3$均减小，并且总热导值减小；制冷剂热容量流 $\dot{m}_a c_{p,a}$ 随 $\dot{m}_h c_{p,h}$ 的增加而增加并始终大于 $\dot{m}_h c_{p,h}$。因此，预冷工质的投入有利于减小换热器总尺寸。图 7.14 显示了预冷工质吸热量和出口温度随其热容量流的变化趋势。随预冷工质的热容量流增加，其吸热量 $\dot{Q}_1$ 增加并近似线性规律，预冷工质出口温度 $T_{h,out}$ 稍有降低，但基本限于 300～305K。

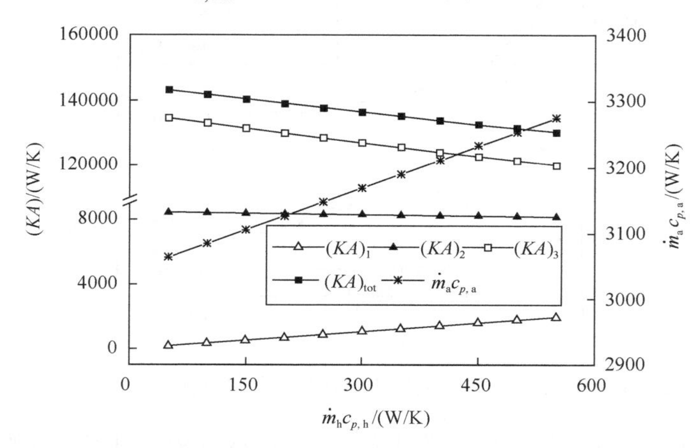

图 7.13　预冷工质热容量流对换热器最优热导和制冷剂最优热容量流的影响

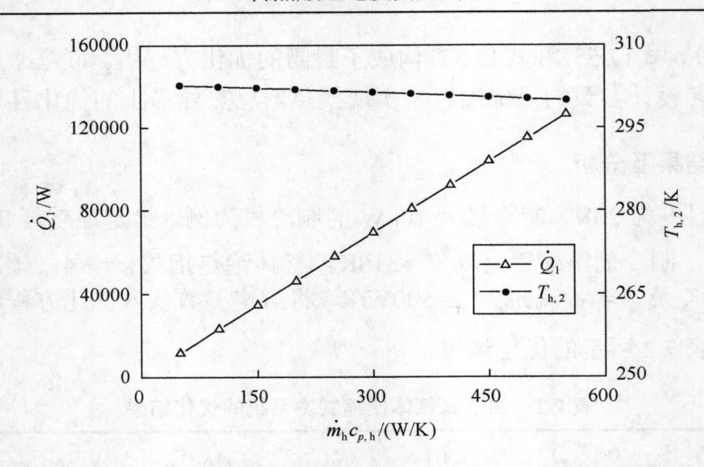

图 7.14　预冷工质热容量流对其吸热量及出口温度的影响

图 7.15 显示了换热器最优热导和制冷剂最优热容量流随压比的变化趋势。当压比 π 增大时，各个换热器的热导值 $(KA)_i$ (i=1,2,3) 以及制冷剂的热容量流 $\dot{m}_a c_{p,a}$ 均单调递减，并且幅度渐缓，$\dot{m}_a c_{p,a}$ 始终大于 $\dot{m}_h c_{p,h}$。因此，提高压缩机、膨胀机性能有利于减小换热器总尺寸。比较各热导的变化情况发现，当压缩比 π 增加时回热器热导 $(KA)_3$ 降低最为迅速，这是因为制冷循环中回热器起到了降低压比的作用，压比增加将减轻回热器负荷，使其热导降低并且使回热过程中能量品位的损失减小。在制冷系数不变的情况下，系统中另外两个换热器中的换热温差有所增大，进而导致热导 $(KA)_1$、$(KA)_2$ 也随之降低。

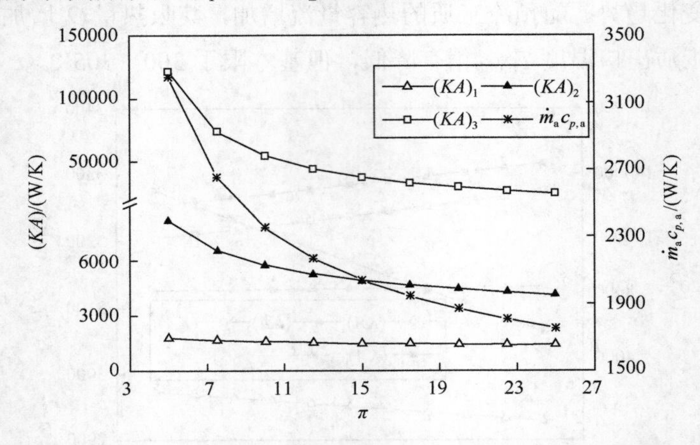

图 7.15　压比对换热器最优热导和制冷剂最优热容量流的影响

图 7.16 显示了净功耗对换热器最优热导和制冷剂最优热容量流的影响。随净功耗 $\dot{W}_0$ 增大，制冷剂热容量流 $\dot{m}_a c_{p,a}$ 增大，热端换热器热导 $(KA)_1$ 减小，但冷端

换热器热导$(KA)_2$、回热器热导$(KA)_3$及总热导$(KA)_{tot}$并非单调变化，而是先减小后增加。首先，压比和压缩终温不变，$\dot{W}_0$增加对应$\dot{m}_a c_{p,a}$增加，而热端换热器中预冷流体吸热量有限，因此制冷剂出口温度升高，热端换热温差增大，热导$(KA)_1$减小；其次，$\dot{m}_a c_{p,a}$和T_2增加将使回热器承担的换热热流增加；另外高$\dot{m}_a c_{p,a}$将允许制冷剂在冷端换热器入口的温度增加，则其膨胀前温度增加。由表 7.2 可知温度T_5已接近上限，因此回热器的换热温差(T_3-T_5)必然增大，回热量与温差同时非线性增加导致热导$(KA)_3$先减小后增加；再次，$\dot{m}_a c_{p,a}$与T_4同时增加导致冷端换热器的换热温差非单调变化，使得$(KA)_2$先减小后增加。

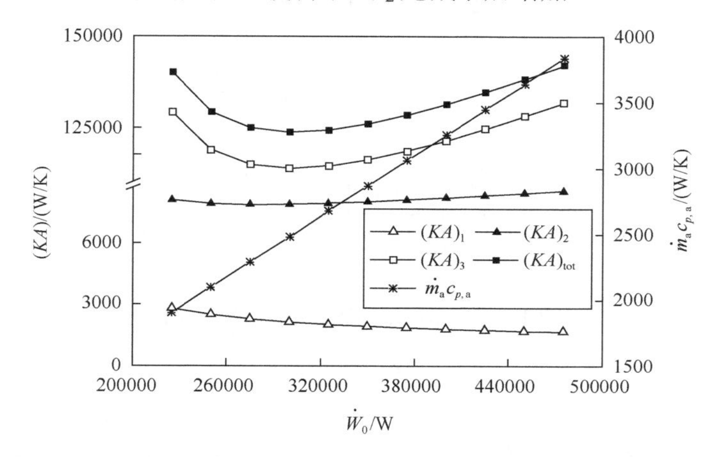

图 7.16　净功耗对换热器最优热导和制冷剂最优热容量流的影响

7.3　蒸汽压缩制冷系统的性能优化[6]

在以 7.1 节和 7.2 节所研究的气体压缩制冷循环中，制冷气体不发生相变。在工程实际中，应用更为广泛的是涉及工质相变的蒸汽压缩制冷循环。如图 7.17 所示，蒸气压缩制冷系统包含压缩机 C、节流阀 E、冷凝器 HX_c和蒸发器 HX_e。蒸发器、压缩机、冷凝器和节流阀出口处的制冷剂状态分别为状态 1、2、3 和 4。$\dot{Q}_h$为冷凝器的换流热流，$\dot{Q}_c$为蒸发器换热的热流，即循环制冷量，$\dot{W}$为压缩机的输入功率。

图 7.18(a)和图 7.18(b)分别给出了蒸汽压缩制冷循环的 T-s 图和 $\ln p$-h 图。由图 7.18 可见，蒸汽压缩制冷循环按照制冷剂状态变化可简化为如下 4 个物理过程：①压缩机中等熵压缩过程(1→2)，状态 1 的过热蒸汽进入压缩机并经历等熵压缩过程，温度、压力均升高，达到压缩机出口处的状态 2；②冷凝器中的等压放热过程(2→3)，状态 2 的过热蒸汽进入冷凝器中被冷却至冷凝温度 T_c，开始相变、释放潜热，成为气液两相混合物，全部变成饱和液体，最后以状态 3 的过冷液体

流出冷凝器；③节流阀中的绝热节流过程(3→4)，状态 3 的过冷液体在节流阀中绝热节流膨胀至状态 4，即蒸发温度 T_e 下的气液两相混合物；④蒸发器中的等压吸热过程(4→1)，状态 4 的气液两相混合物在蒸发器中吸热并不断汽化，直至完全成为干饱和蒸汽，然后进一步被加热至状态 1 的过热蒸汽。p_c 和 p_e 分别表示制冷剂的冷凝、蒸发压力。

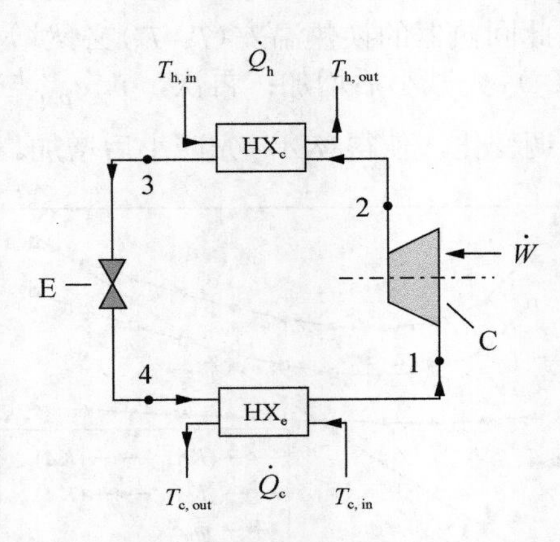

图 7.17　蒸汽压缩制冷系统的结构示意图

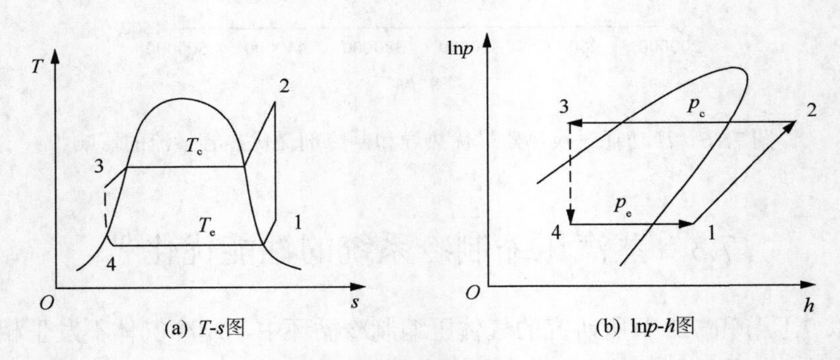

图 7.18　蒸汽压缩制冷循环的状态图

7.3.1　冷凝器中的传热过程分析

图 7.19 表示冷凝器中传热过程的 T-$\dot{Q}$ 图。根据制冷剂状态的不同，冷凝器可以分为三段：过热蒸汽段、冷凝段和过冷液体段，分别对应图 7.19 中区域 1、区域 2 和区域 3。如果将每段看作一个换热器，则冷凝器可以等效为三个换热器的串联。图 7.19 中 T_{h1} 和 T_{h2} 分别为冷凝器中外界流体与制冷工质冷凝的过程的起始点和结束点对应温度。

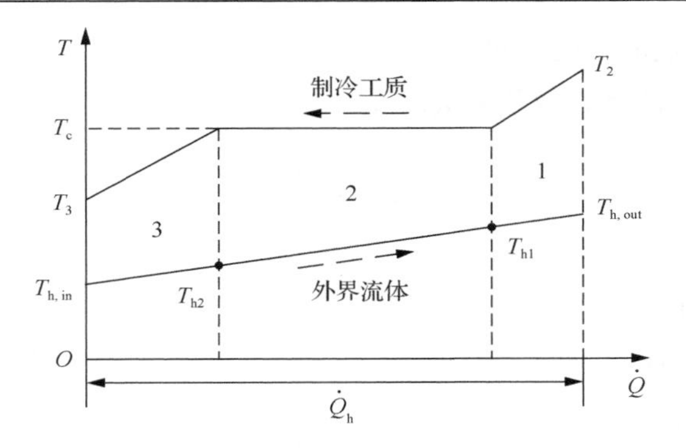

图 7.19　冷凝器中制冷剂的 T-$\dot{Q}$ 图

1) 过热蒸汽段

冷凝器过热蒸汽段的烟平衡方程可表示为

$$\dot{Q}_{c1}{}^2 R_{g,c1}=\dot{Q}_{c1}\left(\frac{T_2+T_c}{2}-\frac{T_{h,out}+T_{h1}}{2}\right) \tag{7.58}$$

式中，下标 c1 表示冷凝器过热蒸汽段；$\dot{Q}_{c1}$ 为冷凝器过热蒸汽段的换热热流：

$$\dot{Q}_{c1}=\dot{m}_r c_{p,rv}\left(T_2-T_c\right)=\dot{m}_h c_{p,h}\left(T_{h,out}-T_{h1}\right) \tag{7.59}$$

冷凝器过热蒸汽段的烟耗散热阻 $R_{g,c1}$ 表达式为

$$R_{g,c1}=\frac{\xi_{c1}}{2}\frac{e^{(KA)_{c,1}\xi_{c1}}+1}{e^{(KA)_{c,1}\xi_{c1}}-1} \tag{7.60}$$

式中，$\xi_{c1}=\dfrac{1}{\dot{m}_r c_{p,rv}}-\dfrac{1}{\dot{m}_h c_{p,h}}$，$c_{p,rv}$ 表示气态制冷剂的比定压热容，$\dot{m}_r$ 表示制冷剂的质量流量。

2) 冷凝段

由于制冷剂在冷凝器冷凝段中始终处于冷凝温度，可视为一侧流体热容量流无限大的换热器，冷凝器冷凝段的烟平衡方程为

$$\dot{Q}_{c2}{}^2 R_{g,c2}=\dot{Q}_{c2}\left(T_c-\frac{T_{h1}+T_{h2}}{2}\right) \tag{7.61}$$

式中，下标 c2 表示冷凝器的冷凝段，$\dot{Q}_{c2}$ 为冷凝器冷凝段的换热热流：

$$\dot{Q}_{c2}=\dot{m}_r\gamma_{vr}=\dot{m}_h c_{p,h}\left(T_{h1}+T_{h2}\right) \tag{7.62}$$

式中，γ_{vr} 为制冷剂的相变潜热。

冷凝器冷凝段的炽耗散热阻 $R_{\mathrm{g,c2}}$ 为

$$R_{\mathrm{g,c2}}=\frac{\xi_{\mathrm{c2}}}{2}\frac{\mathrm{e}^{(KA)_{\mathrm{c,2}}\xi_{\mathrm{c2}}}+1}{\mathrm{e}^{(KA)_{\mathrm{c,2}}\xi_{\mathrm{c2}}}-1} \tag{7.63}$$

式中，$\xi_{\mathrm{c2}}=-\dfrac{1}{\dot{m}_{\mathrm{h}}c_{p,\mathrm{h}}}$。

3) 过冷液体段

冷凝器过冷液体段的炽平衡方程可表示为

$$\dot{Q}_{\mathrm{c3}}{}^{2}R_{\mathrm{g,c3}}=\dot{Q}_{\mathrm{c3}}\left(\frac{T_{3}+T_{\mathrm{c}}}{2}-\frac{T_{\mathrm{h,in}}+T_{\mathrm{h2}}}{2}\right) \tag{7.64}$$

式中，下标 c3 表示冷凝器的过冷液体段；$\dot{Q}_{\mathrm{c3}}$ 为冷凝器过冷液体段的换热热流：

$$\dot{Q}_{\mathrm{c,3}}=\dot{m}_{\mathrm{r}}c_{p,\mathrm{rc}}\left(T_{\mathrm{c}}-T_{3}\right)=\dot{m}_{\mathrm{h}}c_{p,\mathrm{h}}\left(T_{\mathrm{h2}}-T_{\mathrm{h,in}}\right) \tag{7.65}$$

式中，$c_{p,\mathrm{rc}}$ 为液态制冷剂的比定压热容。

冷凝器过冷液体段的炽耗散热阻 $R_{\mathrm{g,c3}}$ 表达式为

$$R_{\mathrm{g,c3}}=\frac{\xi_{\mathrm{c3}}}{2}\frac{\mathrm{e}^{(KA)_{\mathrm{c,3}}\xi_{\mathrm{c3}}}+1}{\mathrm{e}^{(KA)_{\mathrm{c,3}}\xi_{\mathrm{c3}}}-1} \tag{7.66}$$

式中，$\xi_{\mathrm{c3}}=\dfrac{1}{\dot{m}_{\mathrm{r}}c_{p,\mathrm{rc}}}-\dfrac{1}{\dot{m}_{\mathrm{h}}c_{p,\mathrm{h}}}$。

根据式(7.59)、式(7.62)和式(7.65)，冷凝器的总换热热流可表示为

$$\begin{aligned}\dot{Q}_{\mathrm{h}}&=\dot{Q}_{\mathrm{c1}}+\dot{Q}_{\mathrm{c2}}+\dot{Q}_{\mathrm{c3}}\\&=\dot{m}_{\mathrm{r}}c_{p,\mathrm{rv}}\left(T_{2}-T_{\mathrm{c}}\right)+\dot{m}_{\mathrm{r}}\gamma_{\mathrm{vr}}+\dot{m}_{\mathrm{r}}c_{p,\mathrm{rc}}\left(T_{\mathrm{c}}-T_{3}\right)\\&=\dot{m}_{\mathrm{h}}c_{p,\mathrm{h}}\left(T_{\mathrm{h,out}}-T_{\mathrm{h,in}}\right)\end{aligned} \tag{7.67}$$

联立式(7.58)～式(7.67)，可得 T_{c}、T_{2} 和 T_{3} 的表达式分别为

$$T_{\mathrm{c}}=\frac{\left(c_{1}d-c_{2}T_{\mathrm{h,in}}\right)b_{3}-T_{\mathrm{h,out}}c_{1}b_{2}}{\left(c_{1}a_{2}-c_{2}a_{1}\right)b_{3}-a_{3}c_{1}b_{2}} \tag{7.68}$$

$$T_2=\frac{(c_1a_2-c_2a_1)T_{\mathrm{h,out}}-a_3(dc_1-T_{\mathrm{h,in}}c_2)}{(c_1a_2-c_2a_1)b_3-a_3c_1b_2} \tag{7.69}$$

$$T_3=\frac{T_{\mathrm{h,in}}-a_1T_{\mathrm{c}}}{c_1} \tag{7.70}$$

式中，$a_1=\frac{1}{2}-\dot{m}_{\mathrm{r}}c_{p,\mathrm{rc}}R_{\mathrm{g,c3}}-\frac{\dot{m}_{\mathrm{r}}c_{p,\mathrm{rc}}}{2\dot{m}_{\mathrm{h}}c_{p,\mathrm{h}}}$，$a_2=1-\frac{\dot{m}_{\mathrm{r}}c_{p,\mathrm{rv}}}{2\dot{m}_{\mathrm{h}}c_{p,\mathrm{h}}}-\frac{\dot{m}_{\mathrm{r}}c_{p,\mathrm{rc}}}{2\dot{m}_{\mathrm{h}}c_{p,\mathrm{h}}}$，$a_3=\frac{1}{2}+\dot{m}_{\mathrm{r}}c_{p,\mathrm{rv}}R_{\mathrm{g,c1}}-\frac{\dot{m}_{\mathrm{r}}c_{p,\mathrm{rv}}}{2\dot{m}_{\mathrm{h}}c_{p,\mathrm{h}}}$，$b_2=\frac{\dot{m}_{\mathrm{r}}c_{p,\mathrm{rv}}}{2\dot{m}_{\mathrm{h}}c_{p,\mathrm{h}}}$，$b_3=\frac{1}{2}-\dot{m}_{\mathrm{r}}c_{p,\mathrm{rv}}R_{\mathrm{g,c1}}+\frac{\dot{m}_{\mathrm{r}}c_{p,\mathrm{rv}}}{2\dot{m}_{\mathrm{h}}c_{p,\mathrm{h}}}$，$c_1=\frac{1}{2}+\dot{m}_{\mathrm{r}}c_{p,\mathrm{rc}}R_{\mathrm{g,c3}}+\frac{\dot{m}_{\mathrm{r}}c_{p,\mathrm{rc}}}{2\dot{m}_{\mathrm{h}}c_{p,\mathrm{h}}}$，$c_2=\frac{\dot{m}_{\mathrm{r}}c_{p,\mathrm{rc}}}{2\dot{m}_{\mathrm{h}}c_{p,\mathrm{h}}}$，$d=\dot{m}_{\mathrm{r}}\gamma_{\mathrm{vr}}R_{\mathrm{g,c2}}+\frac{T_{\mathrm{h,in}}+T_{\mathrm{h,out}}}{2}$。

7.3.2　蒸发器中的传热过程分析

图 7.20 给出了蒸发器中制冷剂的 T-$\dot{Q}$ 图。根据制冷剂状态的不同，蒸发器可以分为过热蒸汽段和蒸发段两部分，分别对应图 7.20 中区域 1 和 2，进而蒸发器可视为流体以串联的方式流过两个换热器。图 7.20 中蒸发器入口处制冷剂温度 T_4 等于蒸发温度 T_{e}，$T_{\mathrm{c,m}}$ 表示蒸发器中外界流体对应于制冷工质蒸发结束位置的温度。

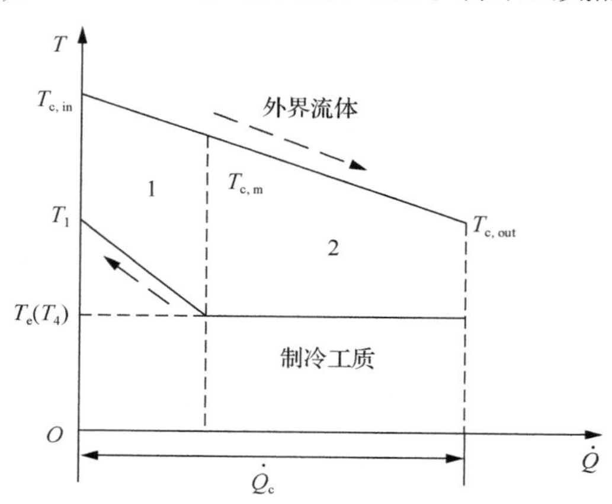

图 7.20　蒸发器中制冷剂的 T-$\dot{Q}$ 图

1）过热蒸汽段

蒸发器过热蒸汽段的㶲平衡方程为

$$\dot{Q}_{\mathrm{e1}}{}^2R_{\mathrm{g,e1}}=\dot{Q}_{\mathrm{e1}}\left(\frac{T_{\mathrm{c,in}}+T_{\mathrm{c,m}}}{2}-\frac{T_1+T_4}{2}\right) \tag{7.71}$$

式中，下标 e1 为蒸发器的过热蒸气段；$\dot{Q}_{\mathrm{e1}}$ 为该段的热流：

$$\dot{Q}_{e1} = \dot{m}_r c_{p,rv} \left(T_1 - T_4\right) = \dot{m}_c c_{p,c} \left(T_{c,in} - T_{c,m}\right) \tag{7.72}$$

蒸发器过热蒸汽段的烟耗散热阻 $R_{g,e1}$ 表达式为

$$R_{g,e1} = \frac{\xi_{e1}}{2} \frac{e^{(KA)_{e,1}\xi_{e1}} + 1}{e^{(KA)_{e,1}\xi_{e1}} - 1} \tag{7.73}$$

式中，$\xi_{e1} = \dfrac{1}{\dot{m}_c c_{p,c}} - \dfrac{1}{\dot{m}_r c_{p,rv}}$。

2) 蒸发段

蒸发器蒸发段的烟平衡方程为

$$\dot{Q}_{e2}{}^2 R_{g,e2} = \dot{Q}_{e2} \left(\frac{T_{c,m} + T_{c,out}}{2} - T_4 \right) \tag{7.74}$$

式中，下标 e2 为蒸发器的蒸发段；$\dot{Q}_{e2}$ 为该段的热流：

$$\dot{Q}_{e2} = \dot{m}_c c_{p,c} \left(T_{c,m} - T_{c,out}\right) = \dot{Q}_c - \dot{Q}_{e1} \tag{7.75}$$

蒸发器蒸发段的烟耗散热阻 $R_{g,e2}$ 的表达式为

$$R_{g,e2} = \frac{\xi_{e2}}{2} \frac{e^{(KA)_{e,2}\xi_{e2}} + 1}{e^{(KA)_{e,2}\xi_{e2}} - 1} \tag{7.76}$$

式中，$\xi_{e2} = \dfrac{1}{\dot{m}_c c_{p,c}}$。

整个蒸发器的热流可表示为

$$\dot{Q}_c = \dot{m}_c c_{p,c} \left(T_{c,in} - T_{c,out}\right) \tag{7.77}$$

联立式(7.71)～式(7.77)可得 T_1 和 T_4 的表达式为

$$T_1 = \frac{\beta_2 T_{c,in} - \beta_1 \chi_2}{\alpha_1 \beta_2 - \alpha_2 \beta_1} \tag{7.78}$$

$$T_4 = \frac{\alpha_1 \chi_2 - \alpha_2 T_{c,in}}{\alpha_1 \beta_2 - \alpha_2 \beta_1} \tag{7.79}$$

式中，$\alpha_1 = \dfrac{1}{2} + \dfrac{\dot{m}_r c_{p,rv}}{2\dot{m}_c c_{p,c}} + \dot{m}_r c_{p,rv} R_{g,e1}$；$\alpha_2 = \dfrac{\dot{m}_r c_{p,rv}}{2\dot{m}_c c_{p,c}} - \dot{m}_r c_{p,rv} R_{g,e2}$；$\beta_1 = \dfrac{1}{2} - \dfrac{\dot{m}_r c_{p,rv}}{2\dot{m}_c c_{p,c}}$

$-\dot{m}_{\mathrm{r}}c_{p,\mathrm{rv}}R_{\mathrm{g,e1}}$；$\beta_2 = 1-\dfrac{\dot{m}_{\mathrm{r}}c_{p,\mathrm{rv}}}{2\dot{m}_{\mathrm{c}}c_{p,\mathrm{c}}}+\dot{m}_{\mathrm{r}}c_{p,\mathrm{rv}}R_{\mathrm{g,e2}}$；$\chi_2 = \dfrac{T_{\mathrm{c,in}}+T_{\mathrm{c,out}}}{2}-R_{\mathrm{g,e2}}\dot{Q}_{\mathrm{c}}$。

7.3.3　热功转换过程分析

压缩机进出口处蒸汽温度比和压力比之间的关系如式(7.5)所示。另外，制冷剂的饱和压力 p_{sa} 与饱和温度 T_{sa} 之间存在一一对应关系：

$$\ln p_{\mathrm{sa}} = C-\frac{B}{T_{\mathrm{sa}}} \tag{7.80}$$

式中，B 和 C 为与工质物性有关的常数。

联立冷凝、蒸发压力下的式(7.80)可得

$$\ln\frac{p_{\mathrm{c}}}{p_{\mathrm{e}}} = B\left(\frac{1}{T_4}-\frac{1}{T_{\mathrm{c}}}\right) \tag{7.81}$$

消去式(7.5)和式(7.81)中的压力比可得

$$\ln\frac{T_2}{T_1} = \frac{\kappa-1}{\kappa}B\left(\frac{1}{T_4}-\frac{1}{T_{\mathrm{c}}}\right) \tag{7.82}$$

由于压缩过程为等熵过程，压缩机输入功率全部转化为制冷剂增加的焓：

$$\dot{W} = \dot{m}_{\mathrm{r}}c_{p,\mathrm{rv}}\left(T_2-T_1\right) \tag{7.83}$$

由于膨胀阀中工质经历等焓过程，由整个循环的能量守恒可知：

$$\dot{Q}_{\mathrm{h}} = \dot{W}+\dot{Q}_{\mathrm{c}} \tag{7.84}$$

7.3.4　传热过程与热功转换过程整体分析

结合基于㶲分析的传热过程分析与热功转换过程的热力学分析，将式(7.68)、式(7.69)、式(7.78)和式(7.79)代入式(7.82)中可得

$$\begin{aligned}&\ln\frac{\left(c_1a_2T_{\mathrm{h,out}}-c_2a_1T_{\mathrm{h,out}}-a_3dc_1+a_3c_2T_{\mathrm{h,in}}\right)\left(\alpha_1\beta_2-\alpha_2\beta_1\right)}{\left(\beta_2T_{\mathrm{c,in}}-\beta_1\kappa_2\right)\left(c_1a_2b_3-c_2a_1b_3-a_3c_1b_2\right)}\\&=\frac{\kappa-1}{\kappa}B\left(\frac{\alpha_1\beta_2-\alpha_2\beta_1}{\alpha_1\kappa_2-\alpha_2T_{\mathrm{c,in}}}-\frac{c_1a_2b_3-c_2a_1b_3-a_3c_1b_2}{c_1db_3-c_2T_{\mathrm{h,in}}b_3-T_{\mathrm{h,out}}c_1b_2}\right)\end{aligned} \tag{7.85}$$

由式(7.85)中各系数的表达式可知，式(7.85)揭示了系统结构/运行参数与外界流体温度、热容量流以及热流等边界参数的关系，该式就是蒸汽压缩制冷循环的系统整体约束。

7.3.5 优化结果及讨论

对于图 7.17 中的蒸汽压缩制冷循环，当蒸发器和冷凝器的总热导最小为优化目标时，其目标函数为

$$(KA)_{\text{tot}}=\sum_{i=1}^{3}(KA)_{\text{c},i}+\sum_{i=1}^{2}(KA)_{\text{e},i} \tag{7.86}$$

式(7.86)中的求和分别代表冷凝器和蒸发器换热器的各个分段。

如果外界流体的热容量流及入口温度、制冷量以及压缩机的输入功率均已知，优化问题可以转化为以式(7.86)为目标函数，以式(7.67)、式(7.83)和式(7.85)为约束方程的条件极值问题。借助拉格朗日乘子法，可构造拉格朗日函数：

$$\begin{aligned}\Pi=&\sum_{i=1}^{3}(KA)_{\text{c},i}+\sum_{i=1}^{2}(KA)_{\text{e},i}\\&+\lambda_1\left[\begin{aligned}&\dot m_{\text{r}}c_{p,\text{rv}}\frac{c_1a_2T_{\text{h,out}}-c_2a_1T_{\text{h,out}}-a_3dc_1+a_3T_{\text{h,in}}c_2-c_1db_3+c_2T_{\text{h,in}}b_3+T_{\text{h,out}}c_1b_2}{c_1a_2b_3-c_2a_1b_3-a_3c_1b_2}\\&+\dot m_{\text{r}}\gamma_{\text{vr}}+\dot m_{\text{r}}c_{p,\text{rc}}\left(\frac{c_1db_3-c_2T_{\text{h,in}}b_3-T_{\text{h,out}}c_1b_2}{c_1a_2b_3-c_2a_1b_3-a_3c_1b_2}-\frac{T_{\text{h,in}}-a_1T_{\text{c}}}{c_1}\right)-\dot Q_{\text{h}}\end{aligned}\right]\\&+\lambda_2\left[\begin{aligned}&\ln\frac{\left(c_1a_2T_{\text{h,out}}-c_2a_1T_{\text{h,out}}-a_3dc_1+a_3T_{\text{h,in}}c_2\right)\left(\alpha_1\beta_2-\alpha_2\beta_1\right)}{\left(\beta_2T_{\text{c,in}}-\beta_1\kappa_2\right)\left(c_1a_2b_3-c_2a_1b_3-a_3c_1b_2\right)}\\&-\frac{\kappa-1}{\kappa}B\left(\frac{\alpha_1\beta_2-\alpha_2\beta_1}{\alpha_1\kappa_2-\alpha_2T_{\text{c,in}}}-\frac{c_1a_2b_3-c_2a_1b_3-a_3c_1b_2}{c_1db_3-c_2T_{\text{h,in}}b_3-T_{\text{h,out}}c_1b_2}\right)\end{aligned}\right]\\&+\lambda_3\left[\dot W-\dot m_{\text{r}}c_{p,\text{rv}}\left(\frac{c_1a_2T_{\text{h,out}}-c_2a_1T_{\text{h,out}}-a_3dc_1+a_3T_{\text{h,in}}c_2}{c_1a_2b_3-c_2a_1b_3-a_3c_1b_2}-\frac{\beta_2T_{\text{c,in}}-\beta_1\chi_2}{\alpha_1\beta_2-\alpha_2\beta_1}\right)\right]\end{aligned} \tag{7.87}$$

式中，λ_i 为约束条件的拉格朗日乘子。

令 Π 关于所有未知量的偏导等于零可得到如下优化方程组：

$$\frac{\partial\Pi}{\partial X_j}=0 \tag{7.88}$$

式中，$X_j \in \left\{(KA)_{c,1},(KA)_{c,2},(KA)_{c,3},(KA)_{e,1},(KA)_{e,2},\dot{m}_r c_{p,rv},\lambda_1,\lambda_2,\lambda_3\right\}$。求解式(7.88)中的优化方程组即可得到所有未知量的最优值。

对于上述制冷循环，考虑已知条件为：$T_{h,in}$=305.0K，$T_{c,in}$=293.0K，$\dot{m}_h c_{p,h}$ = 500.0W/K，$\dot{m}_c c_{p,c}$ =480.0W/K，$\dot{Q}_c$ =1000.0W 以及 $\dot{W}$ =500.0W。制冷剂为 R22，其绝热指数等于 1.36，气态和液态的比定压热容分别为 866.0J/(K·kg)和 1252.0J/(K·kg)，相变潜热为 180.0kJ/kg，常数 B=2400.0K[7]。表 7.3 给出了系统中各换热器热导、制冷剂热容量的最优值及其所对应的换热器总热导的最小值。在该结构和运行参数下，压缩机的压比为 3.0，系统中各节点的温度如表 7.4 所示。

表 7.3　蒸汽压缩制冷循环的优化结果

结构/运行优化参数	$\dot{m}_r c_{p,rv}$	$(KA)_{c,1}$	$(KA)_{c,2}$	$(KA)_{c,3}$	$(KA)_{e,1}$	$(KA)_{e,2}$	$(KA)_c$	$(KA)_e$	$(KA)_{tot}$
优化结果/(W/K)	5.2	8.9	70.9	11.9	5.6	81.2	91.7	86.8	178.5

表 7.4　蒸汽压缩制冷循环中各节点温度的优化值

中间温度	T_1	T_2	T_3	T_c	T_e
优化值/K	288.6	385.6	308.4	321.4	280.1

对于不同的制冷量，优化后得到的系统换热器总热导的最小值$(KA)_{tot}$是不同的。在其他参数不变的条件下，图 7.21 给出了系统中换热器总热导的最小值$(KA)_{tot}$和制冷剂的最优热容量流 $\dot{m}_r c_{p,rv}$ 随制冷量 $\dot{Q}_c$ 的变化，其中，左、右纵坐标分别代表换热器总热导的最小值与制冷剂的最优热容量流。随着制冷量的增加，系统中换热器总热导的最小值和制冷剂的最优热容量流均上升。图 7.22 给出了制冷剂的最优冷凝、蒸发温度及循环性能系数(coefficient of performance，COP)随制冷量的变化。随着制冷量的增加，所需的制冷剂流量以及循环 COP 均增大；在输入功率一定的情况下，压缩机进出口温差随之减小，最优蒸发温度(图 7.22)随之上升、而最优冷凝温度随之下降；进而蒸发器和冷凝器的传热温差减小，系统总热导增加。图 7.23 表示单位制冷量所需的换热器总热导最小值$(KA)_{tot}/\dot{Q}_c$与制冷剂最优热容量流 $\dot{m}_r c_{p,rv}/\dot{Q}_c$ 随制冷量的变化，其中，左、右纵坐标分别代表热导值与热容量流值。当制冷量足够大时，制冷量的增加会导致单位制冷量所需的系统总热导最小值急剧增加，这一点与图 7.21 相符；而单位制冷量所需的制冷剂最优热容量流变化很小，即制冷剂最优热容量流与制冷量近似成正比。

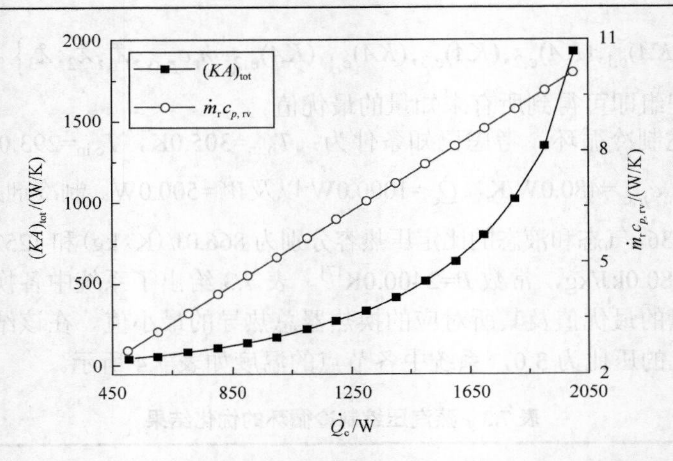

图 7.21　系统总热导最小值和制冷剂的最优热容量流随制冷量的变化

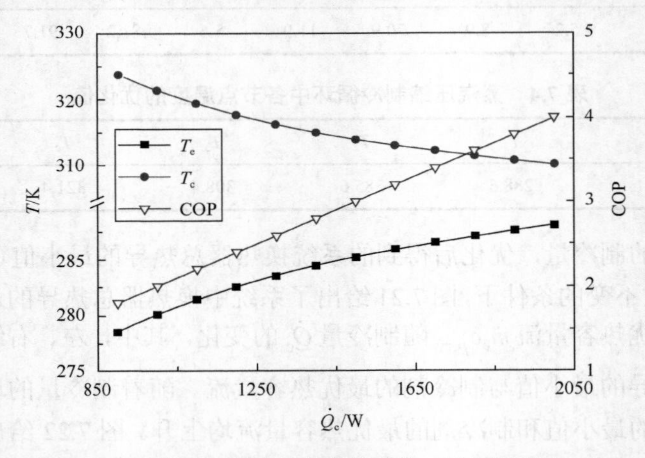

图 7.22　对应不同制冷量的最优蒸发、冷凝温度及 COP

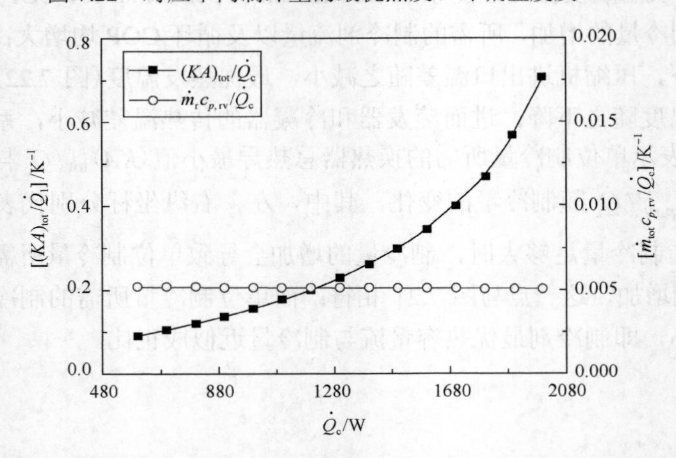

图 7.23　单位制冷量所需的换热器总热导最小值与制冷剂最优热容量流随制冷量的变化

图 7.24 给出了蒸发器和冷凝器的最优热导 $(KA)_e$、$(KA)_c$ 随制冷量的变化，其中，左、右纵坐标分别代表热导比值与热导绝对数值。随着制冷量不断增加，冷凝器与蒸发器最优热导均随之增加。二者的比值 $(KA)_c/(KA)_e$ 虽然逐渐下降，但始终大于 1.0，表明冷凝器的热导始终大于蒸发器。图 7.24 还表示了冷凝器中冷凝段热导 $(KA)_{c,2}$ 与蒸发器中蒸发段热导 $(KA)_{e,2}$ 的比值 $(KA)_{c,2}/(KA)_{e,2}$ 随制冷量的变化。如图 7.24 所示，$(KA)_{c,2}/(KA)_{e,2}$ 小于 1.0，说明尽管冷凝器最优热导大于蒸发器最优热导，但是冷凝器和蒸发器中相变段的热导却是后者大于前者。

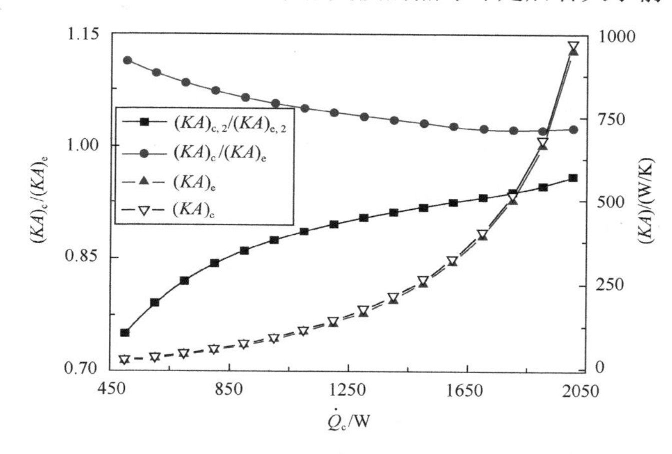

图 7.24　冷凝器和蒸发器的最优热导及其比值随制冷量的变化

在蒸汽压缩制冷循环的工程设计中，设计人员通常会根据经验，人为预先设定蒸发温度、冷凝温度、过热度或过冷度等变量。图 7.25 表示蒸发器出口处的蒸汽过热度 ΔT_{sh} 与冷凝器出口处的液体过冷度 ΔT_{sc} 的优化值随制冷量的变化。对应不同的制冷需求，蒸发器出口的蒸汽过热度与冷凝器出口的液体过冷度的最优值明显不同。同时，如图 7.21 所示，对应不同制冷需求的制冷剂最优蒸发温度和冷凝温度也各不相同。因此，根据工程经验很难获得不同制冷需求下上述变量的最优值，人为预先给定这些变量容易错失系统的最佳性能。

图 7.26 表示蒸发器外界流体入口温度 $T_{c,in}$ 对换热器总热导的最小值及制冷剂的最优热容量流的影响，左、右坐标分别代表换热器总热导最小值与制冷剂的最优热容量流。可以看出，随着蒸发器外界流体温度的升高，换热器总热导的最小值及制冷剂的最优热容量流均随之减小。图 7.27 表示制冷量分别为 950W、1000W、1050W 时，$T_{c,in}$ 对压缩机压比 π 的影响。对应其中任意一种制冷量，随着蒸发器外界流体入口温度的升高，压缩机压比的最优值逐渐升高，原因是蒸发器外界流体入口温度提高将引起制冷剂最优热容量流的减少（图 7.26）。由于压缩机输入功率有限，压缩机温比和压比会随之升高。对于制冷量分别为 950W、1000W、1050W 的三种工况，对应相同的 $T_{c,in}$，压缩机最优压比依次递减。

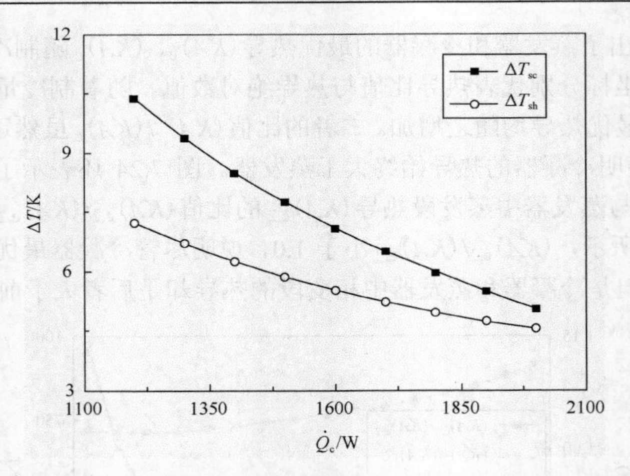

图 7.25　蒸发器过热度与冷凝器过冷度的优化值随制冷量的变化

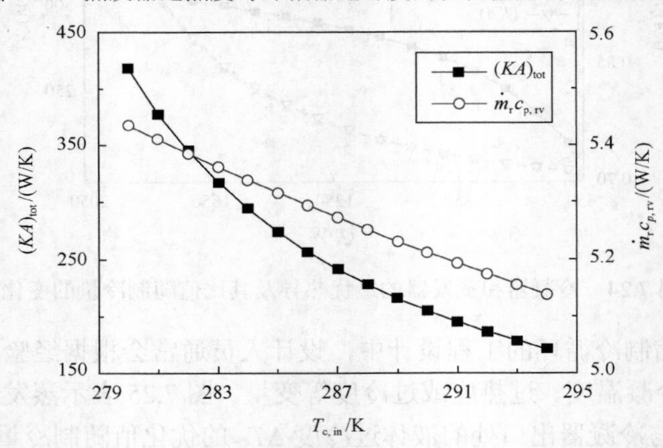

图 7.26　蒸发器外界流体入口温度对换热器总热导最小值及制冷剂最优热容量流的影响

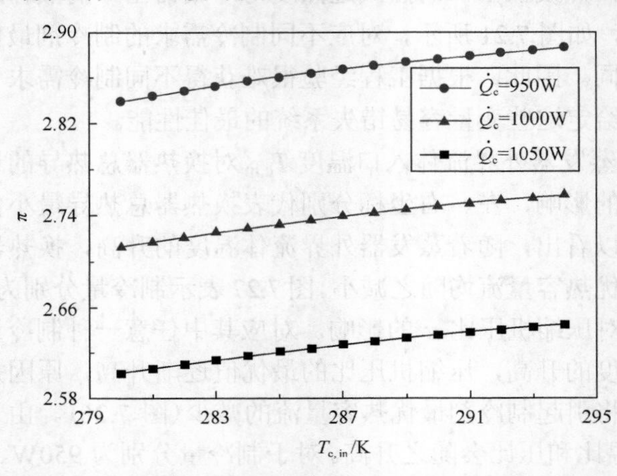

图 7.27　不同制冷量下蒸发器外界流体入口温度对压缩机压比 π 的影响

图 7.28 表示压缩机输入功率对换热器总热导的最小值和制冷剂热容量流的最优值的影响，左、右纵坐标分别代表总热导与热容量流。当输入功率增加时，制冷剂最优热容量流先增加后减小，而换热器总热导的最小值单调递减。当输入功率足够大时，换热器总热导最小值下降趋于稳定，说明蒸发器和冷凝器的总热导最小值存在极值。由于蒸发器与冷凝器中有限温差的存在，不论输入功率多大，蒸发器和冷凝器的总热导最小值不会无限减小。当输入功率减少时，系统总热导最小值急剧地增加甚至趋于无穷大，说明输入功率过少时，即便换热器热导再大，制冷循环依然无法实现所需的制冷量。

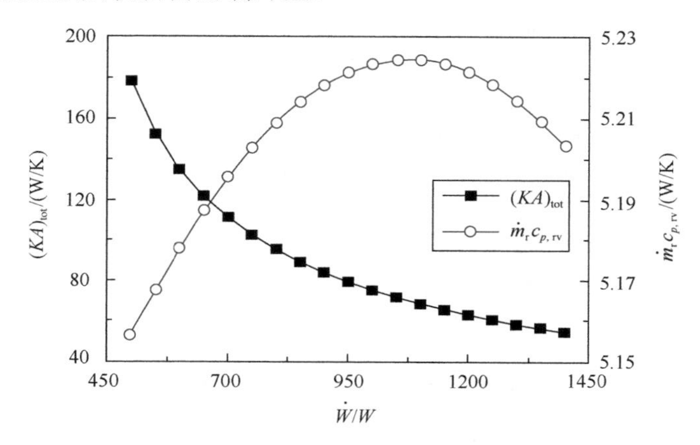

图 7.28　压缩机输入功率对换热器总热导最小值和制冷剂最优热容量流的影响

7.4　小　　结

本章针对包含传热和做功过程的热力系统，提出了基于㶲分析的热力循环整体优化方法，归纳出热力循环优化的主要步骤：①分别完成传热过程的㶲理论分析以及热功转换过程的热力学分析；②传热过程分析与热功转换过程分析相结合，建立热力循环的系统约束方程；③通过拉格朗日乘子法获得优化方程组；④求解优化方程组获得系统各待设计参数的最优值。

本章将上述优化方法应用于不涉及工质相变的气体压缩制冷循环的整体优化时，分别建立了压缩、膨胀过程为等熵、可逆非等熵以及不可逆绝热三种工况下的系统整体约束，并与常规优化思路进行了对比。优化结果表明：当压缩、膨胀过程为等熵过程时，系统中换热器热导均匀分配对应系统最优性能；当压缩、膨胀过程为多变指数不同的可逆非等熵过程时，换热器最优热导并不相等。

在气体压缩制冷循环的基础上，本章进一步研究了涉及工质相变的蒸汽压缩制冷循环的整体优化。按照制冷剂状态，将冷凝器和蒸发器分别等效为多个换热器的串联组合，并通过各分段换热器的烟平衡方程完成冷凝器和蒸发器中的传热过程分析；结合热功转换过程的热力学分析，建立蒸汽压缩制冷循环的系统整体约束，通过拉格朗日乘子法实现用户不同需求下的整体优化。通过优化发现：在不同设计需求下，制冷剂冷凝温度、蒸发温度、冷凝器出口处液体过冷度以及蒸发器出口处蒸气过热度的最优值均不同，人为给定这些变量将影响系统的最优性能。

参考文献

[1] Chen Q, Xu Y C, Hao J H. An optimization method for gas refrigeration cycle based on the combination of both thermodynamics and entransy theory[J]. Applied Energy, 2014, 113: 982-989.

[2] Bejan A. Theory of heat transfer-irreversible power plants—II. The optimal allocation of heat exchange equipment[J]. International Journal of Heat and Mass Transfer, 1995, 38(3): 433-444.

[3] Moran M J, Shapiro H N, Boettner D D, et al. Fundamentals of Engineering Thermodynamics[M]. 7th edition. New York: John Wiley & Sons, Inc, 2011.

[4] Chen L G, Wu C, Sun F K. Cooling load versus COP characteristics for an irreversible air refrigeration cycle[J]. Energy Conversion and Management, 1998, 39(1): 117-125.

[5] Hao J H, Chen Q, Xu Y C. A global optimization method for regenerative air refrigeration systems[J]. Applied Thermal Engineering, 2014, 65(1): 255-261.

[6] Xu Y C, Chen Q. A theoretical global optimization method for vapor-compression refrigeration systems based on entransy theory[J]. Energy, 2013, 60: 464-473.

[7] 曹德胜，史琳. 制冷剂使用手册[M]. 北京：冶金工业出版社, 2003.

第 8 章　辐射传热的煅分析

前面几章介绍了煅理论在热传导、热对流、换热器和热系统中的应用。对于热辐射，其机理与热传导和热对流有所不同，煅理论在其中应用时是否会出现与热传导和热对流不同之处？本章将对热辐射传热中的煅理论展开讨论。

8.1　热辐射煅流的定义

在热传导和热对流中，由边界上的热流交换引起的煅流的定义为[1]

$$\dot{G}_{\mathrm{f}} = \dot{Q}T \tag{8.1}$$

在热传导与热对流中，温度为热流的驱动势。因此，该定义在本质上是热流与其驱动势的乘积。在热辐射中，表面发射的全波长辐射热流为

$$\dot{Q} = A\varepsilon\sigma T^4 = A\varepsilon\dot{E}_{\mathrm{b}} \tag{8.2}$$

式中，ε 为表面辐射率；A 为表面面积；σ 为斯忒藩-玻尔兹曼常数；$\dot{E}_{\mathrm{b}}$ 为黑体表面的半球辐射力 $\dot{E}_{\mathrm{b}} = \sigma T^4$。一个被包围在温度为 T_{s} 的很大空腔内的表面 A 与该空腔的辐射换热热流量为

$$\dot{Q} = A\varepsilon\sigma(T^4 - T_{\mathrm{s}}{}^4) \tag{8.3}$$

显然，从式(8.3)可以看出，热辐射的驱动势并不是温度，而与温度的四次方成正比。如图 8.1 所示的一维热量传递系统，如果该系统是热传导系统，则在给定热阻时热流的大小正比于温差；如果该系统是一个导电系统，则在电阻确定时电流的大小正比于电势差。因此，热传导过程的驱动势是温度，而导电过程的驱动势是电势。如果该系统是一个辐射传热系统，在上下表面面积、发射率等确定，即辐射热阻确定时，根据式(8.2)可知，热流的大小并不正比于温差，而是正比于温度的四次方之差。因此热辐射的煅流应定义为

$$\dot{G}_{\mathrm{fr}} = \dot{Q}T^4 = A\varepsilon\sigma T^4 T^4 = A\varepsilon\dot{E}_{\mathrm{b}}T^4 \tag{8.4}$$

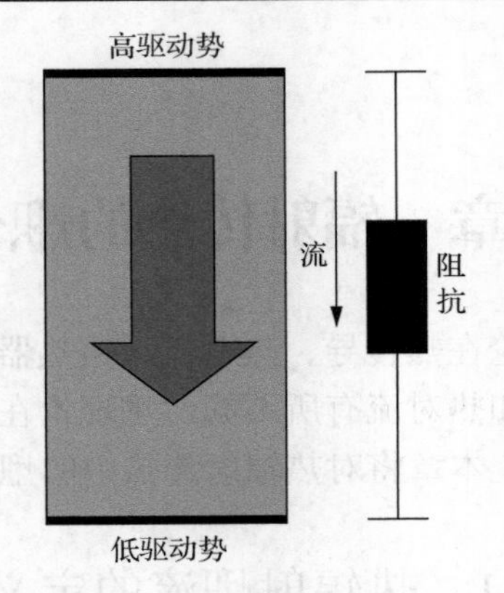

图 8.1 一维热量传递系统

式(8.4)的辐射炽流单位是 $W \cdot K^4$。在传热学的教科书中，习惯上把黑体表面的半球辐射力 $\dot{E}_b$ 作为热量传递的驱动势计算热阻[2,3]。需要注意的是，$\dot{E}_b$ 的单位是 W/m^2，表示的是单位面积对外辐射的热流密度，所以 $\dot{E}_b$ 不是热辐射热量传递的驱动势。对于全波长半球热辐射，驱动势为 T^4。$\dot{E}_b$ 与 T^4 仅相差一个常数 σ，为了符合辐射传热表述的传统习惯和表述方便，本书依然使用黑体的半球辐射热量的能力(半球全辐射力)作为驱动势，把全波长的热辐射炽流写为[4,5]

$$\dot{G}_{fr} = \dot{Q}\dot{E}_b \tag{8.5}$$

它的单位是 W^2/m^2。这样处理并不影响对问题的分析和得到的结果，就像炽是热质势能的简化表达式一样，只是为了方便去掉了一些常数。

类似地，对于某个特定波长 λ，可定义单色波长下黑体光谱辐射力为其单色光谱辐射热势：

$$\dot{E}_{\lambda b} = \left(2\pi b_1 / \lambda^5\right)\left\{\exp\left[b_2 / (\lambda T)\right] - 1\right\}^{-1} \tag{8.6}$$

式中，b_1、b_2 为常数，其数值分别为 $5.9544\times10^7\,(W \cdot \mu m^4)/m^2$、$1.4388\times10^4\ \mu m \cdot K$[2, 3]。这个定义也参照了传统传热学教科书的辐射传热驱动势的定义。

对于任意不透明固体表面辐射有

$$\dot{E}_b = \int_0^{\infty} \dot{E}_{\lambda b} d\lambda \tag{8.7}$$

这样即可定义单色辐射炽流为

$$\dot{G}_{fr\text{-}\lambda} = \dot{Q}_\lambda \dot{E}_{\lambda b} = A\varepsilon_\lambda \dot{E}_{\lambda b}^2 \tag{8.8}$$

式中，$\dot{Q}_{\lambda}$、ε_{λ} 分别为波长 λ 下的单色辐射热流和表面辐射率。考虑到式(8.8)对全波长的积分应退化为式(8.5)，这样才能将光谱辐射烟流与全波长辐射烟流通过对波长的积分统一起来。因此，定义波长区间(λ_1, λ_2)下的辐射烟流为

$$\dot{G}_{\text{fr-}(\lambda_1,\lambda_2)} = \left(\int_{\lambda_1}^{\lambda_2} \dot{Q}_{\lambda} \mathrm{d}\lambda\right)\left(\int_{\lambda_1}^{\lambda_2} \dot{E}_{\lambda \mathrm{b}} \mathrm{d}\lambda\right) = \dot{Q}_{(\lambda_1,\lambda_2)} \dot{E}_{\lambda \mathrm{b}(\lambda_1,\lambda_2)} \tag{8.9}$$

式中，$\dot{Q}_{(\lambda_1,\lambda_2)}$ 为该面积在波长区间(λ_1, λ_2)内对外辐射的热流量；$\dot{E}_{\lambda \mathrm{b}(\lambda_1,\lambda_2)}$ 为黑体光谱辐射力在该波长区间下的积分值。这样，当(λ_1, λ_2)取$(0, \infty)$时，式(8.9)才能与式(8.5)相同。

8.2　辐射换热烟流平衡方程与辐射换热烟耗散函数

8.2.1　等温漫射灰体表面组成的封闭空腔辐射传热系统

如图 8.2 所示，考虑一个由 n 个不透明的等温漫射灰体表面组成的封闭空腔内的辐射传热系统，其中任意表面 i 对外辐射的热流量为

$$\dot{Q}_i = \varepsilon_i A_i \dot{E}_{\mathrm{b},i} \tag{8.10}$$

式中，ε_i、A_i 和 $\dot{E}_{\mathrm{b},i}$ 分别为表面 i 的表面辐射率、面积以及热势。

在辐射传热过程中，定义 $B_{i\text{-}j}$ 为表面 i 对表面 j 的辐射吸收因子，即在表面 i 发射的辐射热流量 $\dot{Q}_i$ 中，通过直接辐射、多次反射等途径，到达表面 j 并且最终被其吸收的热量占 $\dot{Q}_i$ 的份额。$B_{i\text{-}j}$ 是一个与表面性质、各个表面的位置关系有关的参数，与各个表面的热势大小无关。从能量守恒的角度，可得如下恒成立的等式[6]：

$$\sum_{j=1}^{n} B_{i\text{-}j} = 1 \tag{8.11}$$

$$\varepsilon_i B_{i\text{-}j} A_i = \varepsilon_j B_{j\text{-}i} A_j \tag{8.12}$$

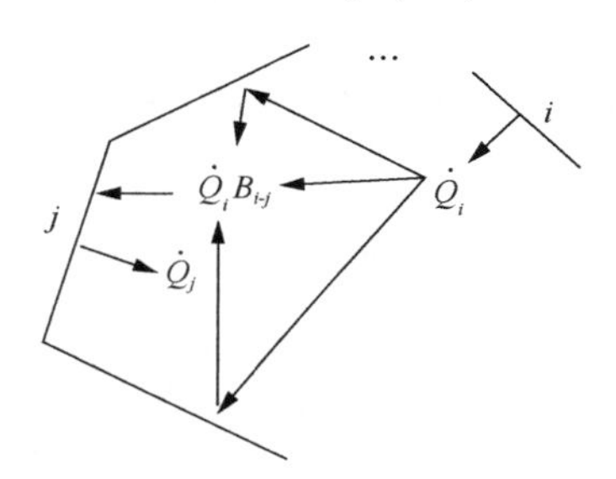

图 8.2　等温漫射灰体表面组成的封闭空腔内的辐射传热系统

对于任意的表面 j，其能量方程为

$$\dot{Q}_{\mathrm{net},j} = \dot{Q}_j - \sum_{i=1}^{n} \dot{Q}_i B_{i\text{-}j} \tag{8.13}$$

式中，$\dot{Q}_{\mathrm{net},j}$ 为表面 j 对外辐射的净热流量；等式右边第二项为空腔中各表面注入表面 j 的辐射热流量。考虑辐射煅流的定义，在式(8.13)两边同时乘以 $E_{\mathrm{b},j}$ 有

$$\dot{Q}_{\mathrm{net},j} \dot{E}_{\mathrm{b},j} = \dot{Q}_j \dot{E}_{\mathrm{b},j} - \sum_{i=1}^{n} \dot{Q}_i B_{i\text{-}j} \dot{E}_{\mathrm{b},j} \tag{8.14}$$

式中，等式左边为表面 j 对外的净辐射煅流；右边第一项为表面 j 对外辐射热流量带走的辐射煅流；右边第二项为空腔内所有表面注入表面 j 的辐射煅流。式(8.14)就是表面 j 的辐射煅流平衡方程。为更好地理解式(8.14)的物理意义，将其进行整理可得

$$\dot{Q}_{\mathrm{net},j} \dot{E}_{\mathrm{b},j} = \dot{Q}_j \dot{E}_{\mathrm{b},j} - \left[\sum_{i=1}^{n} \dot{Q}_i B_{i\text{-}j} \dot{E}_{\mathrm{b},i} - \sum_{i=1}^{n} \dot{Q}_i B_{i\text{-}j} \left(\dot{E}_{\mathrm{b},i} - \dot{E}_{\mathrm{b},j} \right) \right] \tag{8.15}$$

式中，中括号内第一项为从表面 i 通过各种途径辐射给表面 j 并且被吸收的那部分热量从表面 i 带出的热辐射煅流；中括号内第二项为这些热量从表面 i 传递到表面 j 的过程中热辐射煅流的减小量。显然，两部分之差就是热量注入表面 j 的煅流。这样，等式右边表示的是流出表面 j 的热辐射煅流与注入表面 j 的热辐射煅流之差，即该表面对外净辐射煅流。

根据式(8.15)，对组成空腔的所有表面进行求和可得

$$\sum_{j=1}^{n} \dot{Q}_{\mathrm{net},j} \dot{E}_{\mathrm{b},j} = \sum_{j=1}^{n} \dot{Q}_j \dot{E}_{\mathrm{b},j} - \sum_{j=1}^{n} \left[\sum_{i=1}^{n} \dot{Q}_i B_{i\text{-}j} \dot{E}_{\mathrm{b},i} - \sum_{i=1}^{n} \dot{Q}_i B_{i\text{-}j} \left(\dot{E}_{\mathrm{b},i} - \dot{E}_{\mathrm{b},j} \right) \right] \tag{8.16}$$

整理式(8.16)有

$$\sum_{j=1}^{n} \dot{Q}_{\mathrm{net},j} \dot{E}_{\mathrm{b},j} = \sum_{j=1}^{n} \dot{Q}_j \dot{E}_{\mathrm{b},j} - \sum_{j=1}^{n} \sum_{i=1}^{n} \dot{Q}_i B_{i\text{-}j} \dot{E}_{\mathrm{b},i} + \sum_{j=1}^{n} \sum_{i=1}^{n} \dot{Q}_i B_{i\text{-}j} \left(\dot{E}_{\mathrm{b},j} - \dot{E}_{\mathrm{b},j} \right) \tag{8.17}$$

根据式(8.11)，对等式右边第二项进行化简可得

$$\sum_{j=1}^{n} \sum_{i=1}^{n} \dot{Q}_i B_{i\text{-}j} \dot{E}_{\mathrm{b},i} = \sum_{i=1}^{n} \dot{Q}_i \dot{E}_{\mathrm{b},i} \left(\sum_{j=1}^{n} B_{i\text{-}j} \right) = \sum_{i=1}^{n} \dot{Q}_i \dot{E}_{\mathrm{b},i} \tag{8.18}$$

将式(8.18)代入式(8.17)有[4, 5]

$$\sum_{j=1}^{n}\dot{Q}_{\mathrm{net},j}\dot{E}_{\mathrm{b},j}=\sum_{j=1}^{n}\sum_{i=1}^{n}\dot{Q}_{i}B_{i\text{-}j}\left(\dot{E}_{\mathrm{b},i}-\dot{E}_{\mathrm{b},j}\right) \tag{8.19}$$

式(8.19)左边为所有离开表面的净辐射烟流的总和，右边为所有辐射热流量在传递过程中导致热辐射烟流减少的量。这就是等温漫射灰体表面组成的封闭空腔辐射传热系统的辐射烟流平衡方程。与导热和对流不同的是，辐射换热一般研究的是辐射过程，所以这里没有辐射烟的状态量。

在封闭空腔表面辐射传热的过程中，从某一个表面的角度看，其发射的辐射热量可以从低温表面传向高温表面，即在传热过程中可能出现辐射烟流增加的情况。但对于整个系统而言，这是不可能的，下面对这一点进行证明。由能量守恒，稳态时各表面的净换热量的代数和：

$$\sum_{j=1}^{n}\dot{Q}_{\mathrm{net},j}=0 \tag{8.20}$$

因此，总有某些表面对外辐射的净辐射热流量为负，其他表面对外净辐射热流量为正。对外净辐射热流量为正的表面热势相对高，而对外辐射热流量为负的表面热势相对低。以 $\dot{Q}_{\mathrm{net,out}\text{-}i}$ 表示对外净辐射热流量为正的表面的对外辐射热流量，以 $\dot{Q}_{\mathrm{net,in}\text{-}i}$ (<0) 表示对外将辐射热流量为负的表面的对外辐射热流量，则可将式(8.20)写为

$$\sum\dot{Q}_{\mathrm{net,out}\text{-}i}+\sum\dot{Q}_{\mathrm{net,in}\text{-}i}=0 \tag{8.21}$$

在对外净辐射热流量为正的表面中，取出热势最低的表面，记其热势为 $\dot{E}_{b,\mathrm{L}}$，有

$$\sum\dot{Q}_{\mathrm{net,out}\text{-}i}\dot{E}_{\mathrm{b,L}}+\sum\dot{Q}_{\mathrm{net,in}\text{-}i}\dot{E}_{\mathrm{b,L}}=0 \tag{8.22}$$

对于对外净辐射热流量为正的表面，其热势满足

$$\dot{E}_{\mathrm{b,net,out}\text{-}i}\geqslant\dot{E}_{\mathrm{b,L}} \tag{8.23}$$

对那些对外净辐射热流量为负的表面，其热势满足

$$\dot{E}_{\mathrm{b,net,out}\text{-}i}<\dot{E}_{\mathrm{b,L}} \tag{8.24}$$

因此有

$$\sum \dot{Q}_{\text{net,out-}i} \dot{E}_{\text{b,net,out-}i} \geqslant \sum \dot{Q}_{\text{net,out-}i} \dot{E}_{\text{b,L}} \tag{8.25}$$

$$\sum \dot{Q}_{\text{net,in-}i} \dot{E}_{\text{b,net,in-}i} > \sum \dot{Q}_{\text{net,in-}i} \dot{E}_{\text{b,L}} \tag{8.26}$$

联立式(8.25)与式(8.26)有

$$\sum \dot{Q}_{\text{net,out-}i} \dot{E}_{\text{b,net,out-}i} + \sum \dot{Q}_{\text{net,in-}i} \dot{E}_{\text{b,net,in-}i} > \sum \dot{Q}_{\text{net,out-}i} \dot{E}_{\text{b,L}} + \sum \dot{Q}_{\text{net,in-}i} \dot{E}_{\text{b,L}} \tag{8.27}$$

由式(8.22)可知，式(8.27)不等号右端为 0，左端与式(8.19)左端相等，因此有

$$\sum_{j=1}^{n} \dot{Q}_{\text{net},j} \dot{E}_{\text{b},j} = \sum_{j=1}^{n} \sum_{i=1}^{n} \dot{Q}_i B_{i\text{-}j} \left(\dot{E}_{\text{b},i} - \dot{E}_{\text{b},j} \right) > 0 \tag{8.28}$$

可见，图 8.2 所示的辐射传热系统的辐射火积流必然减小。式(8.28)右端即辐射火积流在辐射传热过程中的耗散率，即辐射火积耗散率。

根据式(8.10)和式(8.12)，对于任意有势差的两个表面 i、j，它们之间的换热量 $\dot{Q}_{ij}$ 为

$$\dot{Q}_{i\text{-}j} = \dot{Q}_i B_{i\text{-}j} - \dot{Q}_j B_{j\text{-}i} = \varepsilon_i B_{i\text{-}j} A_i \Delta \dot{E}_{\text{b},i\text{-}j} \tag{8.29}$$

这样，任意两个表面 i、j 之间的辐射火积耗散率函数可用热势表示为

$$\mathrm{d} \dot{\Phi}_{\text{gr},E,i\text{-}j} = \dot{Q}_{i\text{-}j} \mathrm{d} \left(\Delta \dot{E}_{\text{b},i\text{-}j} \right) \tag{8.30}$$

结合式(8.29)有

$$\dot{\Phi}_{\text{gr},E,i\text{-}j} = \frac{1}{2} \varepsilon_i B_{i\text{-}j} A_i \left(\Delta \dot{E}_{\text{b},i\text{-}j} \right)^2 \tag{8.31}$$

辐射火积耗散函数还可用热流 $\dot{Q}_{i\text{-}j}$ 表述，即

$$\mathrm{d} \dot{\Phi}_{\text{gr},Q,i\text{-}j} = \Delta \dot{E}_{\text{b},i\text{-}j} \mathrm{d} \dot{Q}_{i\text{-}j} \tag{8.32}$$

结合式(8.29)有

$$\dot{\Phi}_{\text{gr},Q,i\text{-}j} = \frac{1}{2} \dot{Q}_{i\text{-}j}^2 \Big/ \left(\varepsilon_i B_{i\text{-}j} A_i \right) \tag{8.33}$$

对系统中所有表面进行两两组合，式(8.31)和式(8.33)对任意组合都是成立的。而且，两式之和即一对表面之间总的辐射火积耗散率：

$$\dot{\Phi}_{\text{gr},i\text{-}j} = \dot{\Phi}_{\text{gr},E,i\text{-}j} + \dot{\Phi}_{\text{gr},Q,i\text{-}j} \tag{8.34}$$

对所有表面组合求和，即可得到系统的辐射燃耗散率为

$$\dot{\Phi}_{\text{gr}} = \frac{1}{2}\sum_{i=1,\,j=1,i\neq j}^{n} \dot{\Phi}_{\text{gr},i\text{-}j} \tag{8.35}$$

可以证明，式(8.35)与式(8.19)右端相等。这里乘以 1/2 是因为在求和过程中对每对表面都计算了两次。

8.2.2　非等温漫射灰体表面组成的封闭空腔内的辐射传热

在实际的辐射传热过程中，各辐射表面的温度可能不均匀，即各表面上的热势不均匀。对于这类非等温漫射灰体表面组成的封闭空腔辐射传热系统，如图 8.3 所示，由于组成该封闭空腔的表面都可能存在一定的温度(热势)分布，可将参与辐射传热的封闭空腔内表面视为一个连续的曲面来进行分析和讨论。

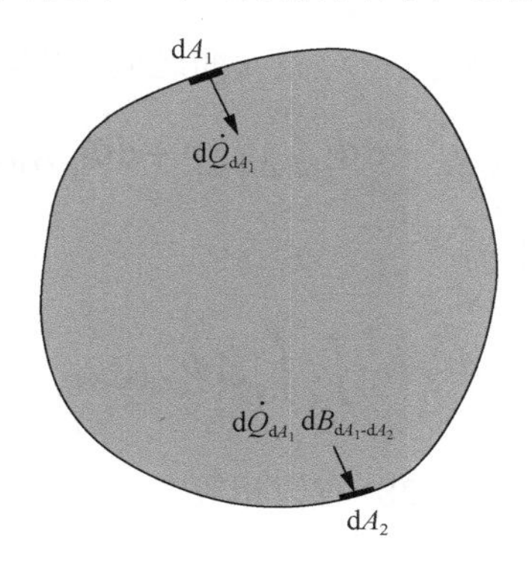

图 8.3　封闭曲面构成的非等温辐射传热系统

在这样的系统中，虽然参与辐射传热的表面温度不均匀，但仍然是漫射灰体表面，因此系统中传热过程的驱动势仍然为式(8.3)，辐射燃流的定义也仍然与图 8.2 所示的等温漫射灰体表面组成的系统相同。

对于图 8.3，在系统内表面上任取一个微元，由于微元面积很小，可认为其温度均匀。对于任意两个微元面 $\text{d}A_1$ 和 $\text{d}A_2$，将式(8.11)中的求和改为积分，式(8.12)中的面积改为微元面积，则微元表面 $\text{d}A_1$ 和 $\text{d}A_2$ 之间的辐射吸收因子满足

$$\int_{A_2} \text{d}B_{\text{d}A_1\text{-d}A_2} = 1 \tag{8.36}$$

$$\varepsilon_{\text{d}A_1}\text{d}B_{\text{d}A_1\text{-d}A_2}\text{d}A_1 = \varepsilon_{\text{d}A_2}\text{d}B_{\text{d}A_2\text{-d}A_1}\text{d}A_2 \tag{8.37}$$

式(8.36)的积分代表了对封闭空腔内所有表面的积分。

类似式(8.13)～式(8.35)的推导过程，将式(8.19)、式(8.35)中的求和改为积分；将式(8.31)、式(8.33)中相关量改为微元面的物理量，这些结论仍成立。则非等温漫射灰体表面组成的封闭空腔的热辐射炽流平衡方程为

$$\int_{A_1} \mathrm{d}\dot{Q}_{\mathrm{net},\mathrm{d}A_1} \dot{E}_{\mathrm{b},\mathrm{d}A_1} = \int_{A_1}\int_{A_2} \mathrm{d}\dot{Q}_{\mathrm{d}A_2} \mathrm{d}B_{\mathrm{d}A_2\text{-}\mathrm{d}A_1} \left(\dot{E}_{\mathrm{b},\mathrm{d}A_2} - \dot{E}_{\mathrm{b},\mathrm{d}A_1}\right) \tag{8.38}$$

对于微元面之间的辐射炽耗散函数，其中以热势表述的辐射炽耗散函数为

$$\mathrm{d}\dot{\Phi}_{\mathrm{gr},E,\mathrm{d}A_1\text{-}\mathrm{d}A_2} = \frac{1}{2}\varepsilon_{\mathrm{d}A_1} \mathrm{d}B_{\mathrm{d}A_1\text{-}\mathrm{d}A_2} \mathrm{d}A_1 \left(\Delta \dot{E}_{\mathrm{b},\mathrm{d}A_1\text{-}\mathrm{d}A_2}\right)^2 \tag{8.39}$$

以热流表述的辐射炽耗散函数为

$$\mathrm{d}\dot{\Phi}_{\mathrm{gr},Q,\mathrm{d}A_1\text{-}\mathrm{d}A_2} = \frac{1}{2}\mathrm{d}\dot{Q}^2_{\mathrm{d}A_1\text{-}\mathrm{d}A_2} \Big/ \left(\varepsilon_{\mathrm{d}A_1} \mathrm{d}B_{\mathrm{d}A_1\text{-}\mathrm{d}A_2} \mathrm{d}A_1\right) \tag{8.40}$$

式(8.39)和式(8.40)之和就是一对微元面之间总的辐射炽耗散率：

$$\mathrm{d}\dot{\Phi}_{\mathrm{gr},\mathrm{d}A_1\text{-}\mathrm{d}A_2} = \mathrm{d}\dot{\Phi}_{\mathrm{gr},E,\mathrm{d}A_1\text{-}\mathrm{d}A_2} + \mathrm{d}\dot{\Phi}_{\mathrm{gr},Q,\mathrm{d}A_1\text{-}\mathrm{d}A_2} \tag{8.41}$$

系统总的辐射炽耗散率为

$$\dot{\Phi}_{\mathrm{gr}} = \frac{1}{2}\int_{A_1}\int_{A_2} \mathrm{d}\dot{\Phi}_{\mathrm{gr},\mathrm{d}A_1\text{-}\mathrm{d}A_2} \tag{8.42}$$

可以证明，式(8.42)与式(8.38)右边相等。

8.2.3　非灰体漫射表面组成的封闭空腔的辐射传热

前面讨论的辐射传热系统都由漫射灰体表面组成，其中各表面的辐射率、吸收率等参数与热辐射的波长无关。然而在实际应用中，辐射表面需要进行非灰体处理，如航天器散热面等，对这些表面进行辐射传热优化时需要根据特定波长的热辐射进行分析。这就需要对非灰体漫射表面组成的辐射传热系统进行分析。

在非等温非灰体漫射表面组成的封闭空腔辐射传热系统中，对于某个波长 λ，由能量守恒可得到任意两个微元面 $\mathrm{d}A_1$ 和 $\mathrm{d}A_2$ 之间的光谱辐射吸收因子应满足：

$$\int_{A_2} \mathrm{d}B_{\lambda,\mathrm{d}A_1\text{-}\mathrm{d}A_2} = 1 \tag{8.43}$$

$$\varepsilon_{\lambda \mathrm{d}A_1} \mathrm{d}B_{\lambda,\mathrm{d}A_1\text{-}\mathrm{d}A_2} \mathrm{d}A_1 = \varepsilon_{\lambda \mathrm{d}A_2} \mathrm{d}B_{\lambda,\mathrm{d}A_2\text{-}\mathrm{d}A_1} \mathrm{d}A_2 \tag{8.44}$$

式(8.43)的积分代表了对封闭空腔内所有表面的积分。由于辐射吸收因子与表面的辐射特性有关，且对于非灰体在不同波长下表面的辐射特性不一样，所以同一个表面在不同波长下的辐射吸收因子 $\mathrm{d}B_{\lambda,\mathrm{d}A_1\text{-}\mathrm{d}A_2}$ 是不一样的。

基于式(8.8)对光谱辐射煅流的定义，类似于非等温漫射灰体表面组成的封闭空腔辐射传热系统的推导过程，可得非等温、非灰体漫射表面组成的封闭空腔辐射传热系统的光谱辐射煅流平衡方程为

$$\int_{A_1}\mathrm{d}\dot{Q}_{\lambda\mathrm{net},\mathrm{d}A_1}\dot{E}_{\lambda\mathrm{b},\mathrm{d}A_1}=\int_{A_1}\int_{A_2}\mathrm{d}\dot{Q}_{\lambda,\mathrm{d}A_2}\mathrm{d}B_{\lambda,\mathrm{d}A_2\text{-}\mathrm{d}A_1}\left(\dot{E}_{\lambda\mathrm{b},\mathrm{d}A_2}-\dot{E}_{\lambda\mathrm{b},\mathrm{d}A_1}\right) \tag{8.45}$$

式(8.45)左端为系统各表面的净光谱辐射煅流之和，右端为光谱辐射煅耗散率。同样还可得到光谱辐射煅耗散函数，其中以热势表述的光谱辐射煅耗散函数为

$$\mathrm{d}\dot{\varPhi}_{\mathrm{gr}\text{-}\lambda,E,\mathrm{d}A_1\text{-}\mathrm{d}A_2}=\frac{1}{2}\varepsilon_{\lambda,\mathrm{d}A_1}\mathrm{d}B_{\lambda,\mathrm{d}A_2\text{-}\mathrm{d}A_1}\mathrm{d}A_1\left(\Delta\dot{E}_{\lambda b,\mathrm{d}A_1\text{-}\mathrm{d}A_2}\right)^2 \tag{8.46}$$

以热流表述的光谱辐射煅耗散函数为

$$\mathrm{d}\dot{\varPhi}_{\mathrm{gr}\text{-}\lambda,Q,\mathrm{d}A_1\text{-}\mathrm{d}A_2}=\frac{1}{2}\mathrm{d}\dot{Q}^2_{\lambda,\mathrm{d}A_1\text{-}\mathrm{d}A_2}\Big/\left(\varepsilon_{\lambda,\mathrm{d}A_1}\mathrm{d}B_{\lambda,\mathrm{d}A_1\text{-}\mathrm{d}A_2}\mathrm{d}A_1\right) \tag{8.47}$$

式(8.46)和式(8.47)之和即一对微元面之间总的光谱辐射煅耗散率：

$$\mathrm{d}\dot{\varPhi}_{\mathrm{gr}\text{-}\lambda,\mathrm{d}A_1\text{-}\mathrm{d}A_2}=\mathrm{d}\dot{\varPhi}_{\mathrm{gr}\text{-}\lambda,E,\mathrm{d}A_1\text{-}\mathrm{d}A_2}+\mathrm{d}\dot{\varPhi}_{\mathrm{gr}\text{-}\lambda,Q,\mathrm{d}A_1\text{-}\mathrm{d}A_2} \tag{8.48}$$

系统的光谱辐射煅耗散率为

$$\dot{\varPhi}_{\mathrm{gr}\text{-}\lambda}=\frac{1}{2}\int_{A_1}\int_{A_2}\mathrm{d}\dot{\varPhi}_{\mathrm{gr}\text{-}\lambda,\mathrm{d}A_1\text{-}\mathrm{d}A_2} \tag{8.49}$$

可以证明，式(8.49)与式(8.45)右端相等。

对于等温非灰体漫射表面组成的封闭空腔辐射传热系统，则将式(8.45)～式(8.49)中各式的积分改为求和、微元面改为各等温面即可，以上各式仍然成立。

8.3　辐射煅函数极小值原理

在稳态辐射传热过程中，给定表面热流或者热势时，系统将稳定于满足辐射传热的控制方程与边界条件的热势或者热流分布。在稳态热传导过程中，程新广[7]的研究发现，满足控制方程和边界条件的热流与温度分布将使得系统的煅函数达到极小值。下面分析在辐射传热过程中是否存在同样的原理。

8.3.1 热势表述的辐射焖函数极小值原理

对于封闭空腔的表面热辐射，给定各表面对外净热流时，求解各表面的热势是需要面对的问题。对于系统而言，其热势分布有无限种可能的组合，但是其中只有一种分布是真实的、稳定的，这个符合物理实际的热势分布必须满足边界条件、辐射传热定律与能量守恒方程。下面即从焖理论的角度，针对等温漫射灰体表面组成的封闭空腔辐射传热系统，讨论其热势分布具有的性质。

在等温漫射灰体表面组成的封闭空腔辐射传热系统中，根据能量守恒方程有

$$\dot{Q}_k - \sum_{j=1}^{n} \dot{Q}_j B_{j\text{-}k} - \dot{Q}_{\text{net}0,k} = 0 \tag{8.50}$$

式中，$\dot{Q}_{\text{net}0,k}$ 为给定的表面 k 的辐射净换热热流。式(8.50)两边同时乘以 $\delta E_{\text{b},k}$ 有

$$\dot{Q}_k \delta \dot{E}_{\text{b},k} - \sum_{j=1}^{n} \dot{Q}_j B_{j\text{-}k} \delta \dot{E}_{\text{b},k} - \dot{Q}_{\text{net}0,k} \delta \dot{E}_{\text{b},k} = 0 \tag{8.51}$$

根据式(8.11)有

$$\dot{Q}_k \delta \dot{E}_{\text{b},k} \sum_{j=1}^{n} B_{k\text{-}j} - \sum_{j=1}^{n} \dot{Q}_j B_{j\text{-}k} \delta \dot{E}_{\text{b},k} - \dot{Q}_{\text{net}0,k} \delta \dot{E}_{\text{b},k} = 0 \tag{8.52}$$

将辐射传热定律式(8.10)代入式(8.52)并整理有

$$\sum_{j=1}^{n} \left(\varepsilon_k A_k E_{\text{b},k} B_{k\text{-}j} \delta \dot{E}_{\text{b},k} - \varepsilon_j A_j \dot{E}_{\text{b},j} B_{j\text{-}k} \delta \dot{E}_{\text{b},k} \right) - \dot{Q}_{\text{net}0,k} \delta \dot{E}_{\text{b},k} = 0 \tag{8.53}$$

根据式(8.12)，式(8.53)可以化简为

$$\sum_{j=1}^{n} \varepsilon_k A_k B_{k\text{-}j} \left(\dot{E}_{\text{b},k} - \dot{E}_{\text{b},j} \right) \delta \dot{E}_{\text{b},k} - \dot{Q}_{\text{net}0,k} \delta \dot{E}_{\text{b},k} = 0 \tag{8.54}$$

式(8.54)对所有表面求和，有

$$\sum_{k=1}^{n} \sum_{j=1}^{n} \varepsilon_k A_k B_{k\text{-}j} \left(\dot{E}_{\text{b},k} - \dot{E}_{\text{b},j} \right) \delta E_{\text{b},k} - \sum_{k=1}^{n} \dot{Q}_{\text{net}0,k} \delta \dot{E}_{\text{b},k} = 0 \tag{8.55}$$

根据式(8.54)进行反推，并且由于各表面净辐射热流 $\dot{Q}_{\text{net}0,k}$ 给定，有

$$\delta\left[\frac{1}{4}\sum_{j=1}^{n}\sum_{i=1}^{n}\varepsilon_i A_i B_{i\text{-}j}\left(\dot{E}_{\mathrm{b},i}-\dot{E}_{\mathrm{b},j}\right)^2\right]$$
$$=\sum_{k=1}^{n}\left[\frac{1}{2}\sum_{j=1}^{n}\varepsilon_k A_k B_{k\text{-}j}\left(\dot{E}_{\mathrm{b},k}-\dot{E}_{\mathrm{b},j}\right)\delta\dot{E}_{\mathrm{b},k}-\frac{1}{2}\sum_{i=1}^{n}\varepsilon_i A_i B_{i\text{-}k}\left(\dot{E}_{\mathrm{b},i}-\dot{E}_{\mathrm{b},k}\right)\delta\dot{E}_{\mathrm{b},k}\right] \tag{8.56}$$
$$=\sum_{k=1}^{n}\sum_{j=1}^{n}\varepsilon_k A_k B_{k\text{-}j}\left(\dot{E}_{\mathrm{b},k}-\dot{E}_{\mathrm{b},j}\right)\delta\dot{E}_{\mathrm{b},k}$$

$$\sum_{i=1}^{n}\dot{Q}_{\mathrm{net0},i}\delta\dot{E}_{\mathrm{b},i}=\delta\left(\sum_{i=1}^{n}\dot{Q}_{\mathrm{net0},i}\dot{E}_{\mathrm{b},i}\right) \tag{8.57}$$

将式(8.56)和式(8.57)代入式(8.55)并整理可得[4, 5]

$$\delta\left[\frac{1}{2}\sum_{j=1}^{n}\sum_{i=1}^{n}\frac{1}{2}\varepsilon_i A_i B_{i\text{-}j}\left(\dot{E}_{\mathrm{b},i}-\dot{E}_{\mathrm{b},j}\right)^2-\sum_{i=1}^{n}\dot{Q}_{\mathrm{net0},i}\dot{E}_{\mathrm{b},i}\right]=0 \tag{8.58}$$

从式(8.58)看到，满足辐射传热定律与能量守恒方程的热势分布使如下函数取得极值：

$$\dot{G}_{\text{function-r},E}=\frac{1}{2}\sum_{j=1}^{n}\sum_{i=1}^{n}\frac{1}{2}\varepsilon_i A_i B_{i\text{-}j}\left(\dot{E}_{\mathrm{b},i}-\dot{E}_{\mathrm{b},j}\right)^2-\sum_{i=1}^{n}\dot{Q}_{\mathrm{net0},i}\dot{E}_{\mathrm{b},i} \tag{8.59}$$

式(8.59)右边第一项为以热势表述的辐射煅耗散率，其大小是总煅耗散率的二分之一。该项最前面之所以乘以二分之一，是因为在求和时对每一对表面的辐射煅耗散率都计算了两遍。第二项为以热势表述的各表面输入系统的净辐射煅流。可以证明：

$$\frac{\partial^2\dot{G}_{\text{function-r},E}}{\partial E_{\mathrm{b},k}^2}=\varepsilon_k A_k-\varepsilon_k A_k B_{k\text{-}k}=\varepsilon_k A_k\left(1-B_{k\text{-}k}\right)>0 \tag{8.60}$$

式(8.60)表明，在给定系统各个表面辐射热流时，满足辐射传热定律和能量守恒方程的热势分布具有这样的性质，即使得系统热势表述的辐射煅函数达到极小值。这就是等温漫射灰体表面组成的封闭空腔表面辐射传热系统中，以热势表述的辐射煅函数极小值原理。

类似上述推导过程，对于图 8.3 所示的非等温漫射灰体表面组成的封闭空腔辐射传热系统，如果各表面对外净辐射热流给定，那么将式(8.59)中的求和将改为积分，并将相关物理量改为微元面上的物理量，可以得到[4, 8]：

$$\delta \dot{G}_{\text{function-r},E} = 0 \tag{8.61}$$

式中，

$$\dot{G}_{\text{function-r},E} = \frac{1}{4}\int_{A_1}\int_{A_2} \varepsilon_{\mathrm{d}A_1} \mathrm{d}B_{\mathrm{d}A_1\text{-}\mathrm{d}A_2} \left(\dot{E}_{\mathrm{b},\mathrm{d}A_1} - \dot{E}_{\mathrm{b},\mathrm{d}A_2}\right)^2 \mathrm{d}A_1 - \int_{A_1} \mathrm{d}\dot{Q}_{\text{net0},\mathrm{d}A_1} \dot{E}_{\mathrm{b},\mathrm{d}A_1} \tag{8.62}$$

$$\frac{\partial^2 \dot{G}_{\text{function-r},E}}{\partial \dot{E}_{\mathrm{b},\mathrm{d}A_1}^{2}} = \int_{A_1} \varepsilon_{\mathrm{d}A_1}\left(1 - \mathrm{d}B_{\mathrm{d}A_1\text{-}\mathrm{d}A_1}\right) > 0 \tag{8.63}$$

式中，$\mathrm{d}\dot{Q}_{\text{net0},\mathrm{d}A_1}$ 为表面微元 $\mathrm{d}A_1$ 上给定的热流。式(8.62)就是非等温漫射灰体表面组成的封闭空腔内的辐射传热以辐射热势表述的辐射炽函数极小值原理，它表明系统中满足能量守恒方程和辐射传热定律的辐射热势分布必然使得系统的辐射炽函数达到极小值。

对于非等温、非灰体漫射表面组成的封闭空腔辐射传热系统，类似上述推导过程可以得到辐射热势表述的光谱辐射炽函数极小值原理，即在给定系统各表面净光谱辐射热流量时，满足辐射传热定律与能量守恒方程的辐射热势分布必使(8.64)式取得极小值[4, 8]：

$$\dot{G}_{\lambda\text{function-r},E} = \frac{1}{4}\int_{A_1}\int_{A_2} \varepsilon_{\lambda,\mathrm{d}A_1} \mathrm{d}B_{\lambda,\mathrm{d}A_1\text{-}\mathrm{d}A_2} \left(\dot{E}_{\lambda\mathrm{b},\mathrm{d}A_1} - \dot{E}_{\lambda\mathrm{b},\mathrm{d}A_2}\right)^2 \mathrm{d}A_1 - \int_{A_1} \mathrm{d}\dot{Q}_{\lambda\text{net0},\mathrm{d}A_1} \dot{E}_{\lambda\mathrm{b},\mathrm{d}A_1} \tag{8.64}$$

对于等温非灰体漫射表面组成的封闭空腔辐射传热系统，将式(8.64)中的微元面改为等温面、积分改为对各等温表面求和即可得到对应的以辐射热势表述的光谱辐射炽函数极小值原理。

8.3.2 热流表述的辐射炽函数极小值原理

给定各个表面辐射热势、求解各表面净辐射热流是一个与给定表面辐射热流、求解辐射热势对应的问题。对于系统各表面，其对外的净辐射热流组合也可能有无数种可能，但只有一种是真实、稳定的，这种真实、稳定的热流分布必须满足系统的边界条件、辐射传热定律和能量守恒方程。类似 8.3.1 节的推导思路，下面从炽理论的角度讨论这种真实热流分布的性质。

首先，对于等温漫射灰体表面组成的封闭空腔辐射传热系统，在给定各表面辐射热势之时，以 $\dot{E}_{\mathrm{b}0,i}$ 表示表面 i 给定的辐射热势，则根据辐射传热定律有

$$\dot{Q}_i = \varepsilon_i A_i \dot{E}_{\mathrm{b}0,i} \tag{8.65}$$

在式(8.65)两端同时乘以 $\delta\dot{Q}_{\text{net},i}$，并整理可以得到

$$\dot{Q}_i\delta\dot{Q}_{\text{net},i}\big/(\varepsilon_i A_i)=\dot{E}_{\text{b0},i}\delta\dot{Q}_{\text{net},i} \tag{8.66}$$

式(8.66)对所有表面求和，并考虑辐射热势给定，有

$$\sum_{i=1}^{n}\dot{Q}_i\delta\dot{Q}_{\text{net},i}\big/(\varepsilon_i A_i)=\sum_{i=1}^{n}\dot{E}_{\text{b0},i}\delta\dot{Q}_{\text{net},i}=\delta\left(\sum_{i=1}^{n}\dot{E}_{\text{b0},i}\dot{Q}_{\text{net},i}\right) \tag{8.67}$$

根据能量守恒有

$$\delta\dot{Q}_{\text{net},i}=\delta\left(\dot{Q}_i-\sum_{j=1}^{n}\dot{Q}_j B_{j\text{-}i}\right)=\delta\dot{Q}_i-\sum_{j=1}^{n}B_{j\text{-}i}\delta\dot{Q}_j \tag{8.68}$$

将式(8.68)代入式(8.67)左端：

$$\sum_{i=1}^{n}\dot{Q}_i\left(\delta\dot{Q}_i-\sum_{j=1}^{n}B_{j\text{-}i}\delta\dot{Q}_j\right)\Bigg/(\varepsilon_i A_i)=\delta\left(\sum_{i=1}^{n}\dot{E}_{\text{b0},i}\dot{Q}_{\text{net},i}\right) \tag{8.69}$$

类似在给定各表面净辐射热流之时的推导过程，在此反推可得[4,5]

$$\begin{aligned}&\delta\left[\frac{1}{4}\sum_{j=1}^{n}\sum_{i=1}^{n}\frac{1}{\varepsilon_i B_{i\text{-}j}A_i}\left(\dot{Q}_i B_{i\text{-}j}-\dot{Q}_j B_{j\text{-}i}\right)^2\right]\\&=\frac{1}{2}\sum_{j=1}^{n}\sum_{i=1}^{n}\frac{1}{\varepsilon_i B_{i\text{-}j}A_i}\left(\dot{Q}_i B_{i\text{-}j}-\dot{Q}_j B_{j\text{-}i}\right)\left(B_{i\text{-}j}\delta\dot{Q}_i-B_{j\text{-}i}\delta\dot{Q}_j\right)\\&=\frac{1}{2}\sum_{j=1}^{n}\sum_{i=1}^{n}\left(\frac{\dot{Q}_i B_{i\text{-}j}\delta\dot{Q}_i}{\varepsilon_i A_i}-\frac{\dot{Q}_i B_{j\text{-}i}\delta\dot{Q}_j}{\varepsilon_i A_i}-\frac{\dot{Q}_j B_{j\text{-}i}\delta\dot{Q}_i}{\varepsilon_i A_i}+\frac{\dot{Q}_j B_{j\text{-}i}^2\delta\dot{Q}_j}{\varepsilon_i B_{i\text{-}j}A_i}\right)\end{aligned} \tag{8.70}$$

根据式(8.11)，对式(8.70)右端最后的展开式第一项进行整理，有

$$\frac{1}{2}\sum_{j=1}^{n}\sum_{i=1}^{n}\frac{\dot{Q}_i B_{i\text{-}j}\delta\dot{Q}_i}{\varepsilon_i A_i}=\frac{1}{2}\sum_{i=1}^{n}\frac{\dot{Q}_i\delta\dot{Q}_i}{\varepsilon_i A_i}\left(\sum_{j=1}^{n}B_{i\text{-}j}\right)=\frac{1}{2}\sum_{i=1}^{n}\frac{\dot{Q}_i\delta\dot{Q}_i}{\varepsilon_i A_i} \tag{8.71}$$

根据式(8.12)，对式(8.70)右端展开式的第三项进行整理，有

$$-\frac{1}{2}\sum_{j=1}^{n}\sum_{i=1}^{n}\frac{\dot{Q}_j B_{j\text{-}i}\delta\dot{Q}_i}{\varepsilon_i A_i}=-\frac{1}{2}\sum_{j=1}^{n}\sum_{i=1}^{n}\frac{\dot{Q}_j B_{j\text{-}i}B_{i\text{-}j}\delta\dot{Q}_i}{\varepsilon_i A_i B_{i\text{-}j}}=-\frac{1}{2}\sum_{j=1}^{n}\sum_{i=1}^{n}\frac{\dot{Q}_j B_{i\text{-}j}\delta\dot{Q}_i}{\varepsilon_j A_j} \tag{8.72}$$

根据式(8.72)与式(8.12)，对照式(8.70)右端展开式中的第二项，可以得到：

$$-\frac{1}{2}\sum_{j=1}^{n}\sum_{i=1}^{n}\frac{\dot{Q}_i B_{j\text{-}i}\delta\dot{Q}_j}{\varepsilon_i A_i}=-\frac{1}{2}\sum_{j=1}^{n}\sum_{i=1}^{n}\frac{\dot{Q}_j B_{i\text{-}j}\delta\dot{Q}_i}{\varepsilon_j A_j} \tag{8.73}$$

根据式(8.12)，对式(8.70)右端展开式的最后一项进行整理，有

$$\frac{1}{2}\sum_{j=1}^{n}\sum_{i=1}^{n}\frac{\dot{Q}_j B_{j\text{-}i}^2\delta\dot{Q}_j}{\varepsilon_i B_{i\text{-}j} A_i}=\frac{1}{2}\sum_{j=1}^{n}\left(\sum_{i=1}^{n}\frac{\dot{Q}_j B_{j\text{-}i}\delta\dot{Q}_j}{\varepsilon_j A_j}\right)=\frac{1}{2}\sum_{j=1}^{n}\frac{\dot{Q}_j\delta\dot{Q}_j}{\varepsilon_j A_j} \tag{8.74}$$

显然，式(8.74))与式(8.71)是相等的。这样，将式(8.71)～式(8.74)的推导结果代入式(8.70)，可得

$$\begin{aligned}\delta\left[\frac{1}{4}\sum_{j=1}^{n}\sum_{i=1}^{n}\frac{1}{\varepsilon_i B_{i\text{-}j} A_i}\left(\dot{Q}_i B_{i\text{-}j}-\dot{Q}_j B_{j\text{-}i}\right)^2\right]&=\sum_{i=1}^{n}\frac{\dot{Q}_i\delta\dot{Q}_i}{\varepsilon_i A_i}-\sum_{j=1}^{n}\sum_{i=1}^{n}\frac{\dot{Q}_i B_{j\text{-}i}\delta\dot{Q}_j}{\varepsilon_i A_i}\\&=\sum_{i=1}^{n}\left(\frac{\dot{Q}_i\delta\dot{Q}_i}{\varepsilon_i A_i}-\sum_{j=1}^{n}\frac{\dot{Q}_i B_{j\text{-}i}\delta\dot{Q}_j}{\varepsilon_i A_i}\right)\\&=\sum_{i=1}^{n}\frac{1}{\varepsilon_i A_i}\dot{Q}_i\left(\delta\dot{Q}_i-\sum_{j=1}^{n}B_{j\text{-}i}\delta\dot{Q}_j\right)\end{aligned} \tag{8.75}$$

将式(8.75)代入式(8.69)，有

$$\delta\left[\frac{1}{2}\sum_{j=1}^{n}\sum_{i=1}^{n}\frac{1}{2}\frac{1}{\varepsilon_i B_{i\text{-}j} A_i}\dot{Q}_{i\text{-}j}^2-\sum_{i=1}^{n}\dot{Q}_{\text{net},i}\dot{E}_{\text{b0},i}\right]=0 \tag{8.76}$$

因此，满足辐射传热定律与能量守恒方程的热流分布将使如下函数取得极值[4, 5]：

$$\dot{G}_{\text{function-r},Q}=\frac{1}{2}\sum_{j=1}^{n}\sum_{i=1}^{n}\frac{1}{2}\dot{Q}_{i\text{-}j}^2\Big/\left(\varepsilon_i B_{i\text{-}j} A_i\right)-\sum_{i=1}^{n}\dot{Q}_{\text{net},i}\dot{E}_{\text{b0},i} \tag{8.77}$$

式(8.77)右边第一项为以热流表述的辐射火积耗散率，刚好是辐射火积耗散率的二分之一；第二项为以热流表述的输入系统的辐射火积流，根据火积平衡方程其他等于系统的火积耗散。可以证明

$$\frac{\partial^2\dot{G}_{\text{function-r},Q}}{\partial\dot{Q}_{\text{net},k}^2}=\frac{1}{\varepsilon_k A_k\left(1-B_{k\text{-}k}\right)}>0 \tag{8.78}$$

即式(8.77)取得极小值。在给定系统各个表面辐射热势时，满足辐射传热定律和能量守恒方程的净辐射热流分布具有这样一个性质，即要求系统热流表述的辐射火积函数达到极小值。这就是等温漫射灰体表面组成的封闭空腔辐射传热系统中，

热流表述的辐射火积函数极小值原理。

对于图 8.3 所示的非等温漫射灰体表面组成的封闭空腔辐射传热系统，如果其中各表面辐射热势给定，那么将式(8.77)、式(8.78)中的求和改为积分，将相关物理量参数改为微元面物理量参数，则相关结论仍然成立。在该系统中，满足能量守恒方程和辐射传热定律的净辐射热流分布也必使系统的辐射火积函数达到极小值[4, 8]，即

$$\delta \dot{G}_{\text{function-r},Q} = 0 \tag{8.79}$$

式中，

$$\dot{G}_{\text{function-r},Q} = \frac{1}{4}\int_{A_1}\int_{A_2}\frac{\left(\mathrm{d}\dot{Q}_{\mathrm{d}A_1}\mathrm{d}B_{\mathrm{d}A_1\text{-}\mathrm{d}A_2} - \mathrm{d}\dot{Q}_{\mathrm{d}A_2}\mathrm{d}B_{\mathrm{d}A_2\text{-}\mathrm{d}A_1}\right)^2}{\varepsilon_{\mathrm{d}A_1}\mathrm{d}B_{\mathrm{d}A_1\text{-}\mathrm{d}A_2}\mathrm{d}A_1} - \int_{A_1}\dot{E}_{\mathrm{b}0,\mathrm{d}A_1}\mathrm{d}\dot{Q}_{\mathrm{net},\mathrm{d}A_1} \tag{8.80}$$

$$\frac{\partial^2 \dot{G}_{\text{function-r},Q}}{\partial\left(\mathrm{d}Q^2_{\mathrm{net},\mathrm{d}A_1}\right)} = \int_{A_1}\frac{1}{\varepsilon_{\mathrm{d}A_1}\mathrm{d}A_1\left(1-\mathrm{d}B_{\mathrm{d}A_1\text{-}\mathrm{d}A_1}\right)} > 0 \tag{8.81}$$

这就是非等温漫射灰体表面组成的封闭空腔辐射传热系统中，以热流表述的辐射火积函数极小值原理。

如果考虑非等温、非灰体漫射表面组成的封闭空腔辐射传热系统，类似上述推导过程可得以到热流表述的光谱辐射火积函数极小值原理，即在给定系统各表面辐射热势时，满足辐射传热定律与能量守恒方程的净光谱辐射热流分布必然使得式(8.82)取得极小值[4, 8]：

$$\dot{G}_{\lambda,\text{function-r},Q} = \frac{1}{4}\int_{A_1}\int_{A_2}\frac{\left(\mathrm{d}\dot{Q}_{\lambda,\mathrm{d}A_1}\mathrm{d}B_{\lambda,\mathrm{d}A_1\text{-}\mathrm{d}A_2} - \mathrm{d}\dot{Q}_{\lambda,\mathrm{d}A_2}\mathrm{d}B_{\lambda,\mathrm{d}A_1\text{-}\mathrm{d}A_2}\right)^2}{\varepsilon_{\lambda,\mathrm{d}A_1}\mathrm{d}B_{\lambda,\mathrm{d}A_1\text{-}\mathrm{d}A_2}\mathrm{d}A_1} - \int_{A_1}\dot{E}_{\lambda b0,\mathrm{d}A_1}\mathrm{d}\dot{Q}_{\lambda\mathrm{net},\mathrm{d}A_1} \tag{8.82}$$

对于等温非灰体漫射表面组成的封闭空腔辐射传热系统，将式(8.82)中的微元面改为等温面、积分改为求和，即可得到对应系统中以热流表述的光谱辐射火积函数极小值原理。

8.3.3 两种表述之间的关系

对于等温漫射灰体表面组成的封闭空腔辐射传热系统，将式(8.59)和式(8.77)相加可得[4, 5, 8]

$$\begin{aligned}\dot{G}_{\text{function-r}} &= \dot{G}_{\text{function-r},E} + \dot{G}_{\text{function-r},Q} \\ &= \left(\frac{1}{2}\sum_{j=1}^{n}\sum_{i=1}^{n}\frac{1}{2}\varepsilon_i B_{i\text{-}j} A_i \Delta\dot{E}_{\text{b},i\text{-}j}^{\ 2} + \frac{1}{2}\sum_{j=1}^{n}\sum_{i=1}^{n}\frac{1}{2}\frac{1}{\varepsilon_i B_{i\text{-}j} A_i}\dot{Q}_{i\text{-}j}^2\right) \\ &\quad - \left(\sum_{j=1}^{n}\dot{Q}_{\text{net0},j}\dot{E}_{\text{b},j} + \sum_{j=1}^{n}\dot{Q}_{\text{net},j}\dot{E}_{\text{b0},j}\right)\end{aligned} \tag{8.83}$$

式(8.83)右端第一个括号内的部分为系统总的辐射㶲耗散率，第二个括号内的部分为边界注入的总辐射㶲流。在给定各表面净辐射热流时，对式(8.83)求变分，可得以辐射热势表述的辐射㶲函数极小值原理；在给定各表面辐射热势时，对式(8.83)求变分，可得以热流表述的辐射㶲函数极小值原理。类似辐射㶲函数极小值原理的推导过程，式(8.83)的结论也可推广到其他各类漫射表面组成的稳态封闭空腔辐射传热系统。因此，对于上述各类漫射表面组成的稳态封闭空腔辐射传热系统，辐射㶲函数极小值原理可统一表述为：在给定边界辐射热势或者边界净辐射热流时，无论是全波长热辐射还是光谱热辐射，满足边界条件和控制方程的净辐射热流与热势分布都必然使得系统的辐射㶲函数达到极小值。

式(8.83)中第一部分内两项均为辐射㶲耗散率，可统一用 $\dot{\Phi}_{\text{gr}}$ 表示；第二部分均为辐射㶲流，可统一用 $\dot{G}_{\text{fr}}$ 表示，有

$$\dot{G}_{\text{function-r}} = \dot{\Phi}_{\text{gr}} - \dot{G}_{\text{fr}} \tag{8.84}$$

对比辐射㶲流平衡方程可知，对于实际的稳态辐射传热系统，式(8.83)为 0；这就表明，对于上述各类漫射表面组成的稳态辐射传热系统，其真实的辐射热势分布与净辐射热流分布将恰好使系统的辐射㶲耗散率等于注入系统的辐射㶲流，即使得系统达到辐射㶲流的平衡。

8.4　辐射㶲耗散极值原理与最小辐射热阻原理

8.4.1　辐射㶲耗散极值原理

传热强化与优化是辐射传热过程常见的问题。在给定辐射热势时，需要提高表面辐射率，以增大传热量；在给定传热量时，同样需要提高两板的表面辐射率，以减小传递该热流量的势差。下面从㶲理论的角度来分析辐射传热问题[4, 5]。

首先讨论等温漫射灰体表面组成的封闭空腔辐射传热系统。考虑图 8.4 所示的两块辐射热势分别为 $\dot{E}_{\text{b},1}$、$\dot{E}_{\text{b},2}$ 的无限大平行平板组成的简单辐射传热系统，由式(8.84)有

$$\dot{G}_{\text{function-r}} = \dot{\Phi}_{\text{gr}} - \dot{Q}_{\text{net}} \Delta \dot{E}_{\text{b}} \tag{8.85}$$

式中，$\dot{Q}_{\text{net}}$ 为板 1 对板 2 的净辐射热流量；$\Delta \dot{E}_{\text{b}} = \dot{E}_{\text{b},1} - \dot{E}_{\text{b},2}$ 为两板之间的辐射热势差。

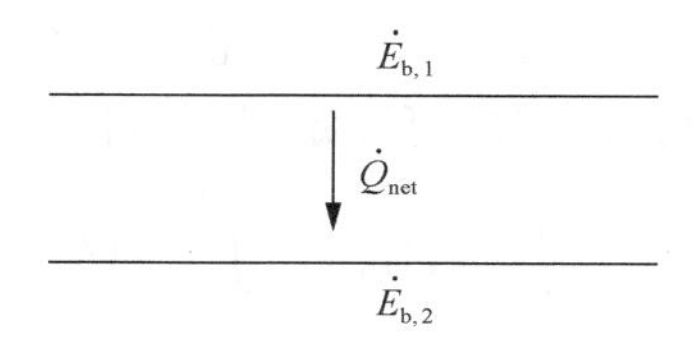

图 8.4　两块无限大平行平板组成的辐射传热系统

根据辐射燃函数极小值原理，对于真实的辐射热势和净辐射热流分布，必有

$$\delta \dot{G}_{\text{function-r}} = \delta \dot{\Phi}_{\text{gr}} - \delta \left(\dot{Q}_{\text{net}} \Delta \dot{E}_{\text{b}} \right) = 0 \tag{8.86}$$

整理可得

$$\delta \dot{\Phi}_{\text{gr}} = \delta \left(\dot{Q}_{\text{net}} \Delta \dot{E}_{\text{b}} \right) \tag{8.87}$$

因此，如果给定系统传热热流量，那么辐射燃耗散率最小时，辐射传热势差最小；如果给定系统辐射传热势差，那么辐射燃耗散率最大时，传热热流量最大。

以上讨论的是最简单的两块无限大平行平板组成的辐射传热系统，对于多表面组成的封闭空腔辐射传热系统，如图 8.2 所示，其中总有些表面处于放热状态，而其余表面则处于吸热状态。对于放热表面，以 $\dot{Q}_{\text{net,out-}j}$ 表示从表面注入系统的热流量；对于吸热表面，则以 $\dot{Q}_{\text{net,in-}i}$ 表示其吸收的热流量（$\dot{Q}_{\text{net,in-}i} < 0$）。这样，对所有吸热表面与所有放热表面的热流量进行求和，即可定义系统的辐射传热热流量：

$$\dot{Q}_{\text{net}} = -\sum_i \dot{Q}_{\text{net,in-}i} = \sum_j \dot{Q}_{\text{net,out-}j} \tag{8.88}$$

在此基础之上，可定义等效辐射传热势差为

$$\Delta \dot{E}_{\text{bE}} = \sum_i \dot{Q}_{\text{net,in-}i} \dot{E}_{\text{b},i} \Big/ \dot{Q}_{\text{net}} + \sum_j \dot{Q}_{\text{net,out-}j} \dot{E}_{\text{b},j} \Big/ \dot{Q}_{\text{net}} \tag{8.89}$$

根据辐射燃函数极小值原理，有

$$\delta \dot{\Phi}_{\text{gr}} = \delta \left(\dot{Q}_{\text{net}} \Delta \dot{E}_{\text{bE}} \right) \tag{8.90}$$

可见，在多表面组成的封闭空腔辐射传热系统中，仍有类似于两无限大平行平板组成的辐射传热系统中的结论：在给定辐射传热热流量时，等效辐射传热势差最小对应于辐射炽耗散率最小；在给定等效辐射传热势差时，辐射传热热流量最大对应于辐射炽耗散率最大。这就是辐射炽耗散极值原理。

对于非等温漫射灰体表面组成的封闭空腔辐射传热系统，在该系统中同样必然有部分微元面向系统注入热流量，其余微元面从系统中吸收热流量。将式(8.88)和式(8.89)中的求和改为积分，同样可以定义系统的辐射传热量[4, 8]，有

$$\dot{Q}_{\text{net}}=-\int_{A_{\text{in}}}\mathrm{d}\dot{Q}_{\text{net,in}}=\int_{A_{\text{out}}}\mathrm{d}\dot{Q}_{\text{net,out}} \tag{8.91}$$

式中，A_{in} 为从系统吸收热量的表面；A_{out} 为向系统放出热量的表面。

当量辐射传热势差可定义为

$$\Delta\dot{E}_{\text{bE}}=\left(\int_{A_{\text{tot}}}\mathrm{d}\dot{Q}_{\text{net,d}A}\dot{E}_{\text{b,d}A}\right)\Big/\dot{Q}_{\text{net}} \tag{8.92}$$

式中，A_{tot} 为空腔中所有的表面。类似于等温漫射灰体表面组成的封闭空腔辐射传热系统中的推导过程，本书得到了非等温漫射灰体表面组成的封闭空腔辐射传热系统的辐射炽耗散极值原理。

对于非等温、非灰体漫射表面组成的封闭空腔辐射传热系统，针对某个波长 λ 下的辐射传热过程，可定义该波长下的光谱辐射传热热流量为[4, 8]

$$\dot{Q}_{\lambda\text{net}}=-\int_{A_{\text{in}}}\mathrm{d}\dot{Q}_{\lambda\text{net,in}}=\int_{A_{\text{out}}}\mathrm{d}\dot{Q}_{\lambda\text{net,out}} \tag{8.93}$$

定义等效光谱辐射传热势差为

$$\Delta\dot{E}_{\lambda\text{bE}}=\left(\int_{A_1}\mathrm{d}\dot{Q}_{\lambda\text{net,d}A_1}\dot{E}_{\lambda\text{b,d}A_1}\right)\Big/\dot{Q}_{\lambda\text{net}} \tag{8.94}$$

根据光谱辐射炽函数极小值原理可知，在真实稳定的辐射传热过程中必有

$$\delta\dot{G}_{\lambda\text{function-r}}=\delta\dot{\Phi}_{\text{gr-}\lambda}-\delta\dot{G}_{\text{fr-}\lambda}=0 \tag{8.95}$$

类似上述推导过程，同样可得

$$\delta\dot{\Phi}_{\text{gr-}\lambda}=\delta\left(\dot{Q}_{\lambda\text{net}}\Delta\dot{E}_{\lambda\text{bE}}\right) \tag{8.96}$$

这就是光谱辐射炽耗散极值原理[4, 8]，即给定系统光谱辐射传热热流量时，光谱辐射炽耗散率最小与等效光谱辐射传热势差最小对应；在给定系统等效光谱辐射传热势差时，光谱辐射炽耗散率最大与光谱辐射传热热流量最大对应。

对于等温非灰体漫射辐射表面组成的封闭空腔辐射传热系统，上述光谱辐射炽耗散极值原理的相关论述仍然成立。

8.4.2　最小辐射热阻原理

在等温漫射灰体表面组成的封闭空腔辐射传热系统中，对于如图 8.4 所示的两个表面组成的封闭空腔内的辐射传热过程，可定义其辐射热阻为[4, 5]

$$R_{\mathrm{gr}} = \dot{\Phi}_{\mathrm{gr}} \big/ \dot{Q}_{\mathrm{net}}^2 = \Delta \dot{E}_{\mathrm{bE}} \big/ \dot{Q}_{\mathrm{net}} \tag{8.97}$$

显然，给定等效辐射传热势差时寻求最大传热热流量，以及给定辐射净传热热流量时寻求最小等效辐射传热势差，都是在寻求最小辐射热阻。对于多表面组成的封闭空腔内的辐射传热系统，基于式(8.89)对等效辐射传热势差的定义，可定义其辐射热阻为

$$R_{\mathrm{gr}} = \Delta \dot{E}_{\mathrm{bE}} \big/ \dot{Q}_{\mathrm{net}} = \dot{\Phi}_{\mathrm{gr}} \big/ \dot{Q}_{\mathrm{net}}^2 \tag{8.98}$$

可见，辐射煅耗散极值原理可以表述为最小辐射热阻原理，即在给定辐射传热热流量或给定等效辐射传热势差时寻求辐射煅耗散率极值等价于寻求最小辐射热阻[4, 5]。

在非等温漫射灰体表面组成的封闭空腔辐射传热系统中，如果仍以式(8.98)定义辐射热阻，则最小辐射热阻原理同样成立。对于等温或非等温的非灰体漫射表面组成的封闭空腔辐射传热系统，定义光谱辐射热阻为[4, 8]

$$R_{\mathrm{gr}\text{-}\lambda} = \dot{\Phi}_{\mathrm{gr}\text{-}\lambda} \big/ \dot{Q}_{\lambda\mathrm{net}}^2 = \Delta \dot{E}_{\lambda\mathrm{bE}} \big/ \dot{Q}_{\lambda\mathrm{net}} \tag{8.99}$$

因此，寻求系统光谱辐射煅耗散率极值的过程就是寻求系统最小光谱辐射热阻的过程。在这两类系统中，最小光谱辐射热阻原理也是成立的。

8.5　辐射煅耗散极值原理与最小熵产原理的对比

很多文献研究表明，最小熵产原理用于热传导与热对流的优化是存在应用前提条件的。为了分析最小熵产原理在辐射传热优化中的适用性，并讨论辐射煅耗散极值原理的适用性，本节分析图 8.5 所示的两个无限大的平行平板问题。板 1、2 对外的散热量给定，该问题的优化目标为以最小的系统辐射传热势差将给定的热流量散发出去[5]。

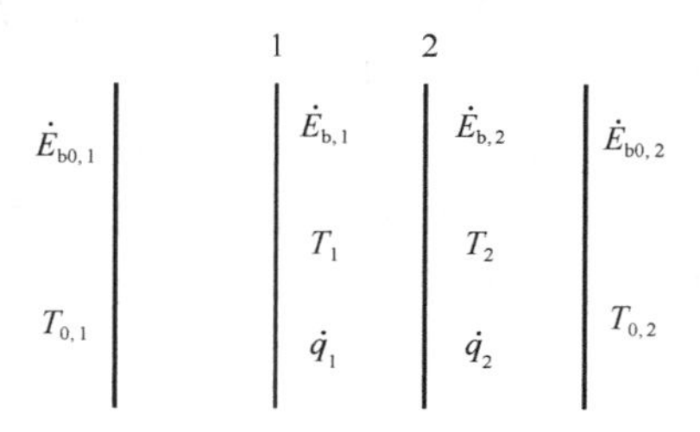

图 8.5　两块无限大平行平板组成的辐射传热系统(两板的外侧为环境)

对于图 8.5 所示的问题，其辐射传热方程为

$$\begin{cases} \varepsilon_1\left(\dot{E}_{b,1}-\dot{E}_{b0,1}\right)+\left(\dot{E}_{b,1}-\dot{E}_{b,2}\right)/\left(1/\varepsilon_1+1/\varepsilon_2-1\right)=\dot{q}_1 \\ \varepsilon_2\left(\dot{E}_{b,2}-\dot{E}_{b0,2}\right)+\left(\dot{E}_{b,2}-\dot{E}_{b,1}\right)/\left(1/\varepsilon_1+1/\varepsilon_2-1\right)=\dot{q}_2 \end{cases} \tag{8.100}$$

式中，$\dot{E}_{b,1}$、$\dot{E}_{b,2}$、$\dot{E}_{b0,1}$、$\dot{E}_{b0,2}$ 分别为两板以及两边环境的辐射热势；ε_1、ε_2 为两板的辐射率；$\dot{q}_1$、$\dot{q}_2$ 为两板给定的散热热流密度。该问题的约束条件为

$$\varepsilon_1+\varepsilon_2=C=\text{常数} \tag{8.101}$$

计算该问题中单位面积辐射烟耗散率为

$$\dot{\varphi}_{gr,A}=\varepsilon_1\left(\dot{E}_{b,1}-\dot{E}_{b0,1}\right)^2+\frac{\left(\dot{E}_{b,1}-\dot{E}_{b,2}\right)^2}{1/\varepsilon_1+1/\varepsilon_2-1}+\varepsilon_2\left(\dot{E}_{b,2}-\dot{E}_{b0,2}\right)^2 \tag{8.102}$$

式中，右边三项分别为板 1 与环境、板 1 与板 2，以及板 2 与环境之间单位面积的辐射烟耗散率。对于该问题，单位面积的熵产率为

$$\begin{aligned} \dot{s}_g=&\varepsilon_1\left(1/T_{01}-1/T_1\right)\left(\dot{E}_{b,1}-\dot{E}_{b0,1}\right)+\varepsilon_2\left(1/T_{02}-1/T_2\right)\left(\dot{E}_{b,2}-\dot{E}_{b0,2}\right) \\ &+\left(1/T_1-1/T_2\right)\left(\dot{E}_{b,1}-\dot{E}_{b,2}\right)/\left(1/\varepsilon_1+1/\varepsilon_2-1\right) \end{aligned} \tag{8.103}$$

式中，T_1、T_2、T_{01}、T_{02} 分别为两板以及两边环境的温度；右端三项分别为板 1 与左边环境、板 2 与右边环境，以及两板之间单位面积传热引起的熵产率。

下面针对一个具体算例进行分析。取常数 $C=1$、$T_{0,1}$=300K、$T_{0,2}$=200K、$\dot{q}_1$=80W/m^2、$\dot{q}_2$=100W/m^2，计算可得单位面积等效辐射传热势差与单位面积辐射烟耗散率随 ε_1 的变化，结果如图 8.6 所示；单位面积的辐射热阻随 ε_1 的变化如图 8.7 所示；单位面积的熵产率和单位面积烟耗散率随 ε_1 的变化如图 8.8 所示。

在图 8.6、图 8.7 中，辐射烟耗散率在 $\varepsilon_1=0.24$ 时取得最小值；等效辐射热势差与辐射热阻也在此时取得最小值，辐射烟耗散率、当量辐射传热势差、辐射热阻三条曲线的变化趋势也完全一致。当辐射烟耗散率最小时，两板的热势分别为 $\dot{E}_{b,1}$ =553.96W/m^2、$\dot{E}_{b,2}$ =297.68W/m^2；传热过程的等效辐射传热势差为 274.43W/m^2，以式(8.98)定义的辐射热阻为 1.52，均达最小值。而且，此时热流量更多地传向热势较低的右端环境：在总共 180W/m^2 的散热任务中，通过板 1 对左端高热势环境的散热量仅为 22.77W/m^2；而通过板 2 向右端环境散发的热流量为 157.23W/m^2，占了总散热量的大部分。

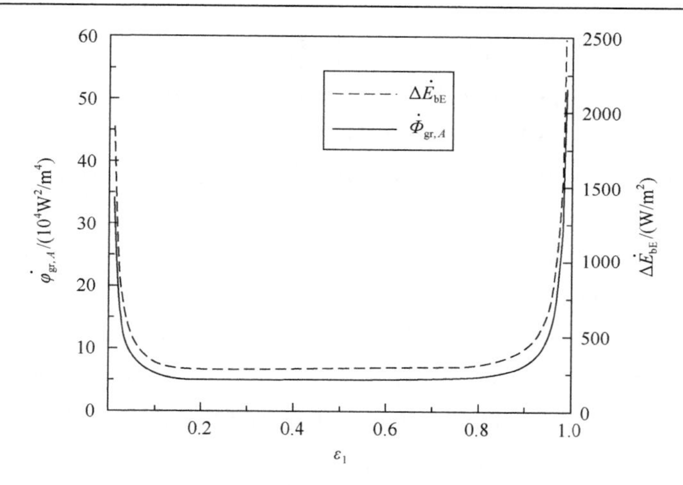

图 8.6　当量辐射传热势差与单位面积辐射煅耗散率随 ε_1 的变化曲线

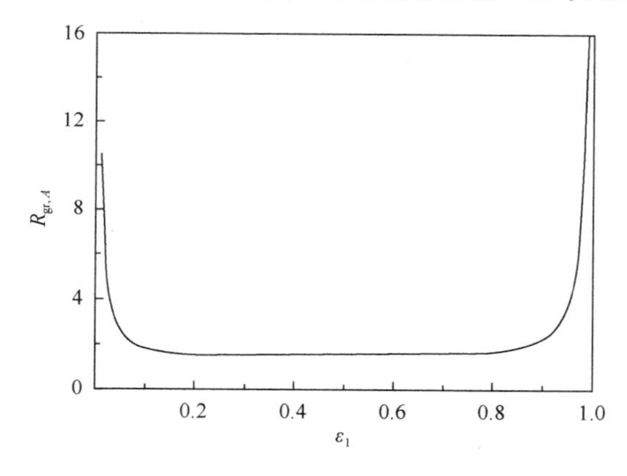

图 8.7　单位面积辐射热阻随 ε_1 的变化曲线

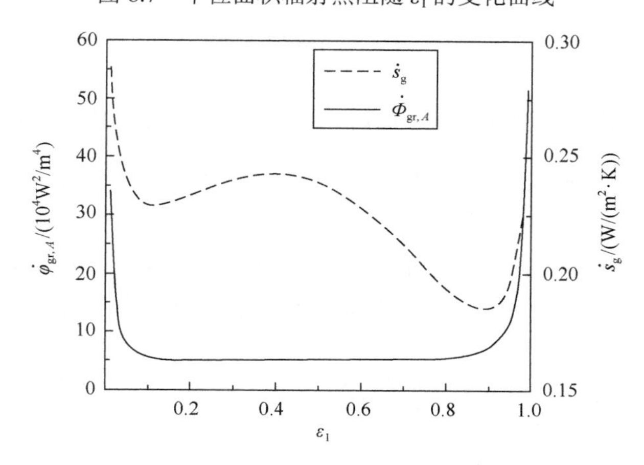

图 8.8　环境温度不等时单位面积熵产率、单位面积辐射煅耗散率随 ε_1 的变化

如果以熵产率最小作为优化目标，在图 8.8 中，系统熵产率在 $\varepsilon_1 = 0.89$ 时取得最小值；此时等效辐射传热势差为 391.80W/m^2、辐射热阻为 2.18。在熵产率取得最小值时，系统总共 180W/m^2 的散热任务中，对左右两边环境的散热量分别为 103.19W/m^2 和 76.81W/m^2。可见，大部分热量都通过辐射热势较高的环境散失出去。这与烟理论的优化结果正好相反。

如果图 8.5 中系统左右环境的温度相同，两者均为 300 K，其他参数不变，则可得到单位面积的熵产率和辐射热阻随着 ε_1 的变化，如图 8.9 所示[4]。由于辐射烟耗散率、辐射传热等效势差随 ε_1 的变化与辐射热阻一致，在此不再给出。在图 8.9 中，左右环境温度相同时，辐射热阻、熵产率均在 ε_1=0.44 时取得最小值。在该点，两板辐射热势相等，因此两板之间的辐射烟耗散率、熵产率均为 0，相当于两板分别直接向左右环境散热。此时，最小熵产原理与辐射烟耗散极值原理的优化结果一致。在第 2 章介绍的应用烟理论和最小熵产原理研究“体点问题”时也得到了类似的结果：在两出口温度相同的“体点问题”中，烟耗散极值原理得到的优化结果与最小熵产原理得到的优化结果一致；而在两端温度不同的问题中，则出现了差异。

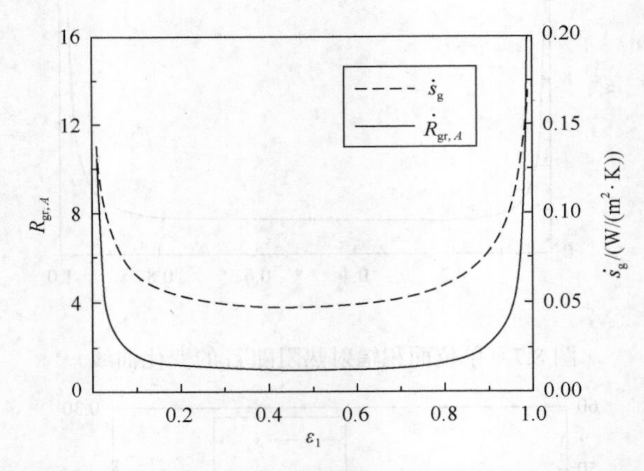

图 8.9　环境温度相等时单位面积的熵产率、单位面积辐射热阻随 ε_1 的变化情况

在本质上，这种优化结果的差异缘于两个优化原理优化准则的不同。熵产率最小化的过程要求热量在传递过程中可用能损失最少；而传热优化过程寻求的是传热热阻最小，并不关注传热过程中可用能的损失。因此，从传热的角度上看，以辐射烟耗散率取得极值作为优化目标得到的结果更具合理性。

8.6　辐射烟耗散极值原理的应用

下面应用辐射烟耗散极值原理优化一些辐射传热问题。

8.6.1　三块无限大平行平板之间的辐射传热优化

如图 8.10 所示的三块无限大平行平板组成的辐射传热系统，其中板 3 温度最高，其热量分别传递给板 1、板 2，并最终都传递到了温度为 T_0 的环境中。该系统的约束条件与式(8.101)相同。这样，在给定各板辐射热势和给定板 3 发热量时都存在板 1、板 2 发射率的优化分布问题，以达到板 3 对外的辐射传热量最大或辐射热势最低的目标。吴晶[9]、Wu 和 Liang[10]曾沿用热传导与热对流的焩流定义，以温度作为辐射热势研究过该问题，并得到了发射率的最优分布。下面采用式(8.5)的辐射焩流定义，再对该问题进行分析。

由于所有热量最终都传递到了环境中，该系统单位面积辐射焩耗散率为

$$\dot{\varphi}_{\mathrm{gr},A}=\left(\dot{q}_{32}+\dot{q}_{31}\right)\left(\dot{E}_{\mathrm{b},3}-\dot{E}_{\mathrm{b},0}\right) \tag{8.104}$$

式中，$\dot{q}_{32}$、$\dot{q}_{31}$ 分别为板 3 与板 2、板 3 与板 1 之间单位面积的辐射传热热流密度；$\dot{E}_{\mathrm{b},3}$、$\dot{E}_{\mathrm{b},0}$ 分别为板 3 和环境的辐射热势。计算 $\dot{q}_{32}$、$\dot{q}_{31}$ 有

$$\dot{q}_{32}=\left(\dot{E}_{\mathrm{b},3}-E_{\mathrm{b},2}\right)\big/\left(1/\varepsilon_3+1/\varepsilon_2-1\right) \tag{8.105}$$

$$\dot{q}_{31}=\left(\dot{E}_{\mathrm{b},3}-E_{\mathrm{b},1}\right)\big/\left(1/\varepsilon_3+1/\varepsilon_1-1\right) \tag{8.106}$$

式中，$\dot{E}_{\mathrm{b},1}$、$\dot{E}_{\mathrm{b},2}$ 分别为板 1 和板 2 的辐射热势；ε_1、ε_2、ε_3 分别为板 1、板 2 和板 3 的发射率。

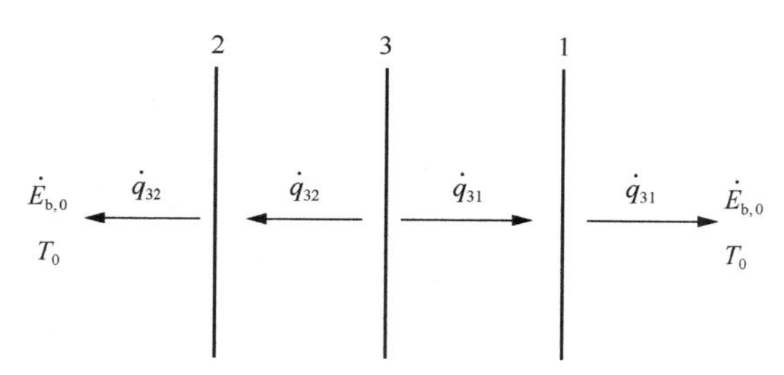

图 8.10　三块无限大平行平板的辐射传热系统

下面分别讨论给定各板热势和给定板 3 散热量的两种情况。

当给定各板热势时，根据辐射焩耗散极值原理可知，此时传热量最大对应于辐射焩耗散率最大。根据约束条件式(8.101)，可采用拉格朗日乘子法求解这个问题，联合式(8.101)和式(8.104)，可将式(8.104)的极值求解转化为如下问题的极值：

$$\Pi = \dot{\varphi}_{\text{gr},A} + \lambda\left(\varepsilon_2 + \varepsilon_3 - C\right) \tag{8.107}$$

式中，λ 为拉格朗日乘子。将式(8.107)分别对 ε_1、ε_2 求偏导并令其为0，可得(8.104)取得极值时的发射率分布，有

$$\varepsilon_1 = \left(l_2C - l_1 + 1\right)\big/\left[l_2\left(l_1 + 1\right)\right], \quad \varepsilon_2 = \left(Cl_1l_2 + l_1 - 1\right)\big/\left[l_2\left(l_1 + 1\right)\right] \tag{8.108}$$

式中，l_1 和 l_2 分别为

$$l_1 = \sqrt{\left(\dot{E}_{\text{b},3} - \dot{E}_{\text{b},2}\right)\big/\left(\dot{E}_{\text{b},3} - \dot{E}_{\text{b},1}\right)}, \quad l_2 = 1/\varepsilon_3 - 1 \tag{8.109}$$

在给定板 3 散热量，即 $\dot{q}_3 = \dot{q}_{32} + \dot{q}_{31} =$ 常数时，如果已知板 2、板 3 的热势，优化目标就是使得板 3 的热势最低。根据辐射烟耗散极值原理，此时板 3 的热势最低对应于辐射烟耗散率最小。联立式(8.104)、式(8.105)与式(8.106)，类似上述计算过程，同样可用拉格朗日乘子法得到辐射烟耗散率最小时的发射率分布。

以上结论均与吴晶[9]、Wu 和 Liang[10]在分析此问题时的结论相同。在此以吴晶[9]、Wu 和 Liang[10]在分析此问题时的算例进行验证，其工况为：给定热势时，设定板 3 温度 $T_3 = 800\text{K}$、板 2 温度 $T_2 = 500\text{K}$、板 1 温度 $T_1 = 711\text{K}$，据此可以根据辐射热势的定义计算各板热势；给定散热量时，设定 $\dot{q}_3 = 10946\text{W/m}^2$、$T_2 = 500\text{K}$、$T_1 = 711\text{K}$；此外，取 $T_0 = 300\text{ K}$、$\varepsilon_3 = 0.5$、$C = 1$。

给定热势时，计算可得单位面积辐射烟耗散率、辐射热流密度与板 2 发射率的关系如图 8.11 所示；在给定散热量时，可得辐射烟耗散率、板 3 温度与板 2 发射率之间的关系如图 8.12 所示。

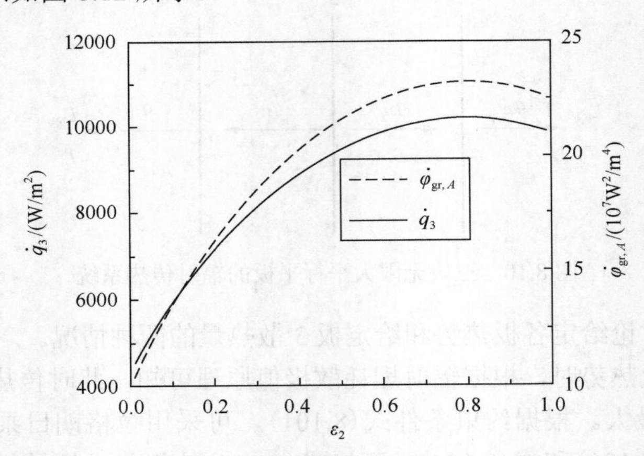

图 8.11　给定热势时单位面积的辐射烟耗散率、辐射热流与板 2 发射率的关系

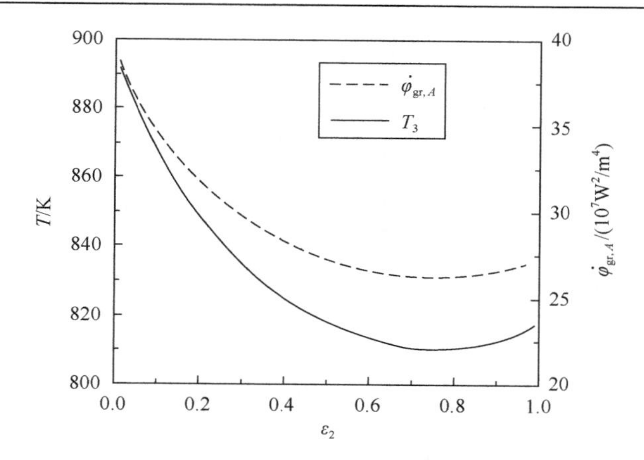

图 8.12　给定散热量时单位面积的辐射烟耗散率、板 3 温度与板 2 发射率的关系

在图 8.11 和图 8.12 中，给定两板热势时，$\varepsilon_2 = 0.80$ 对应的热流与辐射烟耗散率同时取得最大值；给定散热量时，$\varepsilon_2 =0.78$ 对应的板 3 温度与辐射烟耗散率同时取得最小值。该结果与吴晶[9]、Wu 和 Liang[10]的计算结果一致。

图 8.11 和图 8.12 表明，采用式(8.5)定义的辐射烟流分析此问题同样可以得出最优的发射率分布。同时，对于这个特定的问题，沿用导热、对流中的烟流定义与采用本书的定义进行分析得到的结果是相同的。

8.6.2　辐射烟耗散极值与温度场均匀化设计

1. 散热量分布问题

研究如图 8.13 所示的辐射传热系统，辐射率为 ε_1 的表面 1 对辐射率为 ε_2、热势为 $\dot{E}_{b,2}$ 的表面 2 散热。假定两表面组成封闭的辐射传热系统，且表面 1 的散热热流给定。这样便存在散热量在表面 1 上各位置的优化分布问题，即如何分布表面 1 各处的散热量，使辐射热阻更小、传热效率更高。

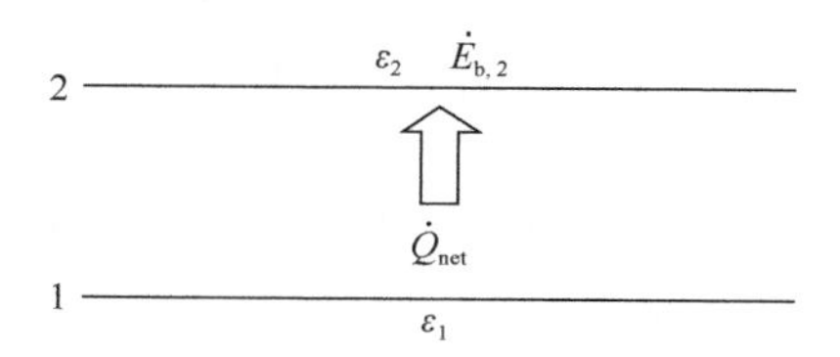

图 8.13　两表面辐射散热系统

由于散热热流 $\dot{Q}_{net}$ 给定，可将面积为 A 的表面 1 划分为若干个面积相等的微元，每个微元的面积为 dA_1，则对表面 1 上的微元积分有

$$\int_{A_1} \left(\dot{E}_{b,1} - \dot{E}_{b,2} \right) \Big/ \mathrm{d}R_{\mathrm{gr,d}A_1\text{-}A_2} = \dot{Q}_{\mathrm{net}} \tag{8.110}$$

式中，$\dot{E}_{b,1}$ 为微元 $\mathrm{d}A_1$ 的热势；$\mathrm{d}R_{\mathrm{gr,d}A_1-A_2}$ 为微元与表面 2 间的辐射热阻：

$$\mathrm{d}R_{\mathrm{gr,d}A_1\text{-}A_2} = 1/\left(\varepsilon_1 \mathrm{d}A_1\right) + \left(1-\varepsilon_2\right)/\left(\varepsilon_2 A_2\right) \approx 1/\left(\varepsilon_1 \mathrm{d}A_1\right) \tag{8.111}$$

式中，A_2 为表面 2 的面积，$\mathrm{d}A_1$ 对 A_2 的角系数近似等于 1。该辐射传热过程的辐射烟耗散率为

$$\dot{\Phi}_{\mathrm{gr}} = \int_{A_1} \left[\left(\dot{E}_{b,1} - \dot{E}_{b,2} \right) \Big/ \mathrm{d}R_{\mathrm{gr,d}A_1\text{-}A_2} \right] \left(\dot{E}_{b,1} - \dot{E}_{b,2} \right) \tag{8.112}$$

记 $\Delta\dot{E} = \dot{E}_{b,1} - \dot{E}_{b,2}$，在式(8.110)的限制之下，采用拉格朗日乘子法对式(8.112)求极值，可建立如下泛函：

$$\Pi = \int_{A_1} \frac{\left(\Delta\dot{E}_{\mathrm{b}}\right)^2}{\mathrm{d}R_{\mathrm{gr,d}A_1\text{-}A_2}} + \lambda \int_{A_1} \frac{\Delta\dot{E}_{\mathrm{b}}}{\mathrm{d}R_{\mathrm{gr,d}A_1\text{-}A_2}} = \int_{A_1} \frac{\left(\Delta\dot{E}_{\mathrm{b}}\right)^2 + \lambda\Delta\dot{E}_{\mathrm{b}}}{\mathrm{d}R_{\mathrm{gr,d}A_1\text{-}A_2}} \tag{8.113}$$

式中，λ 为拉格朗日乘子。式(8.113)的欧拉方程为

$$\left(2\Delta\dot{E}_{\mathrm{b}} + \lambda\right) \Big/ \mathrm{d}R_{\mathrm{gr,d}A_1\text{-}A_2} = 0 \tag{8.114}$$

可得

$$\Delta\dot{E}_{\mathrm{b}} = -\lambda/2 \tag{8.115}$$

将式(8.115)代入式(8.110)即可得到 λ 的取值，进而有

$$\Delta\dot{E}_{\mathrm{b}} = \dot{E}_{b,1} - \dot{E}_{b,1} = \dot{Q}_{\mathrm{net}} / \left(\varepsilon_1 A_1\right) = 常数 \tag{8.116}$$

由式(8.113)可见，该函数关于 $\Delta\dot{E}_{\mathrm{b}}$ 的二阶导数是大于 0 的，因此可知式(8. 116)成立时辐射烟耗散率取得极小值。考虑到 $\dot{E}_{b,2}$ 给定，则根据式(8. 116)可知，在辐射烟耗散率取得极小值时，表面 1 的辐射热势均匀分布，温度场也均匀，表面上的对外辐射的热流分布也是均匀的。

特别地，如果表面 2 为外环境或者黑体，则该问题相当于单平板与无限大空间的换热问题，如太空辐射器的散热等。在给定发热表面的散热量时，辐射烟耗散率取得极小值与其温度场均匀是完全一致的。

2. 发射率分布问题

对于图 8.13 所示的问题，如果将表面 1 划分为 n 个面积均为 $\mathrm{d}A$ 的微元，给定每一个面积微元的发热功率 $\delta\dot{Q}_{\mathrm{net},i}$，将约束条件改为

$$\sum \varepsilon_i = C = 常数 \tag{8.117}$$

式中，ε_i 为第 i 个微元的发射率。这样，原来的散热量优化分布问题就变成了发射率的优化分布问题。计算其辐射炽耗散率：

$$\dot{\Phi}_{\mathrm{gr}} = \sum \delta \dot{Q}_{\mathrm{net},i} \Delta \dot{E}_{\mathrm{b},i} \tag{8.118}$$

式中，$\Delta \dot{E}_{\mathrm{b},i}$ 为第 i 个微元与表面 2 之间的辐射传热势差。对于 $\delta \dot{Q}_{\mathrm{net},i}$，有

$$\delta \dot{Q}_{\mathrm{net},i} = \Delta \dot{E}_{\mathrm{b},i} \big/ \mathrm{d}R_{\mathrm{gr},i\text{-}2} \tag{8.119}$$

式中，$\mathrm{d}R_{\mathrm{gr},i\text{-}2}$ 为表面 1 第 i 个单元与表面 2 之间的辐射热阻，其计算式为

$$\mathrm{d}R_{\mathrm{gr},i\text{-}2} = 1/(\varepsilon_i \mathrm{d}A) + (1-\varepsilon_2)/(\varepsilon_2 A_2) \tag{8.120}$$

将式(8.119)代入式(8.118)，并采用拉格朗日乘子法在式(8.117)的约束条件下求辐射炽耗散率的极值，可建立如下泛函：

$$\Pi = \sum \delta \dot{Q}_{\mathrm{net},i}^2 \mathrm{d}R_{\mathrm{gr},i\text{-}2} + \lambda\left(\sum \varepsilon_i - C\right) \tag{8.121}$$

式中，λ 为拉格朗日乘子。这样就把辐射炽耗散率的极值问题转化为了式(8.121)的极值问题。对式(8.121)求导并令导数为 0：

$$\frac{\partial \Pi}{\partial \varepsilon_i} = -\frac{\delta \dot{Q}_{\mathrm{net},i}^2}{\mathrm{d}A \varepsilon_i^2} + \lambda = 0 \tag{8.122}$$

将式(8.122)代入约束条件式(8.117)可得

$$\lambda = \left(\sum \delta \dot{Q}_{\mathrm{net},i} / C\right)^2 \Big/ \mathrm{d}A, \quad \varepsilon_i = C \delta \dot{Q}_{\mathrm{net},i} \Big/ \sum \delta \dot{Q}_{\mathrm{net},i} \tag{8.123}$$

考虑到式(8.121)对 ε_i 的二阶导数大于 0，因此辐射炽耗散率取得极小值。显然，辐射炽耗散率取极小值对应于发射率按各面积微元的散热量比例进行分布。特别地，如果表面 2 为空间环境或者黑体，则表面 2 的发射率取 1，因此对于每一个面积单元，其辐射传热势差为

$$\Delta \dot{E}_{\mathrm{b},i} = \sum \frac{\delta \dot{Q}_{\mathrm{net},i}}{C \mathrm{d}A} + \frac{(1/\varepsilon_2 - 1)\delta \dot{Q}_{\mathrm{net},i}}{\mathrm{d}A} = \sum \frac{\delta \dot{Q}_{\mathrm{net},i}}{C \mathrm{d}A} = 常数 \tag{8.124}$$

由于热势 $\dot{E}_{\mathrm{b},2}$ 给定，由式(8.124)可知，每个微元的热势相等，即温度相等。这就说明，此时辐射炽耗散率取得极小值与其温度场均匀也是一致的。

3. 太空辐射器的辐射面积分配问题

对于太空辐射器而言，其辐射传热过程与图 8.13 所示的系统类似，其中表面 2 为大空间，ε_2 为 1，$\dot{E}_{\mathrm{b},2}$ 给定。如前面所述，对于散热热流分布问题，太空辐射器将要求散热热流在散热面上均匀分布；对于辐射率分布问题，根据前面的优化结果式(8.123)，则要求辐射率按各自面积微元的散热量比例进行分布。对于以上问题，最优的辐射传热都对应于散热表面温度均匀。另外，在太空辐射器中还存在如下问题：出于成本和重量等方面的考虑，太空辐射器的散热面积是有限的；这就需要对有限的散热面积 A 进行分配，以减小整体的辐射热阻，使系统更有效地完成散热任务。因此，约束条件为

$$\sum \delta A_i = A_{\mathrm{tot}} = \text{常数} \tag{8.125}$$

式中，δA_i 为分配给第 i 个器件的散热表面。对于每个散热表面而言，假定其散热量 $\delta\dot{Q}_{\mathrm{net},i}$ 已知、各个表面发射率均为 ε。计算每个散热表面的辐射传热势差有

$$\Delta\dot{E}_{\mathrm{b},i} = \delta\dot{Q}_{\mathrm{net},i} \big/ \left(\varepsilon\delta A_i\right) \tag{8.126}$$

计算所有散热表面的辐射炽耗散率有

$$\dot{\Phi}_{\mathrm{gr}} = \sum \delta\dot{Q}_{\mathrm{net},i}^2 \big/ \left(\varepsilon\delta A_i\right) \tag{8.127}$$

考虑约束条件式(8.125)，可采用拉格朗日乘子法将式(8.127)的极值问题转化为下面泛函的极值问题：

$$\Pi = \sum \delta\dot{Q}_{\mathrm{net},i}^2 \big/ \left(\varepsilon\delta A_i\right) + \lambda\left(\sum \delta A_i - A_{\mathrm{tot}}\right) \tag{8.128}$$

式中，λ 为拉格朗日乘子。求解该问题可得式(8.127)取极值时各散热表面的辐射散热势差为

$$\Delta\dot{E}_{\mathrm{b},i} = \sum \delta\dot{Q}_{\mathrm{net},i} \big/ \left(\varepsilon A_{\mathrm{tot}}\right) = \text{常数} \tag{8.129}$$

可以证明式(8.127)对 δA_i 的二阶导数为正。因此式(8.129)成立时式(8.127)取得极小值，且表面 1 的温度是均匀分布的。

在太空辐射器中，温度均匀化设计是一个重要的设计原则。从辐射传热的角度看，上述分析在理论上证明了该原则本质上减小了辐射传热系统的辐射热阻，从而提高了系统传热的能力。

文献[11]给出了发射率、面积和散热量分布的一些算例验证，有兴趣的读者可以参阅。

8.6.3　光谱辐射火积耗散极值原理的应用

首先考虑给定光谱辐射传热量的情况。如图 8.14 所示，两块平板面积分别为 A_1、A_2，在某波长 λ 下发射率分别为 $\varepsilon_{\lambda,1}$、$\varepsilon_{\lambda,2}$；且两平板在该波长下对温度为 T_{en} 的黑体环境的光谱辐射传热热流之和为常数，即

$$\dot{Q}_{\lambda net,1}+\dot{Q}_{\lambda net,2}=\dot{Q}_{\lambda net}=常数 \tag{8.130}$$

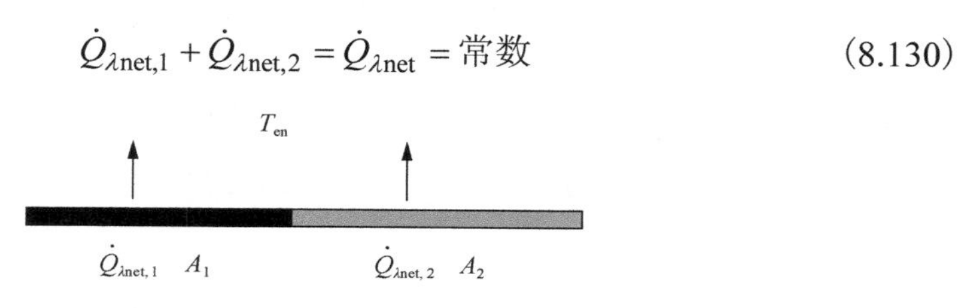

图 8.14　平板大空间光谱辐射传热系统

这样，在两块板中就存在对光谱辐射量进行优化分布以减小该波长下的当量辐射传热势差、降低光谱辐射热阻的问题。假定 $\varepsilon_{\lambda,1}$、$\varepsilon_{\lambda,2}$ 分别为 0.9 和 0.6；$A_1=A_2=1\text{m}^2$；$\dot{Q}_{\lambda net}=6\text{W/μm}$，$\lambda=2\text{μm}$。可以计算得到光谱辐射传热热流分布与光谱辐射火积耗散率、等效光谱辐射热势差以及光谱辐射热阻的关系，如图 8.15 所示。其中，当板 1 分配的光谱辐射传热热流取 3.6W/μm 时，光谱辐射火积耗散率、等效光谱辐射传热势差以及光谱辐射热阻都同时取得最小值，此时该辐射传热过程达到最优。

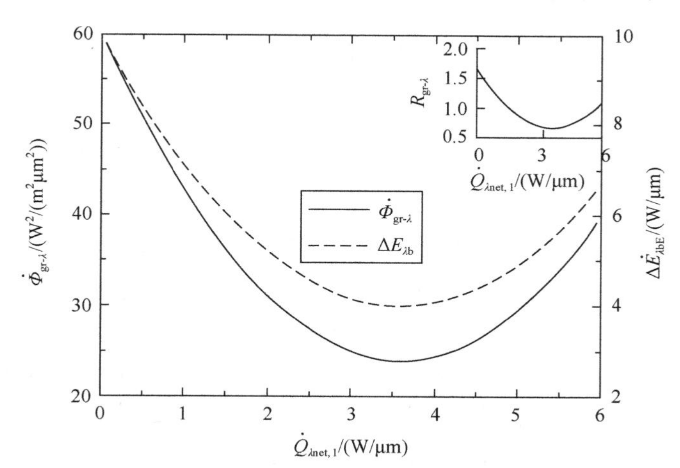

图 8.15　光谱辐射传热热流分布与光谱辐射火积耗散率、等效光谱辐射热势差以及光谱辐射热阻的关系

下面考虑图 8.16 所示的给定光谱辐射传热势差时的情况[4]。该系统为两个表面 A_1、A_2 组成的封闭空腔辐射传热系统，两表面面积之和为定值，即约束条件为

$$A_1+A_2=A_{tot}=常数 \tag{8.131}$$

两个表面温度分别为 T_1 和 T_2，即光谱辐射传热势差给定。假定出于某种需要，要增强某波长下两个表面间的热辐射传热量，因此需对两表面的面积进行分配。计算两板之间的光谱辐射传热量有

$$\dot{Q}_{\lambda\mathrm{net}} = \left(\dot{E}_{\lambda\mathrm{b},1} - \dot{E}_{\lambda\mathrm{b},2}\right)\left(\frac{1-\varepsilon_\lambda}{\varepsilon_\lambda A_1} + \frac{1-\varepsilon_\lambda}{\varepsilon_\lambda A_2} + \frac{1}{A_1 F_{1-2}}\right)^{-1} \tag{8.132}$$

式中，$\dot{E}_{\lambda\mathrm{b},1}$、$\dot{E}_{\lambda\mathrm{b},2}$ 分别为两表面在波长 λ 下的光谱黑体辐射力；F_{1-2} 为表面 1 对表面 2 的角系数；ε_λ 为表面在波长 λ 下的发射率。

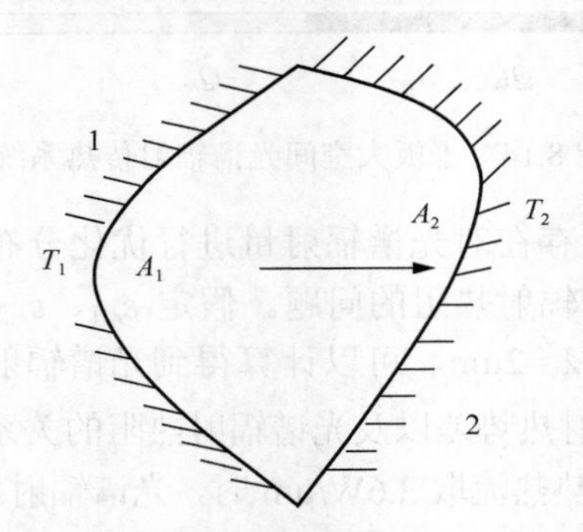

图 8.16　两表面之间的光谱辐射传热系统

对应地，计算两板的光谱辐射熈耗散率有

$$\dot{\Phi}_{\mathrm{gr}\text{-}\lambda} = \left(\dot{E}_{\lambda\mathrm{b},1} - \dot{E}_{\lambda\mathrm{b},2}\right)^2\left(\frac{1-\varepsilon_\lambda}{\varepsilon_\lambda A_1} + \frac{1-\varepsilon_\lambda}{\varepsilon_\lambda A_2} + \frac{1}{A_1 F_{1-2}}\right)^{-1} \tag{8.133}$$

由于两板温度给定，所以 $\dot{E}_{\lambda\mathrm{b},1}$、$\dot{E}_{\lambda\mathrm{b},2}$ 是给定的。当式(8.132)取得极值时，式(8.133)必然也取得极值。假定特征波长为 10μm，$T_1 = 600\mathrm{K}$、$T_2 = 300\mathrm{K}$、$A_{\mathrm{tot}} = 0.2\mathrm{m}^2$、$\varepsilon_\lambda = 0.9$；为简化问题，假定 $F_{1\text{-}2} = 0.5$，计算可得光谱辐射传热热流、光谱辐射熈耗散率以及光谱辐射热阻随 A_1 的变化情况，如图 8.17 所示。在图 8.17 中，光谱辐射传热热流、光谱辐射熈耗散率同时取得最大值，且随着 A_1 的增加，两者的变化趋势也完全一致；而此时光谱辐射热阻达到最小值。

图 8.14 和图 8.16 的两个算例中分别给定了光谱辐射传热热流和光谱辐射传热势差。由图 8.15 和图 8.17 的计算结果可见，以上两个算例验证了光谱辐射熈耗散极值原理和最小光谱辐射热阻原理。

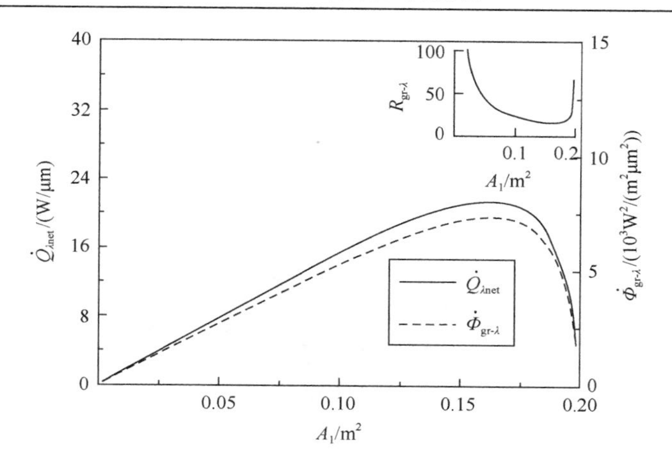

图 8.17　面积 A_1 与光谱辐射传热量、光谱辐射烟耗散率及光谱辐射热阻的关系

8.7　对辐射传热烟原理的认识与讨论

8.7.1　理论分析

分析式(8.5)可知，与热传导和热对流相比较，热辐射传递的流与它们相同，均为热流；但其势则不再是温度，而是与温度的四次方成正比，这一点在 8.1 节进行了分析。正是由于势的不同，辐射烟流、辐射烟耗散率的量纲与热传导、热对流中的烟流、烟耗散率的量纲都不一样。这种差异缘于热辐射在物理机制上与热传导和热对流的不同。热传导本质是晶格振动，而热对流还涉及流体的迁移运动；而热辐射则缘于电磁辐射。热传导与热对流需要依靠介质，但是热辐射则可以在真空中传递，因此对于辐射来说没有状态这个概念。

然而，对于热传导、热对流、热辐射三种过程，由于它们同是传热过程，其烟流、烟耗散率量纲的不同也会带来一些问题：在热辐射与热传导、热对流同时存在的耦合传热过程中，辐射烟流、辐射烟耗散率与热传导、热对流的烟流、烟耗散率等不能相加减。对于这样的耦合传热过程，应该如何根据烟理论对其进行优化分析呢？此外，根据烟的宏观定义，对于一个物体而言，其状态烟对应的势为温度，这与热传导、热对流中的烟流定义是统一的，从而使得该烟流定义可以用于对非稳态热传导和热对流过程进行分析。但在热辐射问题中，由于此时的势不再是温度，上述统一性便不再存在。下面针对这一问题进行探讨。

考虑如图 8.18 所示的传热过程，一个可以用集总参数法处理的小球对空间环境散热，其温度为 T，环境温度为 T_{en}。小球对外散热包括对流与辐射两部分，这就构成了一个简单的热对流、热辐射耦合的传热问题。该问题的能量守恒控制方程为

$$c_p M \frac{\mathrm{d}T}{\mathrm{d}t} = -A\left[h\left(T - T_{\mathrm{en}}\right) + \varepsilon\left(\dot{E}_{\mathrm{b}} - \dot{E}_{\mathrm{b,en}}\right)\right] \tag{8.134}$$

式中，c_p 为比热容；M 为小球质量；A 为小球的表面积；h 为表面对流换热系数；ε 为表面辐射率；t 为时间；$\dot{E}_{\mathrm{b}}$ 和 $\dot{E}_{\mathrm{b,en}}$ 分别为表面辐射热势与环境辐射热势。

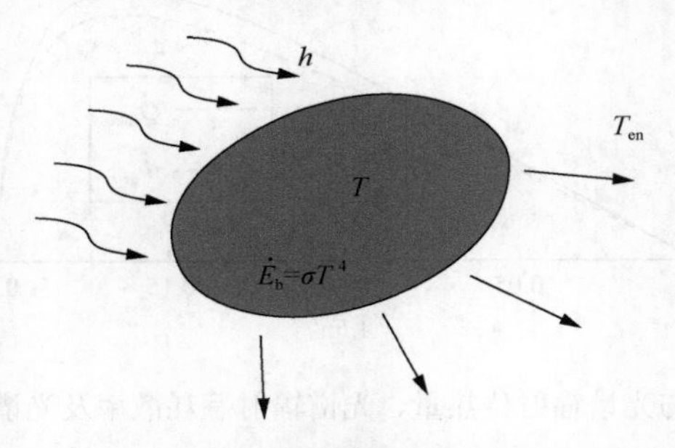

图 8.18　热辐射与热对流耦合的传热过程

从能量传递的角度看，式(8.134)中对流传热与辐射传热两部分对于小球状态的影响是完全平等的。如果在式(8.134)两端同时乘以小球的温度 T，结合物体焖的定义可得到该传热过程的焖平衡方程为

$$\frac{\mathrm{d}G}{\mathrm{d}t} = \left[hA\left(T_{\mathrm{en}} - T\right)\right]T + \left[\varepsilon\left(\dot{E}_{\mathrm{b,en}} - \dot{E}_{\mathrm{b}}\right)\right]T = \dot{Q}_{\mathrm{c}}T + \dot{Q}_{\mathrm{r}}T \tag{8.135}$$

式中，$\dot{Q}_{\mathrm{c}}$、$\dot{Q}_{\mathrm{r}}$ 分别为对流传热和辐射传热注入小球的热流量。等式左端是小球的焖随时间的变化量；右端第一项为对流传热注入小球的焖，第二项为辐射传热注入小球的热量与小球温度的乘积，也是辐射传热注入小球的热量带入的焖(以温度定义的辐射焖流)。

根据式(8.135)可知，对于具体的物体而言，其焖的变化与传热的方式和具体过程无关，只与热量传递的结果(有多少热量注入或离开了该物体)有关。因此，在对非稳态的传热过程，或者存在热辐射与热对流、热传导等相耦合的传热过程进行分析时，可将辐射传热视为与温度有关的热源或者热汇，从而将存在辐射传热的问题转化为纯粹的热对流或者热传导问题进行讨论。当然，这在一定程度上默认了辐射传热的焖流可以采用与热传导、热对流过程中相同的定义，即

$$\dot{G}_{\mathrm{fr}T} = \dot{Q}\,T \tag{8.136}$$

这样的处理方式可以解决非稳态传热问题、耦合传热问题中出现的矛盾，那么它会不会带来新的问题呢？

对于图 8.2 所示的等温漫射灰体表面组成的封闭传热系统，其中任意表面均满足其能量守恒方程式(8.13)。在式(8.13)两端同时乘以表面温度 T_j，有

$$\dot{Q}_{\mathrm{net},j}T_j = \dot{Q}_jT_j - \sum_{i=1}^{n}\dot{Q}_iB_{i\text{-}j}T_j \tag{8.137}$$

式中，等式左边为表面 j 对外的净辐射燃流；右边第一项为表面 j 对外辐射热量带走的辐射燃流；第二项为注入表面 j 的辐射燃流。类似于式(8.13)到式(8.19)的推导过程可以得到

$$\sum_{j=1}^{n}\dot{Q}_{\mathrm{net},j}T_j = \sum_{j=1}^{n}\sum_{i=1}^{n}\dot{Q}_iB_{i\text{-}j}\left(T_i - T_j\right) \tag{8.138}$$

式(8.138)左边为所有表面的净辐射燃流之和；右边为系统的辐射燃耗散率。这就是基于定义式(8.136)得到的辐射燃流平衡方程。进一步，如果以式(8.88)定义系统的辐射传热量 $\dot{Q}_{\mathrm{net}}$，并定义等效辐射传热温差为

$$\Delta T_{\mathrm{rE}} = \sum_i \dot{Q}_{\mathrm{net,in}\text{-}i}T_i \Big/ \dot{Q}_{\mathrm{net}} + \sum_j \dot{Q}_{\mathrm{net,out}\text{-}j}T_j \Big/ \dot{Q}_{\mathrm{net}} \tag{8.139}$$

结合式(8.138)与式(8.139)，并以 $\dot{\Phi}_{\mathrm{gr}T}$ 表示辐射燃耗散率，有

$$\dot{\Phi}_{\mathrm{gr}T} = \dot{Q}_{\mathrm{net}}\Delta T_{\mathrm{rE}} \tag{8.140}$$

可见，在给定总的辐射传热热流量时，辐射燃耗散率最小对应于等效辐射传热温差最小；在给定等效辐射传热温差时，辐射燃耗散率最大对应于辐射传热热流量最大。如果定义辐射热阻为

$$R_{\mathrm{gr}T} = \Delta T_{\mathrm{rE}} \big/ \dot{Q}_{\mathrm{net}} = \dot{\Phi}_{\mathrm{gr}T} \big/ \dot{Q}_{\mathrm{net}}^2 \tag{8.141}$$

则上述辐射燃耗散率极值均对应于最小辐射热阻。根据式(8.140)和式(8.141)可知，如果以式(8.136)定义辐射燃流，仍能得到对应的辐射燃耗散极值原理与最小辐射热阻原理。

但进一步研究表明，基于(8.136)定义的辐射燃流不能重复式(8.50)～式(8.84)的推导过程，即不能得到相应的辐射燃函数极小值原理。另外，根据 8.1 节的分析，在物理本质上，辐射传热的驱动势与温度的四次方成正比，而不是温度，式(8.136)的定义不符合燃流定义的一般内涵。此外，式(8.141)定义的辐射热阻的量纲也与一般意义上辐射热阻的量纲不一致。这就为优化辐射传热带来了一个较大的难题。式(8.5)给出的辐射燃流定义将使得非稳态传热，或者热辐射、热对流以及热传导耦合传热过程的分析中出现量纲不统一的矛盾；而式(8.136)给出的定义虽然可以解决量纲不统一的矛盾，但也存在问题。此外，虽然采用温度定义燃流能够解决表面的辐射与对流耦合问题，但是能否解决辐射参与性介质的耦合传热

也还没有研究。如何解决以上这些问题还有待于更进一步研究。

8.7.2　两种辐射炽流的定义在优化应用中的比较

8.7.1 节中讨论了两种不同炽流定义下辐射炽原理的异同。下面就一些具体的问题进行分析和讨论，以便进一步加深理解。

对比式(8.90)和式(8.140)可见，在给定辐射传热热流量时，如以 $\dot{E}_{\mathrm{b}}$ 为辐射传热驱动势，则最小辐射炽耗散对应于最小等效辐射传热势差；如以温度 T 为辐射传热驱动势，则最小辐射炽耗散对应于最小等效辐射传热温差。显然，两种不同定义下的辐射炽原理在优化给定辐射传热量时，其对应的优化目标是不同的。然而，本书对图 8.10 所示的三块无限大平行平板组成的辐射传热系统进行的分析表明，两种不同炽流定义下辐射炽原理的优化结果相同。这种相同是必然还是巧合？下面选取一些不同的问题来讨论。

首先分析图 8.5 中无限大平行平板的辐射传热过程，如以用温度 T 为辐射传热驱动势，则可计算单位面积的辐射炽耗散率为

$$\dot{\varphi}_{\mathrm{gr}T,A}=\varepsilon_1\left(\dot{E}_{\mathrm{b},1}-\dot{E}_{\mathrm{b0},1}\right)\left(T_1-T_{01}\right)+\frac{\left(\dot{E}_{\mathrm{b},1}-\dot{E}_{\mathrm{b},2}\right)\left(T_1-T_2\right)}{1/\varepsilon_1+1/\varepsilon_2-1}+\varepsilon_2\left(\dot{E}_{\mathrm{b},2}-\dot{E}_{\mathrm{b0},2}\right)\left(T_2-T_{02}\right) \tag{8.142}$$

结合式(8.140)即可计算等效辐射传热温差。这样，取与图 8.8 相同的计算参数，可得两种辐射炽流定义下系统单位面积的辐射炽耗散率、等效辐射传热势差和辐射传热温差随发射率分布变化的情况，结果如图 8.19 所示。根据计算结果可见，当板 1 的辐射率 ε_1=0.81 时，以 T 为驱动势定义的单位面积辐射炽耗散率取最小值，此时系统的等效传热温差也达到最小值，$\Delta T_{\mathrm{rE,min}}$=70.71K；当板 1 的发射率

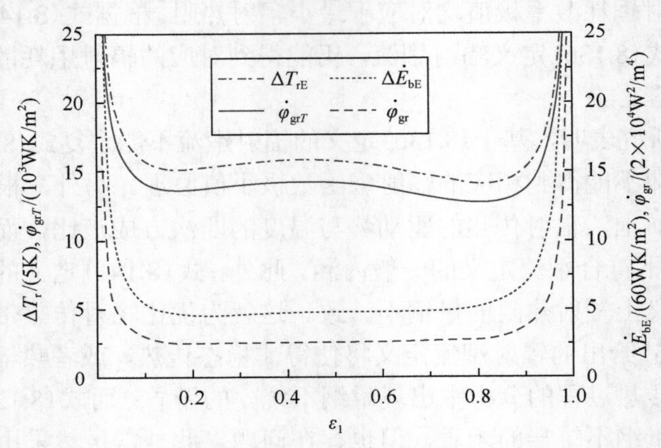

图 8.19　无限大平行平板辐射传热系统在两种不同炽流定义下的优化结果对比

ε_1=0.24 时，以 $\dot{E}_b$ 为势定义的单位面积辐射㶲耗散率取最小值，此时系统的等效辐射传热势差同样达到最小值，$\Delta\dot{E}_{bE,min}$=274.28W/m^2。显然，两种辐射㶲流定义下的辐射㶲原理的优化结果不同。因此图 8.10 中两种辐射㶲流定义下的优化结果一致，只是一种巧合，它们在本质上是不同的。

进一步可讨论图 8.20 所示的三块板组成的三角型辐射传热系统[12]，其中，表面 1、表面 2 和表面 3 在纸面方向的长度分别为 l_1、l_2 和 l_3，温度分别为 T_1、T_2 和 T_3，空腔在垂直于纸面方向上长度 L 非常长($L \gg l_1, l_2, l_3$)，忽略空腔两端部对热平衡的影响，这个问题变为一个二维问题。假设表面 1 和表面 2 为高热势表面，向外辐射的净热流密度分别为 $\dot{q}_1$ 和 $\dot{q}_2$；表面 3 为低热势表面，且吸收另两个表面发出的热量，表面的发射率为 ε_3 为已知。同样，假定表面 1 和表面 2 的发射率 ε_1、ε_2 之和给定且满足式(8.101)，因此需要寻求表面 1 和表面 2 间最优的发射率分布，使系统的传热过程最优。

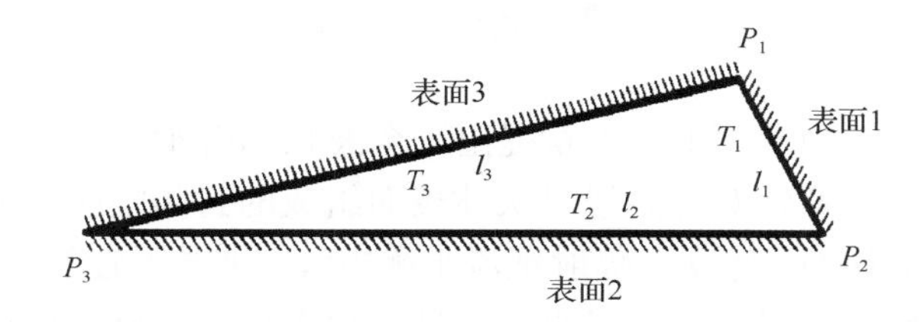

图 8.20　三块板组成的三角形封闭空腔中的辐射传热系统

对于上述辐射传热过程，系统的净辐射传热量为

$$\dot{Q}_{net} = \dot{q}_1 l_1 L + \dot{q}_2 l_2 L \tag{8.143}$$

两种辐射㶲流定义下的系统辐射㶲耗散率分别为

$$\dot{\Phi}_{grT} = \dot{q}_1 l_1 L T_1 + \dot{q}_2 l_2 L T_2 - \dot{Q}_{net} T_3 \tag{8.144}$$

$$\dot{\Phi}_{gr} = \dot{q}_1 l_1 L \dot{E}_{b,1} + \dot{q}_2 l_2 L \dot{E}_{b,2} - \dot{Q}_{net} \dot{E}_{b,3} \tag{8.145}$$

令 $l_1 = 0.02$m, $l_2 = 0.10$m, $l_3 = 0.09$m, $L = 1$m, $\dot{q}_1 = 12$kW/m^2, $\dot{q}_2 = 8$kW/m^2, $T_3 = 300$K, $\varepsilon_3 =0.3$, C=1。通过计算可以获得 ΔT_{rE}、$\Delta\dot{E}_{bE}$、$\dot{\Phi}_{grT}$ 和 $\dot{\Phi}_{gr}$ 随 ε_1 的变化，如图 8.21 所示。ΔT_{rE} 和 $\dot{\Phi}_{grT}$ 随 ε_1 的变化具有相同的变化趋势，并且在 ε_1=0.36 时同时达到最小值；$\Delta\dot{E}_{bE}$ 和 $\dot{\Phi}_{gr}$ 具有相同的变化趋势，并且在 $\varepsilon_1 = 0.40$ 时同时达到最小值。该问题从理论上也可以严格证明，采用不同的辐射热势定义所获得的最小㶲耗散所对应的 ε_1 的数值是不同的[12]。

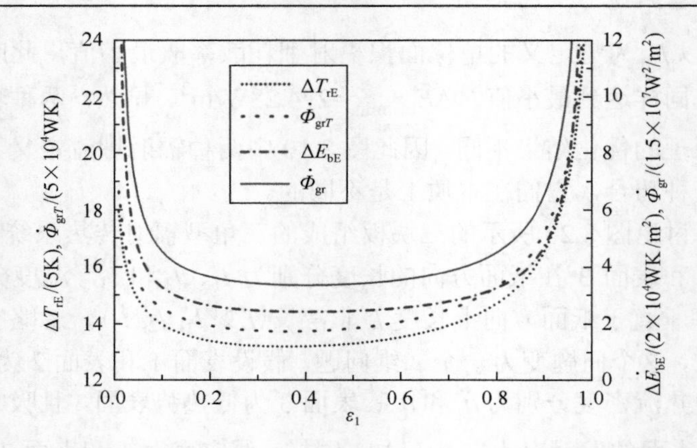

图 8.21　三角形封闭空腔中的辐射传热系统在两种不同烟流定义下的优化结果

8.8　小　　结

在分析辐射热势的基础上，本章提出了全波长辐射烟流与光谱辐射烟流的定义。基于该定义，本章针对等温漫射灰体表面组成的封闭空腔辐射传热系统等多种封闭空腔热辐射问题，建立了辐射烟流平衡方程，推导了辐射烟耗散极值原理、最小辐射热阻原理与辐射烟函数极小值原理。辐射烟函数极小值原理可用于描述封闭空腔辐射传热的稳定状态，即在给定系统各表面净辐射热流或等效热势时，满足边界条件、辐射传热定律和能量守恒方程的热势与净辐射热流分布使得系统辐射烟函数达到极小值。

辐射烟耗散极值原理表明，在给定系统辐射传热量时，辐射烟耗散率最小对应于等效辐射传热势差最小；给定系统等效辐射传热势差时，辐射烟耗散率最大对应于辐射传热量最大。最小辐射热阻原理表明，上述寻求辐射烟耗散率极值的过程就是寻求最小辐射热阻的过程。通过与最小熵产原理对比，讨论了最小熵产原理的局限性，论证了辐射烟耗散极值原理的适用性。

辐射烟流与热传导、热对流的烟定义不同。基于温度的四次方定义的辐射烟流可以建立辐射烟函数极小值原理，但是在分析与热传导、热对流耦合的传热问题时存在困难。如果以温度为热势来定义辐射烟流，在耦合传热问题中可以把辐射引起的热量交换项当作一个与温度有关的等效热源；但是以温度定义的辐射热势不能导出辐射烟函数极小值原理，而且温度也不符合辐射传热中驱动势的基本特点；这样的处理方式能否用于辐射参与性介质的耦合传热等还需要进一步的研究。对于具体的辐射传热问题，在给定辐射传热量时，两种辐射烟流的定义对应于不同的优化目标：当以温度为驱动势时，最小烟辐射耗散率对应于最小等效辐射传热温差；当以全波长辐射力为驱动势时，最小烟辐射耗散率对应于最小等效辐射传热势差。

参 考 文 献

[1] Guo Z Y, Zhu H Y, Liang X G. Entransy——a physical quantity describing heat transfer ability[J]. International Journal of Heat and Mass Transfer, 2007, 50(13-14): 2545-2556.

[2] 杨世铭，陶文铨. 传热学[M]. 北京：高等教育出版社, 2006.

[3] 卞伯绘. 辐射换热的分析与计算[M]. 北京：清华大学出版社, 1988.

[4] 程雪涛. 煅减原理与辐射传热的煅分析[D]. 北京：清华大学, 2011.

[5] Cheng X T, Liang X G. Entransy flux of thermal radiation and its application to enclosures with opaque surfaces[J]. International Journal of Heat and Mass Transfer, 2011, 54(1-3): 269-278.

[6] 侯增祺，胡金刚. 航天器热控制技术[M]. 北京:中国科学技术出版社, 2007.

[7] 程新广. 煅及其在传热优化中的应用[D]. 北京：清华大学, 2004.

[8] Cheng X T, Xu X H, Liang X G. Radiative entransy flux in enclosures with non-isothermal or non-grey, opaque, diffuse surfaces and its application[J]. Science China-Technological Sciences, 2011, 54(9): 2446-2456.

[9] 吴晶. 热学中的势能煅及其应用[D]. 北京：清华大学, 2009.

[10] Wu J, Liang X G. Application of entransy dissipation extremum principle in radiative heat transfer optimization[J]. Science in China Series E-Technological Sciences, 2008, 51(8): 1306-1314.

[11] 程雪涛，梁新刚. 辐射煅耗散与空间辐射器温度场均匀化的关系[J]. 工程热物理学报, 2012(02): 311-314.

[12] Zhou B, Cheng X T, Liang X G. A comparison of different entransy flow definitions and entropy generation in thermal radiation optimization[J]. Chinese Physics B, 2013, 22(0844018).

附录 A　单原子气体㶲的微观表述

第 1 章讨论了㶲的宏观物理意义。本附录将介绍单原子气体㶲的微观表述[1]，建立㶲与微观状态数之间的关系。

A.1　㶲的微观表达式

如图 A.1 所示，考虑一个由单原子理想气体组成的且处于热平衡态的系统，该系统的体积 V、内能 U 和内部粒子数 N 都给定。

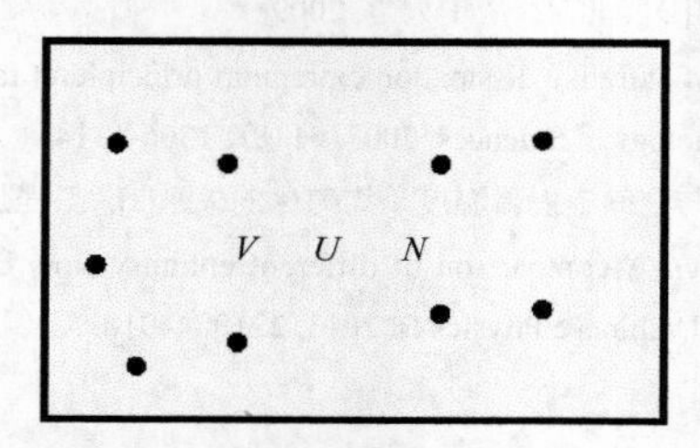

图 A.1　单原子分子理想气体系统示意图

考虑粒子之间不可辨别，则系统微观状态数为[2]

$$\Omega=\left(Z^N/N!\right)\mathrm{e}^{U/(k_\mathrm{B}T)} \tag{A.1}$$

式中，Z 为配分函数；T 为系统温度；k_B 为玻尔兹曼常数；e 为自然对数。考虑统计学中的 Stirling 近似，即[3]

$$\ln N!\approx N\left(\ln N-1\right) \tag{A.2}$$

将式(A.2)代入式(A.1)可得

$$\Omega=\left(Z\mathrm{e}/N\right)^N\ \mathrm{e}^{U/(k_\mathrm{B}T)} \tag{A.3}$$

对于该系统，内能 $U=C_VT$；对于单原子分子系统而言，其热容 C_V 的表达式为[4]

$$C_V=3Nk_\mathrm{B}/2 \tag{A.4}$$

代入式(A.3)有

$$\Omega=\left(Z\mathrm{e}/N\right)^N\ \mathrm{e}^{3N/2}=\left(Z/N\right)^N\ \mathrm{e}^{5N/2} \tag{A.5}$$

对于单原子理想气体系统，可以写出其配分函数为[2]

$$Z=\left(V/\hbar^3\right)\left(2\pi mk_\mathrm{B}T\right)^{3/2}\sum_e g_e\mathrm{e}^{-\varepsilon_e/(k_\mathrm{B}T)} \tag{A.6}$$

式中，m 为分子质量；$\hbar$ 为普朗克常数；g_e 为分子能级 ε_e 上的简并度。求和部分体现电子对配分函数的影响。由于电子绕核运动的能级分布很宽，其特征温度都在 10^4 K 量级上[2]，在一般温度条件下，这部分并不存在。这样就可以将配分函数简化为

$$Z=\left(V/\hbar^3\right)\left(2\pi mk_\mathrm{B}T\right)^{3/2} \tag{A.7}$$

将式(A.7)代入式(A.5)得

$$\Omega=\left(V/N\right)^N\left(2\pi mk_\mathrm{B}T/\hbar^2\right)^{3N/2}\mathrm{e}^{5N/2} \tag{A.8}$$

由玻尔兹曼熵的微观表述 $S=k\ln\Omega$ 和式(A.8)可以推导得到单原子分子组成的理想气体系统绝对熵的表达式，即系统绝对熵与其宏观参数之间的关系[2]：

$$S=\frac{3}{2}Nk_\mathrm{B}\ln T+Nk_\mathrm{B}\ln\left(V/N\right)+\frac{3}{2}Nk_\mathrm{B}\left[\ln\left(2\pi mk_\mathrm{B}/\hbar^2\right)+\frac{5}{3}\right] \tag{A.9}$$

在系统粒子数、体积等不变时，系统的绝对熵与其温度的对数存在简单的正变关系。在经典热力学中，理想气体绝对熵的经典表达式为[4]

$$S=\int_0^T c_{p0}\left(T\right)\mathrm{d}\left(\ln T\right)-R^0\ln\left(p/p_\mathrm{ref}\right)+\sum\left(\gamma/T_\gamma\right) \tag{A.10}$$

式中，c_{p0} 为气体在足够低压(常为 1 个大气压)下测量得到的比定压热容；T 为气体温度；R^0 为气体常数；p 为气体压力；p_ref 为参考压力(一般取 1 个大气压)；γ 为相变潜热；T_γ 为相变温度。文献[4]以汞蒸气在其标准沸点 630 K 时的熵值为算例，根据实验数据采用式(A.10)计算了汞蒸气的熵值；并与式(A.9)计算得到的数值进行对比，结果表明两者相对偏差仅为 0.4%，这一偏差在实验误差范围内。这说明式(A.9)和式(A.10)表达的熵是一致的，且式(A.9)避免了计算相变的热力学过程，可以直接计算物体的绝对熵值。

另外，根据式(A.8)可得系统㶲的微观表达式，即㶲与系统微观状态数之间的关系。首先，可以得到系统温度 T 与微观状态数 Ω 之间的关系为

$$T=\left[\hbar^2\mathrm{e}^{-5/3}N^{2/3}/\left(2\pi k_\mathrm{B}mV^{2/3}\right)\right]\Omega^{2/(3N)}=\chi\Omega^{2/(3N)} \tag{A.11}$$

考虑㶲的宏观定义，并结合 $U=C_VT$ 与式(A.11)，整理可得

$$G = \zeta \Omega^{4/(3N)} \tag{A.12}$$

式中，ζ 为微观烟比例系数，其表达式为

$$\zeta = \frac{1}{2} C_V \chi^2 = \frac{3\hbar^4}{16\pi^2 e^{10/3} k_B} \cdot \frac{N^{7/3}}{m^2 V^{4/3}} = \beta \frac{N^{7/3}}{m^2 V^{4/3}} \tag{A.13}$$

式中，β 为常数，等于 9.463×10^{-114} J^3s^4K；ζ 与系统的粒子数、分子质量和体积有关，在给定这三个物理量的系统中，ζ 为常数。当 1mol 氦气体积为 1×10^{-3} m^3 时，ζ 为 0.0656 JK。式(A.12)中，Ω 的数量级约为 e^I，其中 I 具有阿伏伽德罗常数的量级[4]。这样，对应于玻尔兹曼熵公式，式(A.12)给出了烟与微观状态数之间的关系。对比式(A.12)与玻尔兹曼熵的微观表述、烟的定义式($G=TU/2$)与式(A.9)、式(A.10)可知，在微观表达式方面熵比烟更简洁；但宏观表达式上烟比熵更为简洁一些。此外，由式(A.12)、式(A.13)可见，对于一个粒子数、分子质量和体积不变的系统，其微观状态数越多，即意味着系统温度越高，因此其烟也越大。

下面基于式(A.12)证明以微观状态数表达的烟为广延量。将图 A.1 所示的处于平衡态的系统任意切割为 n 个子系统。考虑其中任意两个子系统 i、j，其体积分别为 V_i、V_j，粒子数分别为 N_i、N_j。由于整个系统为单原子分子系统，其中只有一种粒子，两个子系统的分子质量 m 相同。这样，可计算得到两个子系统的烟分别为

$$G_i = \zeta_i \Omega_i^{4/(3N_i)} \tag{A.14}$$

$$G_j = \zeta_j \Omega_j^{4/(3N_j)} \tag{A.15}$$

将两个子系统视为一个系统，则其体积为 $V_i + V_j$，粒子数为 $N_i + N_j$，计算其烟可得

$$G_{i+j} = \zeta_{i+j} \Omega_{i+j}^{4/\left[3\left(N_i+N_j\right)\right]} \tag{A.16}$$

比例系数 ζ_{i+j} 如下：

$$\begin{aligned} \zeta_{i+j} &= \frac{\beta}{m^2} \cdot \frac{\left(N_i + N_j\right)^{7/3}}{\left(V_i + V_j\right)^{4/3}} \\ &= \frac{\beta N_i}{m^2} \cdot \left(\frac{N_i + N_j}{V_i + V_j}\right)^{4/3} + \frac{\beta N_j}{m^2} \cdot \left(\frac{N_i + N_j}{V_i + V_j}\right)^{4/3} \end{aligned} \tag{A.17}$$

考虑到系统处于平衡态，因此粒子在各个子系统中必然均匀分布，有

$$N_i/V_i = N_j/V_j = \left(N_i + N_j\right)/\left(V_i + V_j\right) \tag{A.18}$$

将式(A.18)代入式(A.17)，有

$$\zeta_{i+j} = \frac{\beta}{m^2} \cdot N_i \left(\frac{N_i}{V_i}\right)^{4/3} + \frac{\beta}{m^2} \cdot N_j \left(\frac{N_j}{V_j}\right)^{4/3} = \zeta_i + \zeta_j \tag{A.19}$$

由于系统处于平衡状态，系统各部分的温度必然相等：

$$T_{i+j} = T_i = T_j \tag{A.20}$$

将式(A.11)代入式(A.20)，并整理有

$$\left(\frac{N_i + N_j}{V_i + V_j}\right)^{2/3} \Omega_{i+j}^{\frac{2}{3(N_i+N_j)}} = \left(\frac{N_i}{V_i}\right)^{2/3} \Omega_i^{\frac{2}{3N_i}} = \left(\frac{N_j}{V_j}\right)^{2/3} \Omega_j^{\frac{2}{3N_j}} \tag{A.21}$$

将式(A.18)引入式(A.21)，并进行整理可得

$$\Omega_{i+j}^{4/\left[3\left(N_i+N_j\right)\right]} = \Omega_i^{4/\left(3N_i\right)} = \Omega_j^{4/\left(3N_j\right)} \tag{A.22}$$

结合式(A.19)、式(A.22)，有

$$G_{i+j} = G_i + G_j \tag{A.23}$$

可见，整个处于热平衡态的系统中，任意两个子系统的炽之和等于这两个子系统组成的系统的炽。这就说明，以微观状态数表达的炽是广延量，可以进行代数叠加。因此对整个系统必有

$$G = \sum_{i=1}^{n} G_i \tag{A.24}$$

A.2　热平衡过程中系统微观状态数、熵和炽的变化

下面讨论系统在热平衡前后微观状态数、熵和炽的变化情况。

图 A.2 所示为由 n 个子系统组成的孤立系统，在初始时刻第 i 个子系统的温度、分子数、体积、分子质量分别为 T_i、N_i、V_i、m_i。经过足够长的时间后，子系统之间经过充分的能量交换而达到热平衡态。假定能量传递过程中各子系统体积、

分子数、分子质量都不变，即各子系统之间不发生功交换和物质交换。

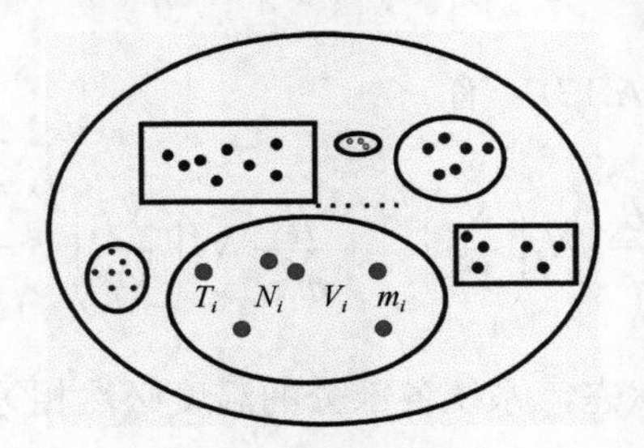

图 A.2　单原子分子组成的孤立系统

在图 A.2 中，根据式(A.11)，初始时刻第 i 个子系统的微观状态数为

$$\Omega_i = \left(T_i/\chi_i\right)^{3N_i/2} \tag{A.25}$$

因此，初始态的系统微观状态数为

$$\Omega = \prod_{i=1}^{n}\Omega_i = \prod_{i=1}^{n}\left(T_i/\chi_i\right)^{3N_i/2} \tag{A.26}$$

考虑系统在平衡态各部分温度相同，利用式(A.11)，系统微观状态数可以表示为

$$\Omega' = \prod_{i=1}^{n}\Omega_i' = \prod_{i=1}^{n}\left(T/\chi_i\right)^{3N_i/2} \tag{A.27}$$

考虑系统总的内能不变，因此系统在热平衡态的温度为

$$T = \sum_{i=1}^{n}C_{Vi}T_i \bigg/ \sum_{i=1}^{n}C_{Vi} = \sum_{i=1}^{n}N_iT_i \bigg/ \sum_{i=1}^{n}N_i \tag{A.28}$$

这样，即可得平衡态系统微观态数与初始态之比为

$$\Omega'/\Omega = \prod_{i=1}^{n}\left(T/\chi_i\right)^{3N_i/2} \bigg/ \prod_{i=1}^{n}\left(T_i/\chi_i\right)^{3N_i/2} = \left[T^{\sum_{i=1}^{n}N_i} \bigg/ \prod_{i=1}^{n}T_i^{N_i}\right]^{3/2} \tag{A.29}$$

在式(A.28)中，根据均值不等式有

$$\sum_{i=1}^{n} N_i T_i = \overbrace{T_1 + \cdots + T_1}^{N_1} + \cdots + \overbrace{T_i + \cdots + T_i}^{N_i} + \cdots + \overbrace{T_n + \cdots + T_n}^{N_n}$$
$$\geqslant \left(\sum_{i=1}^{n} N_i\right)\left(\prod_{i=1}^{n} T_i^{N_i}\right)^{1\Big/\left(\sum\limits_{i=1}^{n} N_i\right)} \tag{A.30}$$

式中，等号仅当各子系统温度相等之时成立，即系统在初始态已经达到热平衡时才成立。将式(A.30)代入式(A.28)，有

$$T = \sum_{i=1}^{n} N_i T_i \Bigg/ \sum_{i=1}^{n} N_i \geqslant \left(\prod_{i=1}^{n} T_i^{N_i}\right)^{1\Big/\sum\limits_{i=1}^{n} N_i} \tag{A.31}$$

将式(A.31)代入式(A.29)有

$$\varOmega'/\varOmega \geqslant 1 \tag{A.32}$$

可见，系统初始态未达热平衡时，微观状态数小于达到热平衡态时的微观状态数。根据式(A.32)，计算系统在平衡态与初始态的熵变，有

$$S' - S = k_{\mathrm{B}} \ln\left(\varOmega'/\varOmega\right) \geqslant 0 \tag{A.33}$$

式(A.33)仅当系统在初始态已经达到热平衡时等号才成立。式(A.33)表明，系统达到平衡时的熵要高于初始处于非平衡状态时的熵。以上从微观状态数的角度出发，可以看到孤立系统热平衡过程的熵增原理。

那么在平衡态前后，炽又是如何变化的呢？根据式(A.12)，可计算得系统初态的炽为

$$G = \sum_{i=1}^{n} G_i = \sum_{i=1}^{n} \zeta_i \varOmega_i^{4/(3N_i)} \tag{A.34}$$

在平衡态有

$$G' = \sum_{i=1}^{n} \zeta_i \varOmega_i'^{\,4/(3N_i)} \tag{A.35}$$

考虑式(A.25)可以得到

$$G'/G = \sum_{i=1}^{n} \zeta_i \left(T/\chi_i\right)^2 \Bigg/ \sum_{i=1}^{n} \zeta_i \left(T_i/\chi_i\right)^2 \tag{A.36}$$

进一步结合式(A.4)与式(A.13)可以得到：

$$G'/G = T^2 \sum_{i=1}^{n} N_i \bigg/ \sum_{i=1}^{n} N_i T_i^2 \tag{A.37}$$

将式(A.28)代入式(A.37)并整理有

$$G'/G = \left(\sum_{i=1}^{n} N_i T_i\right)^2 \bigg/ \left[\left(\sum_{i=1}^{n} N_i T_i^2\right)\left(\sum_{i=1}^{n} N_i\right)\right] \tag{A.38}$$

将式(A.38)分子部分展开

$$\left(\sum_{i=1}^{n} N_i T_i\right)^2 = \sum_{i=1}^{n} N_i^2 T_i^2 + \sum_{i=1}^{n} \sum_{j=1, j\neq i}^{n} N_i N_j T_i T_j \tag{A.39}$$

分母部分同样展开

$$\left(\sum_{i=1}^{n} N_i T_i^2\right)\left(\sum_{i=1}^{n} N_i\right) = \sum_{i=1}^{n} N_i^2 T_i^2 + \frac{1}{2}\sum_{i=1}^{n} \sum_{j=1, j\neq i}^{n} N_i N_j \left(T_i^2 + T_j^2\right) \tag{A.40}$$

由于在 i、j 不相等时的展开计算中，将每一对子系统的 i、j 都计算了两遍，式(A.40)右端第二项乘以二分之一。对比式(A.39)和式(A.40)可以发现，两式右端第一项相等，式(A.39)右端第二项小于或者等于式(A.40)右端第二项。因此在式(A.38)中必有

$$G'/G \leqslant 1 \tag{A.41}$$

式(A.41)中的等号仅当各子系统初始温度相等时成立，即系统在初始态已经达到热平衡时才成立。显然，当各子系统的初始态未达热平衡时，系统平衡态与初始态相比，其炽总是减小的。这就从微观角度证明了孤立系统热平衡过程的炽总是减少的。

前面讨论了孤立系统从初始状态到热平衡态时微观状态数、熵和炽的变化情况，其结果可归纳为表 A.1。从表 A.1 可知，用不同的宏观物理量来考察系统向热平衡态发展这一典型的不可逆过程时，该物理量在系统热平衡前后的变化方向并不相同：采用熵时，热平衡前小于热平衡后；采用炽时，热平衡前大于热平衡后；采用内能时，则热平衡前后相等。但无论这些宏观量如何变化，系统微观状态数始终在增加。这就表明，系统内发生的不可逆变化，本质上是由于在不可逆过程中系统的无序度增加；而微观状态数 Ω 是度量系统无序度的基本量，因此微观状态数的增加是物理过程不可逆的本质原因。在讨论系统的不可逆性时，只要分析其无序度与系统某状态量间是否存在单值函数关系即可，具备这种关系的宏

观状态量就可能反映系统的无序度。

表 A.1　孤立系统的状态量

类别	物理量	与温度的关系	非平衡态初值	关系	平衡态值
微观量	微观状态数		Ω	<	Ω'
宏观量	熵	对数	S	<	S'
	内能	一次方	U	=	U'
	煅	二次方	G	>	G'

当然，并非所有与系统微观状态数具备单值函数关系的状态量均可反映系统的无序度。根据式(A.11)，温度具备了这种关系，而温度与内能具备单值函数关系，因此内能也具备与微观状态数的单值函数关系。但从表 A.1 可知，内能并不能作为反映系统无序度的物理量，因为在热平衡这一不可逆过程前后该物理量没发生变化，没有体现出时间的单向性。但对熵与煅而言，一方面它们都是微观状态数的单值函数；另一方面，它们都能反映系统在热平衡过程中发生的状态变化，具有时间的单向性，因此它们均可以反映系统的无序度，从而均可以度量系统从初始态发展到热平衡态这一过程的不可逆性。

Wang 等[5]进一步推导得到了双原子理想气体的煅的微观状态数的表达式，有兴趣的读者可以参看文献[5]。

参考文献

[1] 程雪涛, 梁新刚, 徐向华. (煅)的微观表述[J]. 物理学报, 2011(06): 150-156.

[2] 田长霖, 林哈特. 统计热力学[M]. 北京: 清华大学出版社, 1987.

[3] 冯端, 冯少彤. 溯源探幽: 熵的世界[M]. 北京: 科学出版社, 2005.

[4] 朱文浩, 顾毓沁. 统计物理学基础[M]. 北京: 清华大出版学社, 1983.

[5] Wang X J, He Y L, Wang Z D, et al.Microscopic expression of entransy in ideal gas system for diatomic molecules. International Journal of Heat and Mass T ransfer[J]. 2018, 127: 1347-1350.

附录 B　热力学循环的烱分析

热量传递可用于加热或冷却物体，也可用于热功转换。本书的正文中，主要讨论的是传热过程和热系统分析的烱理论，对于包含作功的循环，也是将烱的平衡方程作为系统的整体约束条件使用的。由于烱是状态量，在热功转换过程中烱也随着过程发生变化。那么，在热力学循环中烱如何变化、系统作功对它有什么样的影响？是否可以建立输入和输出系统的净烱流变化与系统输出功率之间的关联？本附录将就此进行探讨。

B.1　热量烱与功烱的定义

如图 B.1 所示，假定温度为 T 的系统经历了某个能量传递过程。在这一过程中，大小为 δE 的能量进入系统并成为其内能。假设在此过程中系统与外界没有任何其他形式的能量交换，则根据能量守恒有

$$\mathrm{d}U = \delta E \tag{B.1}$$

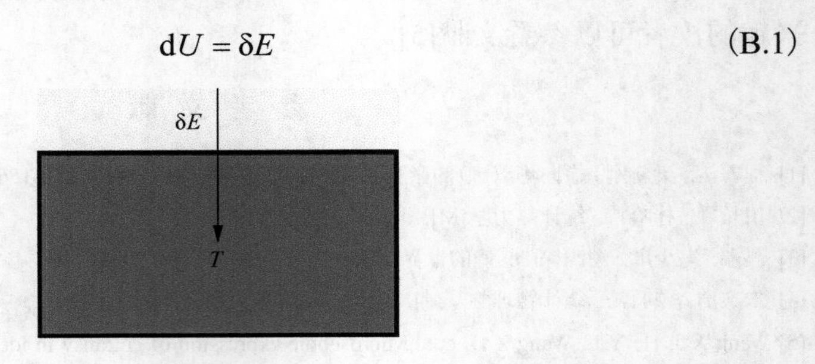

图 B.1　封闭系统的能量交换过程

在式(B.1)两端同时乘以温度 T：

$$T\mathrm{d}U = T\delta E \tag{B.2}$$

并利用内能烱的微分定义

$$\mathrm{d}G = T\mathrm{d}U \tag{B.3}$$

结合式(B.2)有

$$\mathrm{d}G = T\delta E \tag{B.4}$$

式(B.4)左边为系统状态烟的变化，右边则是该能量输入系统时带入的烟量。如果这是一个热相互作用过程，即 $\delta E = \delta Q$ ，则有

$$dG = T\delta Q = \delta G_{\mathrm{f}} \tag{B.5}$$

式中，δG_{f} 为由热量传递产生的烟量，即热量烟，是过程量。如果是功相互作用过程，则 $\delta E = \delta W$ ，有

$$dG = T\delta W = \delta G_W \tag{B.6}$$

式中，δG_W 为由功的作用而引起的烟的变化[1]，简称为功烟，也是过程量。

从式(B.5)和式(B.6)可知，虽然热量烟和功烟源自两种不同的过程，但它们都对系统的状态烟产生影响。

B.2　卡诺循环的烟分析

卡诺循环在热力学中是一个非常典型的、具有代表性的循环，本节将分析在卡诺循环中烟的变化，以及作功对系统烟的影响。

B.2.1　卡诺循环的烟平衡问题

首先，对于任意一个热力学过程，热力学第一定律均成立，即有

$$\delta Q = dU + \delta W \tag{B.7}$$

式中，δQ 为工质吸收的热量；dU 为其内能变化量；δW 为输出功。工质从外界得到的净能量为

$$\delta E = dU = \delta Q - \delta W \tag{B.8}$$

结合式(B.3)有

$$dG = T\delta Q - T\delta W = \delta G_{\mathrm{f}} - \delta G_W \tag{B.9}$$

式(B.9)就是一般热力学过程的烟平衡方程，它表明热量烟和功烟都会影响工质烟的状态[1]。

讨论图B.2所示的卡诺循环。在一个循环过程中，热机以温度 T_{H} 从高温热源吸收热量 Q_{H}，以温度 T_{L} 向低温热源放热 Q_{L}，并对外输出功 W。在该循环过程中，热源减少的净热量烟为[1, 2]

$$\Delta G_{\mathrm{C}} = Q_{\mathrm{H}} T_{\mathrm{H}} - Q_{\mathrm{L}} T_{\mathrm{L}} \tag{B.10}$$

工质完成一个循环后将回到初始状态，因此其状态燃不变。式(B.10)表明，热源在循环过程中减少了部分热量燃。在没有功燃的概念时，这部分热量燃看似凭空消失了，因此使得卡诺循环的燃出现了不平衡的现象。下面基于式(B.5)和式(B.6)的热量燃和功燃的定义，以及式(B.9)给出的热力学过程的燃平衡方程，讨论卡诺循环中的燃是否平衡的问题。

图 B.2 所示的卡诺循环包括图 B.3 所示的四个过程，其中有两个等温过程(过程 1—2 和过程 3—4)和两个等熵过程(过程 2—3 和过程 4—1)。下面分别对这四个过程进行分析。

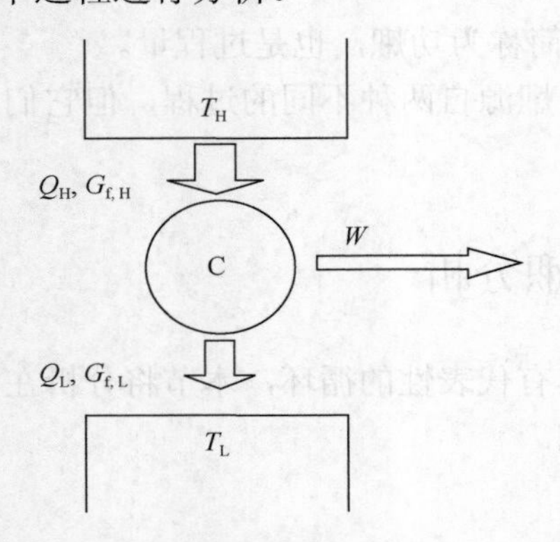

图 B.2　卡诺循环示意图

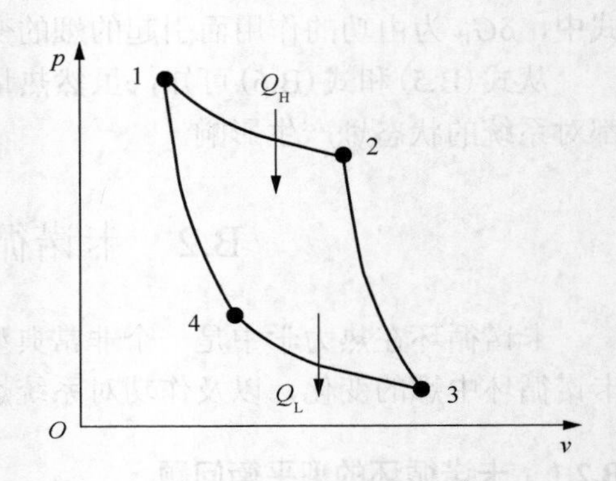

图 B.3　卡诺循环的 p-v 图

对于过程 1—2，由于工质温度保持不变，其内能和燃都不变，有

$$\delta Q = \delta W \tag{B.11}$$

$$\delta G_f = \delta G_W \tag{B.12}$$

由于在过程 1—2 中工质吸收的热量为 Q_H，对式(B.11)和式(B.12)积分有

$$\int_1^2 \delta Q = \int_1^2 \delta W = Q_H \tag{B.13}$$

$$\int_1^2 \delta G_f = \int_1^2 \delta G_W = Q_H T_H = G_{f,H} \tag{B.14}$$

对于等熵过程 2—3，由于工质系统绝热，因此有

$$dU + \delta W = 0 \tag{B.15}$$

$$dG = -\delta G_W \tag{B.16}$$

积分有

$$\int_2^3 \mathrm{d}U = -\int_2^3 \delta W = U_3 - U_2 \tag{B.17}$$

$$\int_2^3 \mathrm{d}G = -\int_2^3 \delta G_W = G_3 - G_2 \tag{B.18}$$

式中，U_2、G_2分别为状态点2的内能和烟；U_3、G_3则为状态点3的内能和烟。

对于等温过程3—4，式(B.11)和式(B.12)仍然成立，考虑到工质在该过程中温度保持不变，且对低温热源放热量为Q_L，有

$$\int_3^4 \delta Q = \int_3^4 \delta W = -Q_L \tag{B.19}$$

$$\int_3^4 \delta G_f = \int_3^4 \delta G_W = -Q_L T_L = -G_{f,L} \tag{B.20}$$

对于等熵过程4—1，式(B.15)和式(B.16)仍然成立，因此可得

$$\int_4^1 \mathrm{d}U = -\int_4^1 \delta W = U_1 - U_4 \tag{B.21}$$

$$\int_4^1 \mathrm{d}G = -\int_4^1 \delta G_W = G_4 - G_1 \tag{B.22}$$

式中，U_1、G_1分别为状态点1的内能和烟；U_4、G_4则分别为状态点4的内能和烟。

由于在卡诺循环中，工质为理想气体，其内能和烟都只是温度的单值函数，对于两个等温过程(过程1—2和过程3—4)，必然有

$$U_1 = U_2\text{，}\quad U_3 = U_4 \tag{B.23}$$

$$G_1 = G_2\text{，}\quad G_3 = G_4 \tag{B.24}$$

这样，联立式(B.13)～式(B.24)，可得

$$\oint \delta W = \int_1^2 \delta W + \int_2^3 \delta W + \int_3^4 \delta W + \int_4^1 \delta W = Q_H - Q_L \tag{B.25}$$

$$\oint \delta G_W = \int_1^2 \delta G_W + \int_2^3 \delta G_W + \int_3^4 \delta G_W + \int_4^1 \delta G_W = Q_H T_H - Q_L T_L \tag{B.26}$$

对照式(B.10)，有

$$\Delta G_C = \oint \delta G_W \tag{B.27}$$

式(B.27)表明，在一个可逆卡诺循环中，热源热量交换引起的热量烟的变化

量正好等于系统作功引起的炽的变化量[1]；换言之，热源净减少的热量炽量在系统对外输出功时消耗掉了。因此，在卡诺循环中，系统的炽是平衡的。

B.2.2　热功转换对炽的影响

由于卡诺循环是可逆的，其中没有炽耗散等不可逆的炽损失。因此，由式(B.10)和式(B.27)可知，从高温热源中取出的热量炽，除了一部分传递到低温热源，其余的都消耗在作功过程中。这部分用于作功的热量炽为

$$G_{\text{a-conv}} = G_{\text{f,H}} - G_{\text{f,L}} = Q_{\text{H}} T_{\text{H}} - Q_{\text{L}} T_{\text{L}} \tag{B.28}$$

式中，T_{L} 可视为环境温度。考虑到卡诺循环中没有不可逆炽损失，因此在同样条件下的热功转换过程中，卡诺循环的 $G_{\text{a-conv}}$ 最大[1]，称为热量 Q_{H} 的转换可用炽。根据式(B.27)有

$$G_{\text{a-conv}} = \oint \delta G_W \tag{B.29}$$

式(B.29)表明，热量 Q_{H} 的转换可用炽等于对应卡诺循环的功炽。为更清楚地理解这一点，下面分析图 B.4 所示的理想气体系统的可逆等温热功转换过程。在该过程中，由于理想气体系统温度不变，其内能和炽也都不变，可用式(B.11)和式(B.12)对其进行描述。一方面，从能量的守恒角度，系统从外界获得的热量全部转化为功；另一方面，从炽的角度，系统与外界换热获得的净炽量全部消耗在作功过程中。与此对应，在卡诺循环中，工质从热源中获得的净热量炽(从热源获得的炽与向冷源放出的炽之差)也全都转化为了功炽。由式(B.28)可知，热量转换可用炽对应着卡诺循环中工质获得的净热量炽，因此转换可用炽对应卡诺循环的功炽。

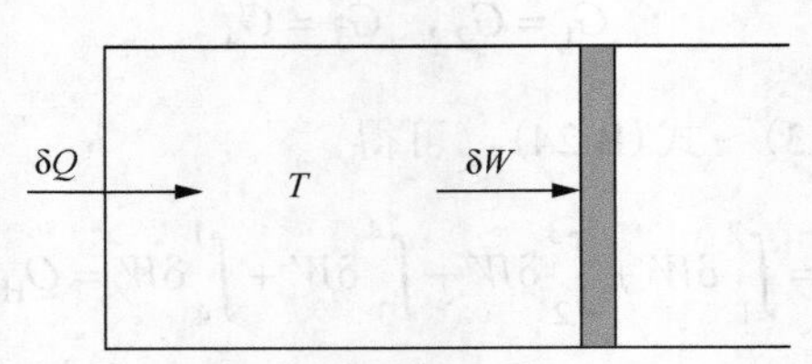

图 B.4　理想气体系统的可逆等温热功转换示意图

B.3　热力学可逆循环的炽分析

B.3.1　一般的热力学循环的炽平衡方程

对任意热力学循环，式(B.8)和式(B.9)均成立。考虑到完成一个循环以后工

质回到初始状态，因此这两个公式对循环进行积分有

$$\oint \mathrm{d}U = \oint \delta Q - \oint \delta W = Q - W = 0 \tag{B.30}$$

$$\oint \mathrm{d}G = \oint \delta G_{\mathrm{f}} - \oint \delta G_W = G_{\mathrm{f}} - G_W = 0 \tag{B.31}$$

式中，Q 为循环中工质从热源吸收的净热量；W 为输出功量；G_{f} 为工质吸热引起的熈交换量；G_W 为用于作功的功熈，这些都是过程量。式(B.30)给出的是系统的能量守恒方程，式(B.31)给出的则是熈平衡方程。

对于图 B.2 和图 B.3 所示的卡诺循环，工质在循环过程中获得的净热量熈等于热源减少的热量熈。这是由于对于可逆卡诺循环，热源向工质的传热过程不存在温差，也就不存在熈耗散。此外，两个绝热过程也是理想的，不存在任何漏热等问题。但对于实际循环，不可逆的因素是不可避免的，这就会给循环带来不可逆的熈损失。不可逆的后果是耗散，因此热源减少的热量熈总是应当大于工质实际得到的热量熈，即

$$\Delta G_{\mathrm{f}} - G_{\mathrm{f}} = G_{\text{ir-loss}} > 0 \tag{B.32}$$

式中，ΔG_{f} 为实际过程热源减少的热量熈；$G_{\text{ir-loss}}$ 为实际循环中熈耗散等不可逆的熈损失。由于工质吸收的净热量熈等于循环过程的功熈，根据式(B.32)有

$$\Delta G_{\mathrm{f}} - G_W - G_{\text{ir-loss}} = 0 \tag{B.33}$$

以 $G_{\mathrm{f,h}}$ 表示来自高温热源的热量熈，$G_{\mathrm{f,c}}$ 表示流入低温热源的热量熈，有

$$\left(G_{\mathrm{f,h}} - G_{\mathrm{f,c}}\right) - G_W - G_{\text{ir-loss}} = 0 \tag{B.34}$$

这就是一般热力学循环的熈平衡方程，它说明来自高温热源的热量熈中，一部分进入低温热源，一部分消耗于做功过程，其余的则损失于不可逆的过程中。对于一个实际的热力学循环，不可逆熈损失越小，则该循环越接近于可逆循环。

B.3.2　热量熈与功熈的不同点

热量熈与功熈都会影响工质的状态熈，这是它们的共同点。但同时需要指出的是，热量的传递过程与功的作用过程具有不同的性质，因此热量熈与功熈有不同的特点[1]。

首先考察如图 B.5 所示的一个传热过程。热量 δQ 从系统 1 传递到温度为 T_2 的系统 2 中。对于该能量的传递过程，根据热力学第二定律，其前提条件为

$$T_1 > T_2 \tag{B.35}$$

式中，T_1 为系统 1 的温度。式(B.35)两端同时乘以热量 δQ 得

$$T_1\delta Q > T_2\delta Q \tag{B.36}$$

即

$$\delta G_{f1} > \delta G_{f2} \tag{B.37}$$

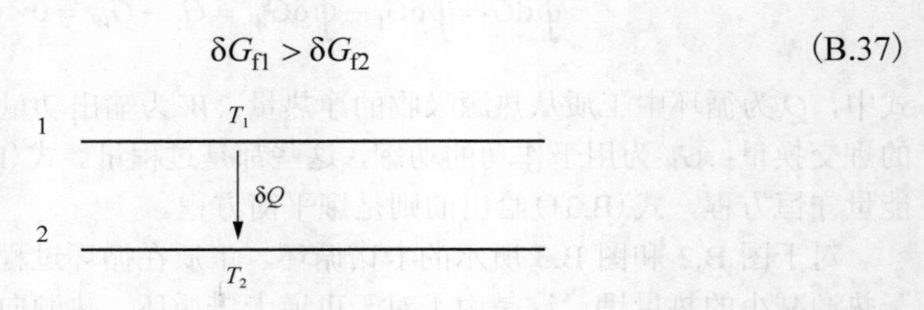

图 B.5　不同温度物体间的传热过程

显然，在传热过程中，热量烟不会增加，只能使得系统的烟在传热过程中减小[3, 4]。

然而，对于功的作用过程，却没有类似式(B.35)那样的前提条件。换言之，功的作用不受温度高低影响。考虑图 B.6 所示的理想气体系统之间功的作用过程，其中一个孤立的空腔被一块无限薄的理想隔板分割为系统 1 和系统 2 两个理想气体系统，隔板与空腔壁间无摩擦，且可以隔绝两系统之间的质量和热量传递。两个系统在初始时刻的压力分别为 p_{01}、p_{02}，温度分别为 T_{01} 和 T_{02}。假定 p_{01} 大于 p_{02}，那么在初始时刻后，系统 1 内的理想气体将推动隔板对系统 2 进行压缩作功。假定在某一段时间内作功量的大小为 δW。考虑到在该过程中只有作功这一种能量传递方式，两个系统的烟变化量为

$$\mathrm{d}G_1 = \delta G_{W1} = -T_1\delta W \tag{B.38}$$

$$\mathrm{d}G_2 = \delta G_{W2} = T_2\delta W \tag{B.39}$$

式中，T_1 和 T_2 分别为两个系统的温度，负号表示系统对外输出功烟。

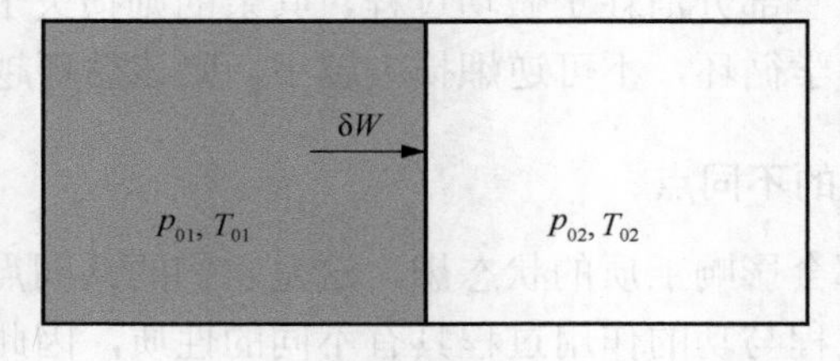

图 B.6　理想气体系统间的功作用过程

如果将两个系统视为一个大系统，则整个系统的烟变化量为

$$\mathrm{d}G = \mathrm{d}G_1 + \mathrm{d}G_2 = (T_2 - T_1)\delta W \tag{B.40}$$

因为系统 1 的压强更高，能量将输入系统 2 中。如果$T_{02} > T_{01}$，这就会使得T_2持续增加，T_1则持续减小，从而在整个能量传递过程中都保持$T_2 > T_1$，因此式(B.40)恒正，系统焖增加。反过来，如果在作功过程中都保持$T_2 < T_1$，则式(B.40)恒负，系统焖减小。显然，图 B.6 所示的功的作用过程使系统出现了焖可能增加也可能减小的现象，根本原因在于该过程中功的作用取决于系统压力的大小，而与系统温度没有直接联系[1]。

进一步考虑图 B.7 所示的热力学过程[1]，其中 C 代表卡诺热机，三个热源的温度分别为T_H、T_L和T_0。卡诺热机工作在温度为T_H和T_L的两个热源之间，它从高温热源中取热Q_H，向低温热源放热Q_L，并将其输出的功W输入温度为T_0的热源中。对于这一过程，根据热力学第一定律有

$$W = Q_H - Q_L \tag{B.41}$$

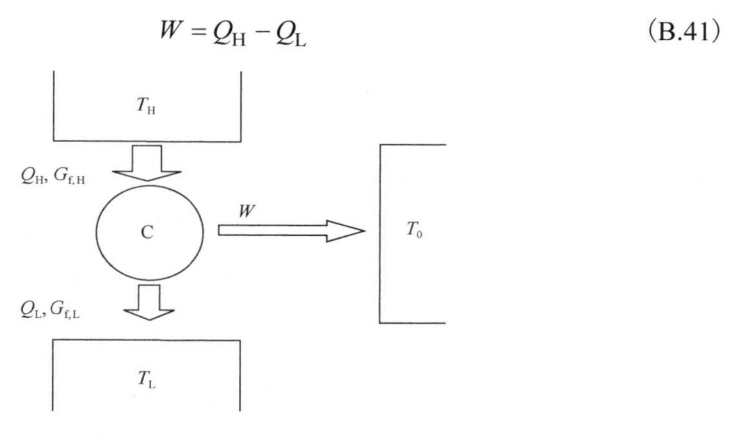

图 B.7　三热源的热力学过程

考虑完成一个循环后卡诺热机内的工质回到初始状态，因此其状态焖不变。这样，该热力学过程的焖变化量就是各个热源的焖变化量：

$$\Delta G = Q_H T_H - W T_0 - Q_L T_L \tag{B.42}$$

式(B.42)可以改写为

$$\Delta G = \left(Q_H T_H - Q_L T_L\right) - W T_0 = G_W - G_{W\text{-}0} \tag{B.43}$$

式中，$G_{W\text{-}0}$为功W输入温度为T_0的热源使其增加的焖；G_W为卡诺循环的功焖；系统整体的焖变化量为两部分与功有关的焖之差。由于温度T_0是独立的，如果该温度足够高，则功W从温度较低的热机系统输入温度较高的热源内，会使得$G_{W\text{-}0}$大于卡诺循环的功焖G_W，从而使得循环输出到T_0的焖大于输入循环的焖。反过来，如果T_0较低，则功W从循环输出到T_0的热源内，将使得系统整体的焖减小。在图 B.7 这个热力学过程中，功的传递方向不取决于温度的高低。如果该输出功

为轴功，则其传递只取决于机械设计，而与温度无关。这就是该过程中系统燃可能增加也可能减小的原因。

综上可见，热量只能自发地从高温物体传递到低温物体，其传递过程必然使得系统的燃减小；功则是一种更高品位的能量，其作用过程与温度无关，功的作用可以使得系统的燃增加也可以使其减小。因此，在热力学过程的燃分析中，需要考虑到功的这一特点。

B.3.3 多热源热功转换系统的燃分析

考虑一个一般的热力学系统，假定其中存在多个热源、多个热功转换过程，结合上述对功燃和热量燃不同点的分析，并考虑单位时间的影响，可给出其燃流平衡方程为

$$\sum_{i=1}^{n_{\mathrm{hs}}} \dot{G}_{\mathrm{f},i} - \sum_{j=1}^{n_W} \dot{G}_{W,j} - \dot{G}_{\text{ir-loss}} = 0 \tag{B.44}$$

式中，$\dot{G}_{\mathrm{f},i}$ 为从第 i 个热源流出的燃流；n_{hs} 为热源总数；$\dot{G}_{W,j}$ 为第 j 个功作用过程的功燃流；n_W 为功作用过程总数；$\dot{G}_{\text{ir-loss}}$ 为该热力学过程的不可逆燃损失率。

下面基于式(B.44)分析如图 B.8 所示的燃的变化[5]。该复合制热系统的应用目标是通过高温热源向房间内供给更多的热量。如图 B.8 所示，来自高温热源的热量并不直接向房间内供热，而是先通过一个热机作功，然后再让输出的功驱动另一个热机从环境中吸热，再将热量供给到房间内。在循环中，热机 A 从温度为 T_1 的高温热源吸收热流 $\dot{Q}_1$，并向温度为 T_{en} 的环境放出热流 $\dot{Q}_{\mathrm{en},1}$，对热机 B 输出功率为 $\dot{W}$；热机 B 则利用从热机 A 输入的功率 $\dot{W}$ 从环境泵取热流 $\dot{Q}_{\mathrm{en},2}$，并将热流 $\dot{Q}_2$ 传递到温度为 T_2 的房间内。

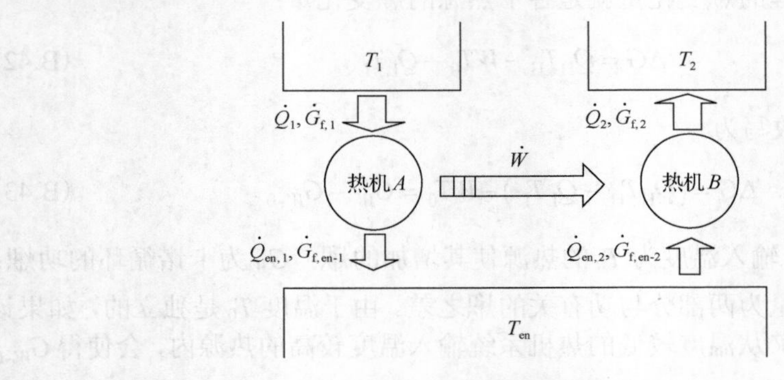

图 B.8 复合制热系统

为简化问题，假定图 B.8 中的两个热力学循环均为可逆卡诺循环，因此有

$$\dot{W}=\left(1-T_{\mathrm{en}}/T_1\right)\dot{Q}_1=\left(1-T_{\mathrm{en}}/T_2\right)\dot{Q}_2 \tag{B.45}$$

整理可得

$$\dot{Q}_2=\dot{Q}_1\left(1-T_{\mathrm{en}}/T_1\right)/\left(1-T_{\mathrm{en}}/T_2\right) \tag{B.46}$$

显然，只要 $T_1>T_2$，就有 $\dot{Q}_2>\dot{Q}_1$。然而，如果来自高温热源的热流量 $\dot{Q}_1$ 直接传递到房间内，则基于能量守恒可知，房间内获得的热流量不可能大于 $\dot{Q}_1$。但通过图B.8所示的系统即可实现将 $\dot{Q}_1$ 放大的效果。对于这一系统，高温热源投入了热流量 $\dot{Q}_1$，但房间得到了更多的热流量 $\dot{Q}_2$。那么房间获得更多热流量付出的代价是什么？

如果用熵产来分析该问题，由于两个热力学循环都是可逆的，熵产为0。如果用可用能(㶲)来分析该过程，则图B.8所示的整个系统与外界没有功的交换。因此，熵和可用能都不能表征需要付出的代价。如果用炽的概念来进行分析，会得到什么样的结果呢？将式(B.34)应用于图B.8中的两个循环有

$$\left(\dot{G}_{\mathrm{f},1}-\dot{G}_{\mathrm{f,en\text{-}1}}\right)-\dot{G}_{W,A}-\dot{G}_{\mathrm{ir\text{-}loss},A}=0 \tag{B.47}$$

$$\left(\dot{G}_{\mathrm{f,en\text{-}2}}-\dot{G}_{\mathrm{f},2}\right)+\dot{G}_{W,B}-\dot{G}_{\mathrm{ir\text{-}loss},B}=0 \tag{B.48}$$

式中，$\dot{G}_{\mathrm{f},1}$、$\dot{G}_{\mathrm{f,en\text{-}1}}$ 分别为热源1减少的和环境增加的炽流；$\dot{G}_{\mathrm{f,en\text{-}2}}$、$\dot{G}_{\mathrm{f},2}$ 分别为环境减少和热源2增加的炽流；$\dot{G}_{W,A}$ 和 $\dot{G}_{W,B}$ 分别为热机 A 的功炽流和该功输入循环 B 所引起的炽流变化，式中负号表示离开循环，正号表示注入循环；$\dot{G}_{\mathrm{ir\text{-}loss},A}$ 和 $\dot{G}_{\mathrm{ir\text{-}loss},B}$ 分别为两个循环中的不可逆炽损失率，考虑两个循环均可逆，因此它们均为0。如果直接基于式(B.44)进行分析可得

$$\left(\dot{G}_{\mathrm{f},1}-\dot{G}_{\mathrm{f,en\text{-}1}}+\dot{G}_{\mathrm{f,en\text{-}2}}-\dot{G}_{\mathrm{f},2}\right)-\left(\dot{G}_{W,A}-\dot{G}_{W,B}\right)-\left(\dot{G}_{\mathrm{ir\text{-}loss},\,A}+\dot{G}_{\mathrm{ir\text{-}loss},\,B}\right)=0 \tag{B.49}$$

式中，三个括号内的三部分分别为热源减少的炽流、功作用引起的炽流变化，以及系统的不可逆炽损失率。显然，式(B.49)恰好为式(B.47)和式(B.48)相加的结果。考虑不可逆炽损失为0，可得功在作用过程中引起的炽流变化为

$$\Delta\dot{G}_W=\dot{G}_{W,A}-\dot{G}_{W,B}=\left(\dot{G}_{\mathrm{f},1}-\dot{G}_{\mathrm{f,en\text{-}1}}\right)-\left(\dot{G}_{\mathrm{f},2}-\dot{G}_{\mathrm{f,en\text{-}2}}\right) \tag{B.50}$$

从式(B.50)可知，两个循环的功引起的炽流变化相对独立，它们分别取决于两个热源的温度 T_1、T_2 和环境温度 T_{en}。当 T_1 较高时则 $\dot{G}_{W,\mathrm{A}}$ 较大，在两个循环作功过程中炽减小了。考虑卡诺循环中的能量关系有

$$\dot{Q}_{\mathrm{en},1} = \dot{Q}_1 T_{\mathrm{en}} / T_1 \tag{B.51}$$

$$\dot{Q}_{\mathrm{en},2} = \dot{Q}_2 T_{\mathrm{en}} / T_2 \tag{B.52}$$

将式(B.46)、式(B.51)以及式(B.52)代入式(B.50)并整理可得

$$\Delta \dot{G}_W = \dot{G}_{W,A} - \dot{G}_{W,B} = \dot{Q}_1 \left(1 - T_{\mathrm{en}} / T_1\right)\left(T_1 - T_2\right) \tag{B.53}$$

显然，在给定环境温度 T_{en} 和高温热源热流 $\dot{Q}_1$ 时，随着 T_1 的增大或者 T_2 的减小，功㶲在作用过程中的减小量将增加；与此对应，从式(B.46)可见，T_1 的增大或者 T_2 的减小也会使 $\dot{Q}_2$ 增加。因此可以说，功相互作用过程中㶲的损失就是供暖空调中使得房间获得更多热量所付出的代价。

B.3.4　内可逆热力学循环的㶲分析

基于以上对热力学过程中的㶲平衡的分析，下面讨论不可逆㶲损失与热力学过程不可逆性的关系。首先讨论如图 B.9 所示的一个理想气体的不可逆卡诺循环。在一个循环中，工质在状态点 1 以温度 T_{H} 经历一个等温过程 1—2，从温度为 T_{h} 的热源之中获得热量 Q_{h}，然后经历等熵过程 2—3 膨胀直至温度降到 T_{c}，再经历等温过程 3—4，向温度为 T_{c} 的热源放热 Q_{c}，最后经历等熵过程 4—1，压缩升温回到初始状态点 1。在一个循环过程中，工质对外输出功量为 W。

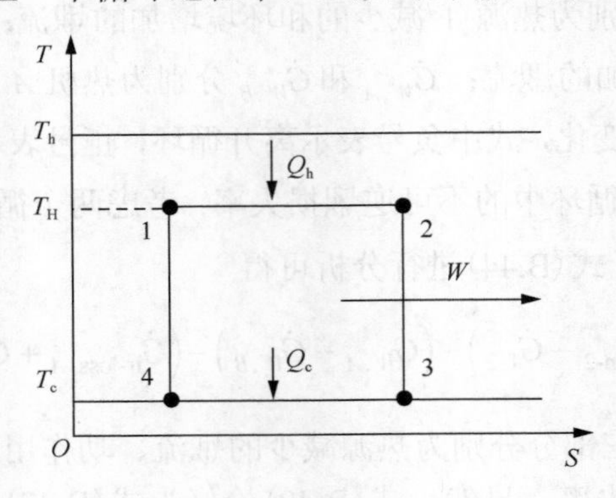

图 B.9　不可逆循环过程

对于该系统，由于工质与高温热源之间传热存在温差，传热过程中存在㶲耗散，这是该过程的不可逆㶲损失。工质的最高工作温度 T_{H} 直接影响到该循环的效率、不可逆性等。该过程的㶲耗散量为

$$\Phi_{\mathrm{g}} = Q_{\mathrm{h}}\left(T_{\mathrm{h}} - T_{\mathrm{H}}\right) \tag{B.54}$$

热功转换效率为

$$\eta = 1 - T_c / T_H \tag{B.55}$$

在给定传热量 Q_h 的情况下，工质的最高工作温度越高，循环的热功转换效率越高，火积耗散越小。另外，还可以用熵产来分析该热力学过程：

$$S_g = Q_h \left(1/T_H - 1/T_h\right) \tag{B.56}$$

可见，工质的最高工作温度越高，则熵产越小。

假定 T_h 为 600K，T_c 为 300K，Q_h 为 200J，根据式(B.54)～式(B.56)可得火积耗散，热功转换效率以及熵产随工质最高工作温度 T_H 的变化，如图 B.10 所示。当工质的最高工作温度 T_H 升高时，熵产和火积耗散同时减小，表明该热力学过程的不可逆程度降低，循环的热功转换效率提高。

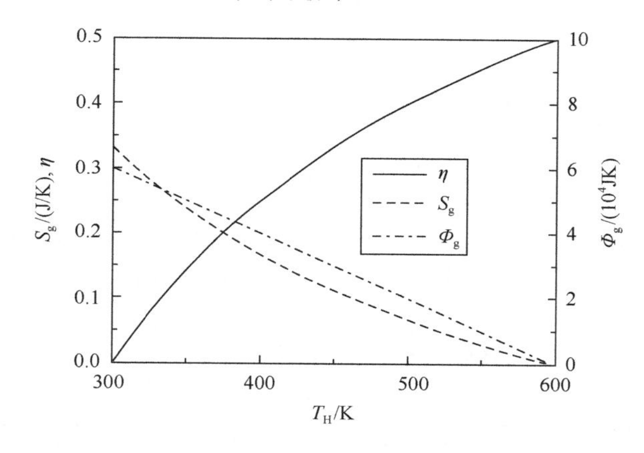

图 B.10　热功转换效率、火积耗散以及熵产随工质最高工作温度的变化

对于图 B.9 所示的热力学过程，其中的热力学循环本身没有不可逆因素，整个热力学过程的不可逆性(如摩擦、涡流等)全部都归结到了热源与工质之间的传热过程中。这样的循环在热力学中称为内可逆循环[6]。对于这一类循环，这里考虑比较一般的情况。如图 B.11 所示，工质从高温热源吸热，完成一个没有不可逆因素的内部循环对外输出功，并向低温热源放热。假定工质与热源之间的传热过程满足广义传热定律[7]：

$$\dot{Q} \propto \left[\Delta\left(T^n\right)\right]^m \tag{B.57}$$

式中，$\dot{Q}$ 为传热热流；n 和 m 为常数。假定高温热源与低温热源的温度分别为 T_h、T_c，与高温热源和低温热源进行换热的工质温度相应为 T_{HC}、T_{LC}，由广义传热定律可知，热源与工质间的热流分别为

$$\dot{Q}_{\mathrm{h}} = (KA)_{\mathrm{h}} (T_{\mathrm{h}}^n - T_{\mathrm{HC}}^n)^m \tag{B.58}$$

$$\dot{Q}_{\mathrm{c}} = (KA)_{\mathrm{c}} (T_{\mathrm{LC}}^n - T_{\mathrm{c}}^n)^m \tag{B.59}$$

式中，$(KA)_{\mathrm{h}}$、$(KA)_{\mathrm{c}}$分别为高温热源和低温热源与工质间传热的热导。

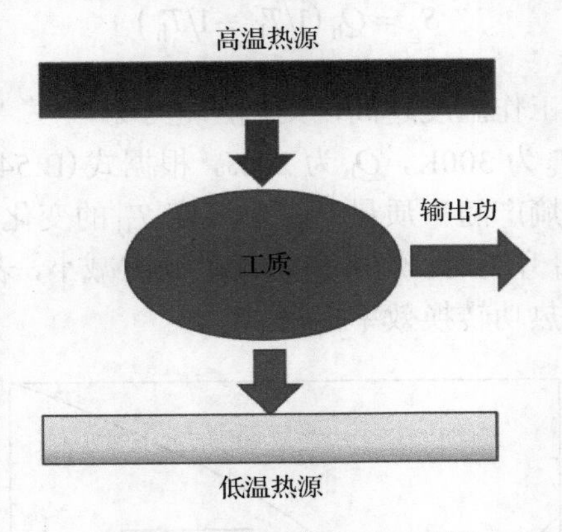

图 B.11　内可逆循环示意图

由于循环本身不存在任何不可逆性，工质的内部循环中没有熵产，也没有烟耗散，熵产仅在热源与工质的传热过程中产生，该内可逆循环的熵产率为

$$\dot{S}_{\mathrm{g}} = \dot{Q}_{\mathrm{h}} \left(\frac{1}{T_{\mathrm{HC}}} - \frac{1}{T_{\mathrm{h}}} \right) + \dot{Q}_{\mathrm{c}} \left(\frac{1}{T_{\mathrm{c}}} - \frac{1}{T_{\mathrm{LC}}} \right) \tag{B.60}$$

由于内可逆循环的不可逆性全部归结到了热源与工质之间的传热过程中，该过程的不可逆烟损失就是烟耗散率：

$$\dot{\Phi}_{\mathrm{g}} = \dot{Q}_{\mathrm{h}} (T_{\mathrm{h}} - T_{\mathrm{HC}}) + \dot{Q}_{\mathrm{c}} (T_{\mathrm{LC}} - T_{\mathrm{c}}) \tag{B.61}$$

下面以内可逆卡诺循环[8-11]为例来进行讨论。内可逆卡诺循环由 Curzon 和 Ahlborn[8]提出，其中工质内部经历的准静态可逆循环为卡诺循环。在图 B.11 中，假定该循环为内可逆卡诺循环，则工质吸、放热速率与温度的关系满足卡诺定理：

$$\frac{\dot{Q}_{\mathrm{h}}}{T_{\mathrm{HC}}} = \frac{\dot{Q}_{\mathrm{c}}}{T_{\mathrm{LC}}} \tag{B.62}$$

该循环的热功转换效率为

$$\eta = 1 - \dot{Q}_{\mathrm{c}} / \dot{Q}_{\mathrm{h}} \tag{B.63}$$

假定 T_{h} 为 400K，T_{c} 为 300K。传热定律中的因子 m=1、n=1.2，高温热源与工质间的热导$(KA)_{\mathrm{h}}$=3W/K^{mn}，低温热源与工质间的热导$(KA)_{\mathrm{c}}$=2.5W/K^{mn}。根据以上给定的参数可以计算熵产率、烟耗散率与循环效率随工质吸热温度 T_{HC} 的

变化曲线。图 B.12 的计算结果表明，随着工质吸热温度的升高，熵产率和烟耗散率均单调降低，从而表明循环不可逆程度降低，这就使得循环效率不断升高。显然，烟耗散同样可以度量该内可逆循环的不可逆程度。

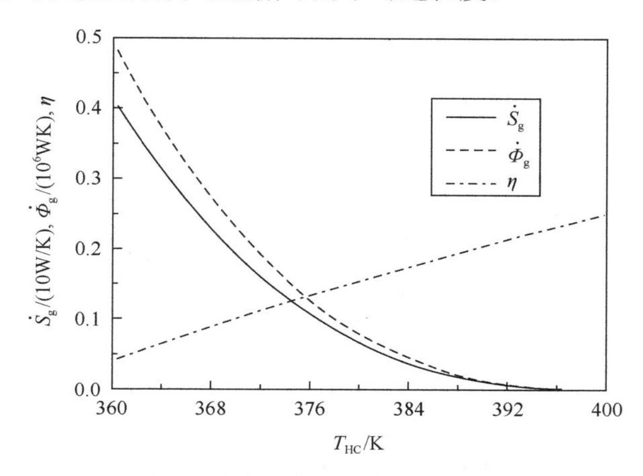

图 B.12　循环效率、熵产率和烟耗散率随工质吸热过程温度的变化

进一步，分别改变传热规律中的因子 m、n，观察熵产率、烟耗散率与卡诺循环效率随着工质等温吸热过程的温度 T_{HC} 的变化。图 B.13 给出了传热因子分别为 m=1.5、n=0.8 和 m=0.7、n=1.2 时的熵产率、烟耗散率与循环效率随工质吸热温度 T_{HC} 的变化曲线。热源与工质间传热定律中的因子 m、n 变化，对于熵产率、烟耗散率与卡诺循环效率随着工质的等温吸热温度 T_{HC} 的变化趋势没有影响，影响的只是数值的大小。因为 T_{HC} 升高后，T_{HC} 和 T_h 间的温差变小，传热速率下降，由式(B.60)和式(B.61)可知，熵产率和烟耗散率均下降，所以，对于该内可逆循环，熵产与烟耗散均能反映其不可逆性。

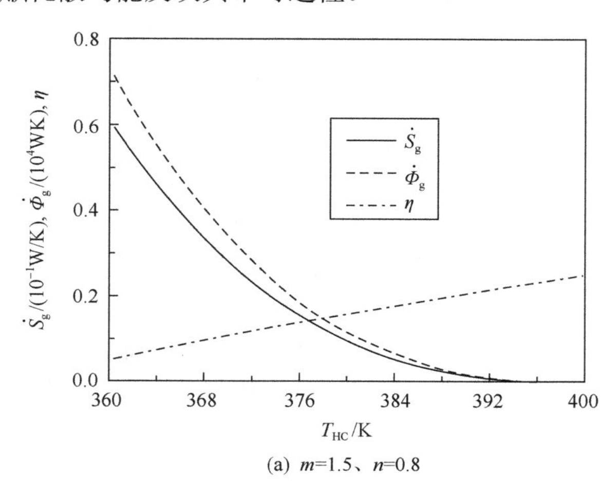

(a) m=1.5、n=0.8

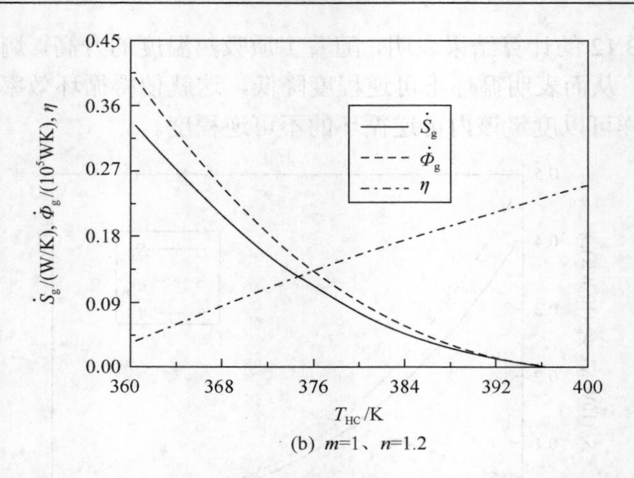

(b) m=1、n=1.2

图 B.13　m、n 数值对循环效率、熵产率和炽耗散率的影响

B.4　炽损失及其在闭口系统中的应用

B.3 节定义了功炽的概念，并在此基础上对一些简单的热力学过程进行了分析和讨论，本节进一步探讨热力学循环的输出功与系统的炽变化之间的关系。考虑到熵这一参数在热力学分析中有广泛的应用，本节也探讨熵与炽在优化热力学系统时的异同。

B.4.1　炽损失的定义及其构成分析

对于图 B.11 所示的热力学过程，可从炽的角度对其进行分析。伴随着高温热源热流进入循环，炽流也随之进入。在高温热源和工质之间，以及工质和低温热源之间的传热过程中，由于传热温差的存在，必然会有炽耗散。根据式(B.31)，对于热力学循环部分而言，工质炽的变化满足：

$$\oint \delta \dot{G}_{\mathrm{f}} = \oint \delta \dot{G}_W = \dot{G}_W \tag{B.64}$$

式中，$\dot{G}_{\mathrm{f}}$ 为热量炽流；$\dot{G}_W$ 为功炽流。式(B.64)表明进入循环工质的净热量炽流都转化为了功炽流。换言之，进入工质的净热量炽流都消耗在作功过程中了。从上述分析可见，来自高温热源的炽流一部分耗散在高温热源与工质之间的传热，一部分消耗于作功(功炽)，还有一部分耗散在工质与低温热源之间的传热，其余的进入低温热源。因此，从进出热源炽流变化的角度，将消耗在整个热力循环中的炽流定义为该热力学系统的炽损失率：

$$\dot{\Psi}_{\text{loss}} = \dot{G}_{\text{f,in}} - \dot{G}_{\text{f,out}} = \dot{\Phi}_{\text{g}} + \dot{G}_W \tag{B.65}$$

式中，$\dot{G}_{\text{f,in}}$ 为从高温热源进入热力学循环的炽流；$\dot{G}_{\text{f,out}}$ 为进入低温热源的炽流；$\dot{\Phi}_{\text{g}}$ 为热源与工质之间传热过程总的炽耗散率。式(B.65)表明热力学循环的炽损失由两部分组成，分别为传热引起的炽耗散和作功引起的功炽。特别地，对于单纯的传热过程，由于不涉及作功输出，其功炽为0，此时炽损失率即炽耗散率：

$$\dot{\Psi}_{\text{loss}} = \dot{\Phi}_{\text{g}} \tag{B.66}$$

对于可逆的热力学过程，如卡诺循环，如果传热过程不存在温差(温差无限小)，则不存在炽耗散项，则炽损失率即功炽流：

$$\dot{\Psi}_{\text{loss}} = \dot{G}_W \tag{B.67}$$

对于一般的热力学循环，如图B.11所示，则其炽损失应同时包括炽耗散和功炽两部分。

虽然炽耗散和功炽均使得来自高温热源的热流炽流减小、产生损失，但这两部分在本质上是不同的。对于炽耗散而言，它反映了传热过程的不可逆性，即炽耗散的产生源于传热过程的不可逆。Cheng 等[12]在分析孤立系统内的传热过程时，基于热力学第二定律推导证明了不可逆的传热过程必然造成炽的耗散。前面的分析中进一步指出，在一定条件下，炽耗散可以反映内可逆热力学循环的不可逆性。因此可以认为，在图B.11所示的内可逆热力学循环过程中，炽耗散反映了传热过程的热力学第二定律，炽耗散是不可逆的炽损失。对于功炽，从式(B.31)的推导过程可见，该部分是基于热力学第一定律得到的，反映的是热力学循环中的炽平衡。因此，对于图B.11所示的内可逆热力学循环，功炽反映的是热力学第一定律，它代表的是转换。只不过从炽的角度而言，功炽导致了系统总炽流的减少。综合而言，式(B.65)所示的炽损失的概念，包含了热力学第一和第二定律的因素。

对于图B.11所示的热力学过程，其目的在于对外作功。为达到这一目的，需要进行三个步骤，这三个步骤都需要付出一定的代价才能实现。第一个步骤是要使得热量从高温热源传递到工质中，这一个步骤付出的代价是炽的耗散，从而损耗了一部分炽；第二个步骤是通过热力学循环将热量转化为功，该步骤的代价是将热量炽转化为功炽，也表现为热量炽的减小；第三个步骤是将废热从工质传递到低温热源中，该过程付出的代价仍然是炽的耗散。炽损失是系统为了达到对外输出功的目的所付出的必要代价，也就是在整个热功转换过程中被利用的炽。这就是炽损失这一概念的物理意义。

B.4.2　闭口系统的燠分析

基于燠损失的概念，可对图 B.14 所示的稳态闭口热力学系统进行分析。系统吸收来自高温热源的热流 $\dot{Q}_{\mathrm{in}}$，向低温热源放热 $\dot{Q}_{\mathrm{out}}$，对外输出功率 $\dot{W}$。对于该过程，可将其分为传热过程和热力学循环两部分，分别进行讨论。对于热力学循环部分，考虑系统的一个微元过程，结合式(B.9)与式(B.65)，将功燠部分视为燠损失，则有

$$\mathrm{d}\dot{G}=\delta\dot{G}_{\mathrm{f}}-\delta\dot{\Psi}_{\mathrm{loss}} \tag{B.68}$$

式中，$\mathrm{d}\dot{G}$ 为微元的燠变化率；$\delta\dot{G}_{\mathrm{f}}$ 为热源进入微元的热量燠流；$\delta\dot{\Psi}_{\mathrm{loss}}$ 为微元的燠损失率。式(B.68)就是热力学循环中微元过程的燠平衡方程。该方程也可以描述传热部分的燠平衡。对于传热区域中的任意微元体，进入微元体的燠流中一部分用于提高微元体的燠，其余的则耗散在传热过程中。如果燠耗散项用燠损失表达，则其燠平衡仍可表达为式(B.68)的形式，因此它也是整个热力学系统的微元过程的燠平衡方程。

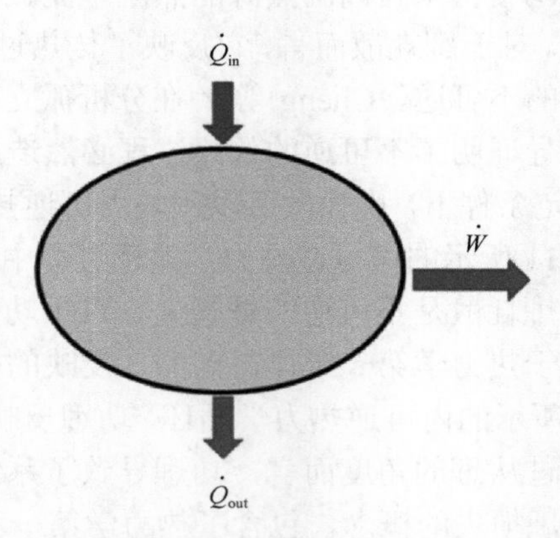

图 B.14　稳态闭口热力学系统示意图

如果系统处于稳态，式(B.68)左端为 0，可得

$$\delta\dot{\Psi}_{\mathrm{loss}}=\mathrm{d}\dot{G}_{\mathrm{f}} \tag{B.69}$$

对于热力学循环部分，对整个循环进行积分可以得到

$$\dot{\Psi}_{\mathrm{loss\text{-}1}}=\oint\delta\dot{\Psi}_{\mathrm{loss}}=\oint\delta\dot{G}_{\mathrm{f}}=-\int_{A_1}\dot{\boldsymbol{q}}T\cdot\boldsymbol{n}_1\mathrm{d}A_1 \tag{B.70}$$

式中，$\dot{\boldsymbol{q}}$ 为热流密度矢量；A_1 为热力学循环部分的边界面积；$\boldsymbol{n}_1$ 为界面的法线矢量。

对于传热部分，根据第 3 章对流换热的燠平衡方程，微元体的燠流可表达为

$$\delta\dot{G}_{\mathrm{f}}=\left[-\frac{1}{2}\rho c_p\boldsymbol{U}\cdot\nabla\left(T^2\right)-\nabla\cdot\left(\dot{\boldsymbol{q}}T\right)+\dot{q}_{\mathrm{s}}T\right]\mathrm{d}V \tag{B.71}$$

式中，$\boldsymbol{U}$ 为速度矢量(固体中等于 0)；$\dot{q}_{\mathrm{s}}$ 为单位体积热源；$\mathrm{d}V$ 为传热区域的微元体积。在式(B.71)中，中括号内第一项为流体携带进入微元体的炽流，第二项为伴随边界热流进入微元体的炽流，第三项为热源项带入的炽流。假定传热区域的流体不可压缩，即

$$\nabla\cdot\boldsymbol{U}=0 \tag{B.72}$$

这样，式(B.71)可以改写为

$$\mathrm{d}\dot{G}_{\mathrm{f}}=\left[-\frac{1}{2}\rho c_p\nabla\cdot\left(\boldsymbol{U}T^2\right)-\nabla\cdot\left(\dot{\boldsymbol{q}}T\right)+\dot{q}_{\mathrm{s}}T\right]\mathrm{d}V \tag{B.73}$$

结合式(B.69)和式(B.73)，积分可得传热区域的炽损失率为

$$\begin{aligned}\dot{\Psi}_{\text{loss-2}}&=\int_{V_2}\left[-\frac{1}{2}\rho c_p\nabla\cdot\left(\boldsymbol{U}T^2\right)-\nabla\cdot\left(\dot{\boldsymbol{q}}T\right)+\dot{q}_{\mathrm{s}}T\right]\mathrm{d}V\\&=-\int_{A_2}\frac{1}{2}\rho_p c_p\cdot\left(\boldsymbol{U}T^2\right)\cdot\boldsymbol{n}_2\mathrm{d}A-\int_{A_2}\dot{\boldsymbol{q}}T\cdot\boldsymbol{n}_2\mathrm{d}A+\int_{V_2}\dot{q}_{\mathrm{s}}T\mathrm{d}V\end{aligned} \tag{B.74}$$

式中，V_2 是传热区域；A_2 为传热区域边界面积；$\boldsymbol{n}_2$ 为边界法线矢量。考虑该系统为闭口系统，因此在边界上速度为 0，则式(B.74)可简化为

$$\dot{\Psi}_{\text{loss-2}}=-\int_{A_2}\dot{\boldsymbol{q}}T\cdot\boldsymbol{n}_2\mathrm{d}A+\int_{V_2}\dot{q}_{\mathrm{s}}T\mathrm{d}V \tag{B.75}$$

结合式(B.70)，可得整个系统的炽损失率为

$$\dot{\Psi}_{\text{loss}}=\dot{\Psi}_{\text{loss-1}}+\dot{\Psi}_{\text{loss-2}}=-\int_{A_1}\dot{\boldsymbol{q}}T\cdot\boldsymbol{n}_1\mathrm{d}A-\int_{A_2}\dot{\boldsymbol{q}}T\cdot\boldsymbol{n}_2\mathrm{d}A+\int_{V_2}\dot{q}_{\mathrm{s}}T\mathrm{d}V \tag{B.76}$$

假定 A_0 为传热区域与热力学循环部分的交界面，则有

$$A=A_1+A_2-2A_0 \tag{B.77}$$

式中，A 为整个热力学系统的边界面积。在交界面 A_0 处有

$$\boldsymbol{n}_1+\boldsymbol{n}_2=0 \tag{B.78}$$

结合式(B.77)和式(B.78)，并考虑热力学循环部分没有内热源，则式(B.76)可改写为

$$\begin{aligned}\dot{\Psi}_{\text{loss}} &= -\int_{A_1-A_0}\dot{\boldsymbol{q}}T\cdot\boldsymbol{n}_1\mathrm{d}A-\int_{A_2-A_0}\dot{\boldsymbol{q}}T\cdot\boldsymbol{n}_2\mathrm{d}A\\&\quad-\left(\int_{A_0}\dot{\boldsymbol{q}}T\cdot\boldsymbol{n}_1\mathrm{d}A+\int_{A_0}\dot{\boldsymbol{q}}T\cdot\boldsymbol{n}_2\mathrm{d}A\right)+\int_{V_2}\dot{q}_{\text{s}}T\mathrm{d}V\\&=-\int_{A}\boldsymbol{q}T\cdot\boldsymbol{n}\mathrm{d}A+\int_{V}\dot{q}_{\text{s}}T\mathrm{d}V\end{aligned}\tag{B.79}$$

式中，$\boldsymbol{n}$ 为整个热力学系统边界表面法线矢量；V 为整个热力学系统的体积。

式(B.79)右端两项分别为伴随着热流进入系统的净烟流和伴随着热源进入系统的烟流。可将烟流分为两部分，一部分为进入热力学系统的烟流 $\dot{G}_{\text{f,in}}$，一部分为离开热力学系统的烟流 $\dot{G}_{\text{f,out}}$。假定热源项为正，即有

$$\dot{G}_{\text{f,in}}=-\int_{A_{\text{in}}}\dot{\boldsymbol{q}}T\cdot\boldsymbol{n}\mathrm{d}A_{\text{in}}+\int_{V}\dot{q}_{\text{s}}T\mathrm{d}V\tag{B.80}$$

$$\dot{G}_{\text{f,out}}=\int_{A_{\text{out}}}\dot{\boldsymbol{q}}T\cdot\boldsymbol{n}\mathrm{d}A_{\text{out}}\tag{B.81}$$

$$\dot{\Psi}_{\text{loss}}=\dot{G}_{\text{f,in}}-\dot{G}_{\text{f,out}}\tag{B.82}$$

式中，A_{in} 为烟流进入系统的边界面积；A_{out} 为烟流离开系统的边界面积。

进一步，定义热量进入和离开系统的等效温度为

$$T_{\text{in}}=\frac{\dot{G}_{\text{f,in}}}{\dot{Q}_{\text{in}}}=\frac{-\int_{A_{\text{in}}}\dot{\boldsymbol{q}}T\cdot\boldsymbol{n}\mathrm{d}A_{\text{in}}+\int_{V}\dot{q}_{\text{s}}T\mathrm{d}V}{\dot{Q}_{\text{in}}}\tag{B.83}$$

$$T_{\text{out}}=\frac{\dot{G}_{\text{f,out}}}{\dot{Q}_{\text{out}}}=\frac{\int_{A_{\text{out}}}\dot{\boldsymbol{q}}T\cdot\boldsymbol{n}\mathrm{d}A_{\text{out}}}{\dot{Q}_{\text{out}}}\tag{B.84}$$

结合式(B.82)、式(B.83)和式(B.84)可得

$$\dot{\Psi}_{\text{loss}}=\dot{Q}_{\text{in}}T_{\text{in}}-\dot{Q}_{\text{out}}T_{\text{out}}\tag{B.85}$$

对于图 B.14 所示的热力学系统，考虑能量守恒：

$$\dot{Q}_{\text{in}}=\dot{W}+\dot{Q}_{\text{out}}\tag{B.86}$$

可得

$$\dot{\Psi}_{\text{loss}}=\dot{Q}_{\text{in}}\left(T_{\text{in}}-T_{\text{out}}\right)+\dot{W}T_{\text{out}}=\dot{Q}_{\text{in}}\Delta T+\dot{W}T_{\text{out}}\tag{B.87}$$

式中，ΔT 为等效温差。显然，在给定热量进入和离开系统的等效温度以及进入系统的热流量时，系统最大的燃损失率与最大对外输出功率相对应。这就是闭口热力学系统的最大燃损失原理。

特别地，对于单纯的传热过程，其对外输出功率为 0，有

$$\dot{\Psi}_{\text{loss}} = \dot{Q}_{\text{in}} \Delta T \tag{B.88}$$

显然，对于单纯的传热过程，根据式(B.65)可知，燃损失退化为燃耗散。式(B.87)也退化为燃耗散极值原理的数学表达式，即给定传热量 $\dot{Q}_{\text{in}}$ 时，最小燃耗散与最小传热温差对应；而给定传热温差时，最大燃耗散与最大传热量对应。

B.5　最大燃损失原理的应用

下面通过讨论热力学循环的例子，进一步探讨燃损失与系统输出功之间的关系。

B.5.1　高温烟气加热的热力循环作功系统

下面讨论热力学循环中工质吸收的热量来自高温烟气时的情况。假定第 i 股高温烟气的热容量流为 $\dot{C}_i$，入口温度为 $T_{\text{i-in}}$。高温烟气向工质传热后，被排放到温度为 T_0 的环境中，烟气温度最终降低到环境温度。对于这样的系统，如果将系统高温边界划在高温烟气对外传热的边界上，并将环境作为低温边界，那么该系统就是一个封闭的闭口系统。考查烟气从传热给工质到被排放到环境中冷却的整个过程，可得进入整个热力学系统的燃流为

$$\dot{G}_{\text{f,in}} = \sum_{i=1}^{a} \frac{1}{2} \dot{C}_i \left(T_{i\text{-in}}^2 - T_0^2 \right) \tag{B.89}$$

式中，a 为高温烟气的数量。

进入热力学系统的热量为

$$\dot{Q}_{\text{in}} = \sum_{i=1}^{a} \dot{C}_i \left(T_{i\text{-in}} - T_0 \right) \tag{B.90}$$

离开热力学系统的热量为

$$\dot{Q}_{\text{out}} = \dot{Q}_{\text{in}} - \dot{W} = \sum_{i=1}^{a} \dot{C}_i \left(T_{i\text{-in}} - T_0 \right) - \dot{W} \tag{B.91}$$

热量离开热力学系统的温度即环境温度 T_0。结合式(B.85)有

$$
\begin{aligned}
\dot{\Psi}_{\text{loss}} &= \dot{G}_{\text{f,in}} - \dot{G}_{\text{f,out}} \\
&= \sum_{i=1}^{a} \frac{1}{2} \dot{C}_i \left(T_{\text{i,in}}^2 - T_0^2 \right) - \left[\sum_{i=1}^{a} \dot{C}_i \left(T_{i,\text{in}} - T_0 \right) - \dot{W} \right] T_0 \\
&= \sum_{i=1}^{a} \frac{1}{2} \dot{C}_i \left(T_{i,\text{in}} - T_0 \right)^2 + \dot{W} T_0
\end{aligned}
\tag{B.92}
$$

可见，在给定各烟气热容量流和入口温度的情况下，系统最大的炽损失率与最大对外输出功率对应。结合式(B.87)表述的最大炽损失原理可见，该原理成立的前提是输入系统的热量及热量进入和离开系统的等效温度都给定。对于本节讨论的系统，由式(B.89)和式(B.90)可见，$\dot{G}_{\text{in}}$ 和 $\dot{Q}_{\text{in}}$ 是给定的，结合式(B.83)可知 T_{in} 也是给定的。此外，在本系统中，T_{out} 就是环境温度 T_0，也是给定的。因此，本节讨论的系统满足最大炽损失原理成立所需的前提条件，式(B.92)只是式(B.87)在高温烟气加热的热力循环系统中的特殊表现形式。

下面讨论一些具体的例子。如图 B.15 所示的换热器组，总热容量流为 $\dot{C}$、入口温度为 T_{in} 的高温烟气在流量分配器中分配到两个固壁温度分别为 T_1 和 T_2 的换热器中。两个换热器中分配的热容量流分别为 $\dot{C}_1$ 和 $\dot{C}_2$。在换热器中，高温烟气对两个换热器的固壁传热热流分别为 $\dot{Q}_{\text{H1}}$ 和 $\dot{Q}_{\text{H2}}$，烟气出口温度分别为 $T_{1,\text{out}}$ 和 $T_{2,\text{out}}$。热流 $\dot{Q}_{\text{H1}}$ 和 $\dot{Q}_{\text{H2}}$ 分别被输入换热器与温度为 T_0 的环境之间的卡诺热机中，两个热机对外输出功率分别为 $\dot{W}_1$ 和 $\dot{W}_2$，对环境排放的热量分别为 $\dot{Q}_{\text{L1}}$ 和 $\dot{Q}_{\text{L2}}$。对于该系统，Chen 等[13]以两个换热器的热导之和为常数作为约束条件：

$$
(KA)_{\text{tot}} = (KA)_1 + (KA)_2 = \text{常数} \tag{B.93}
$$

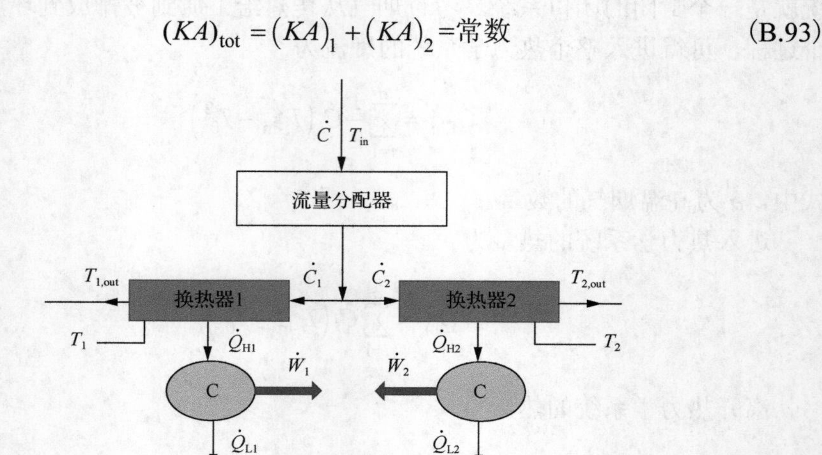

图 B.15 换热器组示意图

并以系统对外输出功率最大作为优化目标，对换热器的热导分配进行过优化分析。研究表明，㶲耗散极值并不与系统最大的对外输出功率相对应[13]。下面采用㶲损失的概念再次对其进行分析。

首先，换热器的换热热流分别为[13]

$$\dot{Q}_{\mathrm{H1}}=\dot{C}_1\left(T_{\mathrm{in}}-T_1\right)\left\{1-\exp\left[-(KA)_1/\dot{C}_1\right]\right\} \tag{B.94}$$

$$\dot{Q}_{\mathrm{H2}}=\dot{C}_2\left(T_{\mathrm{in}}-T_2\right)\left\{1-\exp\left[-(KA)_2/\dot{C}_2\right]\right\} \tag{B.95}$$

系统对外输出功率为

$$\dot{W}=\dot{W}_1+\dot{W}_2=\left(1-T_0/T_1\right)\dot{Q}_{\mathrm{H1}}+\left(1-T_0/T_2\right)\dot{Q}_{\mathrm{H2}} \tag{B.96}$$

该系统的㶲损失率为

$$\begin{aligned}\dot{\Psi}_{\mathrm{loss}}&=\frac{1}{2}\dot{C}\left(T_{\mathrm{in}}^2-T_0^2\right)-\left[\dot{C}\left(T_{\mathrm{in}}-T_0\right)-\dot{W}\right]T_0\\&=\frac{1}{2}\dot{C}\left(T_{\mathrm{in}}-T_0\right)^2+T_0\dot{W}\end{aligned} \tag{B.97}$$

考虑到熵产经常用于热力学过程的优化分析，在此考虑乏气排放到环境时产生的熵产，给出系统的熵产率：

$$\dot{S}_{\mathrm{g}}=\frac{\dot{C}\left(T_{\mathrm{in}}-T_0\right)-\dot{W}}{T_0}-C\ln\frac{T_{\mathrm{in}}}{T_0} \tag{B.98}$$

式中，右面第一项为离开系统的熵流(从系统输入环境中的熵流)；第二项为高温烟气从初始温度 T_{in} 到最终温度 T_0 过程中减小的熵流(输入系统的熵流)。

从式(B.97)和式(B.98)可以发现，最大㶲损失率和最小熵产率同时对应于系统的最大输出功率。下面给出一个具体的例子。假定总热导 KA=2W/K，总热容量流 $\dot{C}$=3W/K，热容量流 $\dot{C}_1$=2W/K、$\dot{C}_2$=1W/K，高温烟气入口温度 T_{in}= 900K，换热器固壁温度分别为 T_1= 800K、T_2= 600K，环境温度 T_0 = 300K。根据式(B.94)到式(B.98)，可以计算得到系统输出功率、㶲损失率和熵产率随热导分布的变化情况，如图 B.16 所示。从图 B.16 中可以看到，在 $(KA)_1$=0.745W/K 时，㶲损失率和系统对外输出功率同时取得最大值，熵产率也取得最小值。数值计算的结果验证了上述理论分析得到的结论。

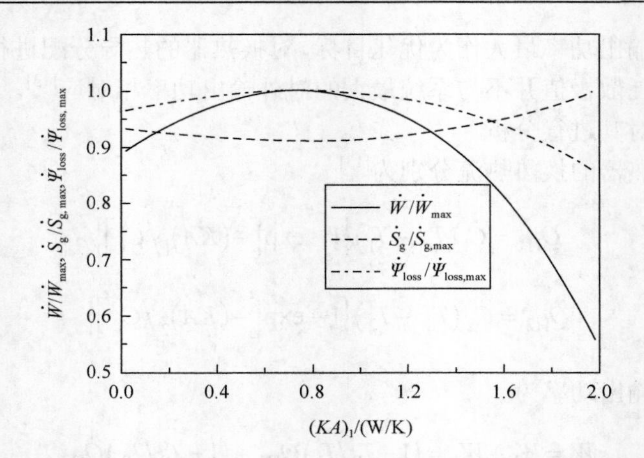

图 B.16　归一化的换热器组输出功率、烟损失率和熵产率随热导分布的变化情况

进一步将图 B.15 所示系统的约束条件改为总的热容量流为常数：

$$\dot{C}=\dot{C}_1+\dot{C}_2=\text{常数} \tag{B.99}$$

假定 $\dot{C}$=2W/K，$(KA)_1$ 和 $(KA)_2$ 分别为 1.5W/K 和 0.5W/K，系统各温度数值与图 B.16 计算的工况一样。对热容量流进行优化分配，以尽可能增大系统对外的输出功率。计算可得系统输出功率、烟损失率和熵产率随热容量流分配的变化情况如图 B.17 所示。可以看到系统最大烟损失率和最小熵产率在 $\dot{C}=1.248$W/K 时，同时对应于系统最大对外输出功率，这表明烟损失和熵产一样，都可用于该热力学过程的优化分析。

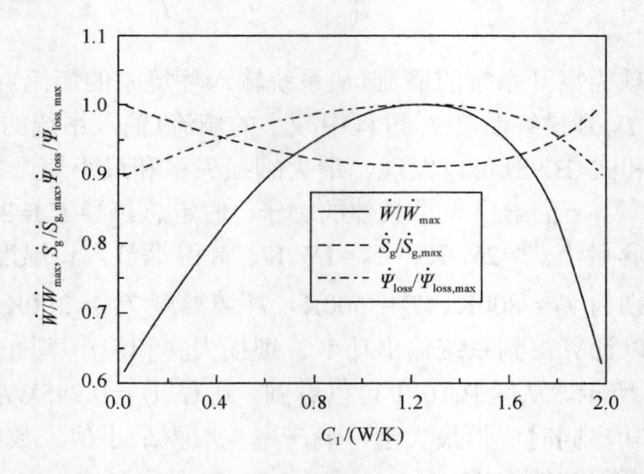

图 B.17　归一化的换热器组输出功率、烟损失率和熵产率随热容量流分配的变化情况

图 B.18 所示是一个不可逆 Brayton 循环。工质通过传热单元数为 NTU_h 的换热器从热容量流为 $\dot{C}_h$、入口温度为 $T_{h,in}$ 的高温流体吸收热流量 $\dot{Q}_h$；通过传热单

元数为 NTU_c 的换热器向热容量流为 $\dot{C}_c$ 、入口温度为 $T_{c,in}$ 的低温流体释放热流量 $\dot{Q}_c$；循环对外输出功率为 $\dot{W}$ 。高温流体离开换热器的出口温度为 $T_{h,out}$，低温流体则为 $T_{c,out}$。工质的热容量流为 $\dot{C}_m$ ，循环初始状态，其温度为 T_1；通过绝热压缩过程，其温度增加到 T_2；在吸收来自高温流体的热量后，工质温度进一步提高到 T_3；然后，工质通过绝热过程对外输出功以后温度降低到 T_4；最后，工质向低温流体放热，温度进一步降低，回到初始状态，完成一个循环。

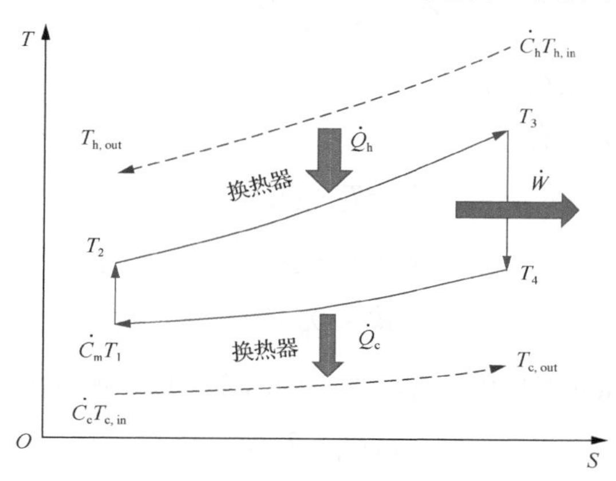

图 B.18　不可逆 Brayton 循环示意图

对于图 B.18 所示的循环，在给定 $\dot{C}_h$ 、 $\dot{C}_c$ 、 $\dot{C}_m$ 、$T_{h,in}$、$T_{c,in}$、NTU_h 和 NTU_c 的前提下，需要对工质的工作温度进行优化设计，以使系统对外输出功率最大。另外，如果 $\dot{C}_c$ 、$T_{h,in}$、$T_{c,in}$、NTU_h、NTU_c 以及工质的工作温度给定，则需要对工质的热容流量 $\dot{C}_m$ 进行优化设计，以尽可能提高系统对外输出功率。下面分别针对这两类问题进行讨论。

首先，计算高温流体对工质的放热热流[14]：

$$\begin{aligned}\dot{Q}_h &= \dot{C}_{h,\min}\left(T_{h,in}-T_2\right)\varepsilon_h \\ &= \dot{C}_{h,\min}\left(T_{h,in}-T_2\right)\frac{1-\exp\left[-NTU_h\left(1-C_{r,h}\right)\right]}{1-C_{r,h}\exp\left[-NTU_h\left(1-C_{r,h}\right)\right]}\end{aligned} \tag{B.100}$$

式中， $\dot{C}_{h,\min}=\min(C_h,\dot{C}_m)$ ； ε_h 为换热器效能。 $\dot{C}_{r,h}$ 的表达式为

$$C_{r,h}=\dot{C}_{h,\min}/\dot{C}_{h,\max} \tag{B.101}$$

式中， $\dot{C}_{h,\max}=\max(\dot{C}_h,\dot{C}_m)$ 。

另外，工质与低温流体之间的换热热流为[14]

$$
\begin{aligned}
\dot{Q}_{\mathrm{c}} &= \dot{C}_{\mathrm{c,min}}\left(T_4 - T_{\mathrm{c,in}}\right)\varepsilon_{\mathrm{c}} \\
&= \dot{C}_{\mathrm{c,min}}\left(T_4 - T_{\mathrm{c,in}}\right)\frac{1-\exp\left[-\mathrm{NTU}_{\mathrm{c}}\left(1-C_{\mathrm{r,c}}\right)\right]}{1-C_{\mathrm{r,c}}\exp\left[-\mathrm{NTU}_{\mathrm{c}}\left(1-C_{\mathrm{r,c}}\right)\right]}
\end{aligned} \tag{B.102}
$$

式中，$\dot{C}_{\mathrm{c,min}}=\min(\dot{C}_{\mathrm{c}},\dot{C}_{\mathrm{m}})$；$\varepsilon_{\mathrm{c}}$为换热器效能。$C_{\mathrm{r,c}}$的表达式为

$$
C_{\mathrm{r,c}} = \dot{C}_{\mathrm{c,min}}\big/\dot{C}_{\mathrm{c,max}} \tag{B.103}
$$

式中，$\dot{C}_{\mathrm{c,max}}=\max(\dot{C}_{\mathrm{c}},\dot{C}_{\mathrm{m}})$。

基于能量守恒关系有

$$
T_3 = T_2 + \dot{Q}_{\mathrm{h}}\big/\dot{C}_{\mathrm{m}} \tag{B.104}
$$

$$
T_1 = T_4 + \dot{Q}_{\mathrm{c}}\big/\dot{C}_{\mathrm{m}} \tag{B.105}
$$

$$
\dot{W} = \dot{Q}_{\mathrm{h}} - \dot{Q}_{\mathrm{c}} \tag{B.106}
$$

此外，在 Brayton 循环中，各状态点的温度还满足如下关系：

$$
T_2/T_1 = T_3/T_4 \tag{B.107}
$$

对于温度 T_2 的每一个数值，在 $\dot{C}_{\mathrm{h}}$、$\dot{C}_{\mathrm{c}}$、$\dot{C}_{\mathrm{m}}$、$T_{\mathrm{h,in}}$、$T_{\mathrm{c,in}}$、$\mathrm{NTU}_{\mathrm{h}}$和$\mathrm{NTU}_{\mathrm{c}}$给定的前提下，$\dot{Q}_{\mathrm{h}}$、$\dot{Q}_{\mathrm{c}}$、$\dot{W}$、$T_1$、$T_3$和 T_4 均可通过式(B.100)、式(B.102)、(B.104)～式(B.107)计算得出。另外，对于每一个 $\dot{C}_{\mathrm{m}}$ 值，在 $\dot{C}_{\mathrm{h}}$、$\dot{C}_{\mathrm{c}}$、T_2、$T_{\mathrm{h,in}}$、$T_{\mathrm{c,in}}$、$\mathrm{NTU}_{\mathrm{h}}$和 $\mathrm{NTU}_{\mathrm{c}}$ 给定时，$\dot{Q}_{\mathrm{h}}$、$\dot{Q}_{\mathrm{c}}$、$\dot{W}$、T_1、T_3和 T_4 也可通过上述各式计算得到。

考虑高温流体和低温流体最终都将排放到温度为 T_0 的环境中，可以计算得到整个系统的煅损失率为

$$
\begin{aligned}
\varPsi_{\mathrm{loss}} &= \frac{1}{2}\dot{C}_{\mathrm{h}}\left(T_{\mathrm{h,in}}^2 - T_0^2\right) + \frac{1}{2}\dot{C}_{\mathrm{c}}\left(T_{\mathrm{c,in}}^2 - T_0^2\right) \\
&\quad - \left[\dot{C}_{\mathrm{h}}\left(T_{\mathrm{h,in}} - T_0\right) + \dot{C}_{\mathrm{c}}\left(T_{\mathrm{c,in}} - T_0\right) - \dot{W}\right]T_0 \\
&= \frac{1}{2}\dot{C}_{\mathrm{h}}\left(T_{\mathrm{h,in}} - T_0\right)^2 + \frac{1}{2}\dot{C}_{\mathrm{c}}\left(T_{\mathrm{c,in}} - T_0\right)^2 + \dot{W}T_0
\end{aligned} \tag{B.108}
$$

式中，第一个等号右边第一项为从高温流体进入整个系统的煅流；第二项为从低温流体中最终进入系统的煅流；第三项为循环系统向环境放热引起的煅流。

考虑高温流体和低温流体排放到环境中所产生的熵产，可以得到整个循环系统的熵产率：

$$
\dot{S}_{\mathrm{g}} = \frac{\dot{C}_{\mathrm{h}}\left(T_{\mathrm{h,in}} - T_0\right) + \dot{C}_{\mathrm{c}}\left(T_{\mathrm{c,in}} - T_0\right) - \dot{W}}{T_0} - \dot{C}_{\mathrm{h}}\ln\frac{T_{\mathrm{h,in}}}{T_0} - \dot{C}_{\mathrm{c}}\ln\frac{T_{\mathrm{c,in}}}{T_0} \tag{B.109}
$$

等式等号右面第一项为离开循环系统的熵流，第二项为从高温流体中注入循环系统的熵流，第三项为从低温流体中注入循环系统的熵流。

综合式(B.108)和式(B.109)可以看到，当系统的进口参数、热容量流和环境温度都给定时，最大炽损失率和最小熵产率都与最大对外输出功率相对应。下面计算一个具体的例子。假定$\dot{C}_{\mathrm{h}}=3\mathrm{W/K}$，$\dot{C}_{\mathrm{m}}=1\mathrm{W/K}$，$\dot{C}_{\mathrm{c}}=2\mathrm{W/K}$，$T_{\mathrm{h,in}}=400\mathrm{K}$，$T_{\mathrm{c,in}}=T_0=300\mathrm{K}$，$\mathrm{NTU_h}=3$，$\mathrm{NTU_c}=2$。计算得到归一化的系统对外输出功率、熵产率和炽损失率随工质工作温度T_2的变化的结果如图 B.19 所示。对于工质工作温度给定而需对工质热容量流进行优化的工况，假定T_2为 330K，其他参数不变，计算可得归一化的系统对外输出功率、熵产率和炽损失率随工质热容流量C_{m}的变化结果如图 B.20 所示。图 B.19 和图 B.20 均显示了最大炽损失率和最小熵产率均与系统最大输出功率相对应，该结果与理论分析一致。

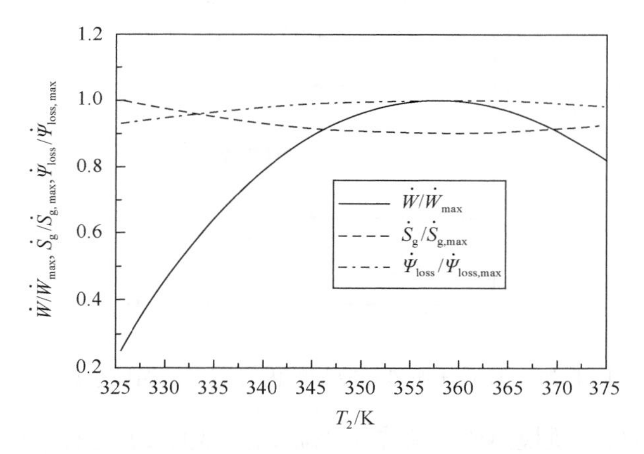

图 B.19　归一化的对外输出功率、炽损失率和熵产率随工质工作温度的变化情况

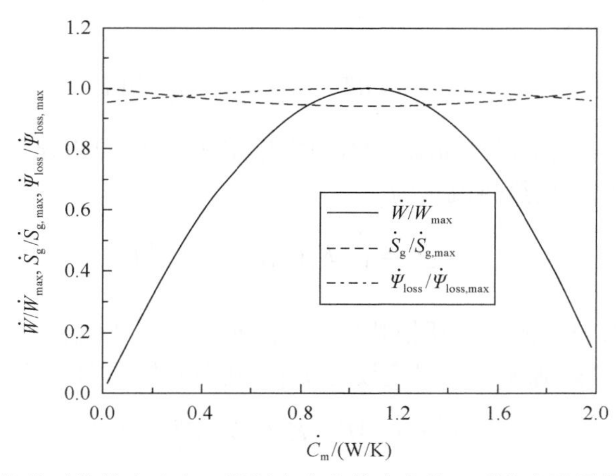

图 B.20　归一化的对外输出功率、炽损失率和熵产率随工质热容流量的变化情况

以上讨论的问题中，高温流体或低温流体与工质之间的传热过程均受傅里叶定律和牛顿冷却定律控制。对于更加一般的情况，可以假定高温流体或低温流体与工质之间的传热过程满足广义传热关系式(B.57)。以图 B.21 所示的内可逆卡诺循环[8]为例进行分析讨论，其中高温热源流体入口温度为 $T_{h,in}$，低温流体入口温度为 $T_{c,in}$，高低温流体的热容量流分别为 $\dot{C}_h$ 和 $\dot{C}_c$。假设热源与工质换热满足广义传热定律，高低温流体与工质的传热过程的传热系数分别为 K_1 和 K_2、传热面积分别为 A_1 和 A_2，工质在高温吸热段温度恒为 T_H、在低温放热段温度恒为 T_L。高温流体和低温流体与工质换热后，均排放到温度为 T_0 的环境中。完成一个循环时系统对外输出功率为 $\dot{W}$。对于该问题，本节讨论优化对象为工质的工作温度 T_H 的情况，优化目标为系统最大的输出功率。

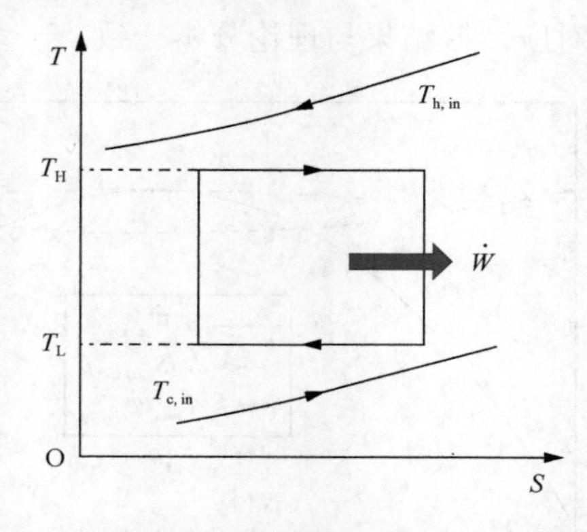

图 B.21　被流体加热和冷却的内可逆卡诺循环示意图

在高温热源与工质换热段，首先考虑微元换热面 dA 段的换热情况。在 dA 的两侧，工质的温度始终保持为 T_H，高温热源流体的温度设为 $T_{h,f}$，则微元换热面上的传热热流量为

$$\delta\dot{Q} = \dot{C}_h \mathrm{d}T = K_1 (T_{h,f}^n - T_H^n)^m \mathrm{d}A \tag{B.110}$$

由式(B.110)可以解得高温热源流体 $T_{h,f}$ 沿换热面积的分布情况。因此可以求得工质在高温端的吸热热流量为

$$\dot{Q}_h = \int_{A_1} K_1 (T_{h,f}^n - T_H^n)^m \mathrm{d}A \tag{B.111}$$

同样，在低温热源与工质换热段，在微元换热面 dA 的两侧，工质的温度始终保持为 T_L，低温热源流体的温度设为 $T_{c,f}$，则微元换热面上的传热热流量为

$$\delta\dot{Q} = \dot{C}_c \mathrm{d}T = K_2 (T_L^n - T_{c,f}^n)^m \mathrm{d}A \tag{B.112}$$

工质在低温端的放热热流可以表示为

$$\dot{Q}_{\mathrm{c}}=\int_{A_2}K_2(T_{\mathrm{L}}^n-T_{\mathrm{c,f}}^n)^m\mathrm{d}A \tag{B.113}$$

工质内部经历卡诺循环，因此循环工质放热温度与放热热流之间满足关系：

$$T_{\mathrm{L}}/T_{\mathrm{H}}=\dot{Q}_{\mathrm{c}}/\dot{Q}_{\mathrm{h}} \tag{B.114}$$

根据式(B.113)、式(B.114)可以求解得到放热热流$\dot{Q}_{\mathrm{c}}$与放热温度T_{L}。根据能量守恒，$\dot{Q}_{\mathrm{h}}$与$\dot{Q}_{\mathrm{c}}$的差值就是循环对外输出的功率。考虑流体与工质换热后排放到环境之中，式(B.108)与式(B.109)仍可表达图 B.21 所示的内可逆卡诺循环的熵产率和煅损失率。因此最大煅损失率、最小熵产率和系统最大对外输出功率之间仍然满足相互对应的关系。

下面给出一个具体的算例。假定高温热源入口温度$T_{\mathrm{h,in}}$为 650K，低温热源入口温度$T_{\mathrm{c,in}}$为 350K，环境温度为 300K，高低温热源的热容量流$\dot{C}_{\mathrm{h}}$和$\dot{C}_{\mathrm{c}}$都为 10W/K，高低温热源与工质间换热满足广义传热定律，其中的因子m、n分别为 1.5 和 0.9，高低温热源与工质换热时单位传热面积上的比例系数K_1、K_2分别为 $3\mathrm{W}/(\mathrm{m}^2\cdot\mathrm{K}^{mn})$和 $2.5\mathrm{W}/(\mathrm{m}^2\cdot\mathrm{K}^{mn})$，高低温热源与工质间的换热器传热面积$A_1$和$A_2$均为 1 m^2。根据以上参数计算得到内可逆卡诺循环的输出功率、熵产率和煅损失率随着工质在高温侧的工作温度T_{H}的变化关系如图 B.22 所示。系统最大输出功率同时对应着最小熵产率和最大煅损失率。改变广义传热定律中的因子m、n的数值，分别为 1.2 和 1.1，其他参数值保持不变，该系统的输出功率、熵产率和煅损失率随着工质吸热温度T_{H}的变化关系如图 B.23 所示。从图 B.23 中可以看到，改变广义传热定律中的因子m、n时，输出功率、熵产率和煅损失率随着工质吸热温度的变化趋势不变，只是影响了数值的大小，内可逆卡诺循环最大输出功率仍然同时对应着最小熵产率和最大煅损失率。这说明，煅损失的概念和熵产一样，也可以用来优化该热功转换过程。

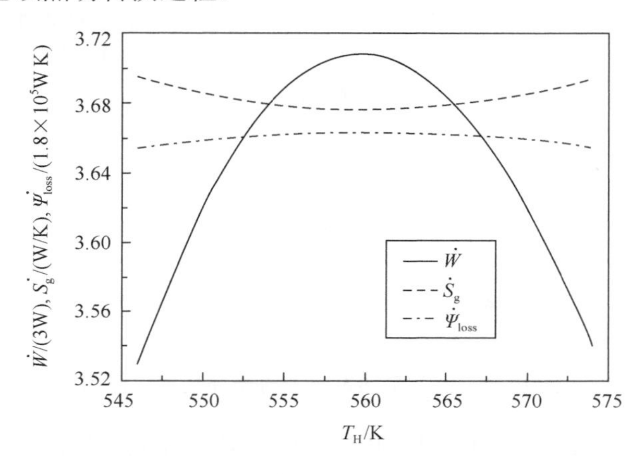

图 B.22　内可逆卡诺循环的输出功率、熵产率和煅损失率随T_{H}的变化关系($m=1.5$，$n=0.9$)

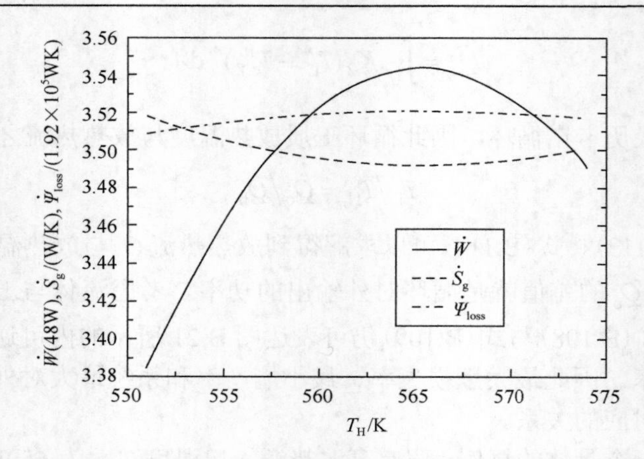

图 B.23　内可逆卡诺循环的输出功率、熵产率和烟损失率随 T_H 的变化关系($m=1.2$，$n=1.1$)

B.5.2　朗肯循环的烟优化分析

朗肯循环是常用的一种典型的带有相变过程的内可逆循环。本节讨论一种利用低温余热介质作为整个高温侧换热器的高温热源流体，并以水作为工质的理想循环的情况[15]，其装置流程示意图如图 B.24 所示。循环中热源与工质在平衡逆流换热器中进行换热，首先过冷水经预热段加热为饱和水，再经蒸发段蒸发为饱和蒸汽，最后流经过热段加热为过热蒸汽；高温高压的过热蒸汽在汽轮机中膨胀对外作功发电；从汽轮机流出的压力较低的乏汽进入冷凝器，向低温热源流体定压放热，变成低压状态下的饱和水；凝结后的饱和水由水泵加压成为高压过冷水；过冷水再次进入高温换热器进行下一个循环。

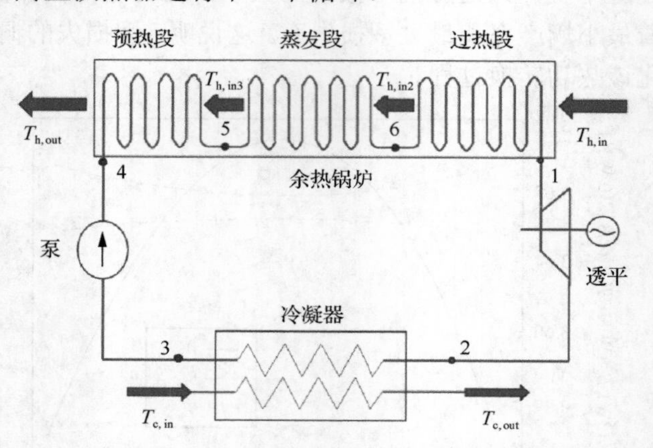

图 B.24　低温余热发电朗肯循环装置流程图

图 B.25 所示为朗肯循环的温熵图，循环由等熵膨胀过程 1—2、等压放热过程 2—3、等熵压缩过程 3—4 和等压吸热过程 4—5—6—1 组成。设循环工质的质量流量为 $\dot{m}$，高温热源流体的热容量流为 $\dot{C}_{h}$，入口温度为 $T_{h,in}$，出口温度为 $T_{h,out}$，低温冷源的热容量流为 $\dot{C}_{c}$，入口和出口温度为 $T_{c,in}$ 和 $T_{c,out}$，高温侧换热器的过热段、蒸发段和预热段的热导(传热系数与传热面积乘积)分别为 $(KA)_{h1}$、$(KA)_{h2}$ 和 $(KA)_{h3}$，低温侧换热器的热导为 $(KA)_{c}$。

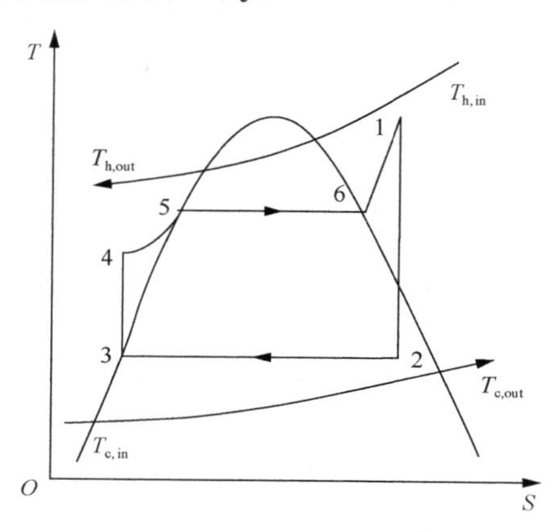

图 B.25　朗肯循环的温熵图

设高低温热源的流体种类给定，给定高温热源流体和低温热源流体的热容量流 $\dot{C}_{h}$ 和 $\dot{C}_{c}$，高温热源流体和低温热源流体的入口温度 $T_{h,in}$ 和 $T_{c,in}$ 已知，换热器和高低温热源流体循环优化目标是输出功率 $\dot{W}$ 最大，优化对象是循环工质的质量流量 $\dot{m}$，下面建立质量流量 $\dot{m}$ 与输出功率 $\dot{W}$ 之间的关系。

工质水在过热蒸汽状态和过冷水状态的比热容分别为 c_{g} 和 c_{l}，工质在高温侧的汽化潜热为 γ_{v}，高温侧换热量分段满足：

$$\dot{Q}_{h1}=\dot{m}c_{g}(T_{1}-T_{6})=\dot{C}_{h,\min1}\varepsilon_{h1}(T_{h,in}-T_{6})=\dot{C}_{h}(T_{h,in}-T_{h,in2}) \tag{B.115}$$

$$\dot{Q}_{h2}=\dot{m}\gamma_{v}=\dot{C}_{h,\min2}\varepsilon_{h2}(T_{h,in2}-T_{6})=\dot{C}_{h}(T_{h,in2}-T_{h,in3}) \tag{B.116}$$

$$\dot{Q}_{h3}=\dot{m}c_{l}(T_{5}-T_{4})=\dot{C}_{h,\min3}\varepsilon_{h3}(T_{h,in3}-T_{4})=\dot{C}_{h}(T_{h,in3}-T_{h,out}) \tag{B.117}$$

式中，$T_{h,in2}$ 为高温热源流体在过热段出口处(也是蒸发段入口处)的温度；$T_{h,in3}$ 为高温流体在蒸发段的出口温度，也是预热段的入口温；$\dot{C}_{h,\min1}=\min(\dot{m}c_{g}，\dot{C}_{h})$，$\dot{C}_{h,\min3}=\min(\dot{m}c_{l}，\dot{C}_{h})$，由于相变过程中工质的热容量流无限大，$\dot{C}_{h,\min2}=\dot{C}_{h}$；$\varepsilon_{h1}$、$\varepsilon_{h2}$ 和 ε_{h3} 分别为过热段、蒸发段和预热段换热器的效能。假设换热器为简单的逆流换热器，因此各段效能分别满足

$$\varepsilon_{h1}=\frac{1-\exp\left[(-\mathrm{NTU}_1)(1+\dot{C}_{h,\min 1}/\dot{C}_{h,\max 1})\right]}{1-\left(\dot{C}_{h,\min 1}/\dot{C}_{h,\max 1}\right)\exp\left[(-\mathrm{NTU}_1)(1+\dot{C}_{h,\min 1}/\dot{C}_{h,\max 1})\right]} \tag{B.118}$$

$$\varepsilon_{h2}=1-\exp(-\mathrm{NTU}_2) \tag{B.119}$$

$$\varepsilon_{h3}=\frac{1-\exp\left[(-\mathrm{NTU}_3)(1+\dot{C}_{h,\min 3}/\dot{C}_{h,\max 3})\right]}{1-\left(\dot{C}_{h,\min 3}/\dot{C}_{h,\max 3}\right)\exp\left[(-\mathrm{NTU}_3)(1+\dot{C}_{h,\min 3}/\dot{C}_{h,\max 3})\right]} \tag{B.120}$$

式中，$\dot{C}_{h,\min1}$ 为热容量流 $\dot{m}c_g$ 和 $\dot{C}_h$ 的较大者；$\dot{C}_{h,\min3}$ 为热容量流 $\dot{m}c_l$ 和 $\dot{C}_h$ 的较大者；NTU_1、NTU_2 和 NTU_3 分别为高温烟气换热器在各段的传热单元数：

$$\mathrm{NTU}_1=KA_{h1}/\dot{C}_{h,\min1} \tag{B.121}$$

$$\mathrm{NTU}_2=KA_{h2}/\dot{C}_{h,\min2} \tag{B.122}$$

$$\mathrm{NTU}_3=KA_{h3}/\dot{C}_{h,\min3} \tag{B.123}$$

对于高温侧工质的温度有

$$T_5=T_6 \tag{B.124}$$

相应地，对于低温侧的冷凝换热器，换热量满足：

$$\dot{Q}_c=\dot{C}_{c,\min}\varepsilon_c(T_2-T_{c,in})=\dot{C}_c(T_{c,out}-T_{c,in})=\dot{m}T_2(s_2-s_3) \tag{B.125}$$

式中，s_2 和 s_3 分别为工质在状态点 2 和 3 处的熵值：ε_c 为冷凝器的效能，$\dot{C}_{c,\min}$ 为冷凝段工质和低温流体热容量流的较小者。由于工质处在两相区域，工质在冷凝过程温度保持不变，热容量流无限大，因此有

$$\dot{C}_{c,\min}=\dot{C}_c \tag{B.126}$$

$$\varepsilon_c=1-\exp(\mathrm{NTU}_c) \tag{B.127}$$

式中，NTU_c 为低温侧冷凝换热器传热单元数：

$$\mathrm{NTU}_c=KA_c/\dot{C}_{c,\min} \tag{B.128}$$

由于循环中的过程 1—2 和 3—4 均为等熵过程，因此有

$$s_2=s_1 \tag{B.129}$$

$$s_3=s_4 \tag{B.130}$$

式中，s_1和s_4分别为工质在状态点 1 和 4 处工质的熵值。

由于汽化潜热γ_v与温度T_6有关，可以由水和水蒸气热力性质图表[16]查到，状态点 4 是高压状态下的过冷水，此处的温度可以由其所处压力下的饱和温度T_6和其熵值s_4查表确定[16]。

由式(B.115)～式(B.120)、式(B.124)、式(B.125)组成的方程组可求解八个独立变量，现在待求解的独立变量有 7 个，包括T_1、T_2、T_6、$T_{h,in2}$、$T_{h,in3}$、$T_{h,out}$和$T_{c,out}$。在冷凝器热导给定的前提之下，只需给定余热锅炉三个换热器的热导KA_{h1}、KA_{h2}和KA_{h3}中的两段，就可以保证方程组封闭，从而可以求解得到各状态点的温度(T_1～T_6)和换热器各段的换热量($\dot{Q}_{h1}$、$\dot{Q}_{h2}$、$\dot{Q}_{h3}$和$\dot{Q}_c$)，以及热、冷源流体的出口温度$T_{h,out}$和$T_{c,out}$和高温侧未知段换热器的热导。

循环输出功率$\dot{W}$为工质在高温侧吸热速率和在低温侧放热速率之差：

$$\dot{W}=\dot{Q}_{h1}+\dot{Q}_{h2}+\dot{Q}_{h3}-\dot{Q}_c \tag{B.131}$$

利用最小熵产原理优化热力循环中的换热器时，除了考虑换热器内传热过程产生的熵产，还需考虑乏汽排放到外部环境所引起的熵产。因此，对于图 B.24 所示的朗肯循环，总熵产率$\dot{S}_g$为

$$\begin{aligned}\dot{S}_g=&\left(\dot{C}_h\ln\frac{T_{h,out}}{T_{h,in}}+\dot{C}_c\ln\frac{T_{c,out}}{T_{c,in}}+\dot{m}c_1\ln\frac{T_5}{T_4}+\dot{m}c_g\ln\frac{T_1}{T_6}+\frac{\dot{Q}_{h2}}{T_6}-\frac{\dot{Q}_c}{T_2}\right)\\&+\left(\dot{C}_h\ln\frac{T_0}{T_{h,out}}+\frac{\dot{Q}_{e,h}}{T_0}+\dot{C}_c\ln\frac{T_0}{T_{c,out}}+\frac{\dot{Q}_{e,c}}{T_0}\right)\end{aligned} \tag{B.132}$$

式中，等式右侧第一个括号内的各项表示工质与热源流体在高温与低温换热器中换热引起的熵产率；后一括号内的各项表示热源、冷源流体流出换热器后进入环境而引起的熵产，其中T_0为环境温度，设为 300K；$\dot{Q}_{e,h}$和$\dot{Q}_{e,c}$分别为从热端、冷端两个换热器流出的热、冷流体带入环境的热流：

$$\dot{Q}_{e,h}=\dot{C}_h(T_{h,out}-T_0) \tag{B.133}$$

$$\dot{Q}_{e,c}=\dot{C}_c(T_{c,out}-T_0) \tag{B.134}$$

由式(B.132)～式(B.134)可以求得循环的总熵产率。

利用㶲损失优化带有换热器传热过程的热力循环问题时，同样需要考虑冷热流体排放到环境中所引起的㶲损失。因此，对于图 B.24 所示的朗肯循环，将整个循环系统和环境看成一个总体的系统，由热力学第一定律可知，循环系统向环境放出的总热流量$\dot{Q}_0$为

$$\dot{Q}_0 = \dot{C}_h(T_{H,in} - T_0) + \dot{C}_c(T_{c,in} - T_0) - (\dot{Q}_{h1} + \dot{Q}_{h2} + \dot{Q}_{h3}) + \dot{Q}_c \tag{B.135}$$

式中，等号右边第一项、第二项分别为朗肯循环系统中的高温热源流体和低温热源流体带入整个系统的净热流，流体带入整个系统的净热流当中有$(\dot{Q}_{h1} + \dot{Q}_{h2} + \dot{Q}_{h3})$的热流被朗肯循环系统吸收，同时朗肯循环系统又放出热流$\dot{Q}_c$。

图 B.24 所示的朗肯循环系统的烟损失为热源流体带入系统的烟流与系统向环境放热损失的烟流，总烟损失率为

$$\dot{\Psi}_{loss} = \frac{1}{2}\dot{C}_h(T_{h,in}^2 - T_0^2) + \frac{1}{2}\dot{C}_c(T_{c,in}^2 - T_0^2) - \dot{Q}_0 T_0 \tag{B.136}$$

式中，等式右边前两项分别为高温热源流体和低温热源流体带入整个系统的净烟流；最后一项为朗肯循环系统注入环境的烟流。

对于该热力循环系统，将热源流体最终排入环境所引起的烟耗散率考虑在内，全部的烟耗散率为

$$\begin{aligned}\Phi_g = &\left[\frac{1}{2}\dot{C}_h\left(T_{h,in}^2 - T_{h,out}^2\right) - \frac{1}{2}\dot{m}c_l\left(T_5^2 - T_4^2\right) - \dot{Q}_{h2}T_6 - \frac{1}{2}\dot{m}c_g\left(T_1^2 - T_6^2\right)\right] \\ &+ \left[\frac{1}{2}\dot{C}_c\left(T_{c,in}^2 - T_{c,out}^2\right) + \dot{Q}_c T_2\right] \\ &+ \left[\frac{1}{2}\dot{C}_h\left(T_{h,out}^2 - T_0^2\right) + \frac{1}{2}\dot{C}_c\left(T_{c,out}^2 - T_0^2\right) - \dot{Q}_{e,h}T_0 - \dot{Q}_{e,c}T_0\right]\end{aligned} \tag{B.137}$$

式中，等号右侧第一大项为热流体与工质之间传热的烟耗散率；第二大项为冷流体与工质之间传热的烟耗散率；最后一大项为废热排入环境引起的烟耗散率。

下面针对具体的算例进行计算分析，工质水在液态时的比定压热容 c_l 为 4200J/(kg·K)，气态时的比定压热容 c_g 为 2060J/(kg·K)，假定高温热源进口温度 $T_{h,in}$=773K，低温热源进口温度 $T_{c,in}$=283K，高温热源和低温热源的热容量流 $\dot{C}_h$=1000W/K，$\dot{C}_c$=10000W/K，低温侧换热器的热导$(KA)_c$为 5000W/K，环境温度 T_0 为 300K。

首先考虑固定高温侧过热段和蒸发段换热器热导的情况。假定高温侧换热器过热段和蒸发段的热导$(KA)_{h1}$和$(KA)_{h2}$均为 5000W/K，根据以上参数计算可以得到朗肯循环的输出功率、熵产率、烟损失率和烟耗散率随着循环工质质量流量的变化关系。图 B.26 显示了它们归一化的数值随着流量的变化，结果表明存在最佳工质流量使得输出功率最大，并且同时对应着最小的熵产率和最大的净输入烟流(烟损失率)，但并不对应烟耗散率的极值。这是由于烟耗散率并没有考虑热力循环中输出功率导致的烟的变化。

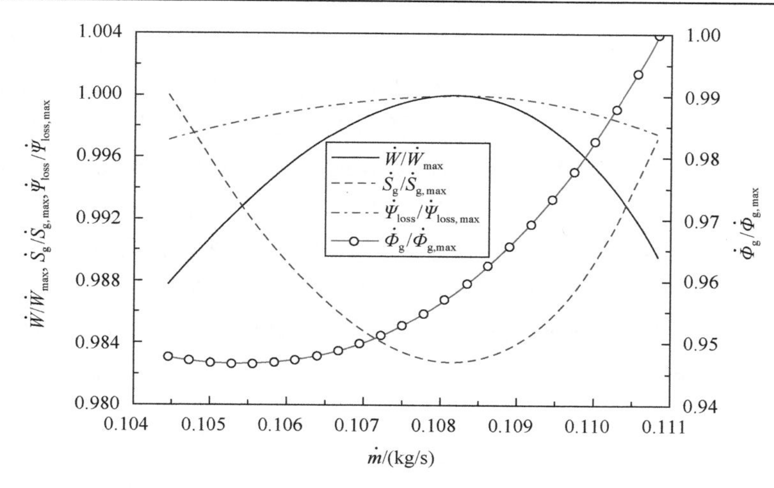

图 B.26　归一化的朗肯循环输出功率、熵产率、㶲损失率和㶲耗散率随着循环工质质量流量的变化（$(KA)_{h1}$=5000W/K, $(KA)_{h2}$=5000W/K）

同时观察循环输出功率随着高温换热器预热段热导的变化情况，如图 B.27 所示。可以看到在其他段换热器热导都固定的前提下，以输出功率最大为优化目标时，高温换热器预热段的热导并不一定越大越好，对应最大输出功率存在最优的热导值，为 1493.4W/K。

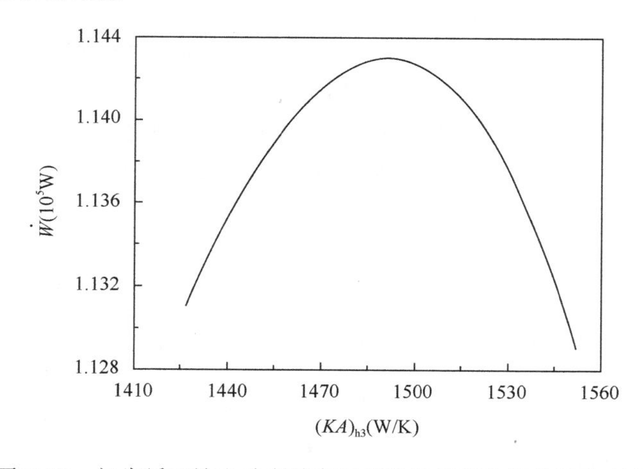

图 B.27　朗肯循环输出功率随高温侧换热器预热段热导的变化

分析输出功率产生极值的原因如下：热流体的入口温度给定，余热锅炉中有两段的换热器热导均给定，随着循环工质流量的增大，工质的吸热速率增加，但是导致热流体与工质间的传热温差相应增大、工质温度降低，从而使得循环的高温与低温之比降低，单位质量工质输出的功率 $\dot{w}$ 减少。循环的输出功率 $\dot{W}=\dot{m}\dot{w}$，而其中工质的质量流量增加，因此存在最优的质量流量对应最大循环输出功率。

当余热锅炉的过热段与预热段换热器的热导分别给定为$(KA)_{h1}$=5000W/K和$(KA)_{h3}$=3000W/K，其他参数与之前的算例相同时，归一化的热力循环的输出功率、熵产率、炽损失率和炽耗散率随循环工质质量流量的变化如图B.28所示。当余热锅炉的蒸发段与预热段换热器的热导分别给定为$(KA)_{h2}$=5000W/K 和$(KA)_{h3}$=4000W/K，其他参数与第一个算例相同时，归一化的热力循环的输出功率、熵产率、炽损失率和炽耗散率随工质流量的变化如图B.29所示。两个算例的计算结果与第一个算例类似，该朗肯循环最大输出功率、最小熵产率和炽损失率(最大净输入炽流)一一对应，同时最佳工质流量与热端未知段的换热器的最优热导值相对应。

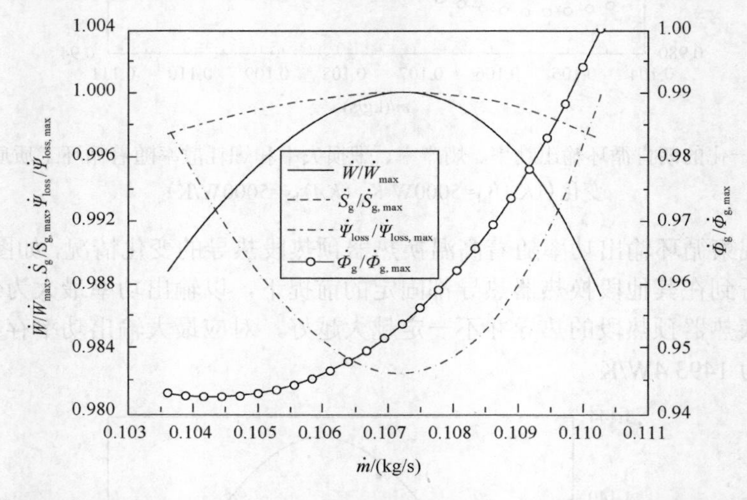

图 B.28 归一化的朗肯循环的输出功率、熵产率、炽损失率和炽耗散率随循环工质质量流量的变化($(KA)_{h1}$= 5000W/K，$(KA)_{h3}$=3000W/K)

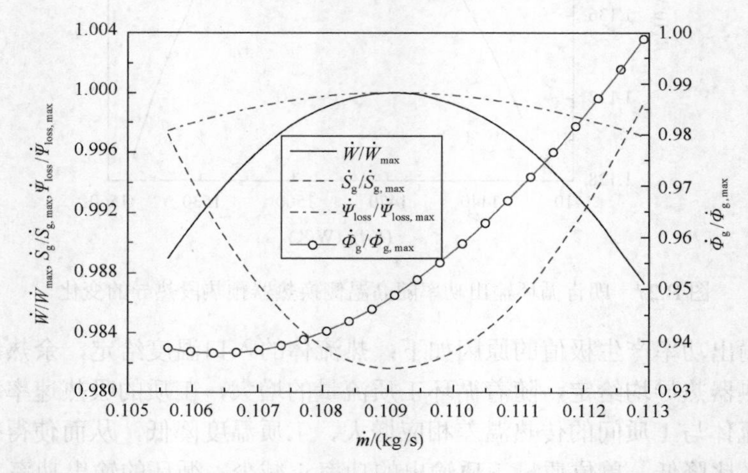

图 B.29 归一化的朗肯循环的输出功率、熵产率、炽损失率和炽耗散率随循环质量流量的变化($(KA)_{h2}$= 5000W/K 和$(KA)_{h3}$=4000W/K)

以上的算例中，冷热源流体的进口条件都给定，在此前提下熵产最小化方法与㶲损失率的概念都适用于该朗肯循环的优化，而㶲耗散的概念不适用。下面讨论热源流体入口温度和流体热容量流变化的情况。设工质质量流率 $\dot{m}$ =0.111kg/s，归一化的循环的输出功率、熵产率、㶲损失率和㶲耗散率随热源流体入口温度及热容量流的变化关系分别如图 B.30 与图 B.31 所示。结果表明，随着热源流体入口温度及热容量流的增加，循环输出功率和㶲损失率单调增加，然而熵产率和㶲耗散率却呈现先减小后增加的趋势。因此，在热源流体入口条件不给定时，㶲损失率能够描述循环输出功率的变化趋势，而熵产率和㶲耗散率却不适用。

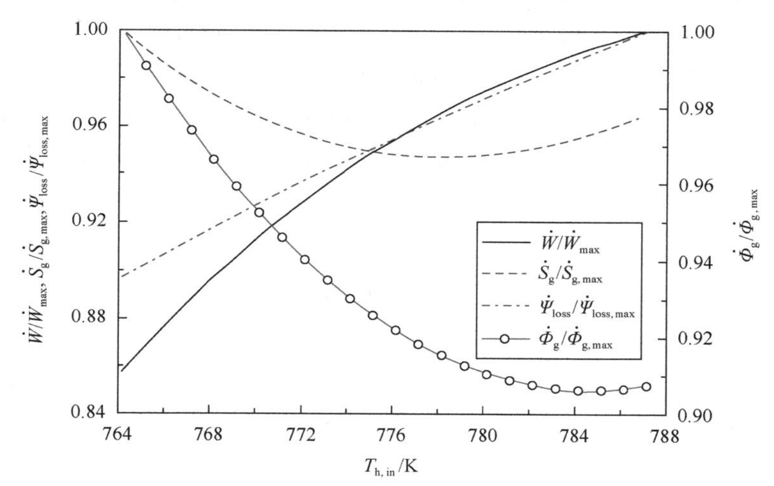

图 B.30　归一化的朗肯循环的输出功率、熵产率、㶲损失率和㶲耗散率随 $T_{h,in}$ 的变化

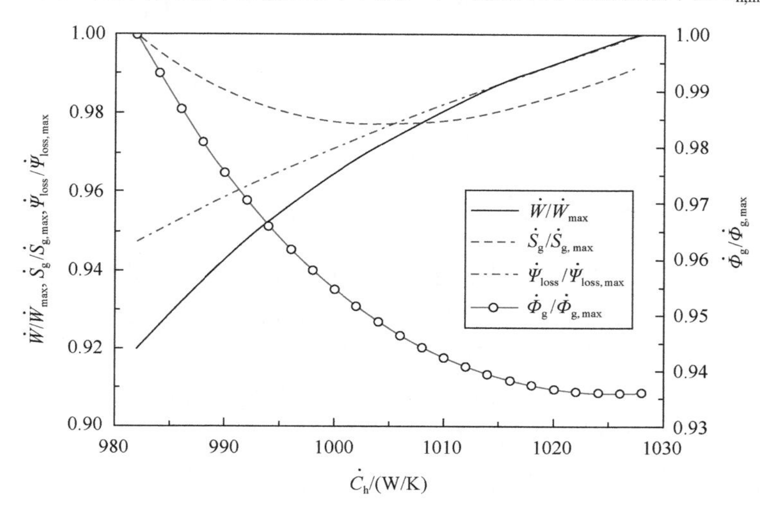

图 B.31　归一化的朗肯循环的输出功率、熵产率、㶲损失率和㶲耗散率随 $\dot{C}_h$ 的变化

由于熵产率对应烟损失率 $\dot{I}$，即进入系统的烟流与输出功率之差：

$$\dot{S}_{\mathrm{g}}=\frac{1}{T_0}(\dot{E}_{\mathrm{x},Q}-\dot{W})=\frac{1}{T_0}\dot{I} \tag{B.138}$$

随着热流体入口温度 $T_{\mathrm{h,in}}$ 或热容量流 C_{h} 的增加，进入系统的烟流 $\dot{E}_{\mathrm{x},Q}$ 单调增加，同时蒸发温度 T_6 增加，使得系统的热功转换效率提高。另一方面，根据水和水蒸气饱和性质图[17]，随着蒸发温度 T_6 的增加，工质水的蒸发潜热 γ_{v} 相应减少，而工质在蒸发段的吸热热流 $\dot{Q}_{\mathrm{h2}}$ 在全部的吸热热流中占据了较大的份额，造成朗肯循环的吸热与放热速率都减少，但放热速率 $\dot{Q}_{\mathrm{c}}$ 随着放热端工质与冷流体的温度逐渐接近而趋于平缓。图 B.32 给出了吸热和放热速率以及输出功随 $T_{\mathrm{h,in}}$ 变化的情况，在所计算的参数范围内循环输出功率 $\dot{W}$ 随 $T_{\mathrm{h,in}}$ 的增大而增大，但增大速率逐渐减缓。根据式(B.138)可知，朗肯循环的熵产率 $\dot{S}_{\mathrm{g}}$ 和烟损失率 $\dot{I}$ 呈现先减小后增大的趋势。

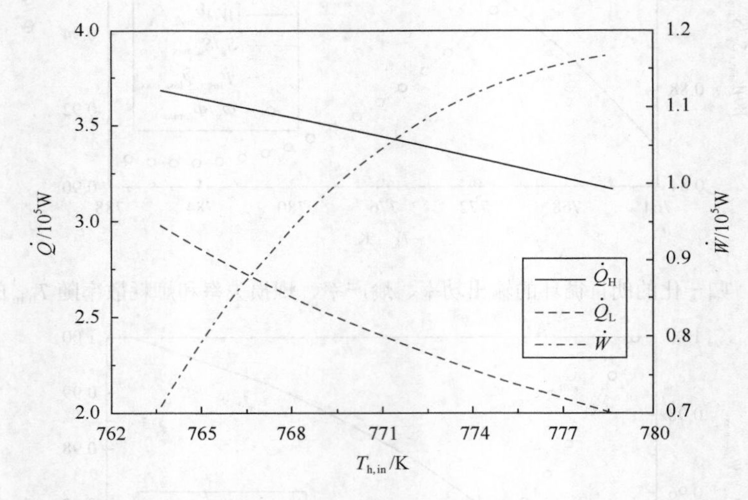

图 B.32　朗肯循环的吸放热热流与输出功率随 $T_{\mathrm{h,in}}$ 的变化

Sun 等[17]还对一些再热和回热朗肯循环进行了分析，结果表明烟损失率总是与循环的输出功率相对应。此外，王文华[18]和 Wang 等[18, 19]还对有机朗肯循环、涡扇发动机的热力循环进行了分析，并且绘制了热力循环的 T-$\dot{Q}$ 图[20]。

对于烟损失这一概念用于热力循环作功分析的适用性问题，程雪涛和梁新刚对此进行了讨论[21]。他们将系统对外作功的方式分为间接和直接作功两类,并对这两类作功过程进行了分析和讨论。间接作功是指系统先通过传热过程将热量传递到循环工质，工质再对外输出功；直接作功是系统直接通过体积膨胀对外作功。对于间接作功，热源温度高于循环工质工作温度是系统中热量转化为功量对外输出的关键原因，并且输出的功是由热量转换而来的，㶲损失可反映系统间接作功能力的变化情况。与间接作功过程不同，直接作功过程要求系统压力高于作功对象的压力，是机械能转换成为输出功，㶲损失不能描述此类过程的输出功。

B.6　熵产与㶲的对比

前面的分析和讨论得出一个结论，即㶲损失和熵产一样，也可以用来优化一定条件下的热功转换过程。那么，在应用㶲损失和熵产的概念对热力过程进行优化分析时，是否存在不同呢？下面针对这一问题进行分析和讨论。

B.6.1　热力学系统的熵产分析

首先，类似于应用㶲的概念对图B.14所示的一般的热力学系统进行分析，本书也采用熵的概念对该热力学系统进行分析。考虑该系统为闭口系统，系统的熵产率可以表述为

$$\dot{S}_{\mathrm{g}}=\dot{S}_{\mathrm{out}}-\dot{S}_{\mathrm{in}} \tag{B.139}$$

式中，$\dot{S}_{\mathrm{out}}$为离开系统的熵流；$\dot{S}_{\mathrm{in}}$为进入系统的熵流，其表达式分别为

$$\dot{S}_{\mathrm{in}}=-\int_{A_{\mathrm{in}}}(\dot{\boldsymbol{q}}/T)\cdot\boldsymbol{n}\mathrm{d}A_{\mathrm{in}}+\int_{V}(\dot{q}_{\mathrm{s}}/T)\mathrm{d}V \tag{B.140}$$

$$\dot{S}_{\mathrm{out}}=\int_{A_{\mathrm{out}}}(\dot{\boldsymbol{q}}/T)\cdot\boldsymbol{n}\mathrm{d}A_{\mathrm{out}} \tag{B.141}$$

类似于根据热流进入和离开系统的份额定义等效温度，也可根据热流进入和离开系统的份额定义等效热力学势：

$$P_{\mathrm{in}}=\dot{S}_{\mathrm{in}}/\dot{Q}_{\mathrm{in}}=\left[-\int_{A_{\mathrm{in}}}(\dot{\boldsymbol{q}}/T)\cdot\boldsymbol{n}\mathrm{d}A_{\mathrm{in}}+\int_{V}(\dot{q}_{\mathrm{s}}/T)\mathrm{d}V\right]\Big/\dot{Q}_{\mathrm{in}} \tag{B.142}$$

$$P_{\mathrm{out}}=\dot{S}_{\mathrm{out}}/\dot{Q}_{\mathrm{out}}=\int_{A_{\mathrm{out}}}(\dot{\boldsymbol{q}}/T)\cdot\boldsymbol{n}\mathrm{d}A_{\mathrm{out}}\Big/\dot{Q}_{\mathrm{out}} \tag{B.143}$$

这样，式(B.140)即可改写为

$$\dot{S}_{\mathrm{g}}=P_{\mathrm{out}}\dot{Q}_{\mathrm{out}}-P_{\mathrm{in}}\dot{Q}_{\mathrm{in}} \tag{B.144}$$

结合能量守恒有

$$\dot{S}_{\mathrm{g}}=\dot{Q}_{\mathrm{in}}(P_{\mathrm{out}}-P_{\mathrm{in}})-\dot{W}P_{\mathrm{out}}=\dot{Q}_{\mathrm{in}}\Delta P-\dot{W}P_{\mathrm{out}} \tag{B.145}$$

式中，ΔP 为等效热力学势差。对于图 B.14 所示的热力学过程，在给定热量进入和离开系统的热力学势与进入系统的热量的情况下，最小熵产率与系统最大对外输出功率相对应。这应当是热力学系统的最小熵产原理。

结合式(B.145)，分析 B.5 节讨论的高温烟气加热的热力学系统，可以发现当前提条件满足时，最小熵产原理总是成立的。以图 B.15 所示的换热器组为例，换热器组总的高温烟气的热容量流和入口温度给定，高温烟气最终的温度将与环境温度相同，因此进入系统的熵流率和热流量也都是给定的，高温烟气的最大熵减小量和热流减小量是给定的。结合式(B.142)可知，热量进入系统的等效热力学势是给定的。考虑到热流离开热力学系统的温度为环境温度，因此热流离开热力学系统的等效热力学势即环境温度的倒数，也是给定的。因此，对于图 B.15 所示的系统，热量进入和离开系统的热力学势、进入系统的热量三者都已经给定，这就是在该系统中最小熵产率与最大系统对外输出功率对应的原因。

特别地，如果该热力学系统是一个单纯的传热系统，对外输出功率为 0，有

$$\dot{S}_{\mathrm{g}} = \dot{Q}_{\mathrm{in}} \Delta P \tag{B.146}$$

此时，最小熵产原理的表达式就转化成为传热过程的熵产极值原理的表达式，即在给定等效热力学势差时，最大熵产率与最大传热热流量对应；在给定传热热流量时，最小熵产率对应于最小等效热力学势差。注意，此处的最小熵产原理不同于文献中所使用的最小熵产原理，这些文献中并没有认定给定等效热力学势差等条件，因此会出现熵产悖论。

B.6.2　热功转换过程的熵产分析与炽分析对比

第一章论述了熵产是描述热功转换能力损失的物理量。在式(B.145)中，当总热流量和热流量入口热力学势给定时，总的作功能力是给定的。因此，熵产率越小，则系统损失掉的作功能力越小，从而系统输出功率越大。从上述分析可以看出，熵产率并不直接描述系统对外输出功率的大小，而是通过描述系统损失掉的作功能力来间接反映输出功率。正是这种间接性，使得在应用熵产分析热力学过程时存在一定的局限性。

对于可逆循环，其熵产始终为 0，但对外输出功却可能变化。这里用图 B.33 所示的可逆卡诺循环为例来进行讨论，图中的工质在温度为 T_{H} 的热源等温吸热 $\dot{Q}_{\mathrm{H}}$，并对温度为 T_{L} 的冷源等温放出热流 $\dot{Q}_{\mathrm{L}}$，对外输出功率 $\dot{W}$：

$$\dot{W} = \dot{Q}_{\mathrm{H}} - \dot{Q}_{\mathrm{L}} = \dot{Q}_{\mathrm{H}}\left(1 - T_{\mathrm{L}} / T_{\mathrm{H}}\right) \tag{B.147}$$

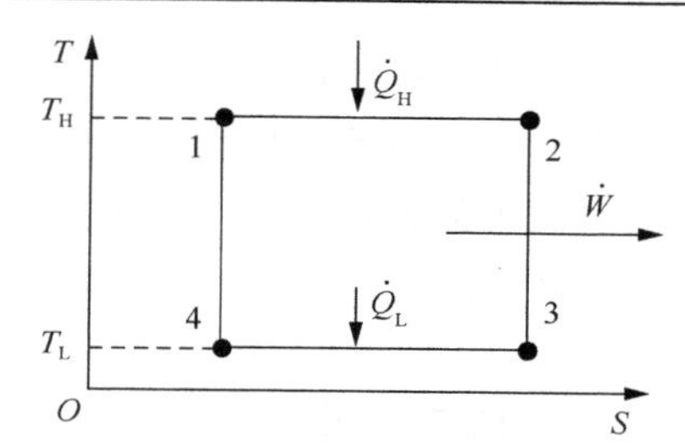

图 B.33　可逆传热的卡诺循环 T-S 图

其炽损失率为

$$\dot{\Psi}_{\text{loss}} = \dot{Q}_{\text{H}}T_{\text{H}} - \dot{Q}_{\text{L}}T_{\text{L}} = \dot{Q}_{\text{H}}T_{\text{H}}\left[1-\left(T_{\text{L}}/T_{\text{H}}\right)^2\right] \tag{B.148}$$

式(B.147)表明循环对外输出功率 $\dot{W}$ 随着 $\dot{Q}_H$ 的增大、T_L 的减小和 T_H 的增大而增大。但当 $\dot{W}$ 变化时，循环本身的熵产始终为 0。与此同时，从式(B.148)可见，炽损失率则同样随着 $\dot{Q}_H$ 的增大、T_L 的减小和 T_H 的增大而增大。显然，炽损失率与卡诺循环对外输出功率的变化趋势一致。与熵产相比，炽损失与卡诺循环对外输出功的变化具有更好的一致性。

进一步以图 B.15 所示的换热器组来讨论不可逆过程中最小熵产率是否总对应于系统最大输出功率。假定$(KA)_1=(KA)_2=1$W/K，除了 T_{in}，其他参数与图 B.16 计算的工况一样。改变 T_{in} 的数值，计算系统输出功率、熵产率以及炽损失率的变化情况，结果如图 B.34 所示。当 T_{in} 增大时，输入系统的热流量增大，即系统总的作功能力提高。此时，换热器内的传热量以及废热流体对环境的散热量均增大，从而使得系统的熵产率增大。但由于输入的总的作功能力提高了，尽管熵产率增

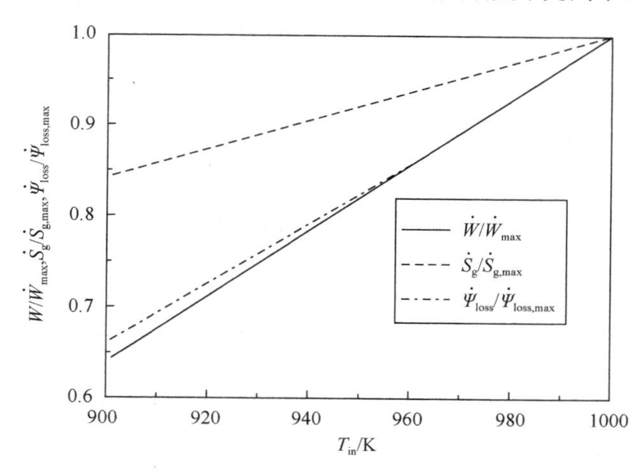

图 B.34　归一化的换热器组不同高温烟气入口温度对应的输出功率、熵产率及炽损失率

大(作功能力的损失增大)，系统对外的输出功率还是呈增大趋势。此时最小熵产率并不对应于最大对外输出功率。另外，从炽的角度出发，从图 B.34 可以发现，此时最大的炽损失率仍然对应于最大输出功率。炽损失的概念仍然可以描述该工况下系统对外输出功率的变化情况。

B.7 小 结

本附录中，根据热力学循环的能量交换过程，定义了功炽的概念。研究表明虽然功炽和热量交换引起的炽流源自不同的物理过程，但都对系统的状态炽产生影响。基于热量炽和功炽的概念对卡诺循环的分析表明，工质从热源吸收的净热量炽等于工质在循环过程中的功炽，卡诺循环中的炽是平衡的。

本附录进一步建立了热力学过程的炽平衡方程，定义了炽损失的概念，并讨论了它的物理意义。对于一个热力学系统，炽损失包括两部分，即传热过程的炽耗散和热力学循环中的功炽。对于内可逆的热力学循环，炽耗散反映该过程的不可逆性，而功炽则反映了热力学循环部分的炽平衡，炽损失是热力学过程中被利用的热量炽。

本附录对一般的间接做功的稳态热力学循环系统进行了分析，得到了最大炽损失原理，即在给定输入系统总热流量及热流量进入和离开系统温度的前提下，系统最大的炽损失率对应于最大的对外输出功率。对于熵产，系统最小熵产率并不总是对应于最大输出功率，只有当输入系统总热流量及热流量进入和离开系统的等效热力学势给定时，最小熵产率才与最大对外输出功率对应，而系统的炽损失与输出功的关系不受此条件约束。与最小熵产相比，系统最大炽损失率和输出功率具有更好的相关性，但它并不能取代熵产描述作功过程的不可逆性和方向性。

参 考 文 献

[1] Cheng X T, Chen Q, Hu G J, et al. Entransy balance for the closed system undergoing thermodynamic processes[J]. International Journal of Heat and Mass Transfer, 2013, 60: 180-187.

[2] Cheng X T, Liang X G. Work entransy and its applications[J]. Science China-Technological Sciences, 2015, 58(12): 2097-2103.

[3] 程雪涛, 梁新刚, 过增元. 孤立系统内传热过程的炽减原理[J]. 科学通报, 2011(03): 222-230.

[4] Cheng X T, Liang X G, Guo Z Y. Entransy decrease principle of heat transfer in an isolated system[J]. Chinese Science Bulletin, 2011, 56(9): 847-854.

[5] Cheng X T, Liang X G. Analyses and optimizations of thermodynamic performance of an air conditioning system for room heating[J]. Energy and Buildings, 2013, 67: 387-391.

[6] 陈林根，孙丰瑞，Wu C. 有限时间热力学理论和应用的发展现状[J]. 物理学进展, 1998(04): 65-75.

[7] 夏少军，陈林根，孙丰瑞. Q∝(△(Tn))M 传热规律下换热过程最小熵产生优化[J]. 热科学与技术, 2008, 7(3): 226-230.

[8] Curzon F L, Ahlborn B. Efficiency of a Carnot engine at maximum power output[J]. American Journal of Physics, 1975, 43(1): 22-24.

[9] 李俊，陈林根，孙丰瑞. 复杂传热规律下有限高温热源热机循环的最优构型[J]. 中国科学(G 辑:物理学力学天文学), 2009(02): 255-259.

[10] Li J, Chen L G, Sun F R, et al. Power versus efficiency characteristic of an endoreversible carnot heat engine with heat transfer law Q A (Δ T)[J]. International Journal of Ambient Energy, 2008, 29(3): 149-152.

[11] Chen L G, Li J, Sun F R. Generalized irreversible heat-engine experiencing a complex heat-transfer law[J]. Applied Energy, 2008, 85(1): 52-60.

[12] 程雪涛. 炽(积)减原理与辐射传热的炽分析[D]. 北京: 清华大学, 2011.

[13] Chen Q, Wu J, Wang M R, et al. A comparison of optimization theories for energy conservation in heat exchanger groups[J]. Chinese Science Bulletin, 2011, 56(4-5): 449-454.

[14] 杨世铭，陶文铨. 传热学[M]. 3 版. 北京: 高等教育出版社, 1998.

[15] 王华，王辉涛. 低温余热发电有机朗肯循环技术[M]. 北京: 科学出版社, 2010.

[16] 严家騄，余晓福，王永青. 水和水蒸气热力性质图表[M]. 北京: 高等教育出版社, 2003.

[17] Sun C, Cheng X T, Liang X G. Output power analyses for the thermodynamic cycles of thermal power plants[J]. Chinese Physics B, 2014, 23(0505135).

[18] 王文华. 涡扇发动机叶片冷却及热力循环系统的分析与优化[D]. 北京: 清华大学, 2015.

[19] Wang W H, Cheng X T, Liang X G. T-($\dot{Q}$) diagram analyses and entransy optimization of the organic flash cycle (OFC)[J]. Science China-Technological Sciences, 2015, 58(4): 630-637.

[20] Cheng X T, Liang X G. T-Q diagram of heat transfer and heat-work conversion[J]. International Communications in Heat and Mass Transfer, 2014, 53: 9-13.

[21] 程雪涛，梁新刚. 闭口系统的间接做功能力及其度量[J]. 中国科学:技术科学, 2013(08): 943-947.